《石油烃污染土壤生物修复丛书》系列
国家自然科学基金资助项目（项目编号：40472129，40772149，41072177，41372232）
国家高技术研究发展计划（“863”计划）资助项目（项目编号：2007AA06Z308）

石油烃污染土壤的微生物修复技术及应用

王红旗　花　菲　杨　艳　李　艺　等著

中国环境出版社・北京

图书在版编目（CIP）数据

石油烃污染土壤的微生物修复技术及应用/王红旗等著. —北京：中国环境出版社，2015.9
（污染土壤生物修复丛书）
ISBN 978-7-5111-2214-8

Ⅰ. ①石… Ⅱ. ①王… Ⅲ. ①石油污染—污染土壤—生物处理 Ⅳ. ①X53

中国版本图书馆 CIP 数据核字（2015）第 010459 号

出 版 人　王新程
责任编辑　殷玉婷　沈　建
责任校对　尹　芳
封面设计　金　喆

出版发行　中国环境出版社
（100062　北京市东城区广渠门内大街 16 号）
网　　址：http：//www.cesp.com.cn
电子邮箱：bjgl@cesp.com.cn
联系电话：010-67112765（编辑管理部）
010-67187041（学术著作图书出版中心）
发行热线：010-67125803，010-67113405（传真）
印　　刷　北京中科印刷有限公司
经　　销　各地新华书店
版　　次　2015 年 9 月第 1 版
印　　次　2015 年 9 月第 1 次印刷
开　　本　787×960　1/16
印　　张　22
字　　数　400 千字
定　　价　69.00 元

内容简介

《石油烃污染土壤的微生物修复技术及应用》为北京师范大学王红旗教授编写系列专著《石油烃污染土壤生物修复丛书》之一。全书共分为9章。第1章主要介绍了国外石油烃污染的来源、污染特征以及石油烃污染土壤修复技术。第2章主要介绍了石油烃类物质的微生物降解机制。第3章介绍了石油烃降解菌的筛选方法包括原油和柴油为不同底物时高效降解菌的筛选和鉴定。第4章主要介绍了柴油污染土壤的微生物降解机制。第5章介绍了石油烃类污染物降解菌的分类鉴定方法以及土壤中石油烃降解菌的多样性分析方法。第6章主要介绍了常温和低温条件下多环芳烃降解菌的筛选方法。第7章介绍了本课题组发明的耐低温微生物固定化方法及对石油烃类污染物降解效果的评价。第8章主要介绍了石油污染土壤的微生物降解促进机制。第9章主要介绍了石油烃污染土壤作物-耐低温菌协同修复过程中根际区微生态环境的变化。附录介绍了研究石油烃降解菌筛选、石油烃生物降解、微生物固定化以及微生物修复石油烃污染土壤等方面的实验方法。

本书可供环境保护、资源管理、生物技术领域的科研人员参考，也可为大专院校环境科学与工程专业的教师和学生使用。

《石油烃污染土壤生物修复丛书》出版说明

20 世纪初，全世界开始大规模地开采石油。随着经济与社会的发展，石油已成为人类最主要的能源之一，当今世界的石油总产量，每年约有 22 亿 t，其中 17.5 亿 t 是由陆地油田生产的。石油开采以及石油产品的生产与使用，皆会引起污染，给生态与环境带来危害。目前，石油污染已经成为世界各国普遍关注的问题。

我国作为石油生产大国，所生产的原油大部分出自陆上油田。在陆地上进行石油生产时，大量生产设施分布于油田内，这些设施由于各种原因，会把原油直接或者间接泄于油区地面上，这些石油烃类物质进入土壤环境后，会发生一系列的物理、化学和生化作用，不可避免地对环境造成污染。

目前，针对土壤的石油烃污染，国内外学者开展了大量的研究，我国也在该研究领域取得了大量的进展。为了更全面、更系统地展示相关研究成果，全面介绍石油烃污染土壤的生物修复技术及相关机理，北京师范大学水科学研究院策划出版《石油烃污染土壤生物修复丛书》。

丛书包括《石油烃污染土壤的微生物修复技术及应用》《污染土壤植物-微生物联合修复技术及应用》和《土壤微生物对石油烃的吸附摄取与跨膜运输》三部专著。从石油烃污染土壤生物修复的基础理论方面以及实际应用方面出发，结合相关的研究成果，力求展示本研究领域最新的研究进展及发展动态。丛书涵盖环境科学、微生物学、地球科学等多个学科领域的优秀国家级科研项目的成果，对石油烃污染土壤的生物修复的技术、方法、机理及实际工程应用进行了全面的阐述，具有重要的理论和实践意义。

我们相信，丛书的出版，会对广大研究者洞悉石油烃污染土壤的生物修复技术和机理、了解该领域的发展方向及发展趋势发挥积极作用，对应用生物技术净化土壤石油烃类污染物的研究和发展产生巨大的推动作用。

王红旗

2014 年 10 月

前　言

石油勘探与开发过程中的钻井、井下作业和采油等环节以及井喷、泄漏等偶然事故都会带来土壤的污染。据资料，各油田每作业一次遗留于井场的落地油约为几十到几百千克，单井落地原油污染面积可达 0.5 ~ 2.1 m^2，落地泥浆污染面积大约 20 m^2，一次井喷造成的原油覆盖面积达 3 000 ~ 4 000 m^2。尤其是石油开采过程产生的落地原油，已成为土壤重要的污染源。对于目前国内土壤污染的具体情况，并没有明确的官方数据。20 世纪 80 年代以来，世界上许多国家特别是发达国家均制定并开展了污染土壤治理与修复计划，因此也形成了一个新兴的土壤修复行业。而我国的土壤治理与修复工作才刚刚起步。2012 年 3 月出台的《“十二五”规划纲要》将节能环保列为七大战略性新兴产业之首。其中，土壤修复是在环保产业的重点发展之列并明确提出要强化土壤污染防治监督管理。

目前，国际上环境生物修复技术的核心是微生物技术，即利用土著微生物直接降解污染物或向处理系统投加外源降解微生物（或降解菌、降解酶和降解遗传信息等），优化微生物的群落结构，提高降解活性，加速污染环境中污染物的降解反应。它是生物修复处理石油污染的重要方法。与物理、化学修复污染土壤技术相比，它具有成本低，不破坏土壤环境，无二次污染，处理效果好，操作简单等特点，是一种高效、经济和生态可承受的清洁技术。早在 20 世纪 70 年代，为了解决输油管线和储油罐发生故障漏油和溢油时土壤被石油污染的问题，美国埃索研究和工程公司就已经开始寻找清洁的生物解决方法，并且其实验室研究找到一种有效的细菌播种法，开了生物修复石油污染土壤先河。80 年代以来，污染土壤的生物修复技术越来越引起人们的关注，生物修复技术也取得了很大进步，正在逐渐成熟。但是在我国，相对于物理化学修复技术，微生物修复技术多处于实验室研究阶段，还未大规模应用于污染场地修复中。本书希望能引导学生在学习石油烃污染土壤微生物修复技术的基础理论的同时，从实验设计开始到实验结果分析，逐步掌握石油烃污染土壤微生物修复技术的基本原理和方法。

参加本书编写的人员有：前言，王红旗；第 1 章，王红旗、花菲、李艺、赵一村；第2章，花菲、王红旗、李艺、杨艳；第3章，王红旗、花菲、齐永强、赵一村、李艺、张小啸、陈延君；第4章，花菲、陆泗进、王红旗、李艺、熊樱、郝旭光、李晓斌；第5章，熊樱、王红旗、郝旭光、李晓斌、花菲、李艺、杨艳；第6章，杨艳、李晓斌、郝旭光、王红旗、花菲、李艺、熊樱；第7章，王璇、王红旗、李艺、花菲、杨艳；第8章，李艺、花菲、王红旗、陈延君、杨艳、郝旭光；第9章，王红旗、熊樱、花菲、王璇、王倩、杨艳；附录，花菲、王红旗、李艺、杨艳、熊樱、郝旭光、李晓斌、王璇、王倩。王红旗、花菲负责全书的统稿。

如前所述，本书内容包含了作者以及课题组学生近年来的研究成果，这些研究工作先后得到了国家自然科学基金“包气带微生物对多环芳烃的吸附摄取、运输与跨膜分配研究”（41072177），国家自然科学基金“包气带微生物对多环芳烃的跨膜运输及膜蛋白传输方式的研究”（41372232），国家高技术研究发展计划（“863”计划）项目“低温环境石油烃污染土壤的作物-微生物协同修复技术研究”（2007AA06Z308），国家高技术研究发展计划（“863”计划）重大项目“滨海湿地区石油采场及周边污染土壤修复技术研究与示范”（2013AA06A205），中国博士后科学基金“北方滨海湿地油污土壤的植物-微生物协同修复技术研究”的支持，在此表示衷心的感谢。

本书可供环境保护、资源管理、生物技术领域的科研人员参考，也可为大专院校环境科学与工程专业的教师和学生使用。各校在参考使用本教材时可根据自身的条件进行实验或示范。

国内外在石油烃污染土壤的微生物修复技术领域的研究和发展非常迅速，因此本书中仍有不少问题的研究不够深入。此外，由于编者水平有限，且所涉及内容广泛，参考资料众多，本书难免存在缺点和疏漏，恳请使用本书的师生、读者或专家同行给予批评指正，以求不断完善和提高。

王红旗

2015年6月

目　录

第1章
绪　论

1.1　土壤石油污染现状及危害

近20年来，工农业的迅速发展使人们对石油等原材料和石油产品的需求量迅速增加。然而，社会经济的发展也导致石油污染区域的逐步扩大。在石油的运输、炼制加工和使用过程中，由于事故、不正常操作及检修等原因，导致石油的溢出和排放（戴竹青和申开莲，2000）。例如，储油库、加油站中成品油在储存、装卸、向车辆加油、运输、零售过程中的泄漏以及油罐和输油管线渗漏；石油化工厂、炼油厂油槽的漏油事件以及在生产装置检修中的漏油；石油化工、炼油厂、汽车修理行业所排放的废油；污水灌溉；在石油炼制加工过程中排放的含油固体废弃物的不合理堆置以及含油废水的大量排放；油罐车在加油站卸油时会产生大量的油气挥发物等。

特别是近10年来，随着国家对经营油品市场的放开，我国加油站的数量高速增长，仅在北京就有加油站1 000多个（赵章元，2004），见图1-1。一些加油站存在偷工减料、使用粗制滥造的油罐以及防腐质量差等问题。如一些加油站在施工时偷工减料，只用4 mm板制作地下油罐；有的防腐处理达不到标准或只刷防锈漆，这些都留下渗（泄）漏隐患。而且大部分加油站的地下贮油罐为“直埋式”，油罐周围未做任何防渗（泄）漏基础设施。许多加油站关门停业后其地下油罐一般没有运走而继续留在地下，随着时间的推移，由于金属材料的锈蚀这些地下油罐出现不同程度的渗（泄）漏。这些都会致使大量的汽油、柴油直接流进或渗入地下造成污染。近年来，在北京曾发生过几起严重的加油站漏油事故。例如，1995年在安家楼加油站发生的漏油事故造成了附近自来水厂停止运行几个月；2004年在北京东六环加油站发生的一起柴油泄漏事故造成了107 m的路面和附近排水沟被柴油污染。

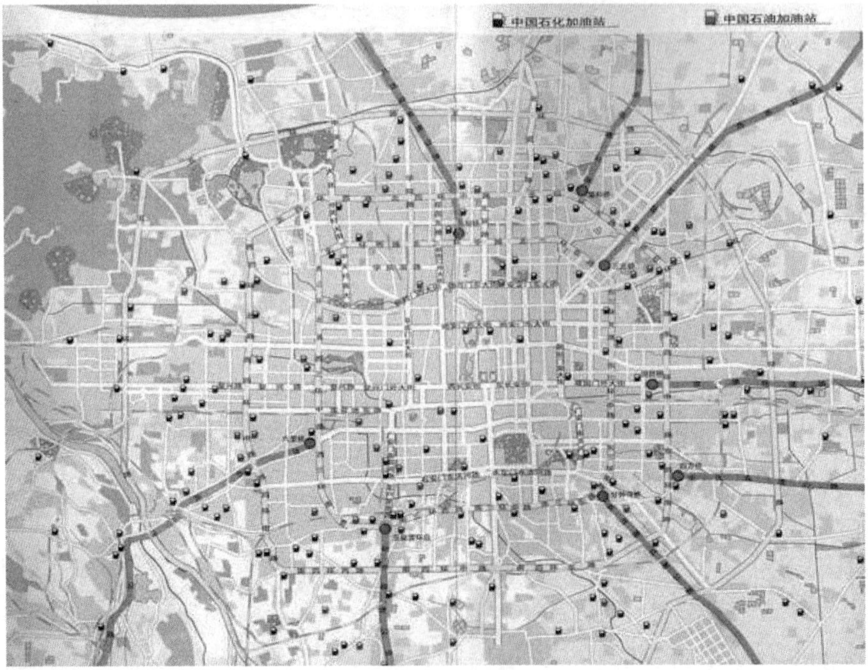

图 1-1　北京市主要加油站分布

还有一些研究表明，除了海洋污染，近海岸石油污染，油田及加油站附近土壤受到石油污染外，在寒冷的北极地区的土壤也受到了石油污染。这是由于在南极大陆和北极林线带以北地区，人类活动需要石油等能源来进行供暖、仪器的操作，飞机和船舶的运行。此外，由于石油泄漏以及过去的废物清理工程，极地土壤受石油污染情况开始发生，尤其是在南极科学站附近地区、军事基地和北极石油开采地区（Alslabie 等，2004；Whyte 等，1999）。

排入土壤中的柴油，会破坏土壤结构，被土壤粒子吸附，堵塞土壤的孔隙，影响土壤的通透性；对植物的危害主要是损害植物的根部，阻碍根的呼吸与吸收，最终导致植物死亡；柴油也会通过呼吸、皮肤接触、饮食摄入等方式进入人体，影响肝、肾、心血管系统等，造成人体损伤（戴竹青和申开莲，2000）。如何尽快修复土壤中柴油污染物亟待解决，也日益引起人们的关注和重视。

我国大部分油田区和石油化工区土壤均受到了石油及其炼化、裂解产物的污染。华北油田附近的很多农田由于原油污染而无法耕种，且每年都要支付大量资金作为对农民的赔偿。大庆油田在 20 多年的开采过程中造成大面积土壤和水体的石油污染。对油田区石油污染状况的调查表明，大庆油田石油开发区污染土壤面积超过 75%，农业开发区污染面积超过 20%（陈嫣等，2005）。据统计，我国现有的 1 亿 hm^2 耕地中，有近 2 000 万 hm^2 受到不同程度的污染，每年由于土壤污染造成的粮食减产约 250 万 t。另外，对大庆油田贴不贴泡及其周围潜水水质的测定结果表明，由于有机污染物分解缓慢，造成地下水体污染问题显著。水体在上游 500 m 范围内为Ⅴ类地下水，在 1 500 m 监测点地下水中的含油量仍为Ⅳ类标准（贾建丽，2005）。

石油进入土壤后所产生的危害主要体现在几个方面：① 石油的密度小、黏着力强且乳化能力低，故石油在土壤中容易与土粒粘连，影响土壤的通透性，降低土壤质量。② 积聚在土壤中的石油烃，大部分是高分子组分，会附着在植物的根表面，形成黏膜，阻碍根系的呼吸与吸收，引起根系腐烂，影响农作物的根系生长，也会引起土壤微生物群落、微生物区系的变化。③ 石油中富含的反应基能与无机氮、磷结合并限制硝化作用和脱磷酸作用，从而使土壤有效磷、氮的含量减少，影响作物的营养吸收。④ 石油中所含的多环芳烃等化学物质具有致癌、致畸、致突变等作用，它们能通过食物链在动植物体内逐级富集，进入人体后，能溶解细胞膜和干扰酶系统，引起肝、肾等内脏病变，危及人类健康。⑤ 石油烃中不易被土壤吸附的部分能渗入地下并污染地下水，造成水源污染，构成对人类生存环境多个层面上的不良胁迫。

1.2 土壤石油污染的来源

石油是一种含有多种烃类（正烷烃、支链烷烃、芳烃、脂环烃）及少量其他有机物（硫化物、氮化物、环烷酸类等）的复杂混合物。石油含有多种有害物质，其中苯系物 BTEX（苯、甲苯、乙苯和二甲苯）和多环芳烃 PAHs（菲、蒽、芘等）具有显著的“三致”（致癌、致突变、致畸）效应。石油组分中，属于环境优先控制和美国协议法令规定的污染物多于 30 种。土壤石油污染源分布广泛，类型繁多，主要包括以下几个方面。

1.2.1 溢油和泄漏

石油及其产品在开采、运输和使用过程中溢油和泄漏现象时有发生，当这些现象发生在陆地上时，大量油类便直接进入土壤，给土壤带来严重的污染。一般开采时落地原油污染物平面上主要以放射状分布在以油井为中心的一定范围内，据单井调查显示：油井附近浓度最大，离井越远浓度越小，60～70 m 以外石油污染就很小了，而纵向上石油对土壤的初步污染则多集中于地表下 20 cm 左右的表层。由于石油的黏度大，黏滞性强，在短时间内形成小范围的高浓度污染。污染形态往往是石油浓度大大超过土壤颗粒的吸附量，过多的石油就存在于土壤空隙中。

1.2.2 含油固体废弃物的堆放

这类物质主要包括含油岩屑、含油泥浆等。这些废弃物往往堆积在厂矿区周围。它们的特点是在进入地表土壤环境前就已经被固体物质所吸附或夹带。进入土壤环境后，它们污染土壤的方式是含油固体物质与土壤颗粒的掺混，使土壤中石油类含量比非堆矿渣区高出数倍。

1.2.3 含油废水的污染

含油废水中的原油以乳化的形态分散在水体中，含油浓度可高达 7 000 mg/L。高浓度的含油废水排至井场地面后，迅速下渗。下渗过程中，极细的分散油粒不断以扩散、沉淀、截留等方式与土壤颗粒接触，由于石油类物质的疏水性，这些接触的发生往往造成土壤颗粒对油粒的吸附。在水动力作用下，这种污染深度一般较大。如果当地浅层地下水位较高，污染土层深度达到了浅层地下水位时，还会造成地下水的石油类污染。

1.2.4 大气污染

石油冶炼、石油化工厂的生产过程中，都有部分石油中可挥发的成分进入大气，这些成分可与大气中颗粒物结合成降尘进入土壤。此外，各种使用汽油、柴油的车辆在行进中排出的废气中也含有大量未燃烧的石油成分，这些成分也会以沉降物的形式进入土壤。因此，公路两侧土壤中往往含有较多的石油污染物。

1.2.5 药剂施用

油类经常作为各种杀虫剂、防腐剂和除草剂的溶剂或乳化剂，当使用这些农药时，油类就同时进入土壤，增加了土壤中的石油类含量。

1.2.6 石油烃组分的特征

汽油和柴油是石油制品中应用最广的两种，其主要成分为饱和烃、芳香烃、非烃和沥青质。柴油中芳香烃含量较大且毒性最大，尤其是多环芳烃（PAHs）的毒性更大，柴油中的芳香烃主要是甲苯、萘、1-乙基萘、2,5-二乙基萘、菲、蒽和芘。汽油中的芳香烃主要是甲苯和萘（Adam 等，2002）。柴油中芳香烃的含量比汽油中大，并且汽油的挥发性比柴油强。原油是由各种不同的碳氢化合物所组成的复杂混合物，含有 3 类主要烃：烃烷、环烷烃和芳香烃；石油产品包括汽油、煤油、柴油、润滑油等及各类油的分解产物。石油污染物中芳香烃类物质对人及动物的毒性较大，尤其是多环和三环为代表的芳烃。多环芳烃类物质可通过呼吸、皮肤接触、饮食摄入方式进入人或动物体内，影响肝、肾等器官的正常功能，甚至引起癌变。石油中的苯、甲苯、酚类等物质，如果经较长时间较高浓度接触，会引起恶心、头疼、眩晕等症状。石油污染物对植物的危害，低分子烃比高分子烃强，主要是因为它能穿透到植物的组织内部，破坏正常的生理机能。高分子烃可能因分子较大而穿透能力差，但高分子烃易在植物表面形成一层薄膜，阻塞植物气孔，影响植物的蒸腾和呼吸作用。在很多已作过石油研究的土壤上，表明不同作物受油害的影响是不同的。水稻耐油污的能力较小麦好。地衣、苔藓类植物对石油污染物的影响极为敏感，因此，它们常用作石油污染物的指示作物（高吉喜和熊严军，1994；高拯民，1986）。

1.2.7 石油污染物对土壤理化性质的影响

排入土壤中的柴油，会破坏土壤结构，被土壤粒子吸附，堵塞土壤的孔隙，影响土壤的通透性；对植物的危害是损害植物的根部，阻碍根的呼吸与吸收，最终导致植物死亡；柴油也会通过呼吸、皮肤接触、饮食摄入等方式进入人体，影响肝、肾、心血管系统等，造成人体损伤（任磊和黄廷林，2000）。如何尽快修复土壤中柴油污染物亟待解决，也日益引起人们的关注和重视。

20 世纪 70 年代以来，国内外一些学者对石油中化合物（特别是环芳香族化合物）进行了大量研究。Weber 等（1992）研究了疏水性有机物在自然沉积物和悬浮物吸附的热力学和动力学模型。Grathwohl 和 Kleineidam（1995）以及 Grathwohl 和 Reinhard（1993）通过研究含水介质中多环芳香族化合物的释放规律，建立起平衡和非平衡模型，并指出有机污染含水介质的恢复是一个非常缓慢的过程，常常需几年或几十年。Larsen 等（1992）等通过土柱试验测定 3 种含水介质中 12 种石油化合物的突破曲线，进而确定了它们的阻滞系数。

高拯民（1986）分别采用黏土、高岭土、煤灰、膨润土、活性炭处理含油污水进行吸附试验，试验结果表明，除油能力是：活性炭＞高岭土＞棕壤。何耀武等（1995）研究多环芳香烃类化合物在土壤上的吸附，结果表明，荧蒽和菲在土壤上的吸附量与土壤有机质含量之间是显著相关。赵文谦和黄勤生（1997）研究了不同水动力条件下泥沙对乳化油的吸附，并建立了吸附的数学模式，证明泥沙对乳化油的吸附速度很快，可以不考虑其动力过程而直接分析吸附量的变化规律，平衡吸附量和水流条件无关，从而可以把室内试验直接推广到一般的水动力条件。李崇明和赵文谦（1997）以煤油、柴油和机油为例，研究了泥沙对乳化油的吸附和解吸规律，并进一步分析了泥沙粒径和含盐量对吸附作用的影响。郑西来等（1998）测定了含水介质对溶解油的吸附等温线、阻滞系数，并应用于地下系统石油污染的分析、评价和预测。试验结果表明，低浓度的石油污染物在含水介质中的吸附符合直线型朗格谬尔方程，是一种理想的物理吸附。王洪涛等（2000）对石油污染物在土壤中运移的数值模拟进行了初探，分析了石油污染在土壤中运移的规律，并建立了非饱和带污染物迁移地下水运动模型。

1.3 污染土壤微生物修复概述

石油污染土壤的微生物修复是指利用污染土壤中自然存在的土著降解菌或接种高效的外源降解菌（以下简称外源菌），在适宜环境条件下，促进或强化微生物代谢功能，从而达到降低有毒污染物活性或将其降解成无毒物质的生物修复技术（滕应等，2008）。与物理化学或植物修复技术相比，微生物修复技术具有：① 经过修复的土壤环境的物理、化学和生物学性质基本保持不变，甚至会优于原有土壤的性质；② 最大限度地降低污染物的浓度；③ 处理形式多样，可就地处理；④ 环境影响小；⑤ 修复成本费用低；⑥ 应用限制较小等优点。

存在于土壤环境中的天然微生物种群对石油烃的降解作用是石油烃和其他烃类污染物从土壤环境中消除的基本途径之一（Balba 等，1998）。微生物利用生物自我调控机制以及对污染物的综合净化功能处理土壤中的石油烃类污染物，使它们在生物的新陈代谢过程中得到较为彻底的转化和降解，而且最终产物是 CO_2 和水，不会产生二次污染，是应用前景最为乐观的土壤石油污染物处理方法（黄廷林等，2007）。

生物修复是指人为作用下利用微生物促进有毒、有害物质降解的技术。它的基本概念是：利用活的有机体去打破污染有毒害作用的大分子结构，使其成为较简单的无害的形式，并可以直接或间接地被植物或动物吸收，修复途径包括微生物作用、植物作用以及二者相结合的方式（周启星等，2004）。美国 EPA 的 SPCC（Spill Prevention Control and Countemeasure）和 Oil Pollution Act 及其 2002 年修正的最终法案已将生物修复作为原油污染土壤修复的首选措施。现如今，美国和欧洲污染土壤生物修复技术早已走出实验室，并在许多受有毒有害有机物污染的土壤修复计划中得到应用。目前，国内关于石油污染土壤的生物修复技术大多还仅限于实验室研究阶段，研究内容主要是利用微生物对石油污染土壤进行修复，近年来利用微生物与植物进行联合修复的研究也成为生物修复的一个热点方向。

1.3.1 原位生物修复

原位生物修复技术（In situ bioremediation）产生于 20 世纪 70 年代中期，80 年代以来得到广泛研究与应用。它是指对受污染的土壤不作搬运或输送而在原位污染地进行的，并向污染区域投放氮、磷营养物质或供养，促进土壤中依靠有机物作为碳源的微生物的生长繁殖，或接种经驯化培养的高效微生物，利用其代谢作用达到消耗石油烃的生物修复处理（王红旗等，2006）。原位修复技术之所以更多地被采用，其原因与环境工程技术人员和当地政府对这些新兴技术信赖度的提高不无关系，此外还与它的成本低廉、分解率较高、无二次污染、操作简单等优点有关。另外，对于较大面积的污染土壤，异位修复需要大量地挖掘土壤并进行处理，工程造价太高，此时更适合用原位修复技术。原位修复主要包括原位地耕法和土壤气相抽提法。

1.3.1.1 原位地耕法（In situ land farming）

地耕法也叫土地处理，在处理油泥废料上应用的历史较长。此方法主要是利用土著微生物降解土壤中的石油，是一项可以有效节省成本的方法，最初用于处理石油工业废物及生活污泥，可在短短几个月内使石油浓度从 70 000 $mg{\cdot}kg^{-1}$（7%的含量）降低到 100～200 $mg{\cdot}kg^{-1}$。美国石油研究所（American Petroleum Institute）优化了处理过程，提出了施用速率、处理时间、营养补充、水分含量混合方式的最佳条件。现在国际上比较流行化学-生物联合修复技术。疏水的石油烃吸附于固相土壤颗粒表面，近乎固态，不易被微生物利用。因此，在生物修复之前，向土壤中投放表面活性剂进行化学清洗，使污染物由土壤颗粒表面转入水相中，增大污染物与微生物的接触面积，提高石油烃类物质的生物可利用性（罗洪君等，2007）。

地耕法的优点是方法简单、费用低廉、人力需求低、环境影响小，效果显著。如 1989 年 3 月，Exxon 公司的油轮在阿拉斯加 Prince William 海湾发生溢油事故，Exxon 公司和美国国家环境保护局（EPA）的科学家们联合尝试采用就地生物降解，从 1989 年夏至 1990 年，就有 160 km 海滩上的石油得到了有效的治理。1992 年美联邦调查组确认油污已基本清除，残留油污可以靠微生物自行消解。但地耕法也存在工程强化措施少，处理时间长，挥发性有机物会造成空气污染，难降解物质的缓慢积累会增加土壤的毒性等缺点。而且其后的处理区的建设，承载石油土壤的铺展，定期的旋耕，土壤偶尔的翻耕以及取样都是必需的措施（罗洪君等，2007）。

1.3.1.2 土壤气相抽提生物修复（Soil vapor extraction）

气相抽提技术是在污染区的不同深度钻井，然后通过井中的泵将氧化剂（如 H_2O_2）注入，通常是一个井注入氧化剂，另一个将废液抽提出来，并引进其营养物质以供给本地微生物繁殖需要，使之通过复杂的生化作用降解有机污染物，达到修复目的。该过程的实用性取决于土壤的水力渗透性、烃污染物种类、污染浓度、土壤温度、土壤营养平衡、土壤微生物种群和清除标准（杨乐巍等，2007）。此外，还要求循环通风和加水以携带氧、营养、微生物和其他石油降解所需要的添加剂。最常用的添加氧的方法有：通气/重新注入抽提的地下水，土壤通风和加入液态氧或 H_2O_2，气相抽提适用于污染源扩散到饱和土壤或地下水，污染土层不便于控制或很难找到合适的专用场地的情况。

1.3.2 异位生物修复

异位生物修复（Ex situ bioremediation）是将受污染的土壤、沉积物移离原地，在异地用生物的、工程的手段进行处理，使污染物降解而使污染的土壤恢复到原有的功能（Boopathy，2000）。异位修复主要包括土壤耕作法、生物堆放法、堆肥法和生物反应器。

1.3.2.1 土壤耕作法（land farming）

土壤耕作法和地耕法有相似之处，只是该方法要把土壤挖取、移动，故把它归为异位生物修复。土壤耕作法基本实施步骤为：① 场地处理。准备一块场地，一般以贫瘠的砂质黏土或砂质壤土为宜，对下垫面进行防渗处理，以免长期放置石油类污染物而影响地下水水质，同时在场地四周建立阻断墙，防止污染物向四周扩散（Bleckmann 等，1997）；② 把污染土壤运至现场，均匀平铺成 30～80 cm 厚的土层；③ 设置灌溉系统保证土壤湿度；④ 处理过程中周期性地进行耕作（翻土），以保证土壤结构的优化，增加土壤的通透性和一致性，提高氧转移的效率。因此，该方法被用于处理工作车间的轻质石油烃污染土壤（Guerin，2000）。

1.3.2.2 生物堆放法（biopile）

堆放法是一种对土地处理技术的改进降解技术。通常是将石油污染土壤从污染地域挖出，运输到异地堆积，一般成条状，中间留有“田埂”，便于收集产生的渗出液，避免处理现场土层的污染；生物修复处理后再运回原地。该技术的特点是在堆起的土层中铺有管道，提供降解用水，并在污染土层以下设有多孔集水管，收集渗滤液。系统还可设有送气管和空气泵，以稳定氧的补给（Rhykerd 等，1999）。各种均匀布水或滴灌技术均可应用于这种处理系统中。生物堆系统可以是完全封闭的，内部的气体，包括降解产物和挥发的石油类物质，都经过诸如活性炭吸附、特定酶的氧化或加热氧化等措施处理后才向大气排放，而且封闭系统的温度更加稳定。所以，堆放法二次污染更少，处理效率更高。堆放法的优点是可以在土壤受污染之初限制污染物的扩散和迁移，减少污染范围。缺点是挖掘和运输费用高于原位修复，可能破坏原地土壤的生态结构，在运输过程中会造成污染物的进一步暴露。

1.3.2.3 土壤堆肥法（composting）

堆肥法虽然是 20 世纪才发展起来的科学技术，但原始的堆肥方式很早就出现了，在我国和印度等东方国家历史尤其悠久，如我国古籍《齐民要术》和《农书》等对堆肥制肥都有比较详细的阐述。进入 20 世纪 80 年代后期，堆肥技术逐渐获得更多国家的关注与重视，并得到广泛的应用，主要有堤形堆肥法、静态堆肥法、封闭堆肥法和容器堆肥法（罗洪君等，2007）。

堆肥法是一种和土地耕作法相似的处理技术，实际上就是基质的微生物发酵过程，即在可控制条件下，利用微生物的生化作用，将废弃物中的有机物质分解、腐熟并转化成稳定腐殖土的微生物学过程。堆肥法是将含油废弃物与适当的材料相混合并堆放，使天然微生物降解石油烃类的过程，它加入了土壤调理剂以提高微生物生长和石油生物降解的能量。在这个过程中，有机废物中的可溶性小分子有机物质透过微生物的细胞壁和细胞膜而为微生物吸收利用；不溶性大分子有机物则先附着在微生物的体外，由微生物所分泌的胞外酶分解为可溶性小分子物质，再输送入细胞内为微生物利用。此方法对去除含高浓度不稳定固体的有机复合物是最有效的，因为它保持微生物代谢过程中产生的热量，利用石油烃类的生物降解。在处理过程中，加入的物质或调理剂可以是干草、割草、树叶、麦秆或肥料（Ayotamuno 等，2006；Schaefer 和 Juliane，2007）。加入土壤调理剂是为了提高土壤的渗透性，增加氧的传输，改善土壤质地，以及为快速建立一个大的微生物种群提供能源。黏土石油降解实验表明 C：N：P=100：10：1 较好，其中 N 源来自 NH_4NO_3。承载石油土壤、湿度、营养和土壤修复剂的正确的混合是建立满足能源需求和最优化生物降解效率的适应的平衡的关键（Pala 等，2006）。有学者通过试验研究了添加不同调理剂及不同量的调理剂对污泥中石油生物降解的影响。结果表明，添加调理剂可以显著地提高降解速率；几种调理剂之间，以木屑最好，蛭石次之，稻草再次之。和土地耕作法相比，堆肥法的处理时间短，适用于较高烃类含量的含油污染，适用于冬季较长的地区，且处理后的含油废弃物可填埋或施于农田（顾传辉和陈桂珠，2001）。

1.3.2.4 生物反应器修复（bioreactor）

反应器修复是最灵活的方法，可以提供最大程度的控制，产生最理想的条件。生物反应器在结构上与常规的生物处理单元类似，既可是活性污泥类反应器，也可是生物膜反应器。反应器修复适用于含油污泥，也适用于油污土壤，也可用于石油工业废弃物的预备处理以减少烃类含量，是处理高浓度重油污染土壤的有效方法（史继诚和贾凌云，2006）。其主要特征有：① 以水相为处理介质，因此，原油、微生物、溶解氧和营养物的传质速度比较快，而且避免了复杂又经常不利用的自然环境变化，各种环境条件如 pH、温度、氧化还原电位、氧气量、营养物浓度、盐度等便于控制在最佳状态，因此处理污染物的速度快。② 可以设计不同构造以满足不同目标处理物的需要，提供最大限度的控制。③ 避免有害气体排入环境。其缺点是处理过程工艺复杂，要求严格的前、后处理工序，处理成本高；而且，在对难生物降解物质进行处理时必须慎重，以防止污染物从土壤转移到水中。美国东南部的一家木材处理厂，使用生物泥浆法处理该厂受杂酚油污染的污泥土壤，安装了 4 个半间歇式生物反应器，并接种能降解杂酚油的细菌，每周可处理 100 t 受污染的污泥土壤（侯彬等，2007）。

1.4 石油烃污染土壤微生物修复研究进展

在进行各种生物修复制剂研究和实施生物修复治理过程中，为了改善生物修复的效果，加快生物修复的反应速度，能够使微生物发挥更有效的作用，学者们除了开展高活性外源微生物研究外，针对不同工矿条件，也研究开发出了多种新型的生物修复方法，形成了一系列特殊的生物修复技术，大大地提高了生物修复效果。

1.4.1 生物通风技术

Cooley 和 Billings（1993）研究出了一种适用于石油烃污染场所的修复技术，并将其称为生物鼓泡技术或生物通风技术（SVS），该技术是将原位曝气和生物修复两技术有机地结合在一起。SVS 技术已经在 30 多个污染场地的修复处理中应用，该技术包括一个游离态石油产品的回收装置和生物蒸发控制系统，根据典型的场地污染和水质情况，SVS 集成了很多技术特点。研究通气对石油污染土壤的生物修复影响发现，良好的通气效果，可以确保土壤中具有良好的供氧条件，一方面可以利用氧气直接氧化土壤中的一部分石油烃类污染物；另一方面它为微生物的繁殖生长及对石油烃类物质的降解作用提供必要的电子受体，进而促进生物降解。同时，还可以控制土壤中酸碱度的变化，防止土壤中酸性物质的积累，较好地保持了土壤酸碱度的稳定，从而提高了微生物的活性及其降解烃类物质的能力，促进石油污染土壤的快速生物修复（丁克强和孙铁珩，2001）。用谷物废料和谷物油进行污染物的生物修复的专利可有效地实现生物修复，首先使谷物与烃类污染物充分接触，然后投加细菌和营养物，通常烃类污染物存在于固体的表面或漂浮于水面或与固体物质混掺在一起。当固体的谷物材料被用来与污染物相混时，常用的方法是将谷物油直接喷洒在水面、海滨、固体物质和岩床上以消除其石油烃泄漏造成的污染（Calcavecchio 等，2001）。在一种加速烃类污染物生物修复处理的专利中，首先利用化学改良剂进行污染土壤的处理，以便于后续生物修复的加速；其次是采用给污染土壤诱入空气，以提高土壤中的含氧量；再次是加入生物修复剂（微生物），同时加入水，进行生物降解；最后利用水排出降解后的污染物。该种方法可以显著地提高生物修复的速度（Glaze 等，1997）。

1.4.2 生物泥浆技术

在一种利用生物泥浆进行生物修复处理的异位生物修复技术中，采用将污染物溶解在水体中的方法，来改良泥浆相的有机污泥和有机污泥与有机污染土壤的混合物的生物修复作用。其具体过程是将一种高固体含量的活性泥浆（它是由大量加速降解烃的细菌和少量生物降解残余物组成）与土壤混合后加入水形成水泥浆，该泥浆通过一系列的生物反应器，每个反应器中的低的水力剪切将促进大量微生物的产生进而形成可絮凝的悬浮物，从系列生物反应器出来的流体，连续或半连续地进入固液分离器，从降解后的废弃残余物中分离出混合液体生物泥浆，它含有少量的生物降解残余物，然后将其打回泥浆处理工艺进行循环处理（Castaldi，1993）。在一种通过堆肥方式改善土壤生物修复作用的专利中，将生物修复和生物堆肥有机地结合起来，形成一种用于土壤改良和其他有机物质生物修复的方法。利用泥浆生物反应器和土地耕种池，成功地处理了污染土壤，形成了一种异位修复技术。试验是在 Lukoil 公司拥有的 Kokuyskoye 油田区域开展的（在俄罗斯的 WestUrals、Perm 地区），污染物主要由废油储池中的物质组成，大多数情况下是在发生突然的石油泄漏事故和钻井设备表面脱落下来的石油对土壤污染，污染土壤样品中含有 200 $g\cdot kg^{-1}$ 的可回收的石油烃类物质，将这些污染的土壤收集到废油储泄中。投加了 *Rhodococcus* 表面活性剂，菌种混合均匀后，将其放入好氧泥浆生物反应器中，为了增强生物修复作用，采取了投加生物养料、土壤耕作、堆集一些木头碎片、经常浇水等措施，石油的生物降解速度为 300～600 $mg\cdot L^{-1}\cdot d^{-1}$（相当于 0.03%～0.06% *w/w*），最终在 5～7 周后含油量下降到 1.0～1.5 $g\cdot kg^{-1}$（相当于 0.1%～0.15% *w/w*）。然后将这种处理后的物质（含油量约为 25 $g\cdot kg^{-1}$）再放置到土地耕地处理池中进一步处理（Kuyukina 等，2003）。

1.4.3 电动修复

土壤电动修复技术，是将电极插入受污染的土壤区域，施加微弱的直流电形成电场，利用电场产生的各种电动效应来修复受重金属和有机物污染的土壤。在该技术中，外加电动力一方面可以驱动土壤污染物沿电场的方向定向迁移，从而将污染物富集到电极区集中除去，另一方面它可以将各种添加物有效地输送到地下污染区，或者增强地下环境中污染物的传质和生物可利用性，达到强化生物修复的效果，目前，该技术仍然处于实验室研究阶段，是一种有前景的强化生物修复配套技术（刘五星等，2011）。一种新型长料堆式异位生物修复技术可用于是由污染土壤的生物修复，它是在待处理的污染土壤中按比例加入营养剂（肥料）、水、膨胀剂（稻壳、麦麸、锯末等物质，为了保持土壤的透气性）和菌剂，混合后堆积成厚度为 350 mm 的试验区块，堆料通过通风管道保持自然供氧和排气，同时调整 pH 以确保微生物生长繁殖的最佳条件。利用该技术对辽河油田稀油、稠油和高凝油污染土壤进行了生物修复试验研究，在污染土壤中的总石油烃（TPH）含量为 4.16%～7.72%（*w/w*），堆料的温度为 20～40℃，含氧量为大于 14%，pH 为 6～8，水分为 10%～25%时，经过 53 d 的生物修复处理，TPH 的降解率达到了 45.19%～56.74%（姜昌亮和李培军，2001）。

1.4.4 预制床堆制

预制床堆制的生物修复技术用于石油污染土壤的生物修复处理，该技术的基本操作过程如下：首先将石油污染土壤收集并运输到处理场的混合池中，按比例投加肥料、水和固体菌剂，充分搅拌均匀后，堆放在预制床上，形成厚度为 500 mm 的污染土壤层，堆料中间垂直插入通气管，以保持自然供氧和排气。利用该技术对辽河油田石油污染土壤进行了生物修复试验研究，研究表明，在污染土壤中的 TPH 含量为 2.58%～7.72%（*w/w*），堆料的温度为 20～40℃，含氧量为大于 14%，pH 为 6～8，水分为 10%～25%时，经过 210 d 的生物修复处理，TPH 的降解率达到了 66.59%～80.96%（李培军和白玉兴，2002；李培军等，2003）。利用土壤菌根技术来进行石油污染土壤的生物修复中，通过种植黄豆、玉米等植物的试验研究发现：菌根降解对于提高石油污染土壤的生物降解速率的作用十分明显，石油污染的降解率可达到 53%～78%，其中黄豆植物的效果更佳（何翊等，2004）。

1.4.5 低温微生物修复

目前，国际上环境生物修复技术的核心是微生物技术。但以往的研究多集中在利用常温或高温微生物进行环境治理方面，而实际上常温或高温微生物的最适生长温度大多在 30℃以上，很难用于大面积的水体和土壤等的处理，即使能够应用也将消耗大量的能源，大大地限制了它们的实际应用。在自然环境中，占地表绝大部分的极地、海洋、湖泊以及高山和高纬地区的土壤等，其年平均温度多在15℃或以下，且地球上若干地区的冬季甚至春季温度均很低，这恰恰是低温微生物的最适生长温度。这类微生物在低温条件下既是生态系统中物质的初级生产者又是最终的降解者，在维持生物圈的物质循环和转化中起着巨大的作用，是维持整个生态平衡不可缺少的、重要的组成部分。

近年来，低温环境对有机污染物的影响的研究越来越受到环境微生物学者的重视。冻融作用可能增加微生物的活性。筛选出低温环境条件下降解石油的优势菌株将为建立起低温环境下切实可行的石油污染土壤的生物降解技术提供重要支撑（杨姝倩等，2006）。冻融作用可使土壤的物理、化学和生物学性质发生明显的变化，如使土壤疏松度增加，水稳性团聚体降低，可促进有机物质和细菌的接触及增强酶的激活效应，加强有机物质的矿化作用速度。土壤经过冻融之后，水溶性碳水化合物浓度明显增加，融化初期土壤所吸收的氧远远大于新鲜土壤，这有利于硝化作用的发生（Ross，1972）。季节性冻融是我国北方地区最重要的气候特征，冻融作用影响土壤营养物质的迁移和转化（Lafleur 等，2001），冻融波动是营养物质活化的主要驱动因子，其导致微生物呼吸强度（Brooks 等，1998）和土壤中微生物可利用营养物质浓度增加（Muller 等，2002）。因此，冻融作用可能对石油污染土壤的微生物修复过程产生重要的影响。

另外，在冻融过程中，有些微生物能够抵抗低温环境，并能在低温下生长，只是降解石油烃化合物速率很低。这类微生物常见于寒带土壤、深海、冰川和冷藏库等环境中。长期处于低温环境中的嗜冷性微生物对于净化这些环境中的污染物和保持环境的生态平衡起着十分重要的作用。很多耐冷菌能矿化甲苯等多种有机污染物质。Baraniecki 等（2002）在南极地带石油污染土壤分离得到了 ant17 菌株，该菌株在低温条件下吸收芳香烃，烷烃、杂环烃为底物，对加速低温地区石油污染物的降解具有重要实用价值。Panikov 和 Dedysh（2000）研究发现在−16℃时，微生物仍有活性，土壤微生物的降解作用仍然存在。

此外，研究表明在北极（Whyte 等，2001）、南极和高山地区（Margesin 等，2003）土壤中存在大量适冷的、降解烃的土著微生物。对海拔 2 875 m 高山冰川区域长期受柴油污染土壤的生物修复可能性进行现场研究，施肥后柴油含量大幅度降低（Margesin 和 Schinner，2001）；研究施肥对亚南极烃污染土壤降解率的影响。实验结果均表明：在土著微生物的作用下，施肥可以提高污染土壤的降解率

（Coulon 等，2004）。Mohn 等（2001）研究了北极冻原石油烃污染土壤，现场接种混合培养的嗜冷微生物进行生物修复处理。一年后，土壤中石油烃浓度降到了初始浓度的 1/20。Margesin 和 Schinner（1997）研究了 5 种高山亚壤土样品中柴油[每千克土壤（干重）含柴油 5 g]的生物降解性能。实验在 10℃下进行了 20 d，比较了下述 3 种情况下的生物降解活性，包括仅利用土著微生物，利用筛选到的柴油降解兼性嗜冷菌接种物（外来微生物），以及无机营养物（C∶N∶P 为 100∶10∶2）的生物刺激作用。添加嗜冷菌接种物和添加无机营养物都可大大增强土著微生物的降解活性，只是后者的生物刺激作用比前者的生物放大作用行之有效得多，而两者的同时加入，其去污效果并不如营养物的单独加入那么有效。Brakstad 和 Lodeng（2005）在 13℃接种培养原油污染的北海海水 56 d，接种 7 d 后油降解微生物出现暂时的生长高峰，随后下降，2～3 周后，菌群多样性降低，同时出现几种优势菌群。此外，从北部地区油污染的地下水（boreal subsurface）中取样，在 8℃好氧及厌氧条件下培养，结果证明厌氧石油降解（包括 *n*-烷烃降解）对含 CH_4 的北部油污染地下水的自然净化过程起重要作用（Salminen 等，2004）。

对低温石油污染地区来说，筛选出低温条件和冻融作用下石油污染物的优势降解菌群，通过富集和驯化，增强微生物对环境的适应能力，可提高生物修复效率。通过各种措施，促进接种的微生物与土著菌种稳定共存，并辅以现代的生物强化技术，是提高石油污染土壤生物修复效率的重要途径（法云等，2006）。此外，以微生物降解为基础，将物理、化学和生物的修复方法有机地结合起来，将可能是低温地区石油污染土壤微生物修复研究的重要内容之一（于颖和周启星，2005）。

第 2 章 污染土壤的微生物降解理论

2.1 降解石油的微生物

降解石油的微生物广泛分布于自然界，海洋、淡水、陆地、寒带、温带、热带等不同地区均可见其踪迹。迄今为止，已查知能降解石油中各种烃类的微生物共 100 余属，200 多种，它们分属于细菌、放线菌、真菌和藻类，见表 2-1 和表 2-2。

表 2-1 文献中常见的能降解 PAHs 的微生物

细菌	*Cokeromyces poitrassi*	*Sordaria fimicola*
Pseudomonas	*Choanephora campineta*	*Claviceps paspali*
Aeromonas	*Phycomyces lakesleeneus*	*Candida*
Moraxella	*Circinella* sp.	*Debaryomyces hansenii*
Beijerinckia	*Thamnidium anamolum*	蓝藻菌和微藻
Flavobacterium	*Absidia* sp.	*Oscillatoria* sp.
Achromobacter	*Rhizopus arrhizus*	*Microcoleus chthonoplastes*
Norcardia	*Aspergillus niger*	*Anabaena* sp.
Corynebacterium renale	*Penicillium notatum*	*Agmenellum quadruplicatum*
Rhizophlyotis rosea	*Curvularis lunata*	*Coccocnloris elobens*
Phytophthora cinnamomi	*Gliocladium* sp.	*Aphanocapsa* sp.
Thraustochytrium sp.	*Epicoccum nigrum*	*Petalonis fascia*（红藻）
Hyphochytrium catenoides	*Pestalotie* sp.	*Cylindrotheca* sp.
Cunninghamella	*Helicostylum piriforme*	*Chlorella sorokiniana*
Syncophalastrum sp.	*Psilocybe strictipes*	*Chlorella autotrophica*
Mucor sp.	*Panaeolus subbalteatus*	*Dunaliella tertiolectra*
Gilbertella persicarie	*Saccharomyces cerevisiae*	*Chlamydomonas angulosa*
真菌	*Emerioellopsis* sp.	*Ulva fasciata*
Zygorhynchus moelleri	*Neurospore crassa*	

表 2-2 文献中常提到的能降解烷烃类的微生物

好氧革兰阴性菌	莫拉氏菌属（*Moraxella*）	芽孢杆菌属（*Bacilus*）	不动杆菌属（*Acinetobacter*）	黄杆菌属（*Flavobacterium*）	假单胞菌属（*Pseudomonas*）	甲基单胞菌属（*Methylococcus*）
兼性革兰阴性菌	气单胞菌属（*Aeromonas*）	弧菌属（*vibrio*）				
放线菌	诺卡氏菌属（*Nocardia*）	放线菌属（*actinomyces*）	节杆菌属（*arthrobacter*）	棒杆菌属（*Corynebacterium*）		

2.1.1 细菌

Song 等（1986）观察到在沙壤土中 82%的正十六烷的矿化是由细菌完成的，降解石油的有假单胞菌属、黄杆菌属、棒状杆菌属、节杆菌属、不动杆菌属、小球菌属、弧菌属等属中的某些菌株。其中最为常见的为假单胞菌属，研究的也较多，已发现多种降解烃类质粒，并用于基因工程中。对乙烷、丙烷、丁烷等链烷烃和芳烃的降解都有假单胞菌参与。Cookson（1995）也报道土壤中高达 20%的微生物能降解烃类，其中降解石油的细菌以革兰氏阴性细菌占多数，如 *Pseudomonas* sp.，*Comamonas* sp.，*Alcaligenes* sp.，*Acinetobacter* sp.。革兰氏阳性细菌包括 *Arthrobacter* sp.，*Nocardia* sp.，*Bacillus* sp.。林力和杨惠芳（2000）从被石油污染的包气带土层中，分离出 159 株石油烃降解细菌和真菌，其中 17 株可以不同程度地分别利用烷烃和芳烃作为唯一碳源生长，在最适氮源和磷源的条件下，假单胞菌在 7 d 内可利用石蜡作为碳源生长，生物量连续增加，3 d 内可将初始浓度为 500 $mg \cdot L^{-1}$ 机油降解 99%。

2.1.2 放线菌

降解石油常见的放线菌为诺卡氏菌属和分枝杆菌属，但对烃类降解常不彻底，有中间产物累积。

2.1.3 真菌

真菌是一大类真核异养微生物，一般将它们分为酵母、霉菌和大型真菌几类。最早报道的降解石油的微生物就是一株灰绿葡萄孢霉，能使一薄层石蜡降解。在

pH 低于 6，溶解氧低于 0.5 $mg \cdot L^{-1}$，含氮也比较低的环境中石油降解微生物以真菌为多。Fan 和 Krishnamurthy（1995）发现真菌具有惊人的降解结构复杂的烃类和长链烃类的能力，但是真菌的降解通常是不完整的代谢，随后需要细菌完整的矿化。近年来白腐真菌对石油等有机物的降解研究很多。丁克强和孙铁珩（1999）对挑选的 2 株真菌进行了土壤中石油污染物的降解实验，经 90 d 后土壤中的降解率分别达到 61.8%和 66.1%。

2.1.4 藻类

藻类是含有叶绿素并能产生氧的光能自养菌。藻类可以用来降解多种酚类化合物，如苯酚、邻甲酚等。据报道，在萘存在的条件下，有 20 种不同的藻类培养物具有氧化降解萘的能力。栅藻（*Scenedesmus*）可以降解正十七烷。

2.2 不同石油烃组分的生物降解路径

2.2.1 链烃的微生物降解

链烃的最初降解作用有 4 种氧化方式：单末端氧化、双末端氧化、次末端氧化和直接脱氢（Atlas，1995）。

2.2.2.1 单末端氧化（terminal oxidation）

直链烷烃最常见的好氧代谢途径是单末端氧化（图 2-1），即在加氧酶的作用下，氧直接结合到烷烃末端的碳上，形成对应的伯醇，然后再依次氧化为相应的醛和单碱脂肪酸。脂肪酸再按 β 氧化方式氧化分解，即形成乙酰 CoA 后进入中央代谢途径，碳链的长度由 C_n 变为 C_{n-2}。反应重复进行，直至烃类完全氧化。支链烷烃的开始氧化阶段与直链烷烃的氧化是一样的，即首先是在加氧酶的催化下将末端的甲基羟基化，然后在一系列脱氢酶的作用下最终生成支链脂肪酸（Rittmann 等，1992）。

显然氧化作用需要分子氧存在。加氧酶有 2 种类型，即单加氧酶和双加氧酶。其反应步骤如下：

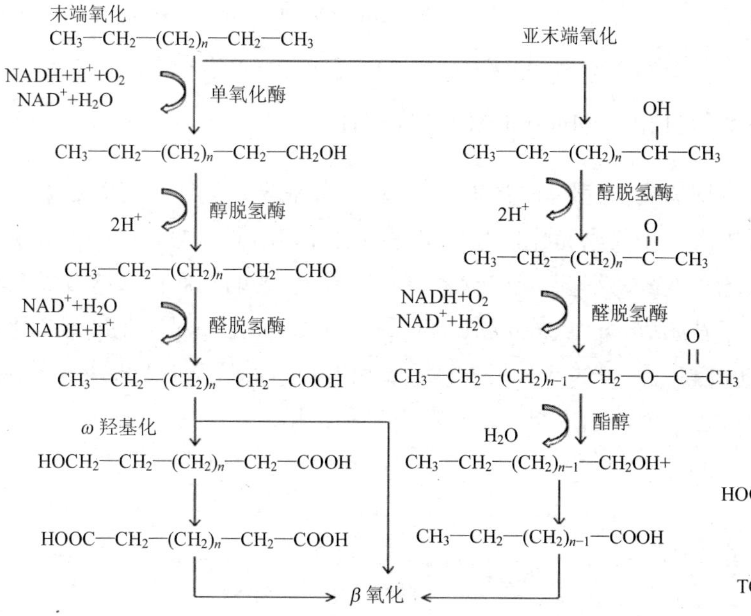

图 2-1　直链烷烃的好氧代谢途径

单加氧酶（monooxygenase）

$$R—CH_2—CH_3 + O_2 + NAD(P)H + H^+ \longrightarrow R—CH_2—CH_2—OH + NAD(P)^+ + H_2O \quad (2\text{-}1)$$

双加氧酶（dioxygenase）

$$R—CH_2—CH_3 + O_2 \longrightarrow R—CH_2—CH_2—OOH + NAD(P)H + H^+ \longrightarrow R—CH_2—CH_2—OH + NAD(P)^+ + H_2O \quad (2\text{-}2)$$

恶臭假单胞菌（*Pseudomonas putida*）的加氧酶是一种膜结合酶，编码在 OCT 质粒上（Harder 和 Kunz，1986），而以后进行反应的脱氢酶可能编码在质粒或染色体上。

2.2.2.2　双末端氧化（diterminal oxidation）

链烷烃氧化可以在两端同时发生，这种氧化的产物为二羧酸，如图 2-1 所示。通常支链烷烃比相应碳数的直链烷烃难以降解，Morgan 和 Watkinson（1994）研究发现双末端氧化经常会在支链烷烃中出现，一端β氧化受阻，另一端ω氧化还可以进行。Rehm 和 Reiff（1981）发现双末端氧化的证据是一些利用烷烃的细菌和酵母菌能够产生细胞外产物。如 *Pseudomonas*、*Corneybacterium* 和 *Candida* 的许多种类能够利用烷烃积累二羧酸。

2.2.2.3 亚末端氧化（subterminal oxidation）

有的微生物能氧化烷烃末端的第二个碳，即亚末端氧化（见图 2-2），形成仲醇，然后再依次氧化成酮和酯，酯被水解为伯醇和乙酸，然后进一步分解。以烷烃为唯一碳源和能源的细菌，亚末端氧化可能是次要的，而在那些辅助氧化烷烃的细菌中，如 *Bacillus* sp.、*Streptomyces* sp.、*Arthrobacter* sp.，亚末端氧化可能是主要的（Rittmann 等，1992）。另外许多真菌及一些酵母菌专门是亚末端氧化的。现已发现甲烷假单胞菌的甲烷单加氧酶有这种作用。

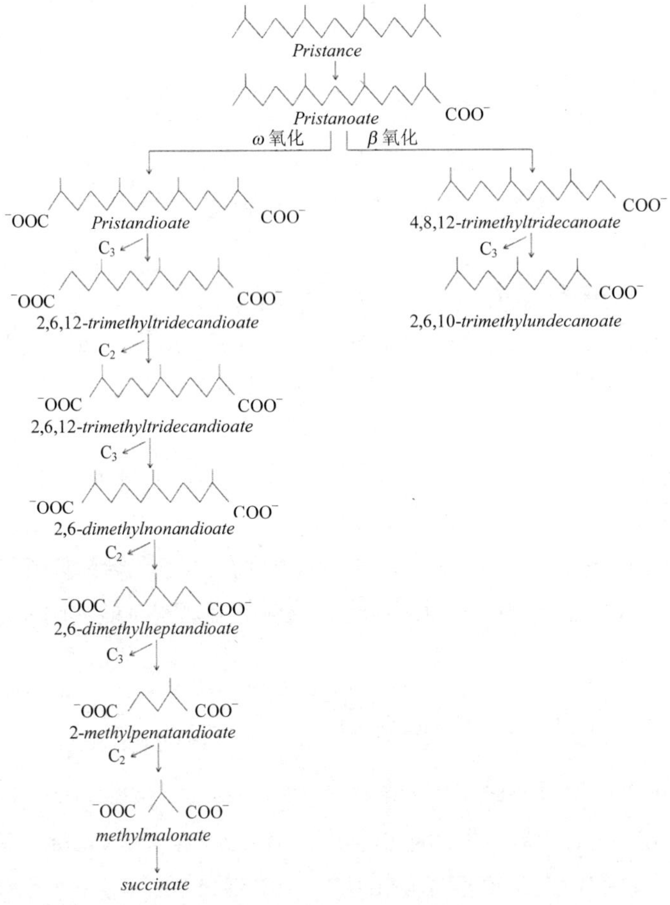

图 2-2　支链烷烃的好氧代谢途径

一些有多分支的烷烃，例如鲨肝油烷（2,4,10,14-四甲基十五烷），非常抗生物降解，经常作为抗生物降解的标记物。但是近来发现它也可以生物氧化，直接作用在第三个碳原子上。

2.2.2.4　直接脱氢

脱氢作用指在各种脱氢酶的作用下将烷烃末端的氢去除，由烷烃变为烯烃，进一步转变为仲醇、醛和酸。

$$R—CH_2—CH_3 + NAD(P)^+ \longrightarrow R—CH{=}CH_2 + NAD(P)H + H^+ \longrightarrow R—CH_2—CH_2—OH \quad (2\text{-}3)$$

2.2.2　环烷烃的微生物降解

在全部烃类中环烷烃类对微生物作用的抵抗力最强。环烷烃的降解和链烷烃的亚末端降解途径相似，羟基化是降解环烷烃很关键的一步。环己烷的降解代谢经历了环己醇、环己酮和己内酯后，开环形成羟基羧酸。

2.2.3　多环芳烃的微生物降解

多环芳烃（PAHs）是无处不在的污染物，它来自有机质的不完全燃烧，汽油不完全燃烧产生的汽车尾气中也存在。许多 PAHs 的产生与炼油和炼焦有关，据报道，采油、炼油和石油运输过程产生的污染要占 PAHs 污染的 70%。因此原油组分中的 PAHs 是优先控制的污染物。在多环芳烃的降解中微生物占重要作用，原核微生物和真核微生物都具有能氧化芳香烃的能力。Dagley（1971）发现细菌通过过氧化物酶将分子氧的两个氧原子结合进多环芳烃中形成顺式构型的二氢二醇。Wolfe（1977）进一步发现顺构二氢二醇在另外一种过氧化物酶的催化下将芳香环破裂形成儿茶酚类，儿茶酚类在另一种催化芳环裂解的加双氧酶的作用下进一步氧化裂解，见图 2-3。

PAHs 的降解取决于其化学结构的复杂性和降解酶的适应程度。Cookson（1995）总结了一些适用于大多数情况的降解特点：① 降解的难易，不论是在好氧还是在厌氧条件下，都与 PAHs 的溶解度、环的数目、取代基种类、取代基位置和数目有关；② 通常 2 环和 3 环 PAHs 容易被土壤细菌和真菌降解；③ 4 环及 4 环以上 PAHs 很难降解，需要依赖共代谢来降解；④ 增加 PAHs 的饱和程度会显著地降低降解程度；⑤ 在苯环结构中增加了 3 个甲基后，严重地降低了其生物降解性；⑥ 初始地环氧化是限速步骤，其后步骤在 3 环和 3 环以下进行很迅速。此外，以往的许多研究者认为氧气是微生物代谢烃类所必需的。然而越来越多的研究表明，烃类的生物降解既可以发生在好氧环境也可以发生在厌氧环境。不过，Coates 等（1997）发现在厌氧环境中，烃类的生物降解速率有所下降，而且能降解的烃的种类也少一些。在这里就不作详述。

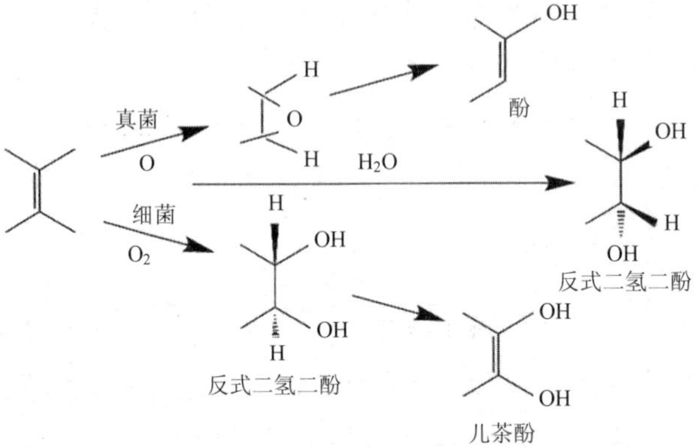

图 2-3 PAHs 的好氧代谢途径

2.3 土壤中石油污染物微生物降解及其降解去向

石油中烃组分的种类很多，已鉴定出的大约有 600 种烃类，还有数千种组分无法辨认（Hunt 等，1986）。各种组分的毒性以及环境特性都各不相同，在生物降解作用之后，它们之间的相对含量也会发生变化，所以有必要摸清土壤中所存在的石油污染物在生物降解作用下的最终去向。大多数未污染的包气带土层中的微生物群落均具有天然石油烃降解菌群，这种固有的特性使大多数包气带土层系统具有较高的烃代谢能力。在一种耕作的土壤中，好氧细菌的数量由于原油的加入而增加，不过好氧生物种类的多样性降低了，厌氧群落受到的影响微乎其微，这表明污染的包气带土层选择性地富集那些适应和利用新底物的微生物群落。在原油污染的尼日利亚砂质土壤中，微生物的数量和呼吸作用最初是下降的。但 6 周以后，烃类降解菌群的数量有选择的增加，而且在以后的 6 个月内，生物的数量和活性均保持在较高的水平（Oudot 等，1989）。污染土层的生物学研究进一步证实，石油污染的土层与未污染的土层相比，石油类污染物的毒性对微生物群落具有显著的选择性，其细菌种属的多样性明显较低。

土壤微生物在适宜的环境条件下，可以把石油类物质中的一定组分作为有机碳和能量的来源，同时将它们降解，不过由于生物稳定性的差别和石油组分的复杂性，石油类物质的各组分可被生物降解的程度和降解速度相差很大。微生物对烃类的降解大致有以下特点：① 降解过程需要氧，所以这类化合物的污染环境生物修复需要好氧条件；② 长链烷烃（C_{10}～C_{24}）比短链烷烃（小于 C_{10}）容易降解，小于 C_{10} 的烷烃大部分要通过共代谢作用降解，大于 C_{24} 的烷烃由于分子量太大不容易生物降解；③ 直链烷烃比支链烷烃容易降解，一个碳原子上同时连接 2 个、3 个或 4 个碳原子会降低降解速率，甚至完全阻碍降解（Atlas，1995）；④ 总的来说，烯烃最易分解，烷烃次之，芳烃较难，多环芳烃更难，脂环烃类对微生物作用最不敏感，至今只发现个别菌种能利用它。为此，齐永强等（2003，2004）进行了微生物降解实验，实验方法见附录 2，实验结果如下所述。

2.3.1　土壤中石油烃组分的降解特点

为了摸清土壤中所存在的石油污染物在生物降解作用下的最终产物，在实验进行至第 73 d 时，对采集的 16 个样品的土壤浸提液进行了色谱-质谱分析，探求在长时间的生物降解之后，不同条件下的样品残留污染物组分之间的差异。

为了更好地分析样品组分之间的差异，对各个样品的色谱图形进行了量化。具体方法如下：

（1）将正构烷烃分成若干组，各代表不同碳数段烷烃的降解情况。

（2）计算各正构烷烃的峰面积与样品所有峰总面积的比值，作为此烷烃的相对峰面积。

（3）将各组烷烃的相对峰面积相加，作为表征此组烷烃含量的标准。

根据上述方法进行统计，可以得出如图 2-7 所示的结果。图中的 Pr 指的是姥鲛烷（2,6,10,14-四甲基十五烷），Ph 指的是植烷（2,6,10,14-四甲基十六烷），这两种异构烷烃都是生物降解评估中常用的标志物，从前面的质谱分析中可以看出这两种烃的含量在油样中是比较高的。C_{10}～C_{14} 基本上被完全降解，只有在污染强度最高（10%），生物降解不太明显的几个样品中较大量地存在。但总体来说这一碳数段的烷烃还是最容易降解的；C_{17}～C_{19} 在几乎所有的样品中都变成了占最大比重的成分，这一方面是由于 C_{17}～C_{19} 本身就是占烃类比重最大的组分；另一方面碳数在 20 以上的烷烃通过末端断链或次末端断链从而碳数减少，也会增加

C_{17}～C_{19}区间的烷烃含量，从而使它们的相对含量升高；Pr 和 Ph 在降解后期相对含量普遍升高，这说明了异构烷烃的降解要慢于正构烷烃，造成其相对含量增加；与原油的图谱相比，各样品在 73 d 的图谱普遍有左移，这从另一侧面也说明了低碳数的烷烃较高碳数的烷烃更容易降解。同时，这一左移现象也与色谱图中形成的左陡右缓的偏钟形图谱相符合。经过 73 d 的生物降解，土壤石油烃类的组分发生了很大的变化。

从以上结果可以看出，土壤石油烃类生物降解存在 3 个明显的特点：① 短链烷烃的降解优先于长链烷烃的降解，所以钟形左部的降解比右部明显得多；② 正构烷烃的降解优先于支链烷烃的降解，所以降解后期支链烷烃在浸提液样品中相对比降解初期有了明显增加（经过质谱定性，图 2-4 中各正构烷烃峰中间夹杂的小峰全部是异构烷烃）；③ 在 C_{15} 和 C_{21} 之间，谱图基线被明显抬高，这是由于异构烷烃的种类过多而且含量都不很高，造成了即使用毛细柱程序升温也无法将它们全部分离开来，以至于多数异构烷烃混合出峰，抬高了基线。首先是因为正构烷烃降解速度较快，使异构烷烃的相对数量提高；其次是因为更高分子量的支链烷烃经过末端断链或次末端断链过程，分子量减小，造成这些被降解了的支链烷烃沸点降低，与原先存在于 C_{15} 和 C_{21} 之间的异构烷烃混合出峰。

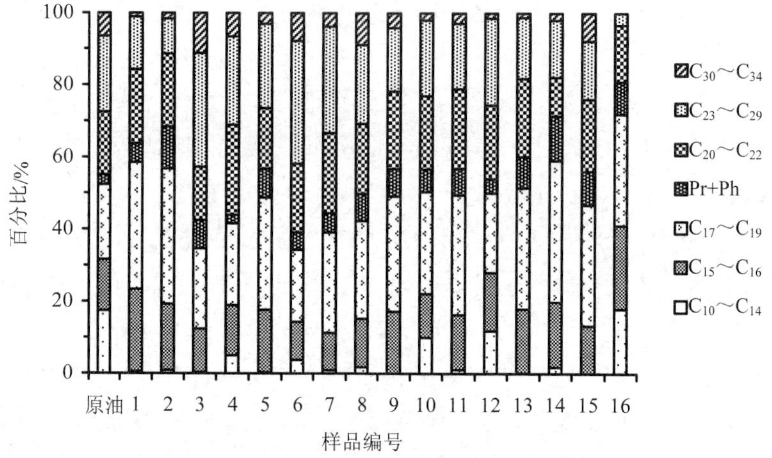

图 2-4 生物降解后期正构烷烃百分比分组统计

2.3.2　正构烷烃的降解特点

在最佳控制条件下，正构烷烃含量总体有所减少，从 0～27 d，随着实验的运行，烷烃逐渐被降解，碳数越少，降解的速度越快。正构烷烃 C_{10}～C_{33} 总量明显减少，每 100 g 土壤中所含的正构烷烃从 0 d 的 2.25 g 减少到 27 d 的 1.46 g，降解率为 35.11%。图 2-8 为 26 烷、19 烷、23 烷、27 烷和 29 烷相对峰面积（物质出峰面积占样品总出峰面积的百分数）的变化。从图 2-5 可以明显地看出 C_{16} 和 C_{19} 在试验初期降解速度大于试验结束时的降解速度；小分子正构烷烃相对含量逐渐减少，大分子正构烷烃相对含量逐渐增加。这说明小分子正构烷烃降解速度大于大分子正构烷烃降解速度；23 烷的相对峰面积在 0～27 d 只变化了 0.41%，这说明 C_{23} 的降解速度接近油烃的总体降解速度，并且含碳数小于 23 的正构烷烃降解速度大于石油烃总体的降解速度。

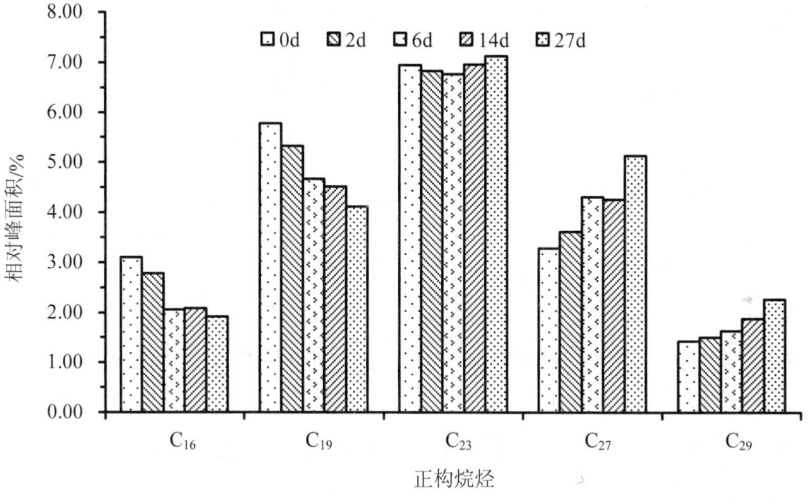

图 2-5　正构烷烃相对含量变化

2.3.3　异构烷烃降解特点

图 2-6 描述了几种代表性异构烷烃相对峰面积的变化。从图中可以看出异构烷烃和正构烷烃有着类似的降解规律，即同样存在从“右倾”向“左倾”过渡的过程，这说明随着分子量的增加，异构烷烃降解速度也会逐渐减慢。不同于正构

烷烃的是，从 Pr（姥鲛烷，碳数为 19）开始异构烷烃就已经出现了降解速度慢于石油烃总体降解速度的趋势；而正构烷烃 23 烷的降解速度与油烃总体降解速度接近，这说明总体来讲异构烷烃的降解要慢于正构烷烃的降解。

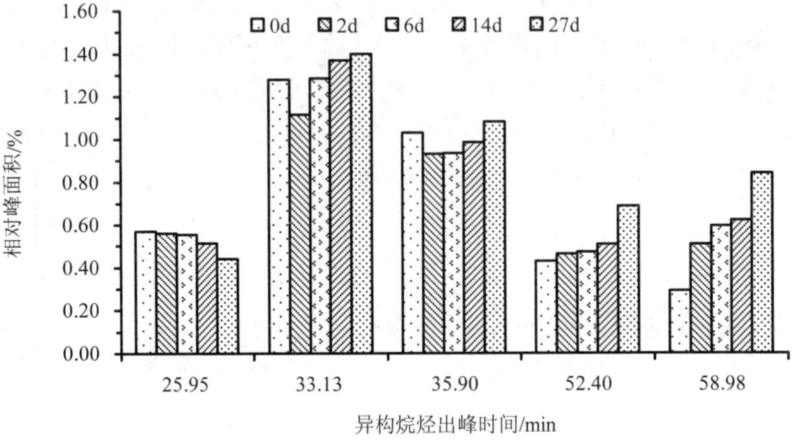

图 2-6　异构烷烃相对含量变化

2.3.4　环烷烃降解特点

图 2-7 所示为若干种含有六元环取代基的环烷烃的相对含量变化趋势。总体来讲，环烷烃的降解速度大于石油烃的总降解速度，但当碳数比较高时，六元环对整个烷烃降解性质的影响越来越小，所以其降解速度会有所下降，水平与石油烃的总降解速度相当。这不同于碳数大于 23 时降解速度会降到总降解速度以下，因此，环烷烃的降解速度大于正构烷烃。

2.3.5　烯烃降解特点

试验组烯烃的含量变化与空白组烯烃变化相似，但是由于在样品检测出峰时段内烯烃种类较少，出峰的时间范围没有覆盖整个图谱，仅根据图 2-8 难以得出一般性的结论。但可以看出烯烃也是随着碳数的升高降解难度增大的。也可以说明：试验中最佳水平组合下的控制因素对该时段内出峰的烯烃降解影响很小。

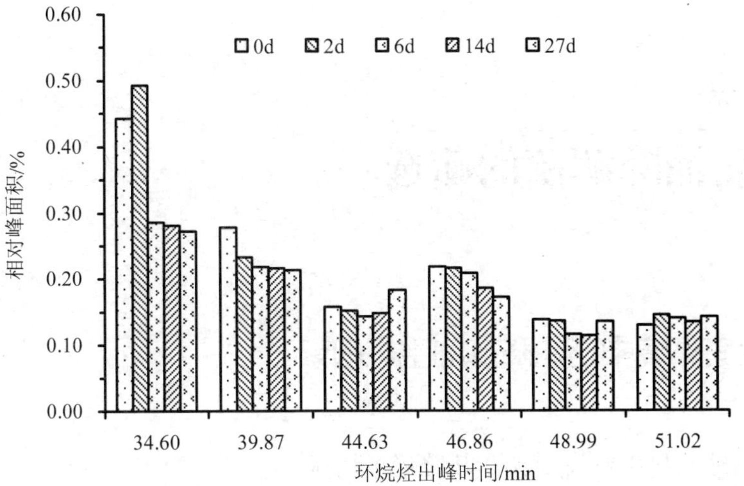

图 2-7　环烷烃相对含量变化

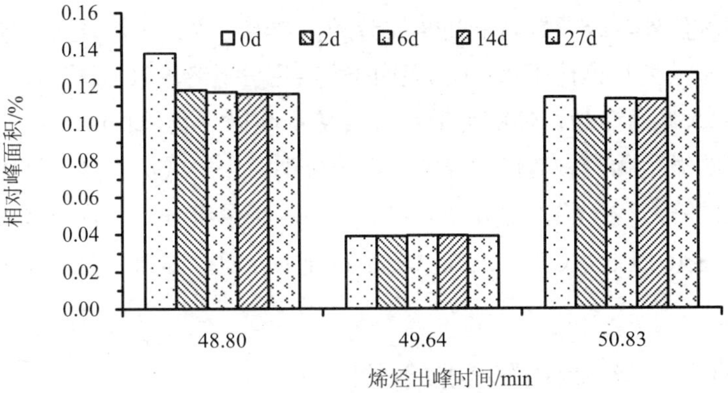

图 2-8　烯烃相对含量变化

以上结果表明在生物降解后期，土壤中残留的石油污染物主要是正构和异构烷烃。正构烷烃的色谱图由原来的对称钟形变为左陡右缓的偏钟形；异构烷烃所占比重增大，C_{15}和C_{21}之间的谱图基线被明显抬高。碳数的多少是影响石油烃中不同组分降解速度的最大因素，碳数越多，降解越难进行；碳数相同时，不同类石油烃组分的降解速度由其官能团所决定。23 烷以下的正构烷烃降解速度大于石油烃总体的降解速度，23 烷以上的正构烷烃降解速度小于总体的降解速度。

第 3 章 高效石油降解菌的筛选

3.1 土壤环境中石油降解的生态因素

3.1.1 石油的物理状态对微生物降解的影响

石油烃的物理状态对其微生物降解有显著的影响（金文标和宋莉晖，1998）。尤其是烃类物质的溶解性。对于石油烃，除了低分子芳烃、萘等能溶于水，蒽和菲有中度溶解性外，分子量高于 228 的芳烃很难溶于水，而烷烃比芳烃的水溶性更小，C_8 以下的烷烃微溶于水，C_8 以上的烷烃几乎不溶于水。在水体系中，微生物主要在油/水界面活动，油的分散程度直接影响微生物能接触的石油烃的表面积，从而影响微生物对石油烃的降解。在土壤中，由于低分子烃类易挥发，能积聚在土壤中的石油烃，绝大部分是高沸点、高分子量组分，而且低水溶性的石油烃容易吸附在土壤固体表面上，难以转移到油水界面。因此，石油烃属于生物难降解物质。

3.1.2 石油的化学组成对微生物降解的影响

不同的原油，由于其饱和烃、芳香烃、胶质和沥青质的含量不同以及饱和烃中正构烃的含量不同而导致它们具有不同的抗降解性（苏荣国和倪方天，2001）。石油烃的化学组成一般有 4 类：饱和烃、芳香烃、氮硫氧化合物及沥青质。不同组分烃类物质生物降解的难易不同。有研究表明微生物能够降解石油中的饱和烃和轻质芳香烃组分，不同烃类的微生物可降解性次序如下：小于 C_{10} 的直链烷烃＞C_{10}～C_{24}或更长的直链烷烃＞小于 C_{10} 的支链烷烃＞C_{10}～C_{24}或更长的支链烷烃＞单环芳烃＞多环芳烃＞杂环芳烃。芳烃类化合物由于自身难溶于水，某些多环芳烃还有毒性，更难被微生物降解。一般直链烷烃最易降解，由于空间效应支链烷烃和带有苯环结构的烷烃比直链烷烃难以降解。从辽河油田的渣油中富集分离 8 株菌对原油中的不同组分降解的程度不同，其中芳香烃最高降解率达 80%，沥青质的最高降解率为 53%，饱和烃的最高降解率为 37%，非烃的最高降解率为 30%。石油组成成分的差异也影响其生物降解率。低硫、高饱和烃的油容易降解；高硫、高芳香烃的油难以降解（李宝珍等，2003）。

3.1.3　底物浓度对微生物降解的影响

土壤环境中的油类污染物浓度过高是微生物修复技术面临的一个关键问题，特别是当污染物的生物有效性或生物可利用性很低时，就不太利于微生物修复的进行。即使在低浓度下，某些污染物质能被微生物降解，但在高浓度下它们则对微生物有毒害作用。周启星等（2004）分离得到 5 株乙草胺抗性菌株，各菌株均能耐受 300 mg/mL 以下的浓度，但是当乙草胺浓度增加到 300 mg/mL 以上时，菌株的降解功能丧失甚至死亡，起不到对乙草胺土壤污染的微生物修复作用。

3.1.4　温度和 pH 对微生物降解的影响

从 0～70℃环境中均可分离石油降解菌。一般来说，环境中烃类降解与温度呈正相关（Carriere 和 Mesania，1995）。在 0～40℃范围内每升高 10℃，其生化反应增加 2～3 倍。温带及热带地区石油经 2～6 个月降解，寒带要几年，而在极地则难以降解。温度与其他因素联系，问题就较复杂。如温度可影响水分的供应，在冻土及冰中，石油很难降解。温度能影响烃类的物理状态，低温时某些烃类呈固态，也不易降解。温度对降解的影响在实验室中是容易模拟出来的，但在实际现场处理中，温度一般是不可控因素，应将季节性温度的变化考虑进去。

土壤的 pH 一般在 2.5～11.0 之间。能降解石油产品的大多数异养菌和真菌喜好中性环境。pH 的作用在于它对土壤营养状况的影响。一般认为，低的 pH 会影响 N 的转化，当 pH 稍高于中性时，对硝化作用及 N 的进一步转化均有利。

3.1.5　营养物质对微生物降解的影响

土壤中氮、磷含量一般较低，油类物质污染土壤后，碳源大量增加，氮、磷含量特别是可溶性的氮、磷成为降解的调控或限制因子。但碳、氮、磷必须有合理的配比，单纯加氮、磷都不利于提高生物降解。虽然可以在理论上估计 N、P 的需要量，但由于现场不确定因素很多，计算值只能是一种估算，与实际会有较大偏差。而且同样是油类污染物的微生物修复，不同研究者得到 C∶N∶P 比例可能相差很大，如 Rittee 建议为 300∶15∶1，而有人认为是 100∶5∶1.7（Ritter 和 Scarborough，1995）。

同时，如果过多地加入营养物质也会造成富营养化，使大量微生物聚集在靠近提供生长刺激的营养物质的井口附近，大量微生物的生长将会相互激烈竞争，从而影响生物修复的进行。另外，大量引入硝酸盐还可能导致厌氧降解占优势，抑制好气菌的生长。但在地下深处，通常认为，对于简单烃类的微生物修复，N、P、S 等营养元素在微生物降解过程中并不是唯一的限制因素，甚至不是主要限制因素，溶解氧的传递可能是控制步骤。

3.1.6 电子受体对微生物降解的影响

油类污染物生物修复的电子受体主要包括溶解氧、有机中间产物和无机含氧酸根等，其种类及浓度对修复速率有很大影响。氧气是最常用的电子供体，溶解氧的输送也是原位微生物修复中关键的限制因素。氧输入地下的方式主要有空气注入、纯氧注入、臭氧引入和过氧化氢溶液引入。Yaniga 和 Smith（1984）处理汽油污染采用空气注入法。该法可使地下水溶解氧质量浓度达到 8～12 $mg \cdot L^{-1}$，但汽油或其他油品渗漏会造成这类物质在水中含量达到 10～100 $mg \cdot L^{-1}$，溶解氧质量浓度达 20～200 $mg \cdot L^{-1}$ 时才能将其完全降解。可见，虽然空气注入法是最经济、最简单的形式，但由于溶解氧浓度的限制，处理效果并不理想。纯氧注入、臭氧引入都能使溶解氧达 40～50 $mg \cdot L^{-1}$，但成本均相对较高，很难实际应用。在德国有人利用臭氧注射对某柴油污染地点进行微生物修复，取得了较明显的修复效果。但臭氧成本很高，且很难区分化学氧化和生物氧化，其应用受到限制。过氧化氢可以使溶解氧浓度超过 200 $g \cdot L^{-1}$，大大高于上述几种输氧方式，其成本也不高，是空气注射的 15～20 倍，它是生物修复中较普遍的供氧方案，过氧化氢作为氧源引入的最大问题在于其毒性和不稳定性。实验表明，当溶解氧质量浓度低于 200 $mg \cdot L^{-1}$ 时，对微生物一般没有毒性，而且经驯化后，微生物甚至可耐受 1 000 $mg \cdot L^{-1}$ 的浓度，因而可以通过逐渐加量的方式降低过氧化氢的毒性。对于过氧化氢的不稳定性，实际应用中已有不少报道。类似地，在处理密歇根州一处石油产品污染时，将过氧化氢注入地下水中，经过一定时间后测得包气带土壤中氧的浓度很高，表明过氧化氢已经大量分解（Dibble 和 Bartha，1979）。

3.1.7 湿度和盐度及土壤状况对生物降解的影响

微生物需要水来维持新陈代谢过程。土壤中的含水量过低时，微生物得不到充足的水分供应，细胞活性受到抑制，影响代谢效果；土壤含水量过高又会妨碍氧的供应。在非碱性土壤环境中，微生物不需要盐，在含盐条件下，它们的生物降解活性会受到抑制。Hamoda 和 Al-Atlar（1995）的研究小组使用活性污泥混合反应器分别对不含盐、含盐 10～30 $g \cdot L^{-1}$ 的废水在不同泥龄（3～20 d）和不同有机负荷条件下进行平行比较，发现盐度对未经驯化的活性污泥系统产生明显的抑制作用。但经过一段时间的驯化后，系统的活性污泥浓度增加，且显著改变了活性污泥中微生物种群的组成。

3.1.8 吸附作用对生物降解的影响

降解细菌的生长基质对一些化合物的吸附，以及基质与其他物质形成的络合物，会使污染物达不到应有的生物活性。污染物会进入淤泥或黏土的晶格内或与木质素等有机物形成络合物从而降低污染物的生物降解速率。

3.2 实例：柴油降解菌株的筛选分离

本章主要研究柴油降解微生物的选育包括筛选方法和培养基等筛选模型的确定。本书确定以柴油为唯一碳源的缺陷型培养基，制定筛选（包括菌种初筛、复筛、富集和纯化）模型，通过对 2 份污染土样的菌种进行大量的筛选工作，筛选出能够降解柴油的高效菌株。实验材料和实验方法见附录 3。

3.2.1 高效柴油降解菌株的筛选

首先是初筛，取污染土样 1.0 g，加到含柴油 2 000 $mg \cdot L^{-1}$ C 源培养基 50 mL 中，30℃，120 $r \cdot min^{-1}$ 条件下振荡培养 24 h，取振荡培养后培养液 10 mL 接种于新鲜的含柴油 2 000 $mg \cdot L^{-1}$ C 源培养基 50 mL 中，相同条件下振荡培养。共培养 4 个周期，96 h。然后以琼脂平板划线分离，置 30℃电热恒温箱中培养 48 h 后，挑取单一菌落接种于牛肉膏斜面上，同一条件继续培养 48 h 后，4℃冰箱保存。

挑取单一菌落接种于 50 mL 活化富集培养基中，30℃，120 $r \cdot min^{-1}$ 好氧振荡培养 24 h 后，制备 0.5 $mg \cdot L^{-1}$（0.5 g 湿菌体悬于 1 mL 无菌去离子水中）菌悬液备用。

取 0.1 mL 样品用涂布法均匀涂布在已经准备好的琼脂平板培养基上，倒置，35℃培养 48 h 后，观察对柴油有耐受性的菌落特征，并做标记，初步筛选确定哪些菌株具备降解特性。然后对这些具备降解特性菌种进行富集。

富集在带胶塞的试管中进行，在每支试管中加入 15 mL 固体培养基，用接种环挑取第一步中获得的单菌落，避光 35℃培养 48 h。然后按照 2%的菌液接入量接入新的含 15 mL 灭菌后的斜面培养基中。最后，将这些微生物接种到琼脂平板培养基中，并保存在 4℃冰箱中。

然后是微生物复筛，将初筛所获得的菌株接种到含柴油 1 000 $mg\cdot L^{-1}$ 的 C 源培养基中，进行摇瓶降解实验，降解后采用紫外分光光度计法测定各培养瓶内柴油的含量，计算各瓶柴油含量的变化，选出降解效率高的菌株。然后将这些菌株筛选接种到平板上进行多次划线分离与纯化，最后，从平板挑取单菌落接斜面保存在 4℃冰箱中。

经过初步筛选，从土样中得到对高浓度柴油不敏感的菌株 19 株，其中 14 株为杆状，3 株为球形。革兰氏染色显示菌株绝大部分（15 株）为革兰氏阴性菌。

经过复筛分离出 3 种菌株，其降解柴油效果在所有菌株中最强，见表 3-1。从表中可以看出，虽然各菌株均可利用柴油为碳源，在 1 000 $mg\cdot L^{-1}$ 的柴油浓度下，均未出现毒性症状，但降解率有高有低。在 19 株细菌中有 5 株菌株对柴油的降解率在 30%以上，其中菌株 Q10、Q14 和 Q18 最高，降解率依次为 36.0%、39.3% 和 42.1%。因此，初步确定菌株 Q10、Q14 和 Q18 为进一步研究的菌种。

表 3-1　菌株对柴油降解效果

菌株降解率/%		菌株降解率/%	
Q1	9.2	Q11	24.3
Q2	16.7	Q12	15.6
Q3	19.9	Q13	26.2
Q4	21.3	Q14	36.0
Q5	23.1	Q15	23.1
Q6	27.0	Q16	17.5
Q7	28.9	Q17	19.6
Q8	31.4	Q18	42.1
Q9	30.9	Q19	10.7
Q10	39.3		

将活化的菌株 Q10、Q14 和 Q18 分别接种到含柴油 500 mg·L^{-1} 的唯一 C 源培养基中，在不同时间（间隔 4 h），分别测定菌株生长情况。由于细菌悬浮液的浓度与浊度成正比，用分光光度计测定菌悬液在波长 600 nm 的 OD 值来表征细菌的生长情况，其 OD 曲线——菌株的生长曲线如图 3-1 所示。由图可以看出 3 菌株生长期并不一致，存在一定的时滞。菌株 Q18 延滞期最短，生长速度也最快，对数生长期可以持续 30 h 左右，在此期间细胞代谢旺盛，对环境中物质的消耗量较大，处于积极的生长状态；32 h 后细胞处于稳定衰亡期，即个体不再变大，整体数量也不再增多，此时对体系中碳源和营养物质的需求量明显下降；菌株 Q14 有一段较长的延滞期，这一过程大约需要 20 h，然后细菌进入对数生长期，这一过程大约持续 16 h，40 h 后细菌数量开始逐渐下降；菌株 Q10 延滞期在 8 h 左右，对数生长期约为 24 h，44 h 后进入衰亡期。

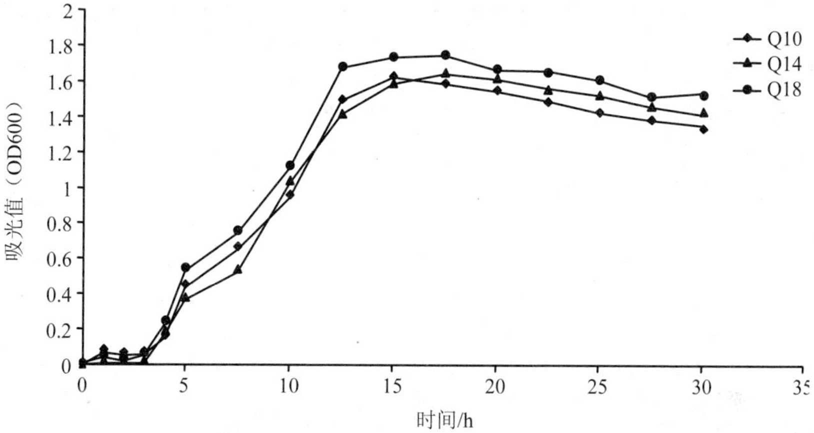

图 3-1　菌株 Q10、Q14 和 Q18 的生长曲线

3.2.2　菌株适宜的生长条件

为了得到 3 菌株最适宜生长的条件，本实验研究了温度、pH 和底物浓度等因素对菌株生长的影响（图 3-2、图 3-3 和图 3-4）。

从图 3-2 可以看出，温度对 3 菌株生长的影响趋势相同，随温度的升高，微生物数量先增加后减少，但菌株 Q18 在 35℃时微生物数量最大，而菌株 Q10 和 Q14 在 30℃时微生物数量最大。虽然温度升高可以提高底物在液体培养基中的浓度，并且也能在一定程度上活化菌株，但高温也会损害微生物细胞，影响其正常生理过程。因此对微生物生长也存在极限温度，当温度超过极限值时微生物数量会逐渐减少。

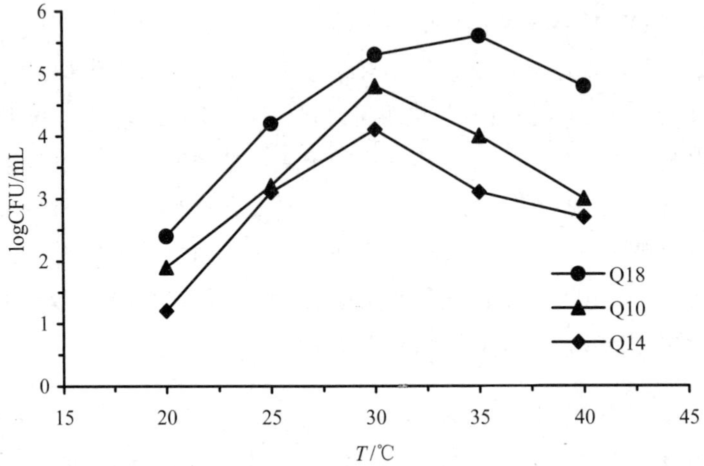

图 3-2　温度对菌株生长影响

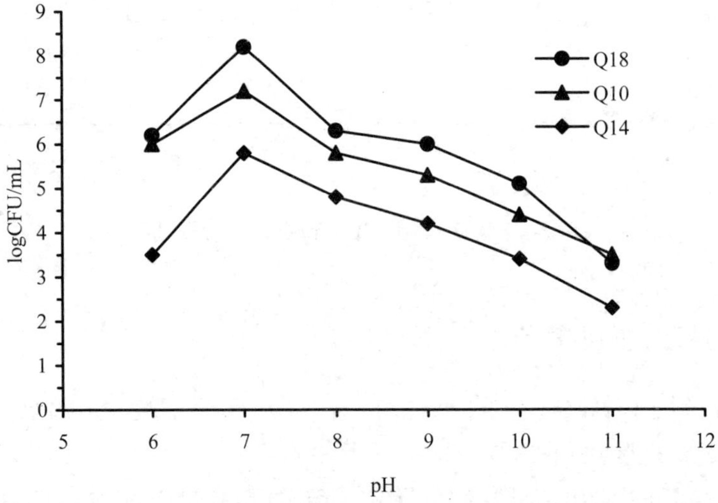

图 3-3　pH 对菌株生长影响

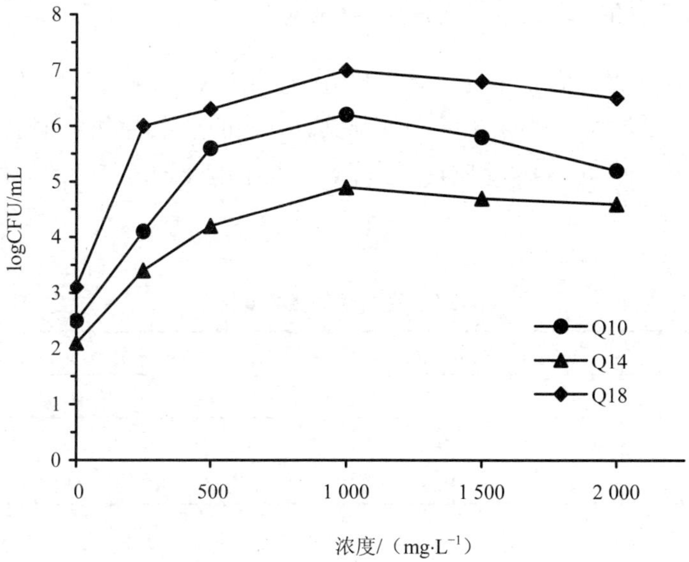

图 3-4　底物浓度对菌株生长影响

pH 不仅可以影响微生物的生长、分布以及酶活性，还能改变营养元素的可利用性，可见 pH 是限制微生物生长的重要环境因子之一。由图 3-3 可以看到，pH 对 3 菌株生长的影响趋势基本相同；pH 在 7 左右时，微生物生长比较适宜，在 pH=7.0 时，微生物数量最高；当 pH 超过 8 时，微生物数量迅速下降；在 pH=10.0 时，数量最低，此时大部分微生物死亡。可见，3 菌株最适宜生长的 pH 为 7.0。

底物为微生物提供碳源，其浓度高低能在很大程度上影响微生物生长。图 3-4 可以看出，柴油的浓度对 3 菌株生长的影响趋势也大致一样。随柴油的浓度增加，微生物数量逐渐增多，柴油的浓度达到 1 000 $mg·L^{-1}$，微生物数量最大，而后随柴油浓度继续增加，微生物数量开始缓慢回落。这也反映出 3 菌株可利用高浓度的柴油，柴油的浓度达 2 000 $mg·L^{-1}$，菌株也能正常生长。

综上所述，温度、pH 和底物浓度对 3 菌株的影响趋势基本类似，可能 3 菌株都是从同一土壤基质中分离得到的缘故。菌株 Q10 和 Q14 适宜生长的温度、pH 和底物浓度分别为 30℃、6.0 和 1 000 $mg·L^{-1}$，菌株 Q18 适宜生长的温度、pH 和底物浓度分别为 35℃、6.0 和 1 000 $mg·L^{-1}$。

3.2.3 菌株产生生物表面活性剂的能力测定

在划线接种血平板 48 h 后，菌株 Q10、Q14 和 Q18 菌落下部及周边均出现溶血现象，红色消失，表明 3 种菌株都具有一定的产生生物表面活性剂能力。实验研究了菌株 Q10、Q14 和 Q18 在降解过程中溶液表面张力的变化情况，结果见表 3-2。

表 3-2 菌株表面张力变化

菌株	表面张力/（$mN \cdot m^{-1}$）	表面张力减少/（$mN \cdot m^{-1}$）
Q10	58.1	10.6
Q14	66.4	2.3
Q18	36.8	31.9

本试验中使用的液体培养基的表面张力为 68.7 $mN \cdot m^{-1}$，菌株 Q10、Q14 和 Q18 分别使表面张力下降 10.6 $mN \cdot m^{-1}$、2.3 $mN \cdot m^{-1}$ 和 31.9 $mN \cdot m^{-1}$。可见，菌株 Q18 产表面活性剂能力最强。有研究指出（Kirk 等，2005），微生物分泌的生物活性剂使溶液的表面张力降低 30～35 $mN \cdot m^{-1}$ 时，该微生物即是有效的生物表面活性剂产生菌。因此按此标准，菌株 Q18 可以认为是有效的生物表面活性剂产生菌。但在实验中，上清液均未出现明显乳化现象，因此 3 菌株可能没有产生大分子的生物表面活性剂，而是低分子量的生物乳化剂。总之，菌株 Q10、Q14 和 Q18 都具有一定的产生生物表面活性剂能力，且菌株 Q18 能力最强。这对于油污染土壤的修复具有重要的意义。

3.2.4 菌落及菌株个体形态观察

在 30℃，经过 48～72 h 的恒温培养后，观察菌落形态，菌落大小、颜色、光泽度、黏稠度、菌落边缘、菌落隆起形态、菌落的透明度等。可见，菌株 Q10 菌落较大，边缘不规则，表面低凸面，灰白色，半透明，有光泽，菌体为杆状，不形成芽孢，革兰氏染色为阴性；菌株 Q14 菌落呈圆形、淡黄色、半透明，边缘规则、整齐、光滑，质地坚硬、表面光滑且中部隆起，革兰氏染色为阴性；菌株 Q18 菌落较小、干燥、不透明、圆而突起，有时可见菌落向外不规则扩展，革兰氏染色为阳性。菌落电镜观察见图 3-5、图 3-6 和图 3-7，菌落形态特征描述见表 3-3。

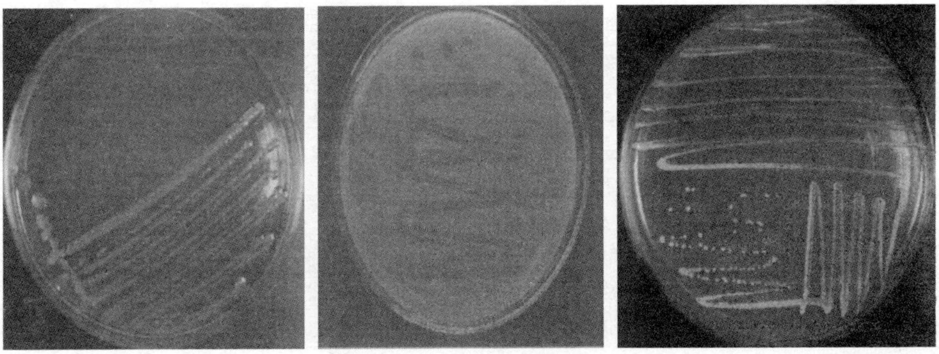

图 3-5　菌落图片

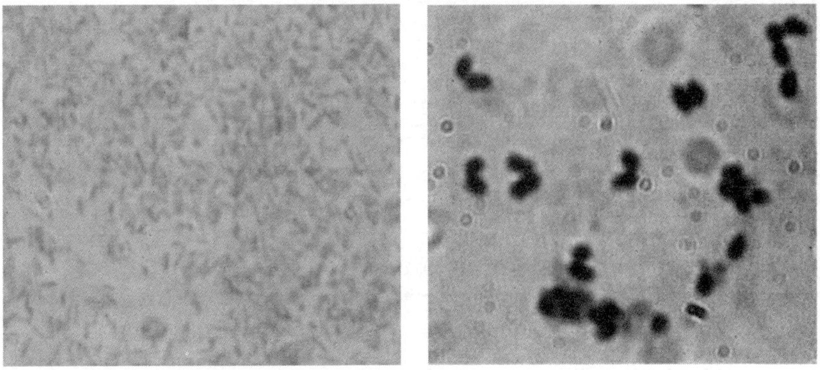

图 3-6　染色菌体

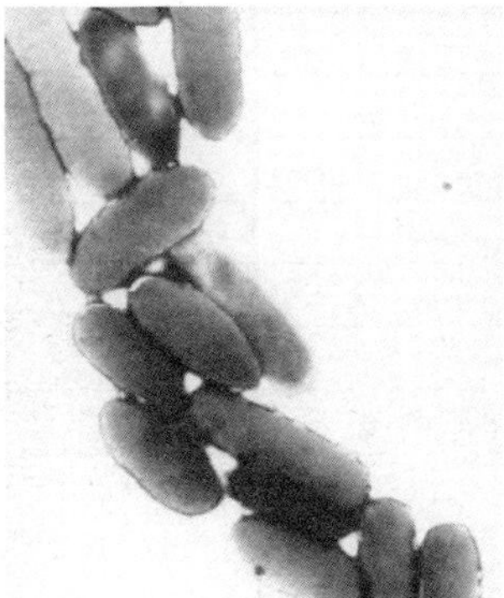

图 3-7　电镜下染色菌体

表 3-3 菌株个体形态特征鉴定结果

鉴定项目	菌株 Q10	菌株 Q14	菌株 Q18
菌落颜色	灰白色	淡黄色	橙红色
菌体的大小/μm	0.8	1.4	0.6
菌株形状	短杆	杆菌	短杆
革兰氏染色	—	—	+
荚膜	无荚膜	无荚膜	无荚膜
鞭毛	对极生鞭毛	无鞭毛	无鞭毛
半固体穿刺接种试验	不具有运动性	不具有运动性	略具运动性

注：+为阳性结果，—为阴性结果。

3.2.5 菌株生理生化特征鉴定

经甲基红（M.R）试验、甲基乙酰甲醇实验（V.P 试验）、吲哚试验、柠檬酸盐试验、淀粉水解试验、明胶试验、糖利试验和耐盐力试验等生理生化实验，3 菌株生理生化特征鉴定结果见表 3-4。

表 3-4 株降解菌生理生化鉴定特征

鉴定项目	菌株 Q10	菌株 Q14	菌株 Q18
需氧性兼性	好氧	好氧	好氧
V.P 反应	+	—	—
柠檬酸利用	+	+	—
葡萄糖产酸	+	+	—
葡萄糖产气	+	—	+
乳糖	—	+	—
淀粉水解	—	—	—
甲基红反应	—	+	—
吲哚产生	+	+	—
明胶液化	+	+	+
鉴定结果	假单胞菌属	黄杆菌属	红球菌属

注：+为阳性结果，—为阴性结果。

配制蛋白胨培养基，并提高其中 NaCl 的浓度，使其浓度分别为 0.5%、1.0%、1.5%、2.0%、3.0%、4.0%、5.0%，观察各菌体在各种不同盐浓度下的生长情况，实验结果显示，菌株 Q10、菌株 Q14 和菌株 Q18 具备一定的耐盐性，盐度范围在

0.5%～5%时，都能生长，但盐度为 2%左右时生长最好，但是当 NaCl 浓度超过 4.0%后，菌株生长开始受到一定的抑制。

综上所述，根据以上实验和观察得到的菌株和菌落形态特征以及一些重要的生理生化特征，结合《伯杰氏细菌手册》以及《微生物分类学》，发现菌株 Q10、菌株 Q14 和菌株 Q18 的各项特征与假单胞菌属、黄杆菌属和红球菌属的各项形态特征以及生理生化基本一致，因此将菌株 Q10、菌株 Q14 和菌株 Q18 依次归为假单胞菌属（*Pseudomonas* sp.）、黄杆菌属（*Flavobacterium* sp.）和红球菌属（*Rhodococcus* sp.）。

3.3　实例：高效石油烃降解菌 *Bacillus* sp. DG24 的筛选

高效石油降解菌的筛选是石油污染土壤生物修复的前提和基础。由于自然选择和淘汰作用，在长期被石油烃类污染的环境中一般存在着不同种类能够降解石油烃的菌种，在自然环境中它们往往是水体或土壤中石油烃类污染物生物修复的主力军，利用人工筛选的方法可以从污染环境样品中得到降解石油烃的优势菌，通过实验研究获得优良菌种对石油烃的降解信息，可以将菌种应用到石油烃污染环境的修复过程中。由于这些微生物源于自然，因此不会对环境造成风险。本章主要的研究工作是驯化、分离、纯化降解石油烃的菌种，实验所用培养基见附录 1。菌种的驯化、分离、纯化过程见图 3-8。

3.3.1　驯化步骤

传统的菌的培养方法是直接将菌液与液体培养基混合继续培养，本章继续培养使用的是下层含有菌体的发酵液，具体地，将石油污染土样利用生理盐水溶解，一般每 1 g 土壤用 10 mL 生理盐水（0.9% NaCl）溶解，摇床振荡后静置分层，将菌悬液接入原油无机盐液体培养基中，在 10～15℃摇床培养 10～15 d，后定量取下层含有菌体的发酵液，一般取 5～10 mL，转移至新鲜原油无机盐液体培养基中继续培养 8～15 d，如此反复进行 3～5 次，得到菌液。将最后一次驯化的原油无机盐液体培养基置于 4℃保存待用，其水相发酵液中包含能降解原油的混合微生物菌群。

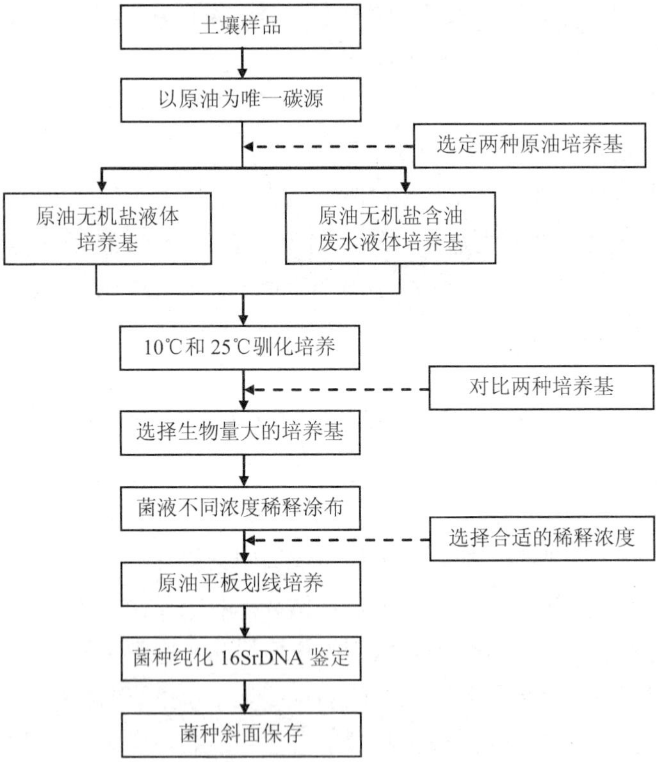

图 3-8 菌种的驯化、分离、纯化过程

另外，在每次转接发酵液之前，在无机盐液体培养基中加入灭菌原油作为微生物生长的碳源，该灭菌原油的量每次控制在 0.5～2 g，优选加入 1 g，即原油无机盐液体培养基的原油浓度控制 500～2 000 mg·L^{-1} 比较有利于菌的生长。

3.3.2 分离纯化步骤

定量吸取上述所得发酵液进行梯度稀释，例如，稀释梯度依次为 10^{-3}、10^{-6}、10^{-9}，涂布至原油无机盐固体培养基上，在 10℃恒温培养箱中培养 8～15 d 后，进行划线培养，待长出菌落后，观察培养基菌落数量，选择菌落数量适中的培养基，用接种环挑取单菌落于原油无机盐固体培养基中划线培养。反复驯化、划线培养，一般驯化 3～5 次，直至得到多株纯菌。

3.3.3 菌种保藏方法

常见的微生物保存方法多将微生物保存在固体或斜面半固体培养基中。此外，大量文献表明石油烃降解菌的降解特性与菌体内质粒上的基因片段有关，在实验中发现长期将 *Bacillus* sp. DG24 保存在碳源为非石油烃的培养基中，如 LB 培养基，该菌体对原油的降解性会大大降低，为保持 *Bacillus* sp. DG24 对原油的持续高效降解性，将 *Bacillus* sp. DG24 保存在乳化原油液体培养基中。乳化原油液体培养基为在原油高效降解菌作用下发生乳化现象的原油液体培养基，将反复驯化纯化且发生乳化现象的含 *Bacillus* sp. DG24 菌体的原油无机盐液体培养基，置于 4℃条件下保存，其中下层水相发酵液中含有 *Bacillus* sp. DG24 单菌种，进行 *Bacillus* sp. DG24 富集培养时可从此原油无机盐液体培养基中吸取适量发酵液作为接种液。

Bacillus sp. DG24 的保存方法的具体操作为：将末次反复驯化后的产生乳化现象的原油无机盐液体培养基（含 *Bacillus* sp. DG24 菌体）置于 4℃条件下保存，每隔 40～50 d，优选 45 d 吸取乳化原油液体培养基下层水相 10～20 mL 接入新鲜已灭菌的原油液体培养基中按驯化方法进行操作，10～15 d 后将发生乳化现象的原油液体培养基置于 4℃条件下再次保存。每次转接过程中 *Bacillus* sp. DG24 的保存周期为 40～50 d，优选 45 d。这种保存方法操作方便，同时也保证了 *Bacillus* sp. DG24 对原油的高效降解性。

3.3.4 *Bacillus* sp. DG24 对原油的降解能力分析

（1）*Bacillus* sp. DG24 对土壤中原油的降解能力分析

从乳化原油液体培养基中吸取 10 mL 下层水相液体（含 *Bacillus* sp. DG24 菌体）接入灭菌的含 250 mL LB 培养基的 500 mL 三角瓶中，于 10℃，在 150 $r \cdot min^{-1}$ 条件下置于摇床中培养 48 h 后，*Bacillus* sp. DG24 的生长进入对数生长期。在无菌操作台中将含有 *Bacillus* sp. DG24 菌体的 LB 培养基转移至灭菌离心管中离心分离收集菌体，用灭菌无机盐培养基清洗菌体 3 遍后，将菌体重悬于灭菌无机盐液体培养基中，菌体密度控制在 A_{600} 为 1.6，置于 4℃冰箱待用。

DG24 对土壤中原油的降解实验在 100 mL 灭菌三角瓶中进行，通过人为向土壤中投加原油，充分混合后，石油烃初始浓度分别控制在 0.3%、1%、3%，即 10 g 土中总石油烃（TPH）含量分别为 0.03 g、0.1 g、0.3 g，土壤中初始石油烃浓度分别为 3 000 $mg\cdot kg^{-1}$、10 000 $mg\cdot kg^{-1}$、30 000 $mg\cdot kg^{-1}$，静置 14 d 后测得土壤中总石油烃含量分别为 2.87 $g\cdot kg^{-1}$、10.48 $g\cdot kg^{-1}$、28.86 $g\cdot kg^{-1}$。然后，将混匀后的污染土壤 10 g 放入灭菌三角瓶中，再将已生长至对数生长期用无机盐液体培养基重悬的 *Bacillus* sp. DG24 接种至三角瓶中，不投加任何表面活性剂，控制土水比为 2∶1，分别在 10℃低温和 25℃常温、pH=7 条件下培养 80 d。其间，定期取土样分析总石油烃含量。

结果表明，在 10℃（图 3-9）低温条件下，经过 80 d 降解后，初始浓度分别为 0.03 g、0.1 g、0.3 g 的土壤中总石油烃含量分别降至 1.42 $g\cdot kg^{-1}$、6.24 $g\cdot kg^{-1}$、24.48 $g\cdot kg^{-1}$，分别减少了 50.52%、40.46%、15.18%，石油烃降解速率分别为 0.018 $g\cdot(kg\cdot d)^{-1}$、0.053 $g\cdot(kg\cdot d)^{-1}$、0.055 $g\cdot(kg\cdot d)^{-1}$；在 25℃（图 3-10）常温条件下，经过 80 d 降解后，初始浓度分别为 0.03 g、0.1 g、0.3 g 的土壤中总石油烃含量分别降至 1.26 $g\cdot kg^{-1}$、5.46 $g\cdot kg^{-1}$、22.36 $g\cdot kg^{-1}$，分别减少了 56.10%、47.90%、22.52%，石油烃降解速率分别为 0.020 $g\cdot(kg\cdot d)^{-1}$、0.063 $g\cdot(kg\cdot d)^{-1}$、0.081 $g\cdot(kg\cdot d)^{-1}$。可见，10 ℃条件下，土壤石油污染生物修复的石油烃降解速率可达 0.018～0.055 $g\cdot(kg\cdot d)^{-1}$，石油烃降解率可达 15.18%～50.52%。

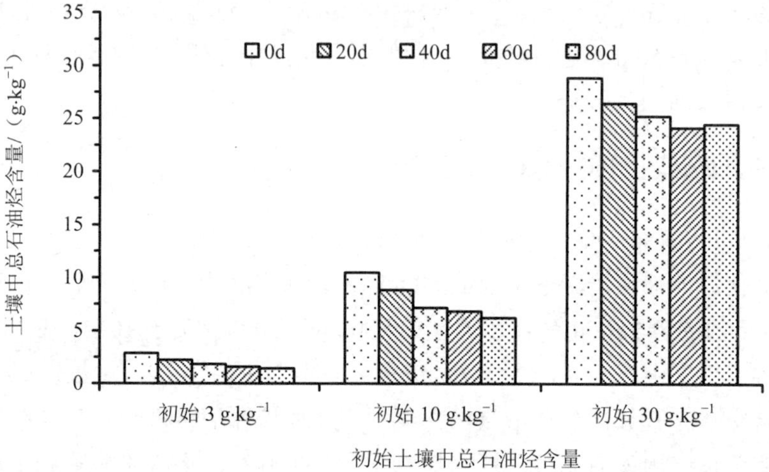

图 3-9 10℃下 *Bacillus* sp. DG24 土壤中总石油烃的降解情况

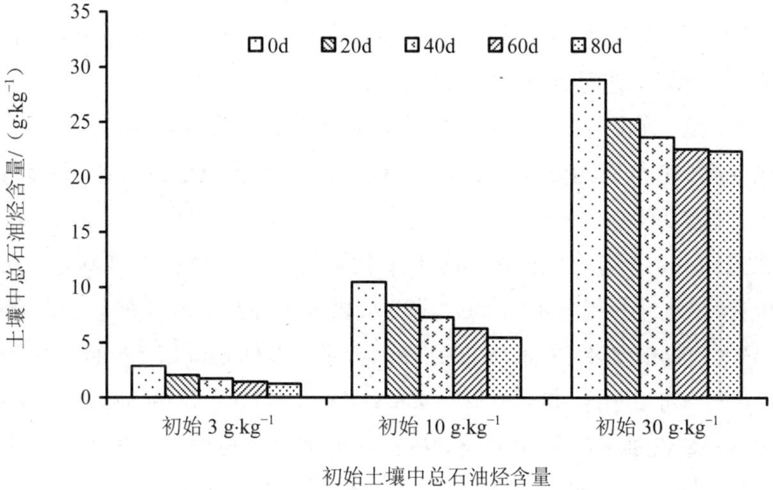

图 3-10　25℃下 *Bacillus* sp. DG24 土壤中总石油烃的降解情况

（2）*Bacillus* sp. DG24 优先降解的原油组分分析

分别在一系列 250 mL 三角瓶中加入 150 mL 无机盐液体培养基，并于 121℃高温灭菌 30 min，冷却后分别在含有 150 mL 无机盐液体培养基的三角瓶中加入用微孔滤膜过滤的原油标准储备液，控制培养基中原油浓度分别为 100 $mg·L^{-1}$、200 $mg·L^{-1}$、500 $mg·L^{-1}$、800 $mg·L^{-1}$、1 000 $mg·L^{-1}$、2 000 $mg·L^{-1}$。待二氯甲烷挥发后，按照 5%（*v*/*v*）的接种量加入前述灭菌无机盐液体培养基重悬的菌体 DG24，初始菌体密度 A_{600} 为 0.13。在 10℃、150 $r·min^{-1}$ 条件下摇床培养 35 d 后，将三角瓶取出，静置 0.5 h 后，吸取 50 mL 水相溶液到 100 mL 分液漏斗中，然后加入萃取剂色谱纯二氯甲烷：丙酮为 3：1 的有机溶剂 100 mL 于分液漏斗中，萃取 2 次，每次摇振 3 min，加入无水硫酸钠去除水分后，将溶剂通过 0.22 μm 的微孔滤膜去除杂质后，于通风橱中自然挥发有机溶剂，最后用二氯甲烷将原油组分定容在 2 mL 棕色安捷伦小瓶中，待 GC-MS 分析。

GC-MS 条件：采用德国 Bruker 公司气质联用仪（450 GC-320 MS）进样口温度 250℃，EI 源温度 200℃，传输线温度 250℃，初始温度 60℃，保留 5 min，之后以 10℃·min^{-1} 的升温速度上升到 290℃，并保留 15 min，毛细管柱 VF-5（2.5 mm×0.25 mm×30 m），进样量为 10μL，分流比 10：1，质谱分子量扫描范围 40～650。C_{10}～C_{30} 烷烃标准样品购自 Sigma（美国）公司。

原油降解 35 d 后，*Bacillus* sp. DG24 对原油都有很好的乳化作用，下层培养液由澄清到浑浊到出现大小不等的油滴，说明部分原油组分在 *Bacillus* sp. DG24 的作用下进入水相，进而更快地被微生物降解。

表 3-5 中逐一列出各个组分。从中可以看出，*Bacillus* sp. DG24 对中长链饱和烷烃有很好的乳化和生物降解效果，9.604 min 出现了 Dodecane（正十二烷），16.053 min 出现了 Heptadecane（正十七烷），17.138 min 出现了 Octadecane（正十八烷），22.711 min 出现了 Tetracosane（二十四烷），25.821 min 出现了 Octacosane（正二十八烷）。这几种烷烃物质的含量占水相中原油组分的比例较大。此外，一些烷烃降解中产物醇类物质如 16.503 min 出现了 1-Decanol,2-hexyl（2-己基-1-葵醇）。另有单环苯的同分异构体出现，如 8.418 min 出现了 Benzene，1-ethyl-2,3-dimethyl（1-乙基-2,3-二甲基苯），8.475 min 出现了 Benzene，1,2,4,5-tetramethyl（1,2,4,5-四甲基苯），8.978 min 出现了 Benzene，1,2,3,4-tetramethyl（1,2,3,4-四甲基苯），11.456 min 出现了 Naphthalene，1-methyl（1-甲基萘）。*Bacillus* sp. DG24 菌种能先将原油组分中的饱和烷烃类物质乳化，使这些物质优先进入水相中，这样增加了 *Bacillus* sp. DG24 菌与饱和烷烃类物质的接触概率，继而被生物利用。因此，*Bacillus* sp. DG24 可优先利用原油组分中的饱和烷烃类物质作为碳源进行新陈代谢。

表 3-5 *Bacillus* sp. DG24 作用下培养基中假增溶的原油组分

序号	停留时间/min	物质名称	分子式	分子量	结构
1	6.124	Phenol（苯酚）	C_6H_6O	94	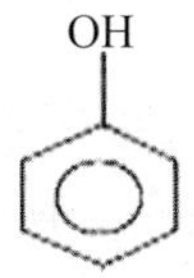
2	6.431	Decane（正十烷）	$C_{10}H_{22}$	142	
3	8.056	Undecane（正十一烷）	$C_{11}H_{24}$	156	
4	8.475	Benzene,1,2,4,5-tetramethyl（1,2,4,5-四甲基苯）	$C_{10}H_{14}$	134	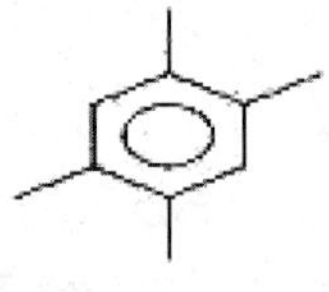

序号	停留时间/min	物质名称	分子式	分子量	结构
5	8.418	Benzene,1-ethyl-2,3-dimethyl（1-乙基-2,3-二甲基苯）	$C_{10}H_{14}$	134	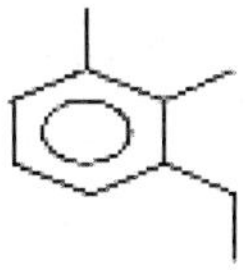
6	8.978	Benzene,1,2,3,4-tetramethyl（1,2,3,4-四甲基苯）	$C_{10}H_{14}$	134	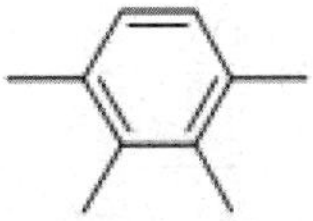
7	9.604	Dodecane（正十二烷）	$C_{12}H_{26}$	170	
8	9.781	Decane,2,5,9-trimethyl（2,5,9-三甲基十烷）	$C_{13}H_{28}$	184	
9	10.638	Undecane,4,7-dimethyl（4,7-二甲基十一烷）	$C_{13}H_{28}$	184	
10	11.232	Tridecane（正十三烷）	$C_{13}H_{28}$	184	
11	11.456	Naphthalene,1-methyl（1-甲基萘）	$C_{11}H_{10}$	142	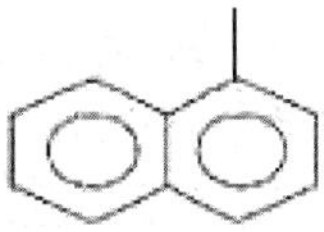
12	12.076	Dodecane,2,6,10-trimethyl（2,6,10-三甲基十二烷）	$C_{15}H_{32}$	212	
13	12.411	Tetradecane（正十四烷）	$C_{14}H_{30}$	198	
14	13.695	Pentadecane（正十五烷）	$C_{15}H_{32}$	212	
15	14.317	Naphthalene,2,3,6-trimethyl（2,3,6-三甲基萘）	$C_{13}H_{14}$	170	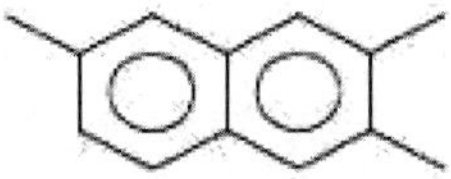
16	14.901	Hexadecane（正十六烷）	$C_{16}H_{34}$	226	
17	16.053	Heptadecane（正十七烷）	$C_{17}H_{36}$	240	
18	16.503	1-Decanol,2-hexyl（2-己基-1-癸醇）	$C_{16}H_{34}O$	242	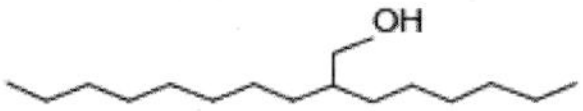
19	17.138	Octadecane（正十八烷）	$C_{18}H_{38}$	254	
20	18.178	Nonadecane（正十九烷）	$C_{19}H_{40}$	268	

序号	停留时间/min	物质名称	分子式	分子量	结构
21	18.797	Phytol（叶绿醇）	$C_{20}H_{40}O$	296	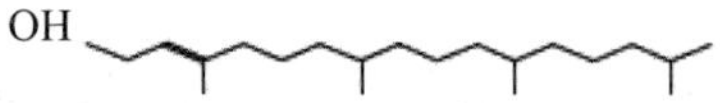
22	19.166	Eicosane（二十烷）	$C_{20}H_{42}$	282	
23	20.112	Heneicosane（二十一烷）	$C_{21}H_{44}$	296	
24	21.011	Docosane（二十二烷）	$C_{22}H_{46}$	310	
25	21.877	Tricosane（二十三烷）	$C_{23}H_{48}$	324	
26	22.711	Tetracosane（二十四烷）	$C_{24}H_{50}$	338	
27	23.511	Pentacosane（二十五烷）	$C_{25}H_{52}$	352	
28	24.281	Hexacosane（二十六烷）	$C_{26}H_{54}$	366	
29	25.021	Heptacosane（二十七烷）	$C_{27}H_{56}$	380	
30	25.821	Octacosane（二十八烷）	$C_{28}H_{58}$	394	
31	26.744	Nontacosane（二十九烷）	$C_{29}H_{60}$	408	

（3）*Bacillus* sp. DG24 菌对石油烃组分中饱和烷烃的降解能力分析

分别在含有 150 mL 灭菌无机盐液体培养基的 250 mL 三角瓶中加入 0.2 μm 微孔滤膜过滤的烷烃储备液 1.2 mL，待溶剂挥发后，按 5%（*v/v*）向三角瓶中加入无机盐液体培养基重悬的 *Bacillus* sp. DG24 菌体，控制初始菌密度 A_{600} 为 0.145。初始烷烃浓度为 400 mg·L^{-1}。另外设置空白培养基，即不加入 *Bacillus* sp. DG24 菌体，作为对照。将三角瓶在 10℃、150r/min 条件下摇床培养 8 d 后，将三角瓶取出，静置 0.5 h 后，离心去除菌体。上清液转入分液漏斗中，然后加入有机溶剂（正己烷或乙醚）萃取上清液中的不同烷烃组分。有机相超声破碎 3 次后转入旋转蒸发仪中挥发溶剂。最后用 2 mL 有机溶剂定容并用 GC-MS 分析不同烷烃组分浓度变化。GC-MS 条件如上所述。

如图 3-11 所示，在 10℃、150 r·min^{-1} 条件下摇床培养 8 d 后，*Bacillus* sp. DG24 对正十二烷、正十四烷、正十六烷、正十八烷、正十九烷、正二十二烷、正二十六烷、正二十八烷的降解率分别为 53.27%、48.51%、30.64%、34.28%、36.55%、25.16%、22.48%和 14.75%。结果表明 *Bacillus* sp. DG24 菌对中链烷烃，如正十二烷、正十四烷、正十六烷、正十八烷和正十九烷有较好的降解能力，且对正十二烷和正十四烷的降解效果最好；对长链烷烃如正二十六烷也有一定生物降解性，进一步表明该菌对石油烃组分中的中长链烷烃有较佳的降解潜力。

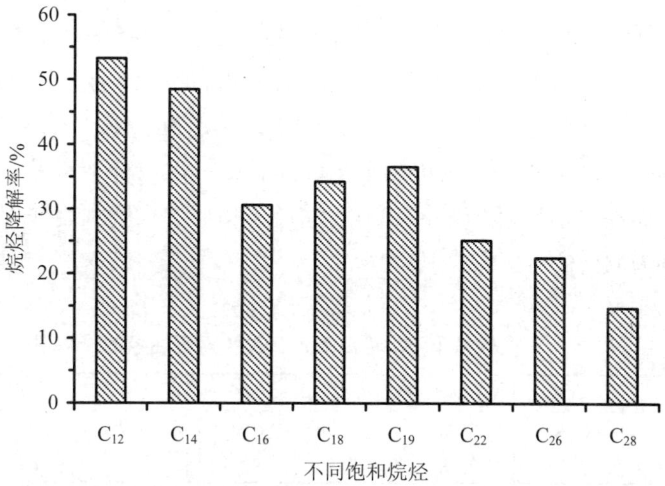

图 3-11　*Bacillus* sp. DG24 对不同饱和烷烃的降解能力分析

3.3.5　*Bacillus* sp. DG24 菌的富集培养方法

在实验过程中发现在接种量及其他实验条件相同时，原油液体培养中 *Bacillus* sp. DG24 的生物量远低于 LB 液体培养中该菌的生长量，为满足批量实验对菌体的需求，需要研发一种既能保持 *Bacillus* sp. DG24 高效原油降解性又能同时获得大量菌体的富集培养方法。吸取乳化原油液体培养基下层水相液体 50～100 μL 接入 LB 液体培养基中，于 10℃条件下置于摇床中培养，摇床条件为 150 $r\cdot min^{-1}$，一般培养 2 d，这样保证 *Bacillus* sp. DG24 进入对数生长期，且生物量达到最大，在无菌操作台中将含有 *Bacillus* sp. DG24 菌体的 LB 液体培养基转移至已灭菌离心管中，离心收集菌体，并用灭菌无机盐液体培养基清洗菌体，将菌体重悬于无机盐液体培养基中置于 4℃条件下待用。

3.3.6　影响 *Bacillus* sp. DG24 降解原油的环境因素分析

通过设置不同盐度、不同 pH、不同的温度，不同原油浓度确定 *Bacillus* sp. DG24 降解原油的最适环境条件，实验方法见附录 2。

3.3.6.1 盐度对 *Bacillus* sp. DG24 降解原油的影响

如表 3-6 所示，本试验表明，培养基盐度分别为 0、0.5%、1%、1.5%、2%、2.5%、3%、5%时，*Bacillus* sp. DG24 对石油烃的生物降解率分别为 20.58%±2.72%、33.63%±3.28%、45.55%±2.58%、42.75%±4.25%、21.24%±3.82%、12.57%±2.64%、6.36%±4.11%和 0。*Bacillus* sp. DG24 在低盐度条件下可发挥对原油的生物利用作用，而在高盐度环境中，其对石油烃类物质的生物利用作用受到限制，最适盐度条件为 0.5%～1.5%。

表 3-6 不同盐度下 *Bacillus* sp. DG24 对石油烃的降解率　　单位：%

盐度	0	0.5	1	1.5	2	2.5	3	5
降解率	20.58±2.72	33.63±3.28	45.55±2.58	42.75±4.25	21.24±3.82	12.57±2.64	6.36±4.11	0

3.3.6.2 pH 对 *Bacillus* sp. DG24 降解原油的影响

如表 3-7 所示，本试验表明，培养基盐度 pH 分别为 4、5、6、7、8、9、10 时，*Bacillus* sp. DG24 对石油烃的生物降解率分别为 12.22%±2.15%、23.73%±3.86%、44.64%±4.54%、53.58%±4.36%、58.17%±6.21%、26.46%±2.67%和 7.36%±2.15%。*Bacillus* sp. DG24 对石油烃类物质的生物利用最适 pH 条件为 6～8。

表 3-7 不同 pH 下 *Bacillus* sp. DG24 对石油烃的降解率　　单位：%

pH	4	5	6	7	8	9	10
降解率	12.22±2.15	23.73±3.86	44.64±4.54	53.58±4.36	58.17±6.21	26.46±2.67	7.36±2.15

3.3.6.3 温度对 *Bacillus* sp. DG24 降解原油的影响

如表 3-8 所示，本试验表明，培养温度分别为 5℃、10℃、15℃、25℃、30℃、40℃时，*Bacillus* sp. DG24 对石油烃的生物降解率分别为 15.65%±2.47%、33.48%±4.73%、40.86±%4.58%、48.49%±4.11%、43.35%±5.22%和 27.66%±5.38%。*Bacillus* sp. DG24 对石油烃类物质的生物利用有较宽的温度适应范围，且最适降解温度为 10～30℃，且在温度为 25℃的条件下，该菌对石油烃的降解率最高。

表 3-8　不同温度下 *Bacillus* sp. DG24 对石油烃的降解率　　单位：%

温度	5℃	10℃	15℃	25℃	30℃	40℃
降解率	15.65±2.47	33.48±4.73	40.86±4.58	48.49±4.11	43.35±5.22	27.66±5.38

3.3.6.4　营养元素对 *Bacillus* sp. DG24 降解原油的影响

在石油烃污染土壤中，通常有机碳含量较高，石油能够提供生物较易利用的有机碳，而营养元素 N 和 P 相对缺乏。此外，微生物在利用石油烃进行新陈代谢的过程中，其自身生物量的增加也需要元素 N 和 P。因此，在石油烃的生物降解过程中，石油中碳完全转化时所需的 N 和 P 的量可以根据细胞质材料中的 C∶N∶P 比例计算。C∶N∶P 比例达不到细菌代谢所需的比例，就会限制细菌的代谢速度，从而制约油污染物的降解。通常，微生物自身 C∶N 比在（5∶1）～（10∶1），这取决于不同的微生物种类。因此，在石油烃污染土壤的生物修复技术中，控制 C∶N∶P 比在 100∶10∶1。由于微生物不同，在降解石油烃过程中对营养元素的需求量也不尽相同，因此有必要研究 *Bacillus* sp. DG24 在降解原油过程中对营养元素 N 和 P 的需求情况。

如表 3-9 所示，本试验表明，培养中 *W*（原油）∶*W*（N）分别为 200∶1、80∶1、40∶1、20∶1、10∶1、5∶1 时，*Bacillus* sp. DG24 对石油烃的生物降解率分别为 0、3.14%±1.22%、19.53%±2.66%、27.66%±3.17%、38.54%±3.63% 和 42.85%±4.15%。即当含 N 量较高时，即当 *W*（原油）∶*W*（N）为 20∶1～5∶1 时，*Bacillus* sp. DG24 对石油烃的降解率较高，且在 *W*（原油）∶*W*（N）为 5∶1 时，石油烃降解率达到最大值。

表 3-9　不同原油∶N（质量比）下 *Bacillus* sp. DG24 对石油烃的降解率　　单位：%

C∶N	200∶1	80∶1	40∶1	20∶1	10∶1	5∶1
降解率	0	3.14±1.22	19.53±2.66	27.66±3.17	38.54±3.63	42.85±4.15

如表 3-10 所示，本试验表明，培养中 *W*（原油）∶*W*（P）分别为 200∶1、150∶1、100∶1、40∶1、20∶1、10∶1 时，*Bacillus* sp. DG24 对石油烃的生物降解率分别为 0、5.27%±2.06%、13.85%±2.11%、28.82%±3.16%、35.58%±3.46% 和 44.66%±2.53%。可见当含 N 量较高时，即当 *W*（原油）∶*W*（P）为 40∶1～

10∶1 时，*Bacillus* sp. DG24 对石油烃的降解率较高，且在 *W*（原油）∶*W*（P）为 10∶1 时，石油烃降解率达到最大值。

表 3-10 不同原油∶P（质量比）下 *Bacillus* sp. DG24 对石油烃的降解率　单位：%

C∶P	200∶1	150∶1	100∶1	40∶1	20∶1	10∶1
降解率	0	5.27±2.06	13.85±2.11	28.82±3.16	35.58±3.46	44.66±2.53

3.3.6.5 *Bacillus* sp. DG24 对不同浓度石油烃的降解率

如表 3-11 所示，本试验表明，培养中原油分别为 100 $mg{\cdot}L^{-1}$、200 $mg{\cdot}L^{-1}$、500 $mg{\cdot}L^{-1}$、800 $mg{\cdot}L^{-1}$、1 000 $mg{\cdot}L^{-1}$、2 000 $mg{\cdot}L^{-1}$ 时，*Bacillus* sp. DG24 对石油烃的生物降解率分别为 61.47%±5.14%、54.38%±3.64%、56.26%±6.21%、52.58%±5.12%、45.55%±3.85%和 36.37%±4.18%。可见，在此浓度范围条件下，石油烃的降解率均比较令人满意，石油烃的降解速率为 1.76～20.78 mg/（L·d），其中在浓度范围为 100～800 $mg{\cdot}L^{-1}$ 时，石油烃降解率较高，超过 50%。

表 3-11 *Bacillus* sp. DG24 对不同浓度石油烃的降解率　单位：%

原油浓度/（mg/L）	100	200	500	800	1 000	2 000
降解率	61.47±5.14	54.38±3.64	56.26±6.21	52.58±5.12	45.55±3.85	36.37±4.18

第4章 土壤微生物降解柴油的强化技术研究

土壤石油烃污染修复有很多方法，其中生物修复以其投资少、有良好的生态经济效益而备受关注。生物修复中常用的生物强化方法是，把降解微生物加到污染地，补充或替代自然微生物群体，或加入辅基质以促进加入微生物的降解和存活能力，从而促进目标污染物的降解。近年来随着生物技术的发展，生物强化技术的内涵和应用范围不断扩大，可行性和有效性逐渐增强。如何提高外源微生物的活性及降解能力一直是进行生物强化所要解决的问题。

目前，诱变菌株或构建成高效降解菌群的生物强化方法是生物修复的研究热点。采用菌群生物强化在扩大底物利用范围，优化降解体系上也比单菌株有更大的优势。我国在菌群强化方面尚处于初级阶段，对如何利用不同种的相互作用，组合出优化、合理、高效的菌群知之甚少，此类文献资料和研究成果就更少了。目前对菌群构建仍停留在把分离的单个菌株简单组合成菌群，这种简单随意的组合很难达到预期的目标，有些组合的效果甚至是负面的。如果能够按照污染底物的降解要求，能动地组成菌群，进行生物强化菌群强化降解石油烃污染可能就会取得较好的结果。因此，如何有效地将各种高效降解菌组合在一起，使它们都能发挥各自的优势是本实验要解决的一个问题。实验拟从提高微生物的降解能力出发，在充分研究各菌株作用模式与功能的基础上以菌群构建的方式将优势降解菌或某些特性菌株，如能产表面活性剂的降解菌等组合成混合菌群，使生物强化系统更合理、更完善，使污染物在多种酶促反应下得到更彻底的降解。通过研究不仅可以为菌群构建提供了理论依据，也可以为菌群强化在工程上的应用作了初探。

由于石油类污染物难溶解于水，其较低的生物有效性或生物可利用性一直是微生物修复的重要限制因素之一。因此，生物修复中降解有机污染物的决定性的影响因素是污染物的低水溶性，即低生物可利用性。但可以通过施加表面活性剂来增加油类污染物的溶解性，促进微生物降解。如何将吸附在土壤上的有机污染物解吸出来，提高其生物可利用性是微生物修复技术的关键。通过研究不同种类化学、生物表面活性剂对微生物生长的影响，探讨其对微生物降解柴油的影响，可以为表面活性剂用于增强微生物降解柴油提供理论依据。同时，研究也具有重要的理论意义和较高的经济价值。

另外，人工培养的外源微生物投入污染土壤中，由于微生物对新环境需要一定的适应，而且环境条件也很难改造成微生物适宜降解的环境，因此往往导致修复效果较差。这都限制了生物修复技术的进一步发展。而植物根际圈能为微生物提供持续营养物质并为其生长创造良好的环境。因此在进行微生物降解修复的污染土壤中种植植物可能是改善土壤环境，活化菌株，强化微生物降解的一条有效途径。本研究通过筛选不同植物与降解菌株构建微生物-植物复合降解体系，比较研究其在不同类型土壤中对柴油降解情况，探讨不同植物对菌株在土壤中降解柴油污染物的影响。

综上所述，微生物修复实质是菌株-污染物-环境三者相互作用的过程，其中微生物在这个降解体系中的活性及降解能力的高低是修复成功与否的关键。本研究以菌株为出发点，既研究内因——如何最大程度强化菌株自身的能力，也考虑外因——如何使污染物状况和环境条件更适合菌株降解，最大程度提高菌株在降解体系中的活性及降解能力，希望能通过研究，为将来污染土壤现场修复技术的建立奠定基础和提供理论参考。

4.1 高效柴油降解菌群构建

4.1.1 柴油色谱图

本实验直接采用 0 号柴油作为标准油样。采用 Trace MS2000 对柴油进行了测定，经计算机检索与标准谱图核对，分别确定各组分结构并用面积归一法得各组分质量分数（表 4-1），油样中各类化合物的种数与质量分数分布见表 4-2。

以上检测结果可以看出，柴油中饱和烷烃质量分数为 65.16%～77.85%，其中 C_{13}～C_{22} 的直链正构烷烃最多达到 44.50%～56.39%，余为异构烷及取代环烷烃等；芳香烃质量分数为 5.82%～21.39%，其中取代萘最多为 4.2%～17.24%，余为取代的苯和多环芳烃如茚、芴、蒽、菲、芘及衍生物。

表 4-1　0 号柴油的化学组成

组分名称	w/%	组分名称	w/%	组分名称	w/%
十一烷	0.54	十五烷	6.57	十九烷	6.96
1,4-二甲基-2-乙基苯	0.05	1,4,6-三甲基萘	0.87	1-甲基蒽	0.84
2,3-二甲基-1-乙基苯	0.09	1,6,7-三甲基萘	2.95	2-甲基蒽	0.79
2-异丙基-1-甲基苯	0.12	3-甲基十三烷	0.25	2-甲基十九烷	0.40
2-甲基-1-丙基苯	0.81	2,3,6-三甲基萘	0.87	4-甲基菲	0.51
十二烷	0.47	十六烷	7.73	9-甲基蒽	0.80
1-甲基-1-氢茚	0.56	2-甲基-1-丙基萘	0.79	二十烷	6.03
2-甲基-1-丁基苯	0.95	2-甲基十七烷	1.93	1-十九烯	0.46
2-乙基-1-氢茚	0.17	环十四烷	0.72	3-甲基十九烷	0.55
2,3-二氢-4,6-二甲茚	0.29	3-甲基-十六烷	0.46	2,5-二甲基菲	0.32
2,6-二甲基葵烷	0.34	2-异丙基-1-甲基萘	0.51	2-甲基十九烷	0.42
2-甲基-1-丁烯基苯	0.06	十七烷	7.35	2-甲基十六醇	0.61
十三烷	1.48	2,6,10,14-四甲基十五烷	1.66	3,6-二甲基菲	0.58
1-甲基萘	1.77	3-甲基十七烷	0.87	二十一烷	5.92
2-甲基萘	0.82	1-氯十四烷	0.84	1-二十烯	0.30
1-十四醇	0.43	2-甲基十七烷	0.51	二十二烷	3.64
2,6,10-三甲基十二烷	0.36	1-辛基-1-壬苯环己烷	1.19	2-甲基二十烷	0.25
十四烷	3.74	十八烷	6.97	二十三烷	1.47
1,4-二甲基萘	0.39	2,6,10,14-四甲基十六烷	1.23	二十四烷	0.53
2,7-二甲基萘	1.17	二苯基甲烷	0.83	二十五烷	0.26
1,6-二甲基萘	3.57	2-甲基十八烷	0.77	二十六烷	0.19
2,6,11-三甲基十二烷	2.46	3-甲基十八烷	0.42	1-十六烯	0.58
3,3-二环己基葵烷	0.71				

表 4-2　0 号柴油各类化合物所占比例

	化合物				
	正构烷烃	异构烷烃	单环芳烃	多环芳烃	氧化物
种数	15～19	20～29	3～13	3～19	3～17
w/%	9.02～59.66	13.16～25.16	1.62～4.08	2.15～18.25	1.21～14.42

4.1.2　菌株诱变

紫外线诱变的具体操作如图 4-1 所示，将紫外线灯打开预热 20 min，取直径

6 cm 的无菌平皿，加入 5 mL 浓度为 10^8 个·mL^{-1} 的菌悬液。将盛有菌悬液的平皿置于磁力搅拌器上，在距离为 30 cm，功率为 15 W 的紫外灯下搅拌照射 2 min。紫外线处理后在红灯下将该悬液进行稀释涂布平板，用黑布包好，黑暗中培养 48 h。

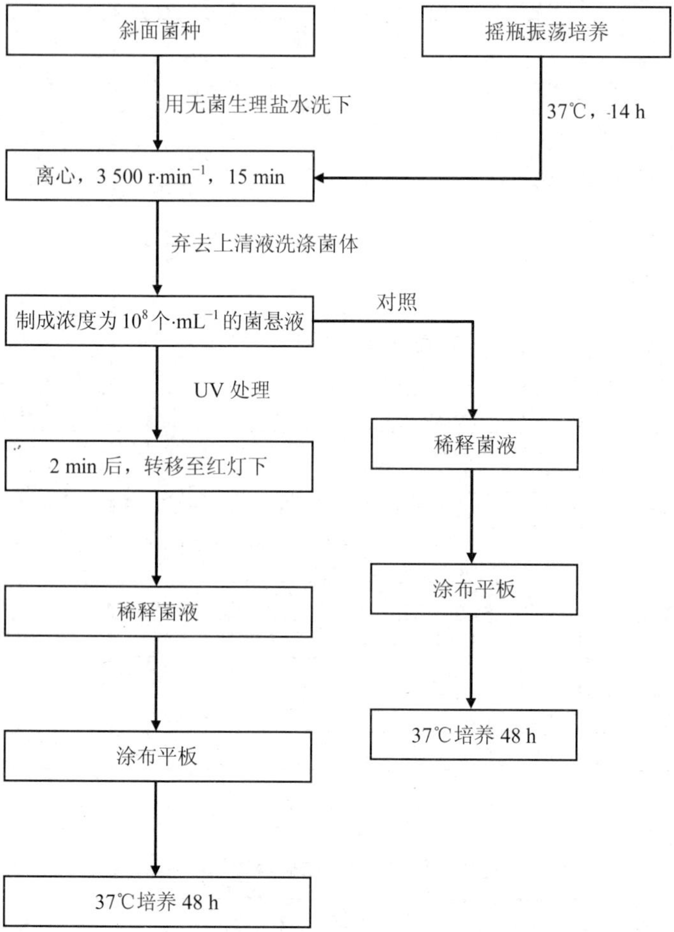

图 4-1 菌株紫外线诱变的流程

为了得到具有更高效降解菌株，本实验对菌株 Q18 进行诱变处理，紫外线诱变是最常用的诱变方法之一。试验中分别采用 15 W 和 30 W 的紫外灯管照射菌株 Q18。另外，氯化锂作为一种常用的金属盐类诱导剂，其诱变效果显著，应用也非常广泛。因此本实验也采用了氯化锂对菌株 Q18 进行诱导，方法是将其加到培养基中制成平板，控制其浓度在 1%，然后涂抹菌株悬液进行诱变培养。将 15 W

紫外灯管照射诱变的菌株记为 QY1，30 W 紫外灯管照射诱变的菌株记为 QY2，氯化锂诱变的菌株记为 QY3，15 W 紫外灯管照射后分离于含氯化锂平板再次诱变的菌株记为 QY4。将诱变得到的这些突变菌株进行传代培养，再用于柴油的降解，测定其降解率，结果见表 4-3。

表 4-3　不同诱变菌株对柴油的降解率

诱变菌株	降解率/%
Q18（原始菌株）	39.3
QY1	47.5
QY2	43.1
QY3	39.6
QY4	52.2

由表 4-3 可以看出，经诱导后的菌株，其对柴油的降解率均高于未诱变的原始菌株 Q18，这表明这些诱变方法都是比较有效的。

菌株 QY1 对柴油的降解率（47.5%）高于菌株 QY2 的降解率（43.1%），可见 15 W 紫外灯对菌株的诱变效果优于 30 W 紫外灯。这可能是由于诱发菌株突变的紫外线最有效的波长为 253.7 nm，30 W 紫外灯，光谱分布范围广，较平均；而 15 W 紫外灯，发射出来的紫外线大约有 80%的波长都集中在 253.7 nm，因此其诱变效果比 30 W 紫外灯好。

氯化锂诱变的菌株 QY3 对柴油的降解率为 39.6%，与原始菌株 Q18 对柴油的降解率 39.3%接近，并未有多大提高，可见氯化锂单独诱变效果并不明显。但经紫外灯管照射和氯化锂复合诱变的菌株 QY4 对柴油的降解率达到了 52.2%，在所有诱变菌中最高，可见氯化锂单独使用没有明显的诱变效果，但与紫外线诱变结合，效果相当显著。因此氯化锂应该是一种优良的助诱变剂。

采用紫外线诱导菌株 Q10 和 Q14，也取得了类似的结论，菌株 Q10 和 Q14 进行紫外诱变得到的诱变菌株 QY10 和 QY14 生长能力和降解能力都比诱变前有所提高，其达到生长稳定期的时间比诱变前缩短了，而降解能力则分别提高了 9.56%和 6.72%。且诱变菌株的耐受力也明显增强。可见利用紫外诱变能有效的选育出高效降解菌。

综上所述，紫外线照射作为一种最常用的菌株诱变方法，诱变的菌株确能更有效地降解柴油；氯化锂单独使用效果不佳，需要与紫外线照射结合使用，效果才显著，其是一种优良的助诱变剂。

4.1.3 菌株选择

4.1.3.1 降解菌生理生化特性分析

本实验设想通过采用不同的碳源筛选出一系列石油降解菌并用 GC-MS 检测各菌株对石油的作用部分，从而构建出一组高效石油降解菌的混合菌群，其中包括一株能产表面活性剂的细菌，使具有不同功能的菌株结合在一起，以期能对石油污染进行更充分的降解。

为了培育高效的降解柴油的同生菌群，采用了第 3 章以柴油为唯一碳源分离的优势菌株：Q8、Q9、Q10、Q11、Q14、Q15 和 Q18。各菌株的生理生化特征见表 4-4。表 4-5 还列出了选出的菌株 4 d 后对柴油的降解率。

表 4-4 各菌株的生理生化特征

鉴定项目	Q8	Q9	Q10	Q11	Q14	Q15	Q18
菌落特征	白色光滑	白色有皱褶	灰白色	透明	淡黄色	白色光	滑橙红色
菌体形态	短杆无鞭毛	杆状鞭毛	短杆鞭毛	短杆鞭毛	杆菌无鞭毛	球状鞭毛	短杆无鞭毛
革兰氏染色	—	+	—	—	—	—	+
芽孢染色	—	+	—	—	—	—	+
明胶液化	+	+	+	+	+	+	+
好氧性	严格好氧	兼性好氧	兼性好氧	兼性好氧	严格好氧	兼性好氧	严格好氧
V.P 反应	－	+	+	－	－	+	—
柠檬酸利用	+	－	+	+	+	+	—
葡萄糖产酸	+	+	+	+	+	+	—
葡萄糖产气	－	－	+	－	—	－+	
运动性	－	+	+	+	+	－	+

表 4-5 各菌株柴油降解率

菌株	Q8	Q9	Q10	Q11	Q14	Q15	Q18
降解率/%	31.4	30.9	39.3	24.3	36.0	23.1	42.1

4.1.3.2　残油的 GC-MS 分析

由于柴油是一种混合物，不同种类的菌株可能对柴油不同组分具有不同降解程度。而且我们将这些分离出来的菌株分组：菌株 Q8、Q9、Q10、Q11 和 Q14 以十二烷烃为唯一碳源，菌株 Q15 和 Q18 以环烷烃为唯一碳源，菌株 QY1 和 QY4 以多环芳烃为唯一碳源分别进行驯化培育。然后将各菌株以 1%的量接入石油浓度为 1 000 mg·L^{-1} 的无机盐培养基中，摇床培养 4 d 后取，用石油醚萃取，萃取液进行 GC-MS 分析，如图 4-2 所示。

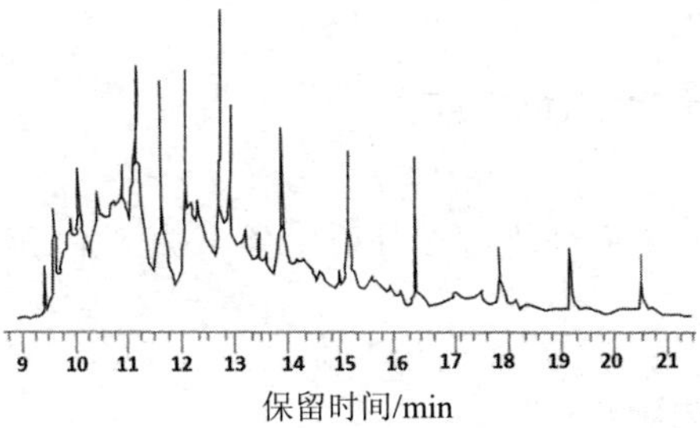

菌株 Q8

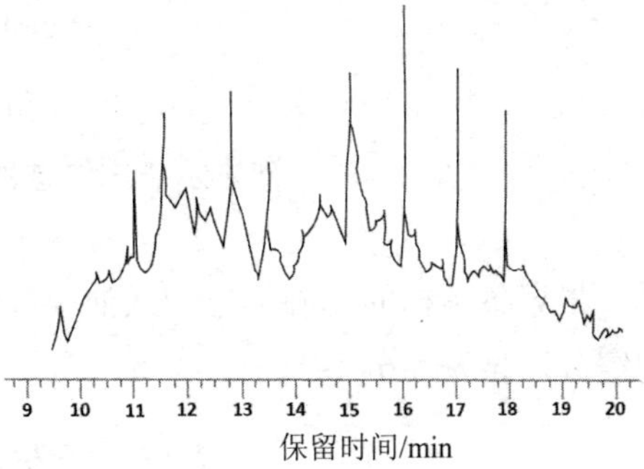

菌株 Q9

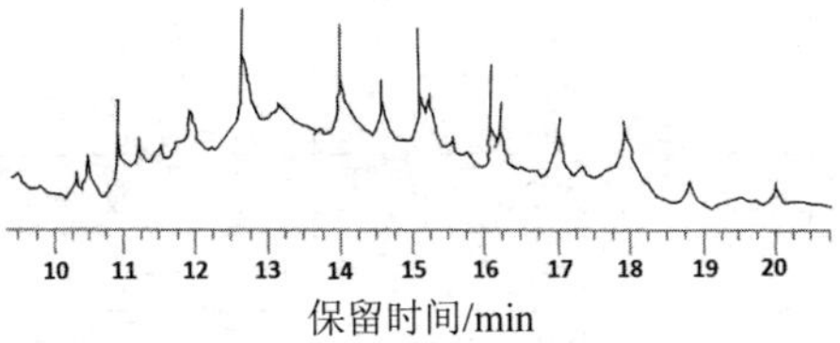

菌株 Q10

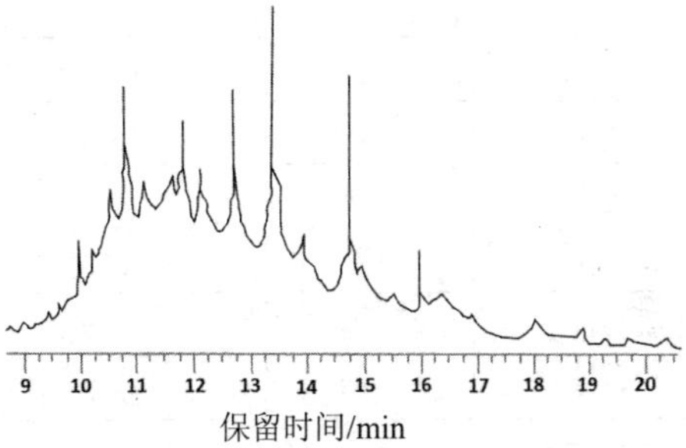

菌株 Q11

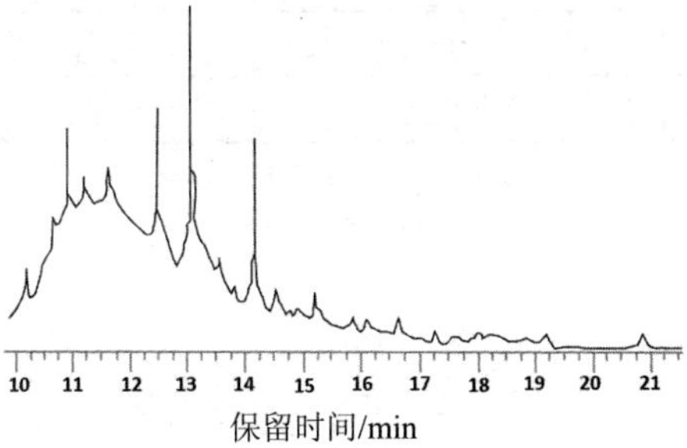

菌株 Q14

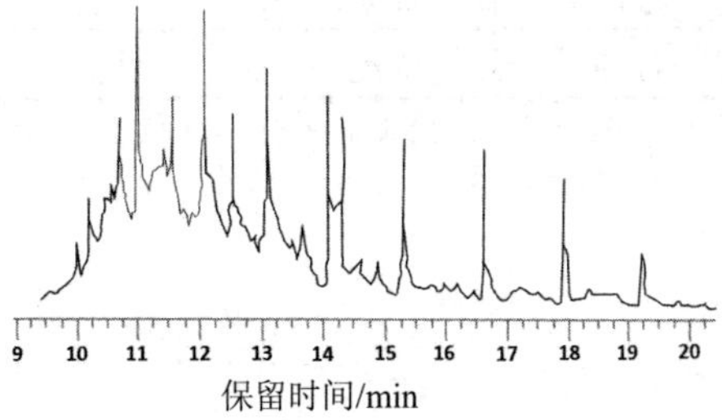

菌株 Q15

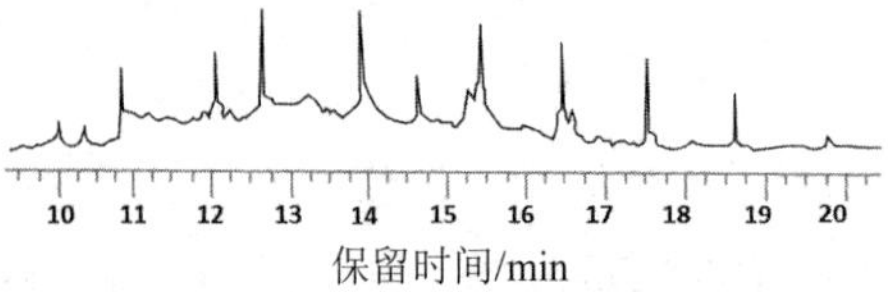

菌株 Q18

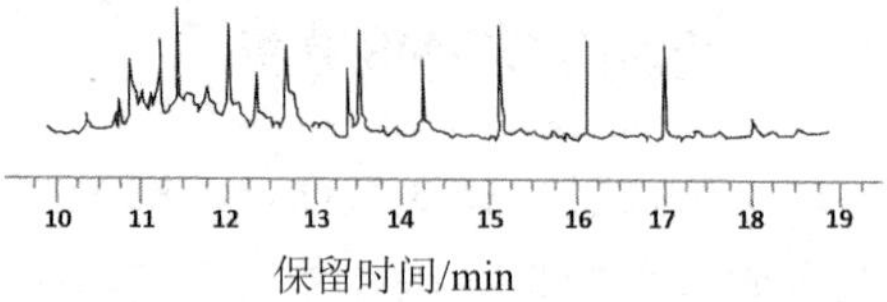

菌株 QY1

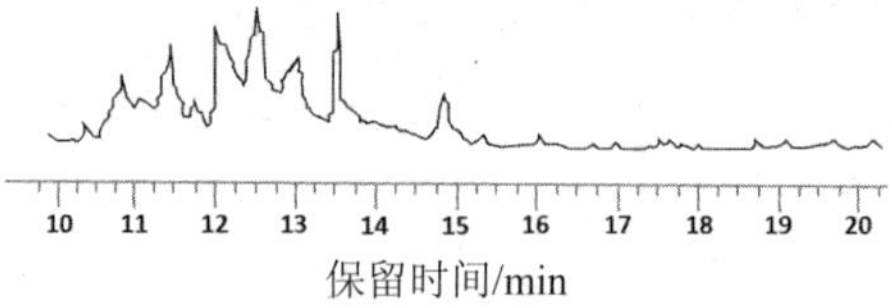

菌株 QY4

图 4-2 柴油经菌株降解后的气相色谱图

根据各菌株的总降解率和残油中各组分的百分比可以分析出各菌株优先降解的组分，见表 4-6。

表 4-6 各菌株优先降解的组分

菌株	C 原子数目			
	＜10	10～15	16～20	＞20
Q8	一般	较差	一般	一般
Q9	优先	一般	一般	较差
Q10	一般	优先	一般	较差
Q11	一般	一般	较差	一般
Q14	一般	优先	一般	一般
Q15	优先	一般	优先	较差
Q18	优先	优先	一般	优先
QY1	优先	优先	一般	优先
QY4	优先	优先	优先	一般

注：碳原子数大于 16 的以降解率达到 40%以上者为优先，20%以下者为较差；碳原子数小于 15 的以降解率达到 50%以上者为优先，30%以下者为较差。

4.1.3.3　优势降解菌群的构建

我们知道，提高石油的降解率的关键是要对中长碳链能有效地降解，但在石油含量一定的条件下，利用同一组分的菌株多了就可能产生抑制作用。为此我们进行了各种组合并进行降解实验，4 d 后测定降解率，由此进一步验证我们的设想并优选出高效混合菌群。菌群的构建及其降解率如表 4-7 所示。分别按照各菌株的优势降解情况（菌群 1，2，5，6）以或任意组合（菌群 3，4）构建菌群。

表 4-7　4 d 后菌群对柴油降解率比较

菌群	组成	降解率/%
1	Q8、Q9、Q15、QY1	58.4
2	Q10、Q14、Q18、QY4	62.1
3	Q8、Q14、Q15、QY4	33.7
4	Q11、Q14、Q18、QY1	41.3
5	Q9、Q10、Q18	56.6
6	Q11、Q15、QY1	53.5

从表 4-7 中可看出，按照各菌株的优势降解情况或任意组合构建菌群对柴油的降解情况各不相同，能动地构建出优势混合菌群对柴油的降解率都比单菌株高，最高达到 62.1%；而任意组合成的菌群对柴油的降解并不理想，最低的甚至低于单一菌株，仅为 33.7%。通过对菌群 Q8、Q14、Q15、QY4 和 Q11、Q14、Q18、QY1 分析我们发现，造成它们对柴油降解能力下降的原因可能是由于菌株之间对碳源的竞争。由前面的分析可以知道，菌株 Q15 和 QY4 都优先降解柴油中 C 原子数在 16～20 的组分，而菌株 Q18 和 QY1 都优先降解柴油中 C 原子数大于 20 的组分，这样就可能造成种间的竞争以及相互抑制；柴油中其他的组分尽管菌株对其也有优先降解趋势，如菌株 Q10 和 QY4 都优先降解柴油中 C 原子数在 10～15 的组分，但这种种间的竞争及抑制作用并没有出现，由它们组成的菌群对柴油的降解率也有很大提高。另外，菌群 Q8、Q14、Q15、QY4 对柴油降解率低于 Q11、Q14、Q18、QY1。这说明柴油中最容易产生竞争关系的部分为 C 原子数在 16～20 的组分，其次为碳原子数大于 20 的组分。

通过第 3 章我们知道菌株 Q18 具有良好的产生表面活性剂的能力，由表 4-4 中可看到菌群中含菌株 Q18 的柴油降解率普遍高于不含菌株 Q18 的菌群。可见，生物表面活性剂表面对促进柴油的降解还是具有一定作用的。

由菌株 Q10、Q14、Q18 和 QY4 组成的菌群 2，是我们能动组合的，其中菌株 Q10、Q14、Q18 和 QY4 分别是经过烷烃、环烷烃、多环芳烃为碳源驯化后的菌株，且 Q18 能产生生物表面活性剂，由这几种菌株构建出的菌群不仅降解率最高，而且考虑到了石油烃的不同形态，使石油烃能得到更彻底、更全面地降解。Q18 和 QY4 虽然是以环烷烃和多环芳烃为碳源筛选得到的，但它们对烷烃也能有效降解，只是在环烷烃和多环芳烃的利用上要比其他以烷烃为碳源筛选出的菌株有优势，从它们各自的谱图上也可得到这一结论。因此，由这些不同功能的菌株组成的混合菌群在利用多环、稠环等难降解物质上就存在优势。这说明利用各菌株的优势互补构建出降解能力高，能对石油烃进行全面降解的优势混合菌群是可行也是非常必要的。

为了进一步考察菌群 2 与单一菌株 Q18 在降解柴油能力的差异，实验采用 GC-MS 测定了柴油中 C_{14}～C_{23} 脂肪族化合物含量变化。图 4-3 列出了培养 3 d，菌株 Q18 和菌群 2 对 C_{14}～C_{23} 脂肪族化合物的降解率。菌群的降解效果普遍高于菌株 Q18，菌群对 C_{14}～C_{23} 烷烃化合物降解率为 36.9%～67.2%，而菌株 Q18 则为 24.3%～45.5%。菌株 Q18 和菌群对 C_{14} 降解率最高，依次为 45.5%和 67.2%。与菌株 Q18 相比，菌群强化降解 C_{19} 最为显著，然后依次为 C_{14}、C_{15}、C_{20}、C_{23}、C_{21}、C_{22}、C_{18}、C_{16}，菌群强化降解 C_{17} 最不显著。总体上，与菌株 Q18 相比，菌群主要强化了对柴油中、长链烷烃化合物的降解。

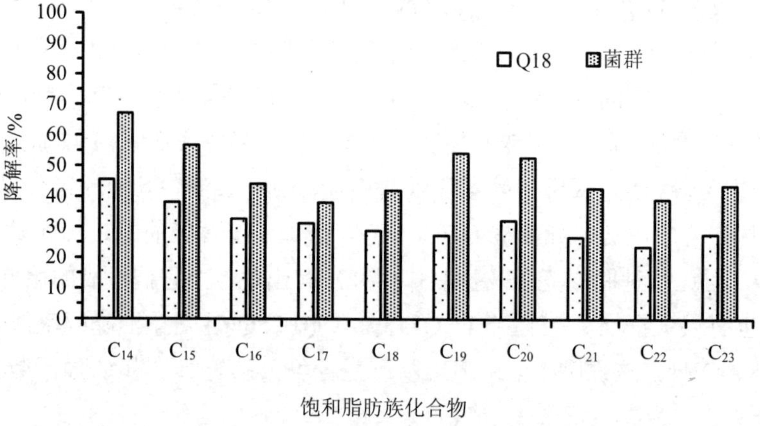

图 4-3　柴油中 C_{14}～C_{23} 脂肪族化合物的降解率

综上所述，由于不同菌株可能对柴油不同组分利用的竞争关系存在，菌群的降解效果并不都强于单株培养菌，但通过对单菌株的降解情况分析可以帮助我们能动地构建出优势混合菌群，避免了任意组合过程中可能存在的种间竞争关系问题。这将为以后将菌群应用于油污染土壤修复提供了新的思路。

4.2　菌群对土壤中柴油的降解研究

柴油污染土壤菌群修复模拟实验中，构建出的优势混合菌群 2 接种到液体 LB 培养基，摇床培养 1 d 后，离心收集菌体，再将菌体加入少许蒸馏水中制成菌悬液。取 100 g 风干土样放入烧杯中，加入菌悬液和一定量蒸馏水，使土壤含水量达到 25%。充分搅拌均匀。将烧杯放置在自然条件下，温度为 20℃左右。在第 3 d、第 13 d、第 32 d 和第 40 d 取样，每次取土样 10 g 测定土壤中的含油量。以不加菌的土样为空白对照。另外按上述方法制备待测土样，分别放置在不同条件下，以考察不同温度、投加 N. P 营养物质及翻土对生物修复效果的影响。土壤中残留柴油的检测方法等见附录 3。

4.2.1　菌群对土壤中柴油的降解

降解实验采用的土壤为砂土，取至无油类污染场地。土样室温下风干后，过 2 mm 筛，然后将土样分 2 次在 120℃下加热 30 min 进行灭菌。土壤的基本性质见表 4-8。投加菌群降解一定时间后，砂土中剩余柴油的含量列于表 4-9。通过测定土壤柴油含量的变化就能得到菌群对柴油的降解率。

表 4-8　土样的基本性质

土壤分类（USDA）	pH（0.01 mol·L^{-1} $CaCl_2$）	总有机碳质量分数/%	总有机氮质量分数/%
砂土（砂粒 89.3%，黏粒 10.7%）	6.89	0.78	0.05

表 4-9　土壤柴油含量的变化

	土壤柴油/（mg·L^{-1}）				
	3 d	5 d	10 d	15 d	20 d
菌群	446.9	385.9	312.9	250.9	212.6
Q18	456.576	405.327	343.773	296.297	268.600

由表 4-9 可以看出，随时间的增加，沙土中残留的柴油浓度逐渐减少，即降解的柴油量逐渐增加。很容易计算出菌群在 20 d 内对柴油总的降解率，其值为 54.15%，高于单一菌株 Q18 的 46.28%。可见，在土壤环境中，菌群对柴油的降解也明显强于单一菌株。

通过计算不同时间段内柴油含量的变化很容易得到各时间段内菌群对柴油的降解率，其结果见图 4-4。由图 4-4 可以看出，随着时间的增加，菌群对柴油的降解率先依次增大，在 10 d 时降解率达到最大，达到 14.61%；然后随着菌株的成熟期和衰退期的到来，降解率依次降低。曲线整体呈现钟形，这也与菌株的生长曲线变化类似。

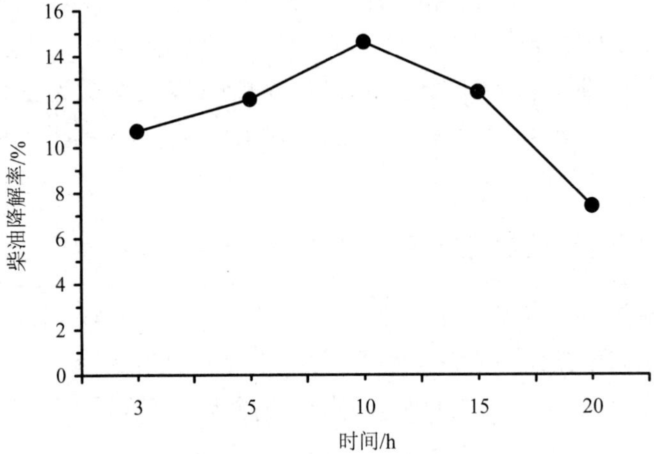

图 4-4 各时间段内菌群对柴油的降解率

4.2.2 环境条件对菌群降解柴油的影响

为了研究不同环境条件对菌群降解柴油的影响，实验采用正交实验方案进行实验，测定其降解柴油的降解率，比较不同环境因子对菌群降解柴油的影响。实验结果如表 4-10 所示。

表 4-10　菌群降解柴油正交设计实验

实验号	因素				
	温度/℃	表面活性剂	pH	翻土	降解率/%
1	20	0.5%	6	不翻	36.23
2	20	0.1%	7	中等	29.36
3	20	0%	8	完全	26.37
4	25	0.5%	7	完全	40.82
5	25	0.1%	8	不翻	26.16
6	25	0	6	中等	22.13
7	30	0.5%	8	中等	37.24
8	30	0.1%	6	完全	33.53
9	30	0	7	不翻	20.44
*K*1	91.96	114.29	91.88	82.83	
*K*2	89.11	89.05	90.62	71.93	
*K*3	90.21	69.11	89.77	100.72	
*k*1	30.65	38.10	30.63	27.61	
*k*2	29.70	29.68	30.21	23.98	
*k*3	30.40	23.04	29.92	33.57	
R	0.95	15.06	0.71	9.59	

注：（1）表面活性剂指加入的 TW-80 与土壤的质量百分比。

（2）正交表计算方法：

① 计算各因素每个水平的降解率之和与平均降解率

其中 *K* 行表示每个因素的 1 水平所对应的数据之和，*i* 行为其平均值，即有

$$K1=\sum X_1，k1=\sum X_1/3$$

同理，

$$K2=\sum X_2，k2=\sum X_2/3$$

$$K3=\sum X_3，k3=\sum X_3/3$$

② 分析各因素对降解率影响的大小

最后一行是同一因素的 *k*1、*k*2 和 *k*3 中最大值减去最小值之差，为极差 *R*。

生化反应符合一般化学反应的规律，即温度越高反应速率越快。考虑到充分发挥生物酶的降解活性和油类污染物的溶解度和挥发特性，一般认为油类物质适宜的降解温度为 20～30℃。

能降解石油产品的大多数异养菌和真菌喜好中性环境。不同的菌株对 pH 要

求不同，大部分异氧细菌和真菌的适宜 pH 接近中性，真菌能够适应一定的酸性环境，过高或过低的 pH 对微生物降解石油烃都是不适宜的。故 pH 在 7～8 范围就可以满足大多数石油降解菌所需的中性环境。

在同样条件下经过翻土的土样降解率均高于未翻土的土样，这说明翻土使土壤中氧浓度增加，有利于促进土壤中好氧微生物的活性，从而提高土壤中柴油的降解率。因为烃类生物降解过程实质上是烃类的氧化过程，在无氧条件下，石油烃类的微生物降解虽也发生，但速率很低。因此，在实际土壤修复过程中我们可以通过耕作翻土来增加土壤中的氧气，促进生物降解。

由表 4-10 可知，混合菌株降解柴油的最佳条件组合为：温度 30℃，油的浓度百分含量为 1%，pH=7.0，翻土。各因素对菌群降解柴油影响大小的主次顺序为：柴油浓度＞翻土＞温度＞pH。可见柴油的浓度为最大影响因素，pH 为最小影响因素。同时，翻土对于促进土壤中柴油的降解也非常重要。

4.3 表面活性剂增强菌株降解柴油的研究

在污染土壤的修复研究中，由疏水性油类污染物较低的溶解度一直是修复研究的难点。投加表面活性剂是提高疏水性有机污染物生物利用度的有效方法之一，其作为生物降解石油烃的强化手段具有一定的可行性。已有很多研究报道了表面活性剂对疏水性有机污染物的增溶、促降解作用。以前的研究大部分都是采用某一类表面活性剂进行，但不同类型表面活性剂对同一种污染物增溶能力的影响还没有系统研究的报道。另外，某些表面活性剂的浓度超过 CMC 时，这些表面活性剂就会对微生物表现出毒性作用，不同的表面活性剂由于结构的不同也可能导致微生物无法直接利用胶束内的污染物。为此，本章选择了 4 种最常用的表面活性剂：十二烷基硫酸钠（SDS）、TW-80、TX-100 和鼠李糖脂分别代表阴离子、非离子和生物表面活性剂，比较研究其对降解菌株活性以及对柴油降解的影响。

4.3.1 单一表面活性剂增强菌株降解柴油研究

柴油在水相中和存在 TW-80 情况下的回收率，测试结果如表 4-11 和表 4-12 所示。石油醚对柴油在不同浓度 TW-80 溶液和无表面活性剂的水溶液中萃取率均在 94%以上。这说明用石油醚来萃取柴油是可行的，且表面活性剂对石油醚萃取柴油的萃取回收率影响较小。

表 4-11　用石油醚萃取柴油在水溶液中的回收率

加入量/%（v/v）	测得量/%（v/v）	回收率/%
2.0	1.934 1	96.7
2.0	1.956 6	97.8
2.0	1.912 5	95.6
2.0	1.932 1	96.6

表 4-12　表面活性剂对柴油回收率的影响

TW-80 浓度/（mg·L^{-1}）	加入量/%（v/v）	测得量/%（v/v）	回收率/%
0	2.0	1.924 6	96.2
50	2.0	1.907 7	95.3
200	2.0	1.902 1	95.1
300	2.0	1.880 6	94.0

4.3.1.1　表面活性剂对菌株生长情况的影响

表面活性剂 SDS、TW-80、TX-100 以及鼠李糖脂对菌株生长情况的影响可以通过测定不同时间、不同浓度下，培养瓶中生长的混合细菌的光密度值来反映。不同表面活性剂对菌株 Q10、Q14 和 Q18 的影响如图 4-5、图 4-6 和图 4-7 所示。

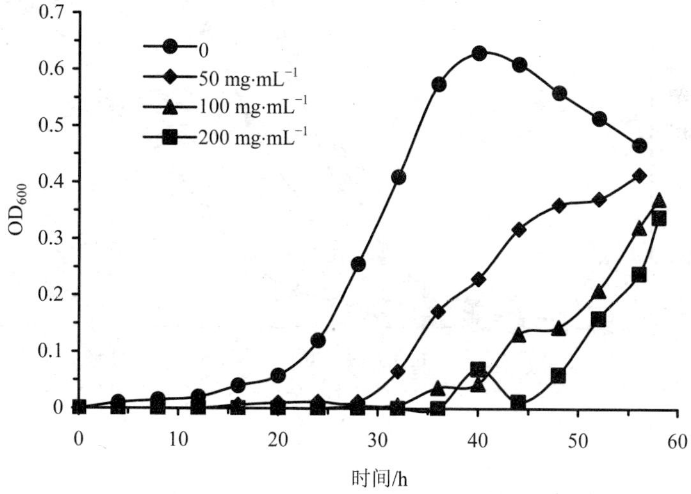

SDS

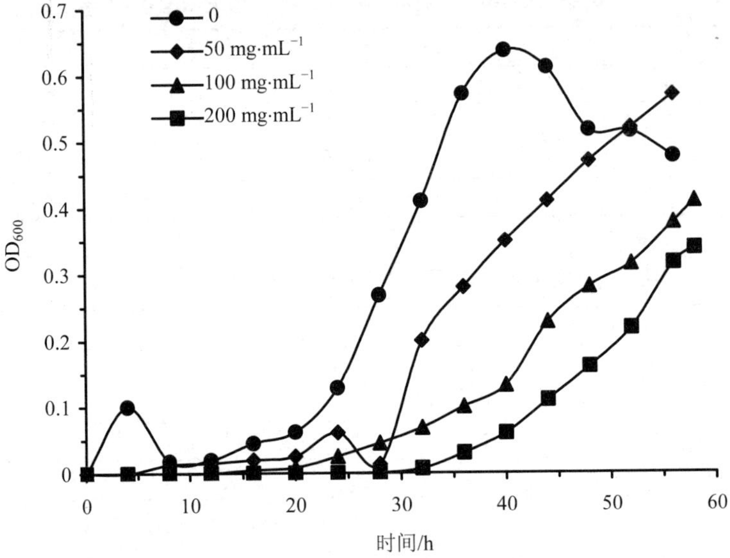

TX-100

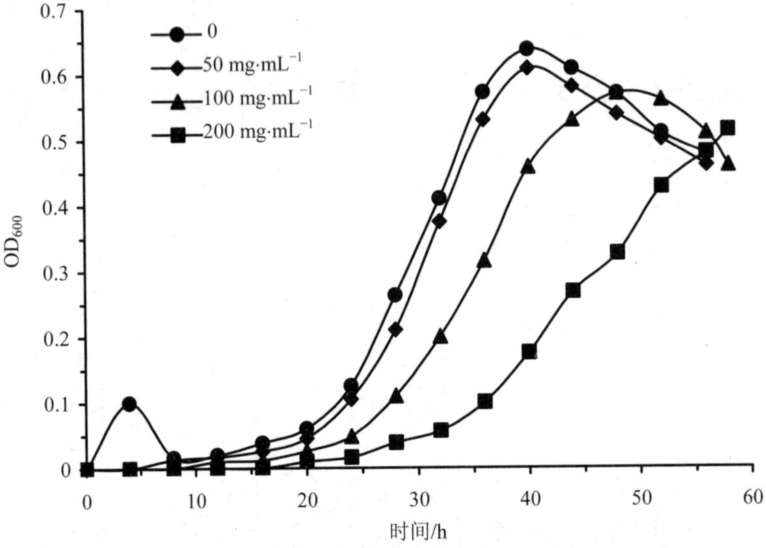

TW-80

图 4-5 表面活性剂浓度对菌株 Q10 生长的影响

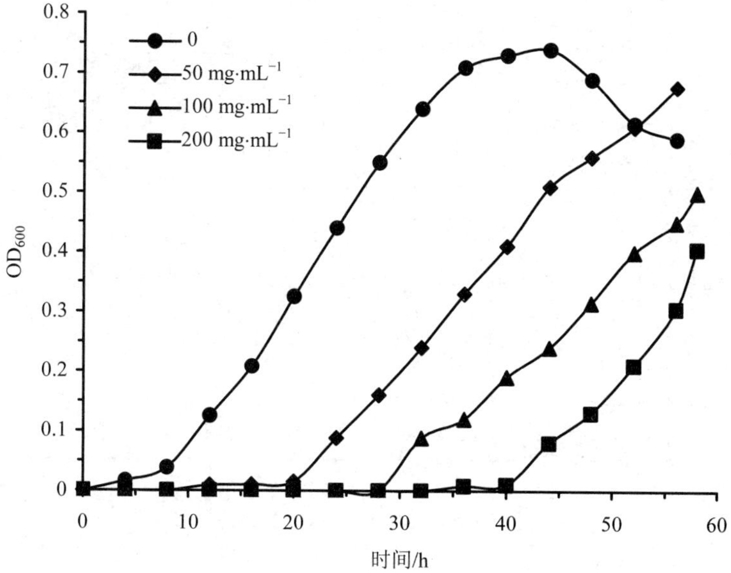
0.8
0.7
0.6
0.5
0.4
0.3
0.2
0.1
0
OD600
0
50 mg·mL⁻¹
100 mg·mL⁻¹
200 mg·mL⁻¹
0
10
20
30
40
50
60
时间/h

SDS

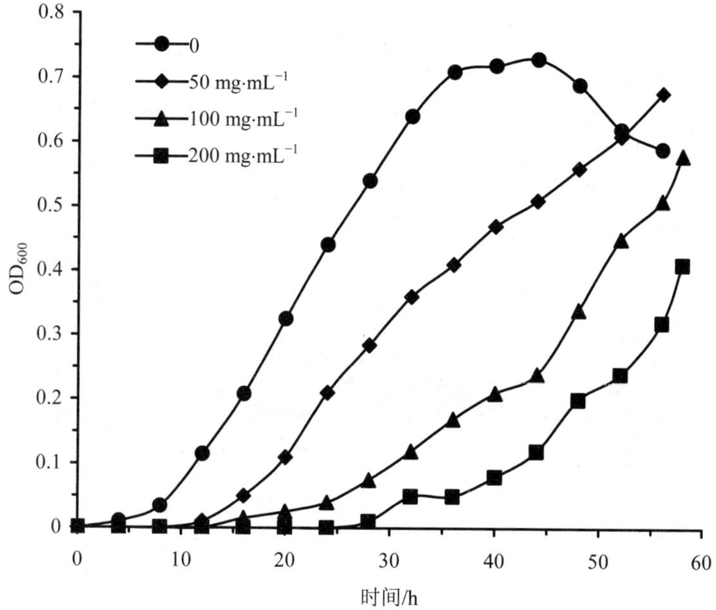
0.8
0.7
0.6
0.5
0.4
0.3
0.2
0.1
0
OD600
0
50 mg·mL⁻¹
100 mg·mL⁻¹
200 mg·mL⁻¹
0
10
20
30
40
50
60
时间/h

TX-100

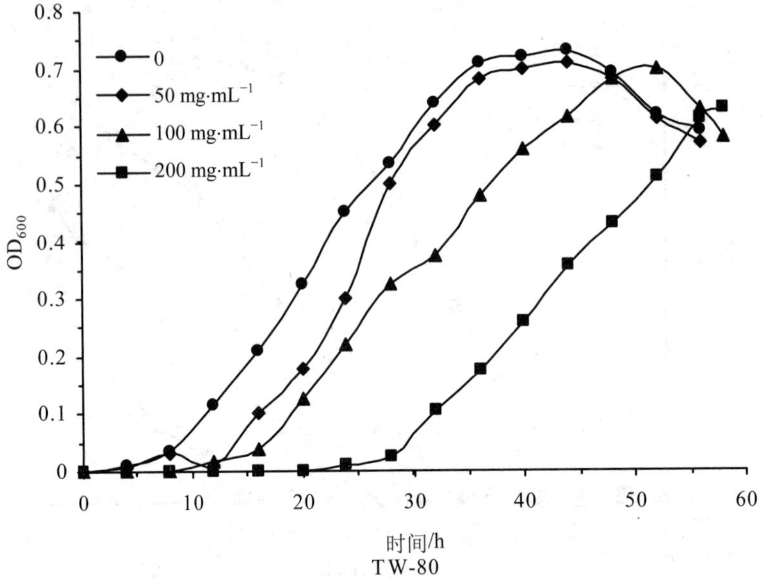

图 4-6 表面活性剂浓度对菌株 Q14 生长的影响

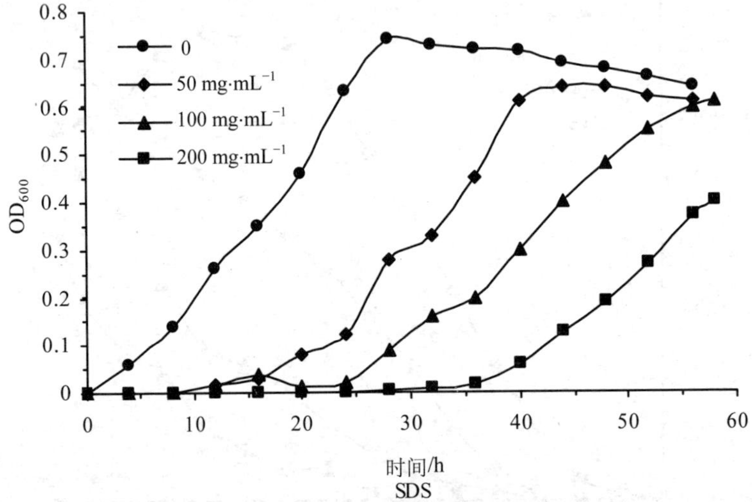

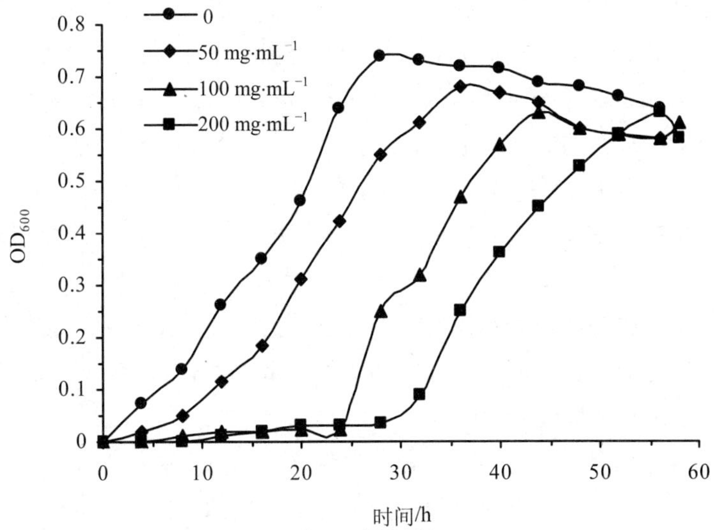

TX-100

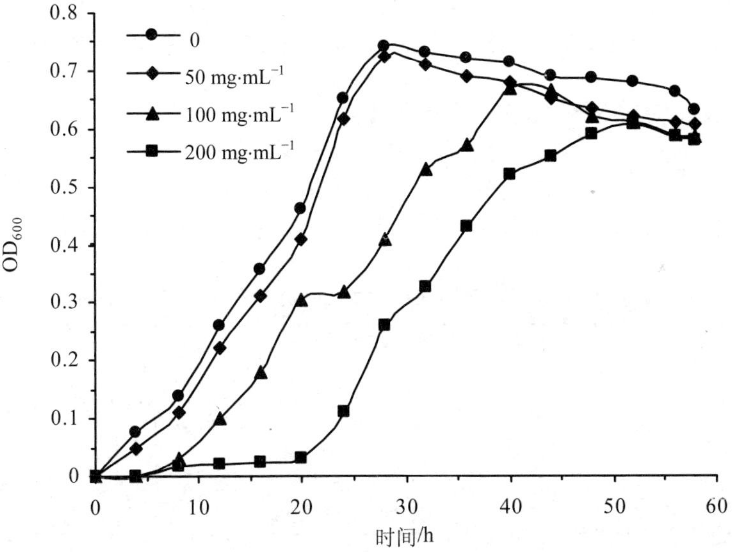

TW-80

图 4-7　表面活性剂浓度对菌株 Q18 生长的影响

由上面的图可以看出各种化学合成表面活性剂，随着表面活性剂浓度的增加，菌株 Q10、Q14 和 Q18 的生长都不同程度受到影响，均出现对数生长期延迟的现象。当 TW-80 的浓度低于 100 mg·L^{-1} 时，2 h 后，菌溶液开始浑浊，与不加表面活性剂的菌溶液相同，但随着 TW-80 浓度的增加，浑浊的速度很快，出现对数生长期延迟现象。非离子表面活性剂 TX-100 和阴离子表面活性剂 SDS 对菌株生长的影响也类似，都是随着浓度的增加，菌株对数生长期延迟的增多。但当非离子表面活性剂的浓度很低时，其对菌株的生长影响较小。而阴离子表面活性剂即使在低浓度对菌株的生长也存在抑制作用，且随着浓度的增加，其抑制作用就越来越明显。

生物表面活性剂鼠李糖脂在实验浓度范围内，随着浓度的增加，菌株生长曲线基本没有什么变化，即鼠李糖脂对菌株生长基本没有产生影响，这表明鼠李糖脂对菌株基本没有毒性。

总之，化学表面活性剂对细菌有毒性作用，而且细菌往往需要一段时间来适应表面活性剂，这时就会出现对数生长期延迟的现象，且当表面活性剂浓度较高时菌株的生长速度明显低于加入低浓度表面活性剂的情况下的生长速度。在本实验条件下，表面活性剂对菌株生长影响的能力顺序为：阴离子表面活性剂 SDS＞非离子表面活性剂 TX100＞非离子表面活性剂 TW-80＞生物表面活性剂鼠李糖脂。

4.3.1.2 表面活性剂对柴油降解的影响

投加阴离子表面活性剂 SDS、非离子表面活性剂 TW-80 和生物表面活性剂鼠李糖脂培养 2 d 后，菌株 SD10 对柴油的降解率见表 4-13。

表 4-13 加入表面活性剂 2 d 后菌株 Q14 对柴油的降解率

SDS/（mg·L^{-1}）	降解率/%	鼠李糖脂/（mg·L^{-1}）	降解率/%	TW-80/（mg·L^{-1}）	降解率/%	TX-100/（mg·L^{-1}）	降解率/%
0	36.4	0	36.4	0	36.4	0	36.4
50	37.0	50	43.6	50	41.3	50	40.5
100	37.6	100	45.3	100	44.5	100	42.2
200	36.3	200	47.1	200	42.8	200	40.3
300	34.6	300	48.5	300	40.3	300	38.7

由表 4-13 可以看出，与对照相比，投加阴离子表面活性剂 SDS 后，菌株对柴油的降解率提高较小，且当 SDS 高于 200 mg·L^{-1} 后柴油降解率开始显著下降，甚至低于未加表面活性剂时的降解率。这可能与表面活性剂 SDS 的毒性有关。

加入非离子表面活性剂 TW-80、TX-100 和生物表面活性剂鼠李糖脂培养 2 d 后，菌株 Q14 对柴油的降解率都有不同程度的提高。随生物表面活性剂鼠李糖脂浓度的增加，降解率也依次增加，在最大浓度 300 $mg \cdot L^{-1}$ 处降解率最大（48.5%）。而对于非离子表面活性剂 TW-80 和 TX-100 而言，上述作用都只在一定范围内才能得以强化，当非离子表面活性剂浓度过高时，降解率与表面活性剂浓度呈负相关关系，如 TW-80，当其浓度小于 100 $mg \cdot L^{-1}$ 时，菌株 Q14 对柴油的降解率随浓度的增大而增大，并当浓度为 100 $mg \cdot L^{-1}$ 时降解率达到最大值（44.5%），其后随浓度的增大，菌株对柴油的降解率开始逐渐下降。非离子表面活性剂 TX-100 也有类似的变化趋势，非离子表面活性剂 TW-80 浓度在 100 $mg \cdot L^{-1}$ 时，柴油的降解率取得最大（42.2%），然后随浓度增加降解率依次下降，且下降幅度高于阴离子表面活性剂 TW-80。这说明非离子表面活性剂 TW-80 和 TX-100 浓度高于一定值后，其可能会对菌株产生一定的毒害作用，抑制菌株生长及活性，造成降解率的下降。

可见表面活性剂都能不同程度增强柴油的生物可利用性，强化菌株 Q14 降解柴油。其中，生物表面活性剂鼠李糖脂作用最强，其次为非离子表面活性剂 TW-80 和 TX-100，阴离子表面活性剂 SDS 能力最差。对阴离子表面活性剂 SDS 来说，即使在低浓度下对柴油的降解都有抑制作用；非离子表面活性剂 TW-80 和 TX-100 当其浓度高于一定值后，就会对菌株产生一定的毒害作用。这种毒害作用可能由于：① 表面活性剂与细胞膜的脂质物质相互作用，破坏了细胞膜；② 表面活性剂与酶或其他影响细胞基本功能的蛋白质发生了反应，从而使降解率下降。

生物表面活性剂鼠李糖脂由于与微生物细胞具有较高的亲和性，其不仅能促使柴油乳化、分散，还能改变细胞表面的疏水性，达到加强微生物与有机物质间的亲和力，同时也起到促使有机物质扩散进入细胞的作用，从而强化微生物对柴油的降解效果最强。

表 4-14 列出了投加表面活性剂 SDS、TW-80、TX-100 和鼠李糖脂培养 4 d 后，菌株 SD10 对柴油的降解率。从表 4-14 可以看到，包括不加表面活性剂的对照，培养 4 d 后菌株对柴油的降解率均高于培养 2 d 的降解率。这可能是由于菌株 Q14 对柴油具有较强的降解利用能力，在本实验中所添加的柴油的量在菌株利用范围内，并不会抑制其生长，因此随时间延长，菌株 Q14 还会继续利用柴油作为 C 源，从而对柴油的降解率也会继续增加。

可以看出，投加阴离子表面活性剂 SDS 后，菌株 Q14 对柴油的降解率提高较小，与培养 2 d 后降解率变化规律基本相似；投加鼠李糖脂 4 d 后，也与 2 d 变化趋势一致，都是随浓度的增加降解率依次增大。与培养 2 d 后降解率变化不同的是：非离子表面活性剂 TW-80 浓度增加到 200 $mg{\cdot}L^{-1}$ 时，柴油降解率并没有下降，而是增大到 46.3%，当浓度继续继续增加时，降解率才开始缓慢下降；同样的 TX-100 浓度增加到 200 $mg{\cdot}L^{-1}$，降解率也是增加的，达到 44.7%，其后降解率才随浓度增大开始缓慢下降。且当 SDS 高于 200 $mg{\cdot}L^{-1}$ 后柴油降解率开始显著下降，甚至低于未加表面活性剂时的降解率。这表明，在一定浓度范围内，化学表面活性剂对微生物毒害或活性的抑制作用可能是急性的，超过一定时间后，这种作用就会减少。另外，表面活性剂对菌株 Q10 和 Q18 也表现出了基本类似的作用效果。

表 4-14　加入表面活性剂 4 d 后菌株 Q14 对柴油的降解率

SDS/（$mg{\cdot}L^{-1}$）	降解率/%	鼠李糖脂/（$mg{\cdot}L^{-1}$）	降解率/%	TW-80/（$mg{\cdot}L^{-1}$）	降解率/%	TX-100/（$mg{\cdot}L^{-1}$）	降解率/%
0	37.1	0	37.1	0	37.1	0	37.1
50	38.5	50	45.4	50	43.2	50	41.8
100	39.3	100	48.1	100	45.7	100	44.1
200	36.8	200	50.5	200	46.3	200	44.7
300	35.2	300	50.9	300	43.8	300	40.6

表面活性剂具有亲水和亲油基团。当其浓度达到和超过 CMC 时，形成表面活性剂胶束，难溶的柴油分子被包裹在胶束的憎水中心，而胶束的亲水表面使胶束可以均匀分布在整个水相中，从而显著提高水相中柴油的溶解度，增大微生物与柴油的接触概率，因此，可以增加疏水性物质在水相中的溶解度增加其生物可利用性，进而提高柴油的降解速率。不过高浓度化学表面活性剂可能会对微生物有毒性作用，从而也可能会抑制微生物降解柴油的过程。

体系的 pH 的变化也能反映生物降解过程进行的程度，图 4-8 列出了菌株 Q14 在存在 TW-80（TW-80 浓度为 100 $mg{\cdot}L^{-1}$）和不存在 TW-80 情况下降解柴油过程中体系的 pH 的变化情况。不论存在 TW-80 与否，随着时间的增加，体系 pH 依次下降，由于当柴油作为碳源被混合菌氧化降解时，石油烃类生物降解的中间产物往往是脂肪酸，而脂肪酸的积累会使体系的 pH 下降。另外，还可以看出存在 TW-80 时体系 pH 下降速度更快。这也进一步说明加入表面活性剂强化了柴油的生物降解。

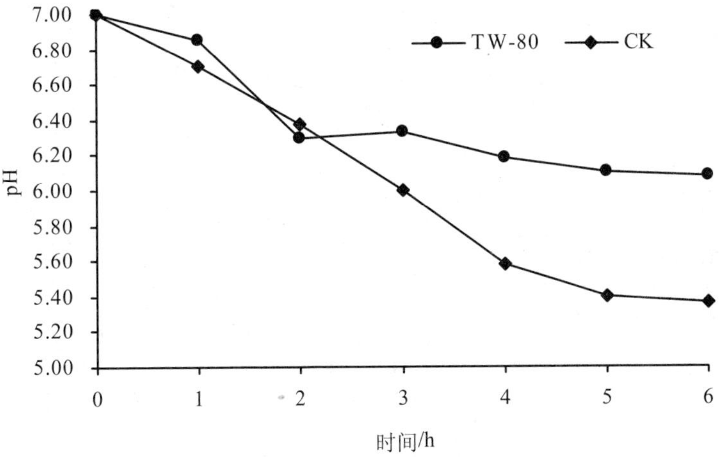

图 4-8　降解体系的 pH 的变化

综上所述，说明表面活性剂的投入，对于增强菌株活性，提高柴油降解率都起到了明显的作用。作为化学合成的表面活性剂 Tween-80 和 TX-100 具有很好的增溶和乳化作用，其毒性和临界胶束浓度也较小，是较为理想的表面活性剂。而生物表面活性剂鼠李糖脂尽管作用更加明显，但其较高的成本，可能会限制其的广泛应用。

4.3.1.3　气相色谱定性分析柴油中各成分在降解过程中的变化情况

通过紫外分光光度法我们测定了柴油降解前后总量的变化。但对于柴油在降解过程中各种组分的变化情况则无法了解。利用气相色谱我们可以了解柴油在被微生物降解过程中各种组分的变化情况，从而更好地揭示微生物降解柴油过程中发生的一些微观过程。菌株在含 100 $mg \cdot L^{-1}$ 表面活性剂 Tween-80 柴油培养基和不含表面活性剂柴油培养基对柴油降解 5 d 后的气相色谱如图 4-9 所示。

降解 4 d 后，通过色谱分析柴油各组分的变化，可以发现：加入表面活性剂以后，菌株对柴油的降解率有很大的提高，并且呈现整体性的提高。这是由于对于难溶的柴油，微生物只能采用与比其小得多的假溶、拟溶或被包裹的烃类颗粒作用，进而降解。烃基质可能必须通过外层亲油细胞膜才能进入细胞内，被位于细胞质中的烃降解酶所降解。在此过程中，附着在细胞上的石油烃油滴

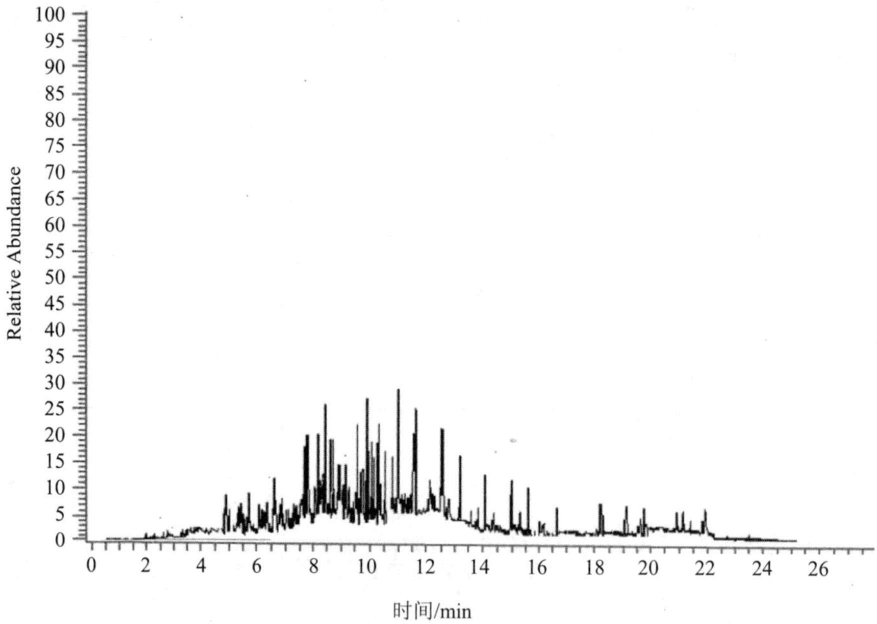

添加表面活性剂

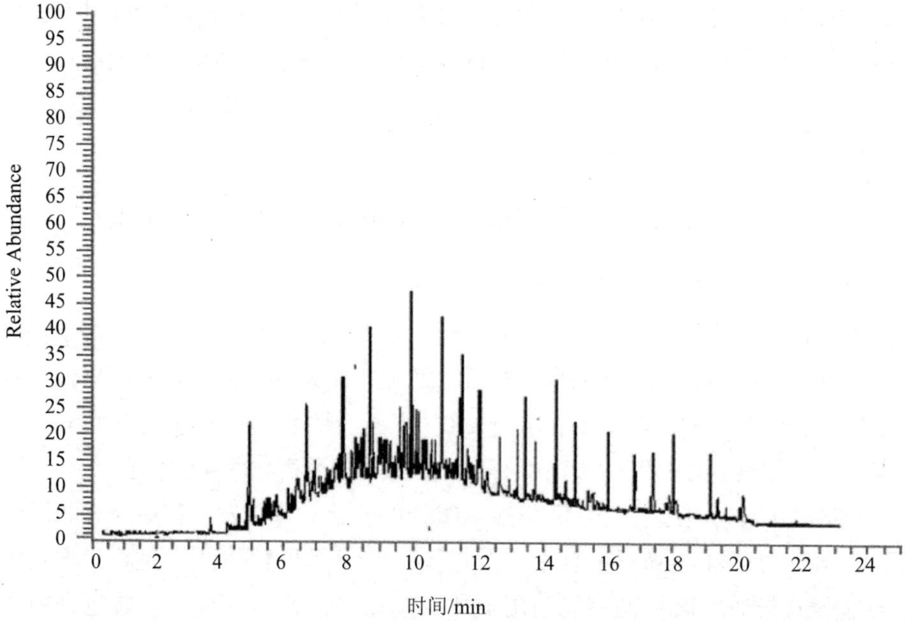

未添加表面活性剂

图 4-9 4 d 后色谱分析柴油各组分

的表面积和表面疏水性是关键因素，但是实际能接触到液态柴油表面的细菌数量很少，所以石油烃类污染物微生物降解率不高。而 TW-80 的加入可以通过降低界面张力和增溶作用来有利于微生物细胞与油滴的直接接触，进而提高混合菌对柴油的降解。

另外，还可以从图 4-9 看出：当培养基中加入表面活性剂后，气相色谱相应时间在 15 min 以后的难溶或高沸点的组分，与没有表面活性剂时相比，在整个降解过程中发生了明显变化，即这部分极难降解组分发生了降解。这进一步说明了加入表面活性剂有利于拓宽菌株的降解范围，这在实际应用中有着极其重要的意义。

4.3.2　复合表面活性剂对菌株降解柴油的影响

4.3.2.1　复合表面活性剂临界胶束浓度（CMC）值

实验研究了不同比例配制的复合表面活性剂临界胶束浓度（CMC）值变化。将一定浓度梯度的 SDS、TW80 和鼠李糖脂溶液，充分平衡后用张力仪，室温下，从稀至浓依次测定相应溶液的界面张力，每个浓度重复两次取其平均值。将测定的 3 种表面活性剂 SDS、TW80 和鼠李糖脂溶液不同浓度下的表面张力对浓度 C 的对数 $\lg C$ 作图，实验结果分别见图 4-10 中（a）、（b）和（c）。

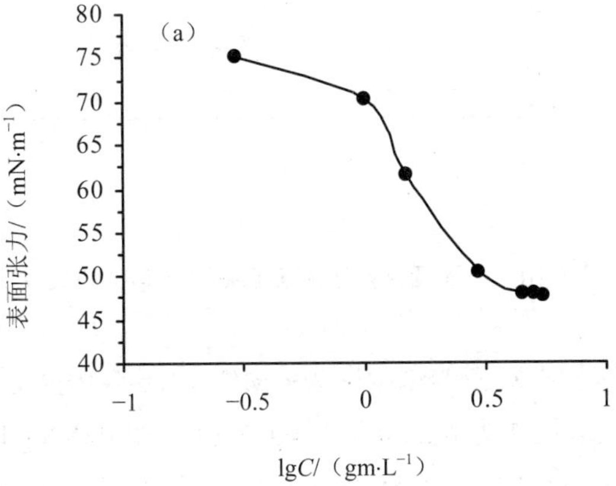

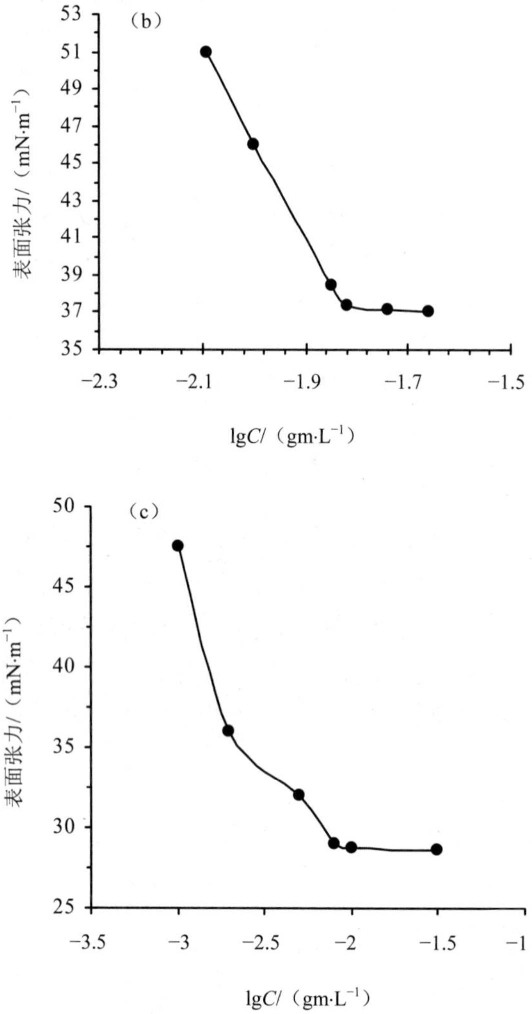

图 4-10　表面活性剂溶液表面张力与 lg*C* 的关系

各图中曲线的转折点对应的浓度即为 CMC，由图 4-10 可以得出，SDS、TW80 和鼠李糖脂的 CMC 值依次为 4.5 g·L^{-1}、0.015 g·L^{-1} 和 0.008 g·L^{-1}。3 种表面活性剂 CMC 值大小顺序为：SDS＞TW-80＞鼠李糖脂。分别将非离子表面活性剂 TW80 和生物表面活性剂鼠李糖脂按 9∶1、7∶3、5∶5、3∶7、1∶9 的比例与阴离子表面活性剂 SDS 混合，配制复合表面活性剂。然后按照上述同样的方法，相同条件下测定各混合比例的复合表面活性剂的 CMC 值，其结果见表 4-15。随着生物表面活性剂在复合表面活性剂中比例的逐步增大，复合表面活性剂 SDS-TW80 的 CMC 值迅速下降，当 SDS 和 TW80 摩尔比为 1∶9 时，CMC 值最小，为 0.016 $g \cdot L^{-1}$。这说明非离子表面活性剂 TW80 与阴离子表面活性剂 SDS 复配，都能显著降低复合体系的 CMC 值，其原因可能是由于 SDS 中投加 TW80，易于形成混合胶束和混合吸附层，造成表面活性剂离子间的排斥作用减弱，更易形成胶束，使复合表面活性剂的 CMC 值较单一表面活性剂有较大程度的降低。

表 4-15　不同比例复配的复合表面活性剂的 CMC 值　单位：$g \cdot L^{-1}$

复合表面活性剂	摩尔比				
	9∶1	7∶3	5∶5	3∶7	1∶9
SDS-TW80	0.27	0.12	0.077	0.021	0.016

4.3.2.2　不同比例复合表面活性剂 SDS-TW80 对柴油降解的影响

实验研究了不同比例复合表面活性剂 SDS-TW80 对菌株 Q14 降解柴油的影响。实验结果见表 4-16。投加 a、b 两组复合表面活性剂培养 4 d 后，菌株 Q14 对柴油的降解率依次为 49.3%和 51.3%，均高于投加各单一表面活性剂的降解率。可见，TW80 与 SDS 复合配制的复合表面活性剂能对柴油产生显著的协同增溶作用，有效增强柴油的生物可利用性，强化菌株 Q14 对柴油的降解，即复合表面活性剂强化菌株降解的能力强于单一表面活性剂。

表 4-16　投加复合表面活性剂 4 d 后菌株对柴油的降解率（平均值±标准差）

混合表面活性剂	降解率
SDS-TW80（3∶7，a）	（49.3±1.168）%
SDS-TW80（1∶9，b）	（51.3±1.379）%

另外，投加 b 组复合表面活性剂后，菌株 Q14 对柴油的降解率高于投加 a 组复合表面活性剂的降解率。可见，增加复合表面活性剂中 TW80 比例，复配的复合表面活性剂强化菌株降解柴油的能力更强。总之，TW80 与 SDS 复配的复合表面活性剂能显著强化表面活性剂的性能，有效提高菌株对柴油的降解率。在本实验中，SDS 和 TW80 采用 1∶9 复配的复合表面活性剂强化菌株降解能力最强。

4.4 小结

（1）经紫外线照射诱变的菌株确能更有效地降解柴油；氯化锂单独使用效果不佳，需要与紫外线照射结合使用，效果才显著，是一种优良的助诱变剂。

（2）不同菌株可能对柴油不同组分利用的竞争关系存在，因此，任意组合成的菌群对柴油的降解并不一定都很强。柴油中最容易产生竞争关系的部分为C原子数在16～20的组分，其次为碳原子数大于20的组分。利用菌株的优势互补能动构建出菌群2对柴油具有很高的降解率（62.1%）。

（3）在土壤环境中，菌群对柴油也有很高的降解率，明显强于单一菌株。各因素对菌群降解柴油影响大小的主次顺序为：柴油浓度＞翻土＞温度＞pH。

（4）化学表面活性剂对细菌有毒性作用，而且细菌往往需要一段时间来适应表面活性剂。在本章实验条件下，表面活性剂对菌株生长影响的能力顺序为：阴离子表面活性剂SDS＞非离子表面活性剂TX100＞非离子表面活性剂TW-80＞生物表面活性剂鼠李糖脂。

（5）表面活性剂都能不同程度增强柴油的生物可利用性，拓宽菌株的降解范围，强化菌株降解柴油。其中，生物表面活性剂鼠李糖脂作用最强，其次为非离子表面活性剂TW-80和TX-100，阴离子表面活性剂SDS能力最差。

（6）非离子表面活性剂TW80与阴离子表面活性剂SDS复配，都能显著降低复合体系的CMC值。且复配的表面活性剂对于强化菌株降解柴油的能力强于单一表面活性剂。

第 5 章 石油烃降解菌的分类鉴定及多样性分析

5.1 石油污染土壤微生物多样性的分子生态学

石油及其产品进入土壤对土壤微生物的影响是多方面的，能够导致土壤微生物种群数量的改变、群落结构和组成的变化及群落多样性的变化。国内外许多学者应用传统的微生物培养技术和前沿的分子生物学技术对石油烃污染土壤中微生物的生态过程进行了大量的研究。这些研究的大多数结论表明石油烃污染能够导致土壤中微生物多样性的降低，不同种群在数量上的变化，群落结构和组成的改变同时石油烃降解菌群逐渐成为群落中的优势菌群。在研究土壤石油烃污染对微生物影响的同时，也扩展了对石油降解微生物的认识。

5.1.1 变性梯度凝胶电泳和温度梯度凝胶电泳

Muyzer 等（1993）把变性梯度凝胶电泳（Denaturing gradient gelelectrophoresis，DGGE）的方法应用于微生物生态学的研究以来，DGGE 迅速成为一项简便而有效的 DNA 扩增片段检测技术。DGGE 和 TGGE（Tempreture gradient geleletrophoresis）的原理是根据含有不同序列的 DNA 片段在具有变性剂梯度或温度梯度的凝胶上由于其解链行为的不同而导致迁移率的不同（Muyzer，1999）。这种方法的灵敏度非常高，能把仅有 1 个碱基差异的 DNA 片段分开。DNA 片段在具线性变性梯度的聚丙烯酰胺凝胶中迁移率的不同，常用的变性剂有尿素和甲酰胺，DGGE 可区分单个碱基水平发生取代的 DNA 分子。两种方法电泳效果基本相同，不同微生物群落的 rDNA 电泳后带型不同，但凝胶电泳的低分辨率仍然是该方法存在的一个问题（钟文辉和蔡祖聪，2004）。

5.1.2 扩增核糖体 rDNA 限制性分析

扩增性 rDNA 限制性酶切片段分析（Amplified-rDNA Restriction Analysis，ARDRA）方法是美国最新发展起来的一项现代生物技术。ARDRA 技术原理是基于 PCR 技术选择性扩增 rDNA 片段（如 16S rDNA、23S rDNA、l623S rDNA 片段），再对 rDNA 片段进行限制性酶切片段长度多态性分析（RFLP）。这项技术的步骤是：① 提取总 DNA，以总 DNA 为模板，rRNA 基因的保守序列为引物，PCR 扩增 rDNA 片段；② 选择 2～5 个识别四碱基酶切位点的限制性内切酶对扩增产物进行限制性酶切；③ 琼脂糖凝胶电泳分离酶切的 DNA 片段；④ 对 ARDRA 谱带进行系统分析及计算机聚类。ARDRA 技术用高度保守的 16S rRNA 基因来研究生物体间进化关系。这个基因存在于所有细菌中，功能恒定，由高度保守区和高变区组成。

ARDRA 技术广泛应用于新物种的发现、微生物分类及鉴定、共生菌、病原菌的微生物遗传多样性的检测等。Halda-Alija 等（2001）等研究了河流沉淀中肠杆菌的空间和时间分布，发现厌氧肠杆菌在夏天要远远大于冬天。此外，Weidner 等（1996）应用 ARDRA 技术对自然状况的 *Halophila stipulacea* 海草寄生菌进行了分群，并描述了各类群的相互关系，从而对这类细菌的遗传多样性有了客观的认识。利用 ARDRA 技术已实现了对许多污染条件下的土壤微生物多样性分析。Snaidr 等（1997）基于细菌隔离群和无性系库的 ARDRA，对不同污染水平的长期重金属污染土壤进行了细菌多样性分析，通过测量多样性显示，铜污染的土壤中的多样性要低于对照土壤。ARDRA 技术使研究微生物更直接有效，不受培养条件的限制，为实现对自然环境中微生物及多样性的检测和认识，真实地了解微生物的特性提供了可能性，非常适用于复杂的微生物系统中种类结构的研究和不同自然状况下共生态菌的分类研究。ARDRA 技术最大的缺点就是工作量大。目前，应用该方法进行微生物群落结构分析，还没有人设置重复。

5.1.3 末端限制片段长度多态性

末端限制片段长度多态性（Terminal restriction fragment length polymorphism，T-RFLP）方法是 ARDRA 方法的进一步发展，所不同的是在 PCR 扩增 16S rRNA 基因过程中，其中一个引物用荧光标记，在计算机程序自动分析时仅分析荧光标记的末端限制片段，这样使得限制片段长度多态性图谱更为简化并且每个可见的条带都代表一个“核型”或一个分类单元（Marsh，1999）。这种方法能够得到一个群落的特征指纹图谱，可用于比较不同群落的相似性和由于污染压力造成的群落结构在时间和空间上的改变。

5.1.4 重复基因外回文序列-PCR

重复基因外回文序列-PCR（Repetitive extragenic palindromic-PCR，REP-PCR）通过使用特定的引物（REP、BOX、ERIC）与染色体上的 DNA 重复序列随机结合，得到的电泳图谱能够显示种内各个菌株之间 DNA 指纹图谱的微小差异，因此适合做特定种内不同菌株的差异分析（Tiedje 等，1999）。

5.1.5 随机引物扩增多态性 DNA

随机引物扩增多态性 DNA（Randomly amplified polymorphic DNA，RAPD）以随机寡核苷酸做引物，得到的多态性片段较短，更方便检测两个同源或异源等位基因的有无，适用于种内和亚种更为细致的分类（Clerc 等，1998）。

分子生态学技术使研究微生物多样性的方法更为直接，这些新技术与传统方法相结合，才有可能对复杂的生态系统中的微生物多样性和群落结构进行分析和研究（蔡燕飞和廖宗文，2002）。同时新方法的应用能使人们对复杂的土壤微生物的认识逐渐深入，使新的微生物类群不断被发现。

5.2 可降解石油烃类污染物的微生物研究

已知降解石油的微生物共有 70 属 200 余种。细菌有 28 个属，霉菌 30 个属，酵母 12 个属。目前，有关石油及其产品的微生物降解方面的研究常有报道，土壤中最主要的降解细菌有：假单胞菌属（*Pseudomonas*）、无色杆菌属（*Achramobacter*）、不动杆菌属（*Acinetobacter*）、产碱杆菌属（*Alcaligenes*）、节杆菌属（*Archrobacter*）、芽孢杆菌属（*Bacillus*）、黄杆菌属（*Flavobacterium*）、棒杆菌属（*Coryneforms*）、微杆菌属（*Microbacterium*）、微球菌属（*Micrococcus*）、放线菌属（*Actinomycetes*）、诺卡氏菌属（*Nocardia*）、分枝杆菌属（*Mycobacterium*）等。在大多数土壤环境中，上述这些细菌是主要的石油降解菌。其中，最常见的是假单胞菌，它对短链及长链烷烃、芳烃均能降解，而且能使烷烃彻底降解（McMurtry 和 Elton，1985）。真菌有，曲霉属（*Aspergillus*）、毛霉属（*Mucor*）、镰刀霉属（*Fusarium*）、青霉属（*Penicilium*）、木霉属（*Trichoderma*）和被孢霉属（*Mortierella*）。酵母菌有假丝酵母属（*Candida*）、红酵母属（*Rhodotorula*）、球拟酵母属（*Torulopsis*）和酵母属（*Saccharomyles*），其中以假丝酵母应用最为广泛。鞘氨醇单胞菌属是降解多环芳烃的主要菌株之一，鞘氨醇单胞菌凭借其高代谢能力及能够耐受高度贫营养环境和恶劣环境，在环境生物领域里的重要性日益增加，近年来已成为被关注和研究的热点（Gou 等，2008）。红球菌属和伯克霍尔德氏菌属也是降解多环芳烃的主要菌属，研究表明这两种菌都可产邻苯二酚 2,3-双加氧酶，而这种酶被认为是芳香族化合物开环裂解的关键酶（Tao 等，2006；Shen 等，2004）。

5.3 案例：不同温度条件下石油降解功能菌的鉴定及组成特征

5.3.1 石油污染土壤降解菌的驯化

王红旗等（2009）以原油为唯一碳源，对比“原油无机盐含油废水液体培养基”和“原油无机盐液体培养基”两种液体培养基的驯化强度。分别用生理盐水溶解约 1 g 的石油污染土样，接入装有 100 mL 液体培养基的 250 mL 锥形瓶中，每种液体培养基做两个重复。石油烃降解菌的鉴定方法见附录 4，实验设计及土壤中石油烃分析方法等见附录 5。

分别于 10℃和 25℃在 150 $r \cdot min^{-1}$ 条件下置于摇床中培养 10 d（其中，每 5 d 加入 1 mL 灭菌原油）；然后取一定量的上述培养液接入装有 100 mL 相应培养基的 250 mL 三角瓶中，同等温度条件下继续培养 10 d（每隔 5 d 加入 1 mL 灭菌原油）；如此重复。

在驯化的过程中，选取一系列不同时间移取培养液底部的菌液，用紫外可见光分光光度计在波长 600 nm 处测定吸光度 *A* 值，以测得的浊度表示菌体的生长量，如图 5-1 所示。

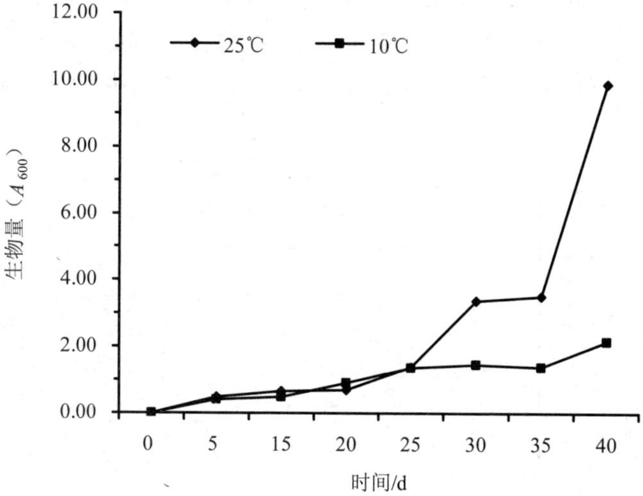

图 5-1　两种温度条件下混合菌生长量

5.3.2　不同温度条件下石油污染土壤降解菌种的分离和纯化

5.3.2.1　不同温度条件下混合菌的生长

以原油为唯一碳源，分别在两个温度下对比使用不同培养基时，土壤中混合菌的生长情况。在 25℃条件下，如图 5-2 所示，使用无机盐含油废水液体培养基时，菌的生长较快，25 d 后，在无机盐含油废水液体培养基中的混合菌的生长进入旺盛期，生物量大；相对而言，无机盐液体培养基中的混合菌数量较少。说明此时培养基中的混合菌能较好地适应培养条件，其耐受性逐渐增强。在 10℃条件下，如图 5-3 所示，实验进行 35 d 后，在无机盐含油废水液体培养基中的混合菌加速生长，而此时无机盐液体培养基中的混合菌长势平稳。可见，无论在 10℃还是 25℃，无机盐含油废水培养基比无机盐培养基能为菌种的驯化提供更适宜的条件，因此，选取了无机盐含油废水液体培养基驯化后的混合菌体系作为分离和纯化的样品。采用 CFU（colony forming unit）涂布法，把稀释后的菌液通过涂布的方法，让其内的微生物单细胞一一分散在琼脂平板上，培养一段时间后形成单菌落。

两个温度水平下，分别将驯化后的“原油无机盐含油废水液体培养”菌液进行梯度稀释（10^{-1}～10^{-8}），涂布 50 μL 至相应的固体驯化培养基上，培养 3～5 d。

培养后得到数量不同的菌落平板，选取浓度适宜的平板挑取里面的所有菌落保存到相应的斜面上，用接种环蘸取平板上的菌落划线至原油无机盐含油废水固体培养基；经过多次划线纯化后，将纯化菌株于试管斜面（牛肉膏蛋白胨培养基）培养后保存于 4℃冰箱。

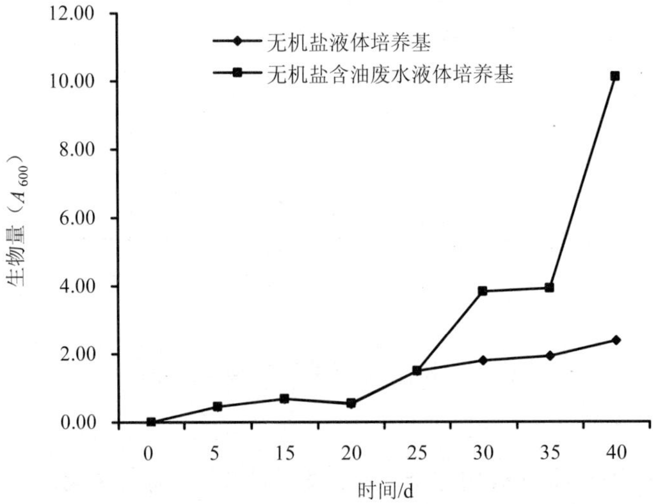

图 5-2 以原油为唯一碳源不同培养基土壤菌的生长曲线（25℃）

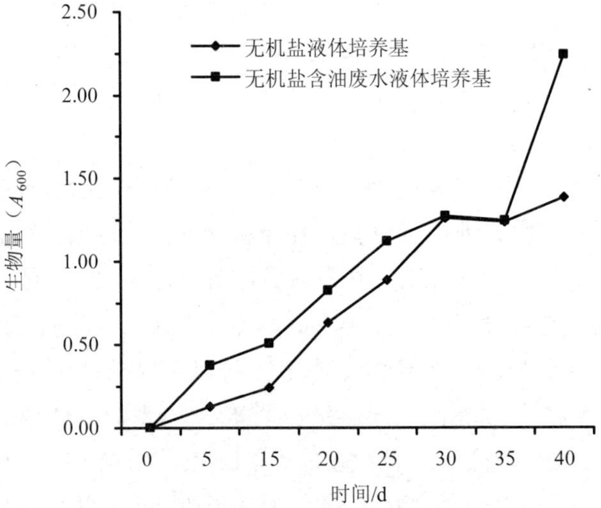

图 5-3 以原油为唯一碳源不同培养基土壤菌的生长曲线（10℃）

图 5-4 表明两种温度条件下混合菌生长量的差异，从中初步可以得出：温度降低，细菌的生长受到较大程度的抑制，与已有研究结果一致（齐永强等，2004；陆泗进，2007）。

经过多次富集培养以及分离纯化等步骤，常温和低温条件下共得到 51 个单菌株。菌株细胞生长繁殖后，形成以母细胞为中心的一堆肉眼可见、有一定形态构造的子细胞集团菌落。细菌菌落常表现为湿润、黏稠、光滑、较透明、易挑取、质地均匀等。细菌的菌落特征因种而异，可作为鉴定细菌种的依据。

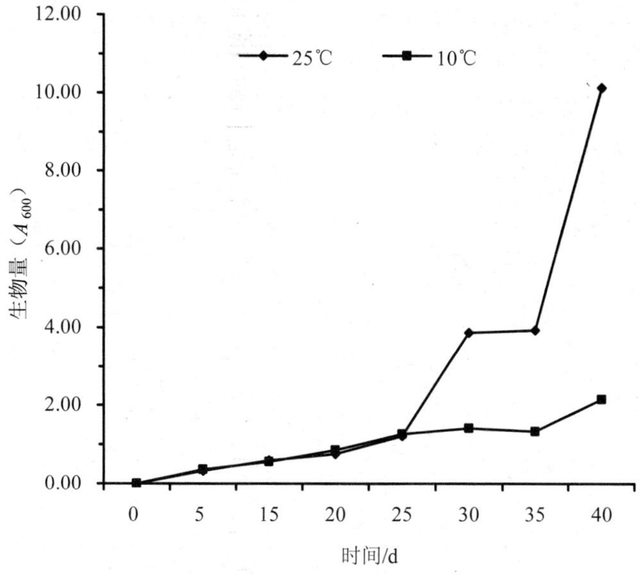

图 5-4　两种温度条件下混合菌生长量

5.3.2.2　常温条件下石油降解功能菌的鉴定及组成特征

经过驯化，污染物去除功能达到稳定状态，在 25℃培养条件下分离得到 20 株功能菌，表 5-1 列出了这 20 株菌的菌落特征。在 10^{-6} 浓度下，对得到的纯菌进行单菌 PCR 扩增，产物酶切结果进行聚类统计分析后，去掉重复菌株，即若不同编号的菌株用 RsaI 和 MspI 酶切后所获得的基因图谱完全相同时，则认为它们是相同的基因型。每一个基因型作为一个分类操作单元（OTU，Operational Taxonomic Unit）或称为唯一基因型（张文标和陈银广，2008），共划分为 8 个 OTUs。将此 8 个 OTUs 的代表菌株的二次 PCR 产物阳性克隆送北京三博远志生物技术有限公司纯化测序，得到16S rDNA测序结果，输入到NCBI的GenBank数据库中BLAST比对。利用比对分析结果，找出最为接近的细菌种类，获得它们的系统发育信息（表5-2）。这些信息包括与GenBank数据库中最为接近的细菌种类、相似性以及各个分类操作单元分别所占数量。

表5-1 菌落特征（25℃）

菌株编号	菌落特征		培养2.5 d时的菌落直径/mm
	颜色	其他	
C1	橙红色	不透明，干燥	0.5
C2	红色	不透明，边缘光滑	0.5～1.0
C3	乳黄色	透明，边缘光滑	1.5
C4	土黄色（微粉）	不透明	1.0～1.5
C5	土黄色	不透明	1.0～1.5
C6	浅黄色	透明，湿润，边缘光滑	1.0
C7	土黄色	不透明	1.0～1.5
C8	红色	不透明，边缘光滑	0.5～1.0
C9	土黄色	不透明	1.0
C10	黄色（咸蛋黄）	透明，边缘整齐，湿润光滑	1.5～2.0
C11	红色	不透明，边缘整齐，光滑	0.5～1.0
C12	土黄（微粉）	不透明	1.0～1.5
C13	黄色	半透明，光滑	1.5～2.0
C14	淡黄色	透明，光滑	1.0～1.5
C15	淡黄色	透明，湿润光滑	0.5～1.5
C16	土黄色	不透明	1.0～1.5
C17	土黄色	不透明	1.5～2.0
C18	土黄色	不透明	1.0～1.5
C19	土黄色	不透明	1.0～1.5
C20	红色	不透明，边缘光滑	0.5

从表5-2中可以看出，文库中与8个OTUs同源性最接近的共有*Bacillus*、*Sinorhizobium*、*Rhizobium*、*Chryseobacterium*、*Bartonella* 5个属，同源性皆大于98%。其中，OTU1和OTU 3占明显的优势，在整个文库中所占比例分别高达25%和40%；初步断定为*Bacillus*属的序列数量最大，占整个文库的45%。OTU3-C4序列同源性分析结果显示，与其序列相似的菌株全部为*Rhizobium*（根瘤菌）属，已有研究表明，*Rhizobium*属中一部分菌株能够利用石油中的硫，其生存是以石油

中的有机硫而不是碳为能源（Frassinetti 等，1998；史德青等，2004）。根据 OTU 1-C1 序列的同源性分析结果，断定其为 *Bacillus*（芽孢杆菌）属中的一种细菌，对芽孢杆菌降解土壤石油污染的研究已有大量报道。

表 5-2 菌种及其在 GenBank 中比对所得最大相似度菌株（25℃）

分类操作单元	与 GenBank 数据库中最为接近的细菌种类（登记编号）	属	相似性/%	每个 OTU 的数量
OTU1-C1	*Bacillus* sp. KDNB4（EU835566）	芽孢杆菌	99	5
OTU2-C3	*Sinorhizobium* sp. CCBAU 05296（EU571251）	中华根瘤菌	98	1
OTU3-C4	*Rhizobium* sp. SL-1（EU556969）	根瘤菌	98	8
OTU4-C6	*Bacillus* sp. cp-h46（EU584545）	芽孢杆菌	99	1
OTU5-C10	*Chryseobacterium* sp. LDVH 42（AY468475）	金黄杆菌	99	1
OTU6-C13	*Bacillus* sp. cp-h45（EU584544）	芽孢杆菌	99	1
OTU7-C14	*Bacillusmegaterium*（EU931553）	巨大芽孢杆菌	99	2
OTU8-C15	*Bartonella elizabethae*（AB246807）	巴尔通氏体	98	1

5.3.2.3 低温条件下石油降解功能菌的鉴定及组成特征

10℃条件下分离得到 31 株降解菌。

表 5-3 列出了这 31 株菌的生长状况和菌落生长特征。将 11 个 OTUs 的系统发育信息统计于表 5-4。从表中可以看出，文库中与 11 个 OTUs 同源性最接近的共有 7 个属。明显占优势的是 OTU1’和 OTU9’，在整个文库中所占比例分别为 22.6%和 25.8%。与 OTU1’-D2 最相似的序列为 *Arthrobacter bergerei*（节细菌属），据文献报道，存在大量高效降解石油的节细菌（李习武和刘志培，2002；王辉等，2005），不同研究者得出的不同时间的降解率数值各不相同，有研究表明 4 d 降解率可达 50%（Frassinetti 等，1998），20 d 降解率可达 90.8%（王辉等，2005）；*Arthrobacter* 在降解过程中很可能在利用土壤中的石油类等疏水性碳源时形成生物乳化剂。与 OTU9’-D19 最相似的序列为 *Halomonas*（盐单孢菌属），该结果表明将嗜盐菌应用于石油污染土壤的处理是可行的，对于含盐量高的土壤中的石油污染微生物降解提供了参考和菌源。

表 5-3 菌落特征（10℃）

菌株编号	菌落特征		培养 4 d 时的菌落直径/mm
	颜色	其他	
D1	乳黄色	半透明，湿润光滑	1.0～1.5
D2	乳黄色	半透明，湿润光滑	1.5～2.0
D3	乳黄色	半透明，湿润光滑	1.0～1.5
D4	乳黄色	半透明，湿润光滑	1.0～1.5
D5	乳黄色	半透明，湿润光滑	1.0～1.5
D6	鹅黄色	不透明，干燥	1.0～2.0
D7	乳黄色	半透明，湿润光滑	0.5～1.5
D8	鹅黄色	不透明	1.0～2.0
D9	土黄色	不透明，边缘不整齐，正背面颜色不一致	1.0～1.5
D10	蛋黄色	半透明，湿润光滑	1.0
D11	淡黄色	不透明，干燥，边缘不整齐	1.5～2.0
D12	淡黄色	不透明，干燥，边缘不整齐	1.5～2.0
D13	淡黄色	不透明，干燥，边缘不整齐	1.5～2.0
D14	土黄—淡粉色	半透明，边缘整齐，光滑湿润	2.0～3.0
D15	乳黄色	半透明，湿润光滑	1.5～2.0
D16	土黄—淡粉色	半透明，边缘整齐，光滑湿润	2.0～3.0
D17	土黄色	不透明	1.0～2.0
D18	无色	半透明	0.5～1.0
D19	土黄色	不透明	0.5～1.0
D20	土黄—淡粉色	半透明，边缘整齐，光滑湿润	2.0～3.0
D21	土黄色	不透明	2.0～3.0
D22	淡橙色	半透明，湿润	1.0～1.5
D23	土黄色	不透明	0.5～1.0
D24	土黄色	不透明	1.0～2.0
D25	土黄色	不透明	0.5～1.0
D26	土黄—淡粉	半透明，光滑湿润	2.0～3.0
D27	土黄—淡粉	半透明，光滑湿润	2.0～3.0
D28	土黄	不透明	0.5～1.0
D29	土黄	不透明	0.5～1.0
D30	无色	边缘透明，光滑湿润	0.5～1.5
D31	无色	边缘透明，光滑湿润	0.5～1.5

表 5-4　菌种及其在 GenBank 中比对所得最大相似度菌株（10℃）

分类操作单元	与 GenBank 数据库中最为接近的细菌种类（登记编号）	属	相似性/%	每个 OTU 的数量
OTU1'-D2	*Arthrobacter bergerei*（AJ609 633.2）	节细菌	98	7
OTU2'-D8	*Micrococcus* sp. BSs20065（EU330348）	微球菌	95	2
OTU3'- D9	*Rhodobacter changlensis*（AM399 030.1）	红细菌	97	1
OTU4'-D10	*Pseudomonas*（AY866408）	假单孢菌	98	1
OTU5'- D11	*Micrococcus* sp. PB7-11B（EU394442）	微球菌	97	3
OTU6'- D14	*Paracoccus* sp. WPCB175（FJ006918）	副球菌	98	5
OTU7'- D17	*Paracoccus* sp. 428（EU841535）	副球菌	98	1
OTU8'-D18	*Rhizobium* sp.28（DQ310471）	根瘤菌	98	1
OTU9'-D19	*Halomonas* sp. Claire（AJ969933）	盐单孢菌	98	8
OTU10'-D22	*Paracoccus* sp. B-1018（DQ270725）	副球菌	98	1
OTU11'-D24	*Halomonas* sp. ice-oil-302（DQ533958）	盐单孢菌	98	1

在 10℃培养条件下，在 10^{-3} 浓度下，对得到 31 株纯菌 PCR 扩增、酶切（图 5-5）、聚类统计分析后，共划分为 11 个 OTUs，将这 11 个 OTUs 测序所得的 16S rDNA 鉴定结果序列输入到 NCBI 的 GenBank 数据库中 BLAST 比对，分析同源性。

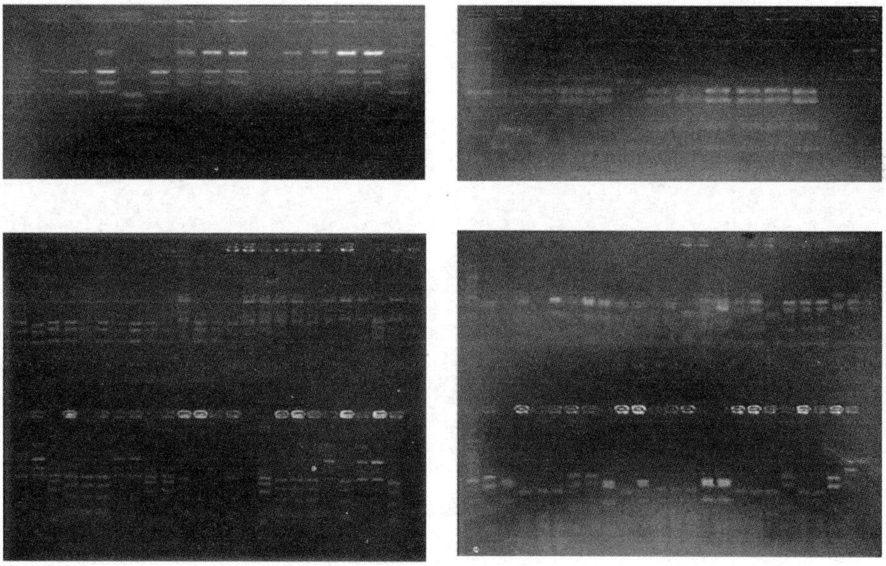

图 5-5　PCR 产物的酶切图谱

5.3.3 不同温度条件下石油降解功能菌数量比较和组成异同

对两个温度下土壤溶液的微生物数量分别进行计算，得出在25℃条件下，石油污染土壤溶液中细菌浓度为 4×10^8 CFU/mL 土壤溶液；10℃条件下，石油污染土壤溶液中细菌浓度为 6.2×10^5 CFU/mL 土壤溶液。说明常温条件下的细菌丰度明显高于低温条件下的浓度，二者相差 10^3 倍。可见低温条件抑制微生物生长。

对这两个温度下微生物组成进行了比较，发现具有较大的差异（图 5-6）。10℃驯化的微生物多样性显著地高于25℃。10℃驯化后的微生物组成和25℃驯化后的组成唯一相同的属为 *Rhizobium*，其在25℃情况下占40%，而在10℃情况下只占微生物组成的3%，可能的原因是，*Rhizobium* 脱有机硫的活性存在最佳温度范围（Liu 等，2008），超出了这一范围微生物利用硫的活性将降低。从菌种构成上看，两种温度条件下，微生物组成差别很大，不同温度条件下的优势菌种各异。

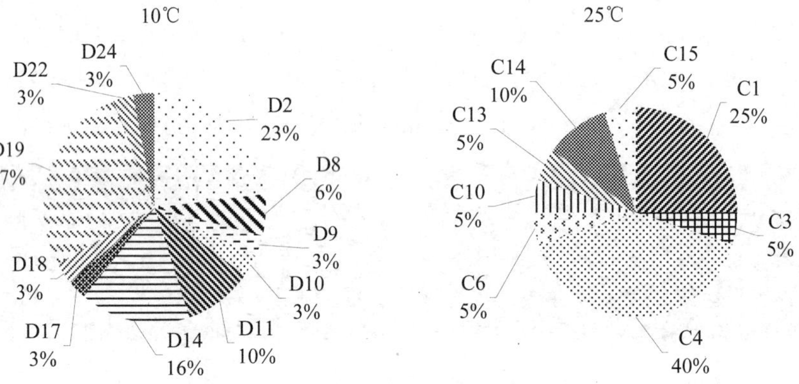

图 5-6 石油污染土壤经驯化后微生物组成的比较（10℃和25℃）

5.3.4 耐低温石油降解功能菌的低温降解性能

本章利用前文在常温和低温条件下驯化所得的所有菌株，分别在液相和土壤条件下进行石油烃降解性能试验，降解温度皆设定为10℃，据此分析石油降解功能菌的耐低温降解性能。实验材料和实验方法见附录 4。

5.3.4.1　菌种在原油液体培养基中的生长和降解性能（10℃）

表 5-5 显示了上文筛选出的菌种以及组合（D2+D14+D19）于 10℃条件下在原油液体培养基置于摇床中培养 20 d 的生长量变化。

结合菌种降解溶液的视觉特征和 A_{600} 数值可以得出，C1、D2、D9、D17、D24 号菌种在 10℃条件下长势最好，并且随着时间的推移，菌种生长量增大趋势较为明显。如图 5-7 所示给出了此 5 株石油降解菌数量随时间的变化曲线，可以看出，随着降解时间的延长 5 株细菌数量增长，加菌试样的细菌数量明显高于不加菌试样，其中，与其他菌种相比，D17 和 D24 在 10℃菌种生长量的增幅明显。

表 5-5　菌体在液体培养基中的生长情况

每种基因型的代表菌株	培养 20 d 后溶液特征	培养 4 d 后菌密度（A_{600}）	培养 11 d 后菌密度（A_{600}）	培养 20 d 后菌密度（A_{600}）
空白	溶液透明，无乳化现象	0.001 8	0.015 2	0.018 9
C1	溶液微微泛黄，油呈微小絮状	0.003	0.114 8	0.402 2
C3	溶液透明	0.035 9	0.035 3	0.184 5
C4	溶液微黄，瓶底有油状黏着物	0.087 9	0.025 6	0.303 3
C6	溶液透明	0.039 9	0.089 7	0.213 7
C10	溶液中无数半透明油珠	0.020 6	0.048 8	0.347 7
C13	溶液基本透明	0.056 4	0.048 2	0.199 5
C14	溶液微浊	0.072 4	0.069 1	0.343 6
C15	溶液微浊	0.117 2	0.028 7	0.315 9
D2	轻度乳化，溶液中无数半透明油珠	0.035 1	0.083 8	0.530 9
D8	油层变薄，显现大油珠	0.036 2	0.040 2	0.037 7
D9	溶液微浊	0.023 6	0.047 3	0.465 2
D10	油层变薄，显现大油珠	0.028 2	0.014 3	0.382 2
D11	油面积变小，溶液透明	0.090 7	0.017	0.324
D14	溶液基本透明	0.009 5	0.033 5	0.346 3
D17	乳化完全，菌液浓稠，溶液呈深棕色	0.859 1	1.384 3	1.606 3
D18	溶液较大程度浑浊	0.005 1	0.071 5	0.615 4
D19	乳化程度较高，溶液中显现油丝	0.132	0.029 9	0.345 3
D22	乳化不明显，溶液微浊	0.012 5	0.063 5	0.324 9
D24	乳化完全，菌液浓稠，有少量油膜，溶液呈深棕色	0.106 4	1.192 2	1.530 1
D2+D14+D19	乳化不明显，溶液基本透明	0.093	0.045 1	0.353 8

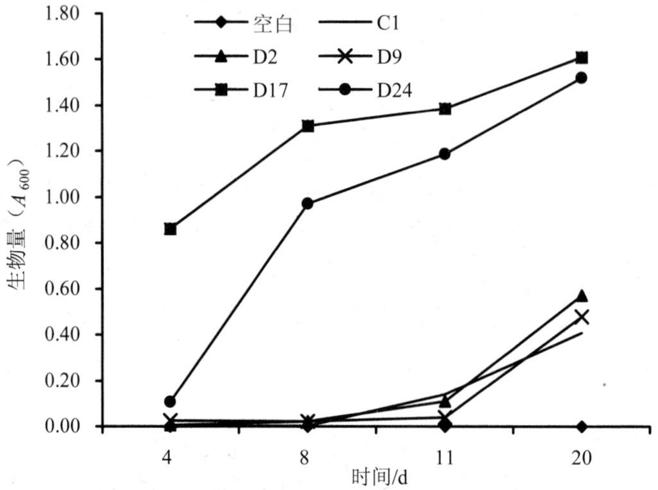

图 5-7　5 株菌的细菌数量随时间变化（10℃）

不同的微生物对石油烃有着不同的降解能力，在降解过程中起着不同的作用，在 10℃的情况下降解 20 d 后，能利用石油烃为唯一碳源的上述 5 株菌对土壤中石油烃的降解前后的对比情况见图 5-8。在低温条件下，不加菌的空白样石油烃含量减少甚微，远低于投加降解菌的降解率，表明在降解过程中，由菌种发挥着主导作用。

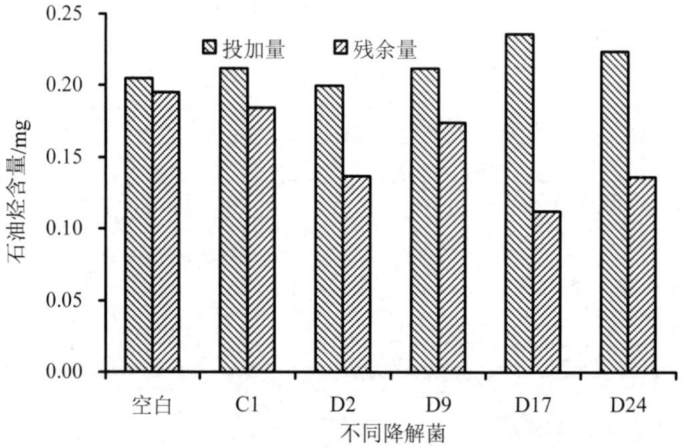

图 5-8　5 株菌对石油烃的降解情况（10℃）

将 20 d 后 5 株菌株的生长量和其对石油烃的降解率列于表 5-6。图 5-9 直观地显示了 10℃的情况下降解 20 d 后，5 株菌生长情况和降解率，由图可知，各菌株的生长量和其对石油的降解趋势相同，其中 D17 和 D24 的生长量和降解率数值皆高。可见，虽然低温条件下的降解体系中，烃降解酶的反应速率大大下降，并且低温对原油的物理性质产生的影响使原油的分散程度和黏度等物性也不利于降解，尽管如此，D24 降解率为 39.81%，而 D17 降解率为 47.64%。

表 5-6　5 株菌的 20 d 生长量及其对石油烃的降解率

菌株编号	吸光度 A_{600}	降解率/%
空白	0.018 9	1.79
C1	0.402 2	8.76
D2	0.530 9	29.09
D9	0.465 2	19.32
D17	1.606 3	47.64
D24	1.530 1	39.81

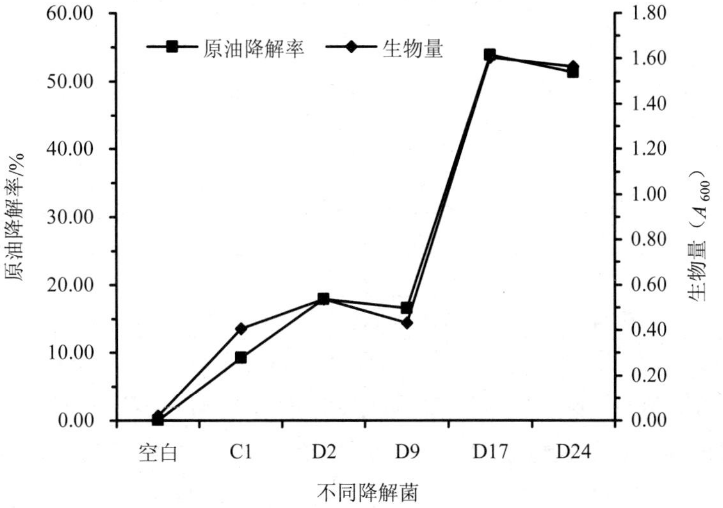

图 5-9　菌株的生长量及其对石油烃的降解率（20 d）

5.3.4.2 菌种对土壤中总石油烃的降解性能（10℃）

根据前面的研究结果，结合降解过程中的现象观察，挑选出 D17 和 D24 作为重点研究对象，考察两株低温降解菌对土壤中总石油烃（TPH）的降解情况。

在 10℃条件下，单独投加 D17、D24 的土壤以及未人为投加菌种（空白）的土壤 15 d 后总石油烃（TPH）含量结果如表 5-7 所示。在未投加任何表面活性剂的低温土壤中，经过 15 d，D17 使得每 7 g 土壤中的石油烃含量减少 86.5 mg；D24 使得每 7 g 土壤中的石油烃含量减少 15.8 mg。

表 5-7 投加不同菌种降解后石油烃含量

菌种编号	D17	D24	空白（土著菌）
石油烃含量	458.7	529.4	545.2

注：表中石油烃含量以 mg/7 g 干土计。

5.3.4.3 菌种对土壤中石油烃不同组分的降解性能（10℃）

将溶解相中柱层析分离方法测定结果列于表 5-8，样品的分离的回收率满足要求。

表 5-8 柱层析分离回收率

石油醚溶解量 D/mg	柱层析分离物质含量			分离物质之和 Σ/mg	回收率/%
	饱和烃/mg	芳烃/mg	非烃/mg		
50.6	31.1	10.9	6.7	48.7	96
50.7	29.8	11.6	6.2	47.6	94
48.1	27.4	18.4	1.6	47.4	99

为了分析投加菌种对土壤中石油烃组分的影响，得出菌种的降解性能，以 D24 为例使用 GC-MS 对比分析：未人为投加菌种土壤样品的饱和烃组分谱图（图 5-10）和投加 D24 降解后的饱和烃组分谱图（图 5-11）；对比分析：不投加菌种土壤样品的芳烃组分谱图（图 5-12）和 D24 降解后芳烃组分谱图（图 5-13）。从图可看出在保留时间 4 min 后各组分依次出现峰值。土壤样品石油烃成分非常复杂。对比饱和烃组分，除个别峰的相对面积变化之外，两谱图差异不明显，可能的原因是，样品已在土壤中原有微生物的降解条件下被部分降解，增加了单菌进一步降

解的难度。本节着重分析菌种对芳香族化合物的降解性能。

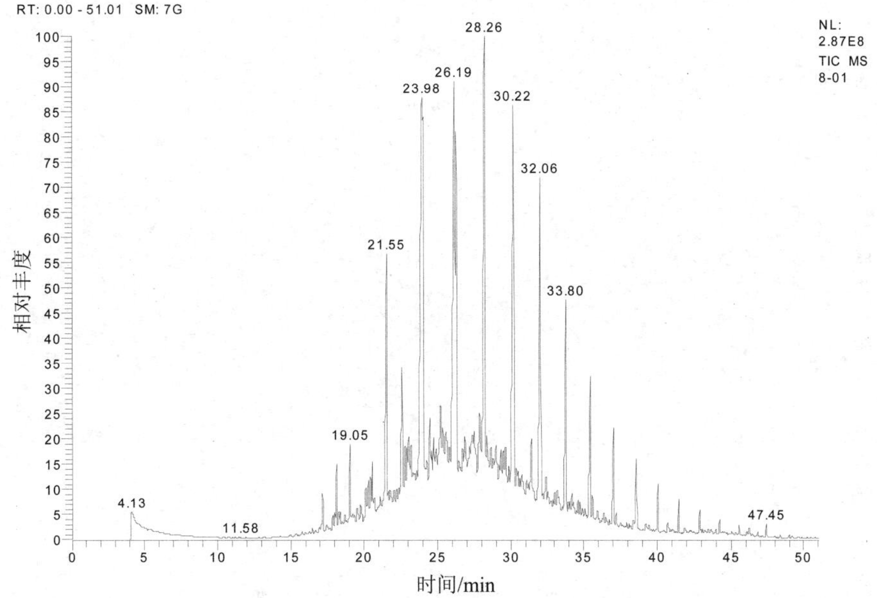

图 5-10　空白样品饱和烃组分的 GC-MS 谱

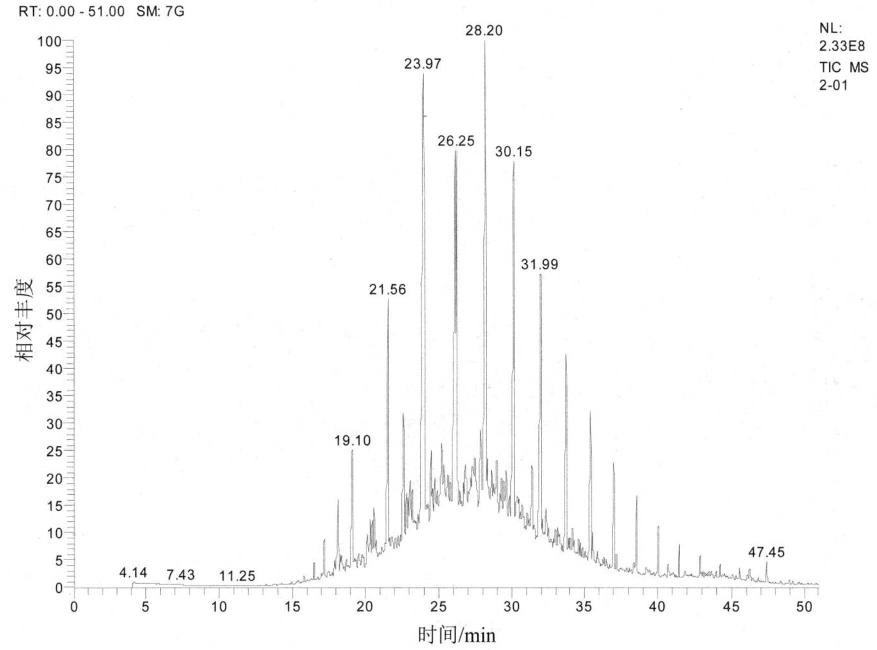

图 5-11　D24 降解后饱和烃组分的 GC-MS 谱

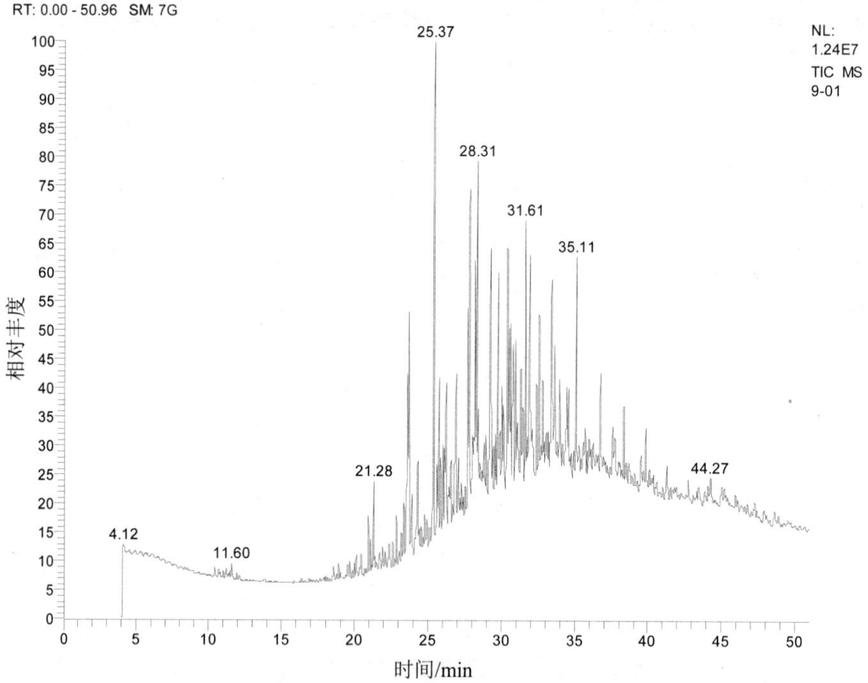

图 5-12 空白样品芳烃组分的 GC-MS 谱

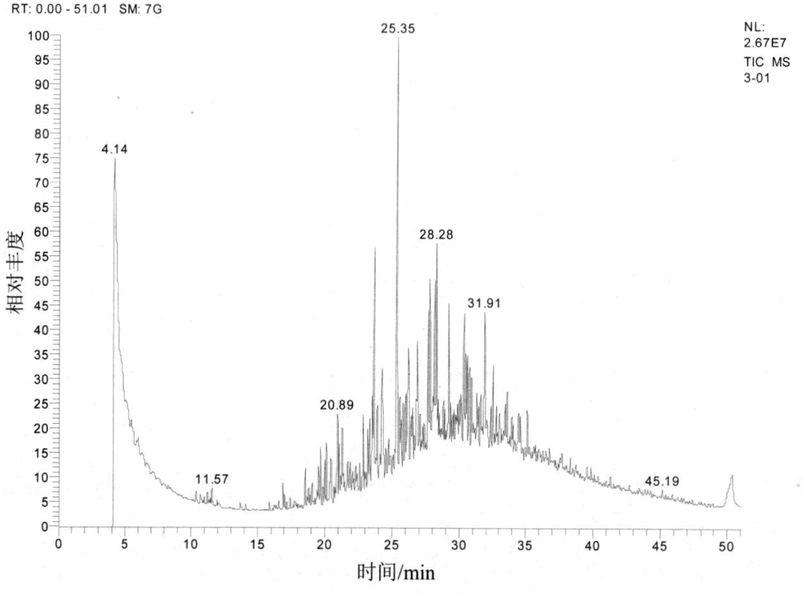

图 5-13 D24 降解后芳烃组分的 GC-MS 谱

对比芳烃组分总离子流图发现，空白样的芳烃组成以重质组分为主，而投加 D24 降解后的芳烃组分中，轻质组分含量较大，重质组分含量有所减少。通过分析出峰数据也得出相同结论，投加 D24 的芳烃组分图谱在出峰时间 20.89 min 之前，新增加了 30 个轻质组分峰，原有的诸多轻质组分峰的相对面积不同程度的增加、部分轻质组分峰的相对面积减少，重质组分峰的相对面积减少更明显。图 5-14 为芳烃组分的详尽对比，a 和 b 中下方图为空白样，上方图为投加 D24 降解后芳烃组分谱图。

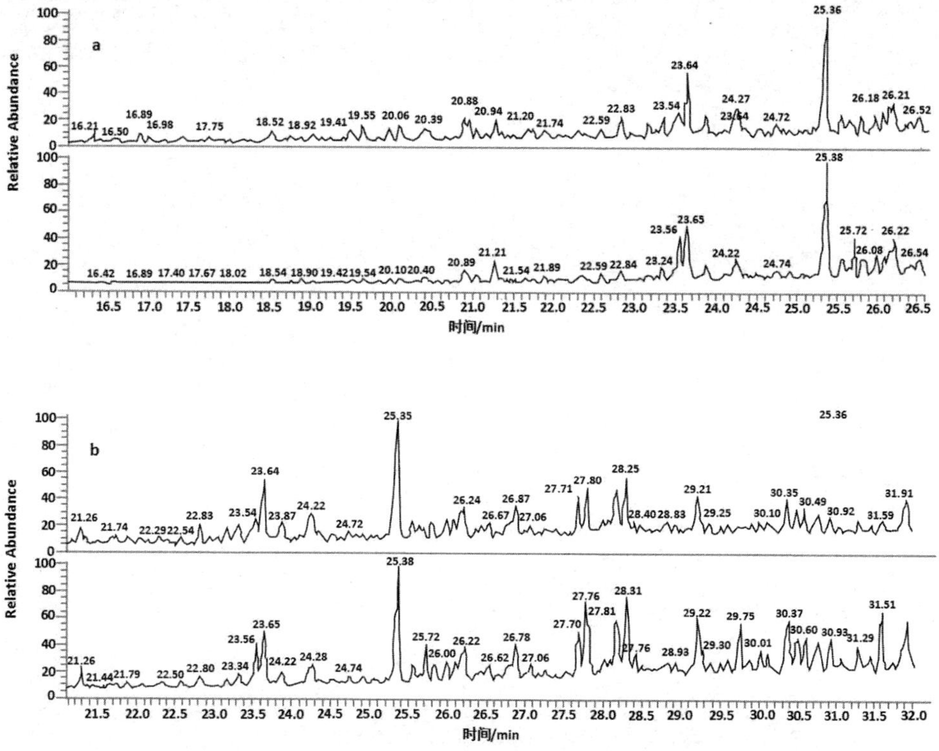

图 5-14　芳烃组分 GC-MS 图谱详细对比

结合数据和图 5-14b 分析，以出峰时间为 27.8 min 的峰为代表，投加 D24 后，相对面积从 4.82%减到 1.71%，且出峰时间为 27.83 min 的峰消失，使用色质联用仪数据系统配备的 Xcalibur 软件进行质谱库检索，尚难以确定该物质结构。

通过对比图 5-14b 的上下两幅图发现，出峰时间为 31.91 min 的峰，在空白（图 5-14b 下方图）中相对面积为 4.38%，在投加 D24 的图谱（图 5-14b 上方图）中相对面积 2.92%，使用色质联用仪数据系统配备的 Xcalibur 软件打出该化合物峰的质谱棒分析图，析得该物质与荧蒽（Fluoranthene）的正检索的相似度 SI 为 813，反检索相似度 RSI 为 894，匹配度较大，如图 5-15 所示，但利用质谱库检索结果仅供参考，尚需用标准化学品对比判定。可见，在 10℃土壤中，菌种 D24 对芳烃组分有较大程度的降解，且对芳烃重质组分的降解程度高于对轻质组分的降解程度。

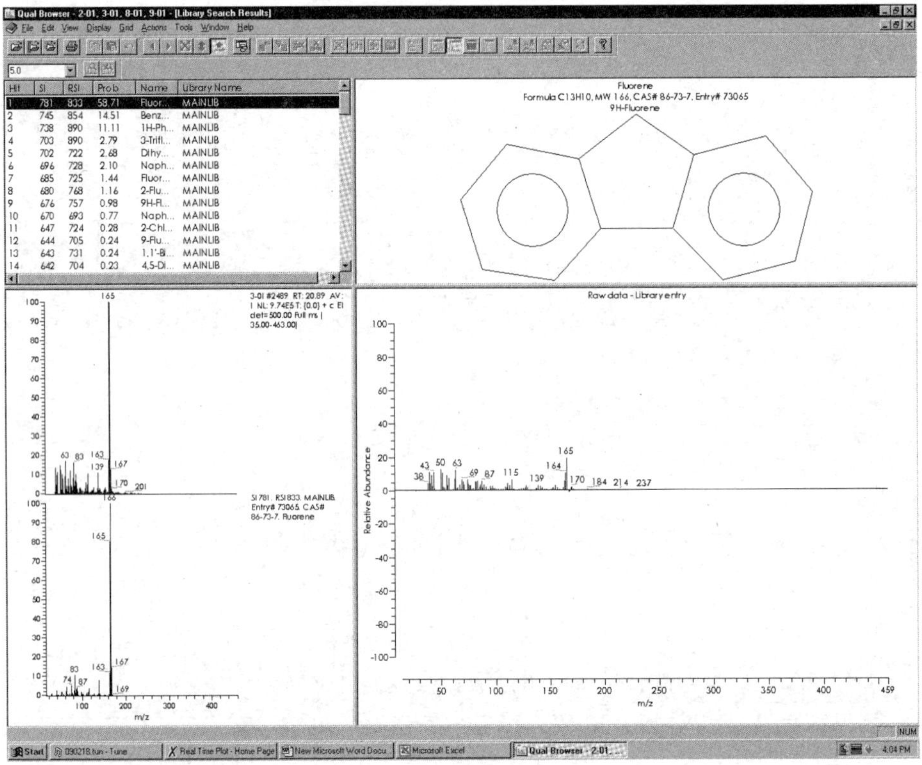

图 5-15　物质结构分析结果

第 6 章 高分子量多环芳烃微生物修复

6.1 多环芳烃污染土壤的微生物修复技术

微生物修复技术具有成本低、对环境影响小、不破坏土壤环境等优点而越来越受到人们的重视，是目前最具潜力的修复技术。它的基本原理是利用自然界中的微生物对 PAHs 进行降解，从而达到消除环境中 PAHs 的目的。自然界中的微生物种类繁多，数量巨大，其在不断地适应环境、改造环境以及利用环境的过程中，存在多种可以降解 PAHs 的微生物，研究证明许多细菌、真菌、藻类、放线菌都有降解 PAHs 的能力（张银萍等，2010）。

6.1.1 细菌修复

自从 20 世纪 50 年代开始，国内外的许多学者就在菌种筛选上做了大量的工作，目前已分离到的能将 PAHs 作为唯一碳源的细菌有假单胞菌属（*Pseudomonas*）、芽孢杆菌（*Bacillus*）、分枝杆菌属（*Mycobacterium*）、拜叶林克氏菌属（*Beijerinckia*）、棒状杆菌属（*Corynebacterium*）、黄杆菌属（*Flavobacterium*）、微球菌属（*Micrococcus*）、气单胞菌属（*Aeromonas*） 等，可降解的 PAHs 底物见表 6-1。

细菌对 PAHs 的代谢途径复杂、多样，以菲为例，主要有水杨酸代谢途径和邻苯二甲酸代谢途径，此外，细菌中还有其他一些不占主导地位的降解途径。事实上，一个菌株可能同时拥有 2 条甚至多条 PAHs 代谢途径。萘是最简单的 PAHs，它的降解由双加氧酶催化生成顺-萘二氢二醇，然后脱氢形成 1,2-二羟基萘；再环氧化裂解，接着去除侧链形成水杨酸；水杨酸进一步转化成儿茶酚或龙胆酸后开环。三环的 PAHs 也类似，第一步是双加氧酶催化产生顺-二氢二醇，再脱氢形成对应的二醇，然后再环氧化裂解，侧链去除，形成少一个环的二醇，而后进一步转化为儿茶酚或龙胆酸，彻底降解。对于四环及四环以上的 PAHs，大多数研究者认为共代谢起了十分重要的作用。但是近年来一些学者通过富集分离得到的以高环 PAHs 为唯一碳源和能源的优势降解菌可以以四环 PAHs 为唯一碳源和能源生长，且能够参与到更高环的共代谢降解过程中。

表 6-1 典型的 PAHs 降解菌

降解菌	拉丁名	可降解 PAHs	参考文献
假单胞菌属	*Pseudomonas* sp.	芴、菲、蒽、芘、苯并[*a*]芘	Doong 和 Lei，2003；徐虹等，2004；王新等，2007
分枝杆菌属	*Mycobacterium* sp.	菲、蒽、荧蒽、芘	Dandie 等，2004；李全霞等，2008
红球菌属	*Rhodococcus* sp.	芘、䓛、荧蒽、苯并[*a*]芘	Walter 等，1991；Bouchez 等，1997；骆苑蓉等，2005
鞘氨醇单胞菌属	*Sphingomonas* sp.	萘、菲、蒽、芘、荧蒽、苯并[*a*]芘	Story 等，2000；陶雪琴等，2008；周德平等，2003；Gou 等，2008
芽孢杆菌属	*Bacillus* sp.	蒽、菲、芘、苯并[*a*]芘、䓛、苯并[*a*]蒽、	王然等，2009；苏丹等，2007；李丽等，2007；Su 等，2006
黄杆菌属	*Flavobacterium* sp.	萘、蒽、菲、芘、苯并[*a*]芘	雷萍等，2004；王蕾等，2009
伯克霍尔德氏菌	*Burkholderia* sp.	菲、芘、荧蒽、苯并[*a*]芘、二苯并[*a,h*]蒽	艾芳芳，2008；Kazunga 和 Aitken，2000；Toledo 等，2006
气单胞菌属	*Aeromonas* sp.	萘、蒽、菲、芘	殷波和顾继东，2005
苍白杆菌属	*Ochrobactrium* sp.	菲、芘、荧蒽、苯并[*a*]芘	张春杨和彭振兴，2008；刘君，2008
产碱杆菌属	*Alcaligenes* sp.	菲、芘	姜世英等，2008；降巍等，2008
节杆菌属	*Arthrobacter* sp.	苯并[*a*]芘	骆苑蓉等，2005
副球菌属	*Paracoccus* sp.	荧蒽、芘、苯并[*a*]芘	毛健等，2008
戈登氏菌属	*Gordonia* sp.	萘、蒽、菲、芘、荧蒽	杨秀虹等，2009；Kanaly 和 Harayama，2000
叶杆菌属	*Phyllobacterium* sp.	萘、菲、芘	崔志松，2006
寡养单胞菌属	*Stenotrophomonas* sp.	菲、芘、䓛、荧蒽	赵和平和郜洪文，2006；Juhasz 等，2000；骆苑蓉，2008；Juhasz 等，2002
不动杆菌属	*Acinetobacter* sp.	芘、䓛、荧蒽、苯并[*a*]芘	骆苑蓉，2008
微杆菌属	*Microbacterium* sp.	萘、蒽、菲、芘	Zhao 和 Wong，2009
动胶菌属	*Zoogloea* sp.	芘、苯并[*a*]芘	苏丹等，2007；王春明等，2007
无色杆菌属	*Achromobacter* sp.	菲、芘、䓛	王新等，2006；唐玉斌等，2009；武凤霞，2006

6.1.2　真菌修复

真菌是一类种群繁多、分布广泛的真核生物。据估计全世界真菌的种类总数达 150 万种，目前已经鉴定的真菌超过 10 万种，并以每年 1 800 种的速度增加（骆永明，2009）。自然界中存在着大量的可以降解 PAHs 的真菌，相对于细菌来说，真菌在 PAH 的转化方面具有独特的优势：真菌菌丝对土壤基质具有穿透效应，有利于接近污染物，改善 PAH 的生物有效性；真菌的胞外酶系统作用底物范围广，同时降解多种污染物；污染物无须进入细胞即可降解，避免了污染物对细胞的直接毒害。因此，真菌在土壤修复中的应用逐渐地得到重视（Tahir，2012）。

在多环芳烃高效降解真菌中，研究最多的是白腐真菌。Field 等（1992）曾经报道了 12 种具有降解蒽、苯并[*a*]芘的白腐菌，但不同种的菌对各多环芳烃及其转化产物的降解能力不同，有些只能将多环芳烃转化为中间产物，而有些则能将多环芳烃矿化。May 等（1997）在生物反应器中使用白腐真菌（*Phanerochate chrysosporium*）处理受多环芳烃污染的土壤。在该系统中，真菌与土壤分别放在不同的反应器内，通过加热土壤反应器，使污染物抽提挥发至真菌反应器再进行处理。起始土壤中多环芳烃为 41 $g \cdot kg^{-1}$。36 d 后，低分子量多环芳烃的降解率为 70%～100%，高分子量多环芳烃的降解率为 50%～60%，土壤中多环芳烃降为 18 $g \cdot kg^{-1}$。Rafin 等（2000）报道一株茄腐皮镰孢霉（*Fusarium solani*）可以以苯并[*a*]芘为唯一碳源生长。

真菌对 PAHs 的代谢途径主要是通过氧化 PAHs，例如雅致小克银汉霉属（*Cunninghamella elegans*）可以氧化蒽为反-1,2-二羟-1,2-二氢蒽和 1-蒽基硫酸盐，在 1,2-位和 3,4-位上氧化菲分别形成反-1,2-二氢二醇和反-3,4-二氢二醇。白腐菌产生的木质素降解酶可以催化多种 PAHs 降解，此外还有单加氧酶和环氧化物水解酶催化，形成不稳定的 PAHs 环氧化物，继而异构化形成酚或水合形成反-二氢二醇。

6.1.3　植物-微生物联合修复技术

植物-微生物联合修复技术已经逐渐成为一种具有发展前景的有机污染土壤原位生物修复模式，包括植物-菌根真菌联合修复和植物-专性降解菌联合修复等。

6.1.4 植物-菌根真菌联合修复技术

菌根真菌在污染物的诱导下产生独特的酶，可以直接降解不能被细菌单独降解的有机污染物。近几年来，菌根在降解土壤中有机污染物的作用已引起国内外许多学者的关注。

Leyva 和 Binet（1998）发现，在 PAHs 污染土壤上接种菌根菌（*Glomus mosseae*）能提高黑麦草在污染土壤中的存活率，并促进植物的生长，在 PAHs 浓度高达 5 $g \cdot kg^{-1}$ 的土壤中只有菌根化植物能生存。研究表明，菌根真菌的活动可以改善根际微生态环境，增强植物的抗污染和抗病能力，极大地提高植物在恶劣环境条件下的生存能力。

杨婷等（2009）对紫花苜蓿和黑麦草的研究发现，土壤中 PAHs 降解率与植物根系的丛枝菌根（AM）真菌侵染率呈显著正相关关系，表明 AM 真菌侵染可以提高紫花苜蓿与黑麦草对 PAHs 污染土壤的修复效率。李秋玲等（2008）以紫花苜蓿为宿主植物，对 5 种丛枝菌根真菌（*Glomus mosseae*、*Glomus etunicatum*、*Glomus versiforme*、*Glomus constrictum* 和 *Glomus intraradices*）的研究发现，接种该 5 种丛枝菌根真菌对土壤中菲的修复效率均在 91%以上。与有植物无菌根真菌的对照相比，接种后土壤中菲和芘的残留浓度明显降低，接种后明显提高了土壤微生物的数量和活性，促进了土壤中 PAHs 的降解。

6.1.5 植物-专性降解菌联合修复技术

PAHs 污染土壤的微生物-植物联合修复技术可明显强化降解土壤中的 PAHs。土壤中土著微生物本身也能降解 PAHs，但降解能力较弱，在植物存在条件下，其降解能力能进一步提高，投加特效降解菌能够促进蒽、芘和苯等的生物降解。在利用植物进行污染土壤修复的同时，向土壤中接种具有较强降解能力的专性降解菌，可促进有机污染物的降解作用更加明显。

梁涛等（2010）的研究表明，在受菲、芘污染的土壤中种植苏丹草能大大强化土壤菲、芘污染的修复效果，50 d 后植物-微生物联合去除率分别为 68.9%和 71.24%，对酶活性和菲、芘残留量的相关性分析表明，种植植物可明显增加微生物酶的活性，从而提高 PAHs 在土壤中的去除率。从技术发展趋势看，尤其是在进行原位土壤生物修复时植物-微生物联合修复技术具有良好和广阔的发展前景，发展植物-专性降解菌协同修复及其根际生态强化技术，促进 PAHs 等有机污染物的吸收、代谢和降解将是今后生物修复技术新的研究方向。

6.1.6　土著微生物强化修复

土著微生物强化修复是定期调节和控制污染土壤的营养、水分、通透性等环境条件，以满足污染土壤中土著降解菌的生长需要，提高土著微生物的代谢活性，将污染物充分矿化成 CO_2 和 H_2O 的过程。由于土著菌相对于外加菌源更能适应污染场地的环境，因此，营造一个合适的土壤环境，充分挖掘、发挥土著微生物的降解活性也成为多环芳烃污染土壤修复的重要研究思路。邹德勋等（2006）通过室内模拟试验，以不同 C 源、通气状况和水分条件为调控因子，对 PAHs 长期污染土壤的土著微生物强化修复进行初步研究。结果表明，搅动处理使污染土壤中 Phe 和 B[*a*]P 的降解率分别达 59.44%和 26.14%，而淹水处理使两者降解率分别达 46.48%和 13.27%，添加 C 源（淀粉和葡萄糖）处理提高了土壤中 PAHs 的降解率，且随着 C 源的施用量而增加。同时发现随着 PAHs 降解菌数量的增加，土壤中 PAHs 降解率也随之提高。

6.2　高分子量 PAHs 降解菌的筛选与分离

在多环芳烃的修复过程中，筛选高效的降解菌是关键。已有的研究表明，在受多环芳烃污染的土壤中，微生物降解多环芳烃的能力要远高于未受污染的区域。从长期受多环芳烃污染的土壤中分离、筛选出高效多环芳烃降解菌，是生物修复多环芳烃污染土壤的第一步，也是关键的一步。课题组从北京焦化厂 PAHs 污染严重的地区采集土壤样品，从 3 种土壤样品中对 PAHs 降解菌进行驯化筛选，最终分离得到了若干株 PAHs 降解菌，为后续的实验提供了菌源。实验所用培养基见附录 1，标准溶液的配制见附录 6。

6.2.1　降解菌生长曲线的测定

以苯并[*a*]芘、苯并[*a*]蒽、苯并[*b*]荧蒽、苯并[*k*]荧蒽、茚并[1,2,3-*c*,*d*]芘 5 种 PAHs 混合底物为唯一碳源，从 1、2、3 号土样中分别进行降解菌的驯化和筛选，驯化最后一阶段的菌群生长曲线见图 6-1。由图可知，经过 5 个阶段的驯化培养，培养基中的混合菌群能较好地适应培养条件，其耐受性逐渐增强，生物量也稳步增长。相比较而言，3 号菌群较 1、2 号菌群生物量更大，说明 3 号菌群数量较多，对 5 种 PAHs 底物利用较好。对 3 种土样中驯化所得的混合菌群的降解性能做初步测定，实验结果显示 3 号土样的驯化菌群降解能力较好，因此，综合考虑选取从 3 号菌群所分离的菌株作为本书的重点研究对象。

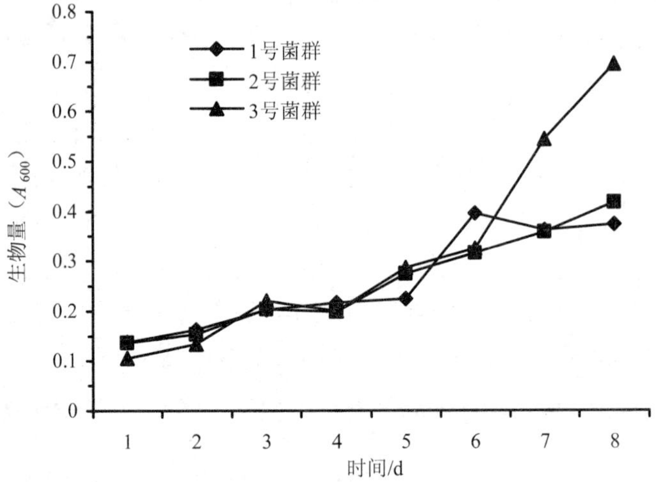

图 6-1 在含 5 种 PAHs 的混合底物中菌群的生长曲线

分别以苯并[*a*]芘、苯并[*a*]蒽、苯并[*b*]荧蒽、苯并[*k*]荧蒽 4 种多环芳烃为唯一碳源，进行单一 PAHs 底物的培养驯化，经过 5 个驯化周期后，涂布并划线分离，共分离到 15 株可以以这 4 种 PAHs 为碳源进行生长的降解菌。各菌株在牛肉膏蛋白胨培养基平板上的详细特征详见表 6-2。

表 6-2 单一 PAHs 降解菌株的菌落特征

可降解底物	菌株编号	菌落特征		
		颜色	透明度	边缘
苯并[*a*]芘	1-1-1	白色	半透明	不整齐
	1-1-2	淡黄色	不透明	整齐
	1-1-3	淡黄色	不透明	整齐
	1-1-4	黄色	不透明	整齐
苯并[*a*]蒽	3-2-1	白色	不透明	整齐
	3-2-2	白色	半透明	较整齐
	3-2-3	白色	不透明	整齐

可降解底物	菌株编号	菌落特征		
		颜色	透明度	边缘
苯并[*b*]荧蒽	1-3-1	乳白色	不透明	整齐
	1-3-2	白色	不透明	整齐
	1-3-3	淡黄色	不透明	较整齐
苯并[*k*]荧蒽	2-4-1	白色	不透明	整齐
	2-4-2	白色	不透明	整齐
	3-4-1	淡黄色	不透明	整齐
	3-4-2	黄色	不透明	整齐
	3-4-3	黄色	不透明	整齐

以苯并[*a*]芘、苯并[*a*]蒽、苯并[*b*]荧蒽、苯并[*k*]荧蒽、茚并[1,2,3-*c*,*d*]芘 5 种多环芳烃混合底物为唯一碳源进行富集培养驯化，经过 5 个驯化周期后，涂布并划线分离，共得到 72 株可以以这 5 种 PAHs 为碳源进行生长的降解菌。其中，从 1 号土样筛选分离得到 10 株，分别编号 1-6-1～1-6-10；从 2 号土样筛选分离得到 12 株，分别编号为 2-6-1～2-6-12；从 3 号土样中分离得到 50 株，分别编号 3-6-1～3-6-50。各菌株在牛肉膏蛋白胨平板上的菌落特征见表 6-3。

表 6-3　混合 PAHs 降解菌株的菌落形态

菌株编号	菌落特征			
	颜色	透明度	边缘	其他
3-6-1	黄色	不透明	较整齐	菌落较小
3-6-2	金黄色	不透明	整齐	菌落较小
3-6-3	金黄色	不透明	整齐	菌落较大
3-6-4	金黄色	半透明	整齐	菌落较小
3-6-5	淡粉色	半透明	较整齐	菌落较小
3-6-6	深黄色	不透明	整齐	平板颜色逐渐变深
3-6-7	深黄色	不透明	整齐	同上
3-6-8	深黄色	不透明	整齐	同上
3-6-9	深黄色	不透明	整齐	同上
3-6-10	深黄色	不透明	整齐	同上
3-6-11	深黄色	不透明	整齐	同上
3-6-12	白色	半透明	不整齐	不易挑取
3-6-13	粉色	不透明	不整齐	菌落较小
3-6-14	黄色	不透明	整齐	菌落较大

菌株编号	菌落特征			
	颜色	透明度	边缘	其他
3-6-15	黄色	不透明	整齐	菌落较大，较湿润
3-6-16	深黄色	不透明	整齐	菌落较小
3-6-17	白色	透明	整齐	湿润，不易挑取
3-6-18	白色	透明	整齐	湿润，不易挑取
3-6-19	深黄色	不透明	整齐	
3-6-20	深黄色	不透明	整齐	
3-6-21	白色	透明	不整齐	较湿润
3-6-22	深黄色	不透明	整齐	
3-6-23	深黄色	不透明	整齐	
3-6-24	深黄色	不透明	整齐	
3-6-25	金黄色	不透明	整齐	较湿润
3-6-26	金黄色	不透明	整齐	较湿润
3-6-27	乳白色	不透明	整齐	
3-6-28	粉色	不透明	整齐	菌落较小
3-6-29	乳白色	不透明	整齐	
3-6-30	深黄色	不透明	整齐	
3-6-31	黄色	不透明	不整齐	
3-6-32	黄色	不透明	不整齐	
3-6-33	白色	不透明	不整齐	
3-6-34	深黄色	不透明	整齐	
3-6-35	粉色	不透明	整齐	菌落较小
3-6-36	黄色	不透明	整齐	较湿润
3-6-37	白色	不透明	整齐	
3-6-38	粉色	不透明	整齐	菌落较小
3-6-39	金黄色	半透明	整齐	较湿润
3-6-40	金黄色	半透明	整齐	菌落较小，较湿润
3-6-41	白色	不透明	整齐	
3-6-42	白色	不透明	整齐	
3-6-43	深黄色	半透明	整齐	湿润
3-6-44	金黄色	不透明	整齐	较湿润
3-6-45	白色	不透明	整齐	
3-6-46	深黄色	不透明	整齐	
3-6-47	深黄色	不透明	整齐	
3-6-48	白色	半透明	不整齐	不易挑取
3-6-49	金黄色	不透明	整齐	较湿润
3-6-50	淡黄色	不透明	整齐	

6.2.2　降解菌的分离和纯化

将驯化的最后一阶段的培养液稀释至不同的梯度，涂布于表面涂有该 5 种 PAHs 的选择性固体培养基平板上，培养后挑取单菌落至牛肉膏蛋白胨固体平板，反复划线分离得到纯菌种，将纯化菌株于试管斜面培养后保存于 4℃冰箱，如图 6-2 所示。

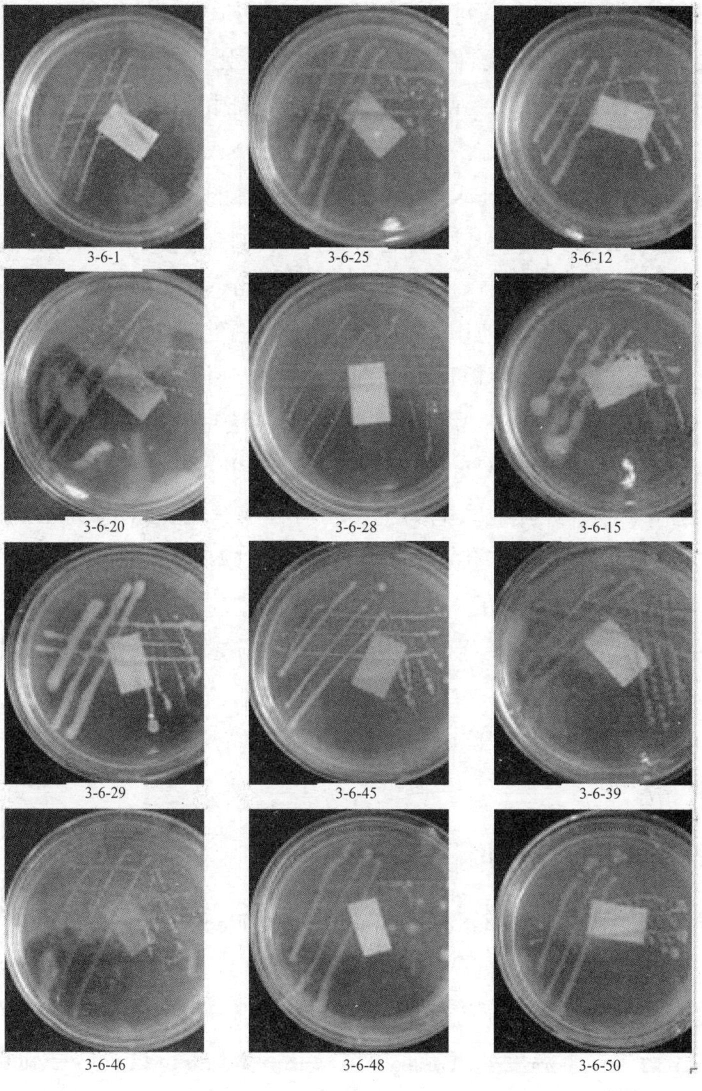

图 6-2　PAHs 降解菌株的平板照片

6.3 多环芳烃降解菌的分子生态学研究

6.3.1 16S rDNA 基因序列的扩增和分析

细菌的 16S rDNA 是 16S rRNA 的基因，在分子进化中非常保守，也有一些位置，序列的变化较大，它的序列变化与进化距离相适应，被称为一种进化分子钟。其进化速度大约是每 5 000 万年发生 1%的碱基变化（张彤和方汉平，2003）。因此，细菌的 16S rDNA 序列经常与细菌的形态特征和生理生化特征一起，用于微生物的鉴定及分类地位的确定，对细菌的 16S rDNA 序列的分析就具有十分重要的意义。要得到细菌的 16S rDNA 序列必须从细菌的总 DNA 中分离到 16S rRNA 的基因。而从总 DNA 中分离特定基因的方法则首选 PCR（聚合酶链式反应，Polymerase Chain Reaction）。PCR 技术是美国 Cetus 公司 Mullis 等在 1985 年研发的。由一对特异性引物有效地识别和结合需要扩增的靶 DNA 片段的两端，DNA 聚合酶催化反应，在 DNA 模板反复变性、退火和延伸中使靶 DNA 增加数百万倍（肖明和王雨净，2008）。PCR 引物条件和扩增方法见附录 3。

本课题组在进行高效 PAHs 降解菌鉴定时采用的 PCR 反应引物为细菌 16S rDNA 基因通用引物（委托北京鼎国生物公司合成）。研究对象为 3 号土样中筛选分离得到的 50 株纯菌，以实验菌株制备的菌液为模板，用细菌的 16S rDNA 基因通用引物 8F 和 1492R 进行 PCR 扩增，PCR 产物经过 1.2%的琼脂糖凝胶电泳检测后图谱见图 6-3，泳道 1～50 分别对应菌株 3-6-1～3-6-50，泳道 M 对应为 D2000 DNA Ladder Marker，Marker 中的 6 条带由下至上依次分别为 100 bp、250 bp、500 bp、750 bp、1 000 bp、2 000 bp，由图 6-3 可知，每一株菌均得到 1 500 bp 左右的 PCR 扩增产物。

6.3.2 变性梯度凝胶电泳和温度梯度凝胶电泳

变性梯度凝胶电泳（Denaturing gradient gel electrophoresis，DGGE）的方法是由 Lerman 等于 20 世纪 80 年代初期发明的，起初主要是用来检测 DNA 片段中的点突变。1993 年 Muyzer 等首次将 DGGE 应用于微生物群落结构的研究中，此后又发展出衍生技术温度梯度凝胶电泳（Tempreture gradient gel eletrophoresis，TGGE）（张洪霞等，2009）。经过十几年的发展，该技术已经被广泛用于分子生态学研究的各个领域，现已发展成为研究微生物群落结构的主要分子生物学方法之一。

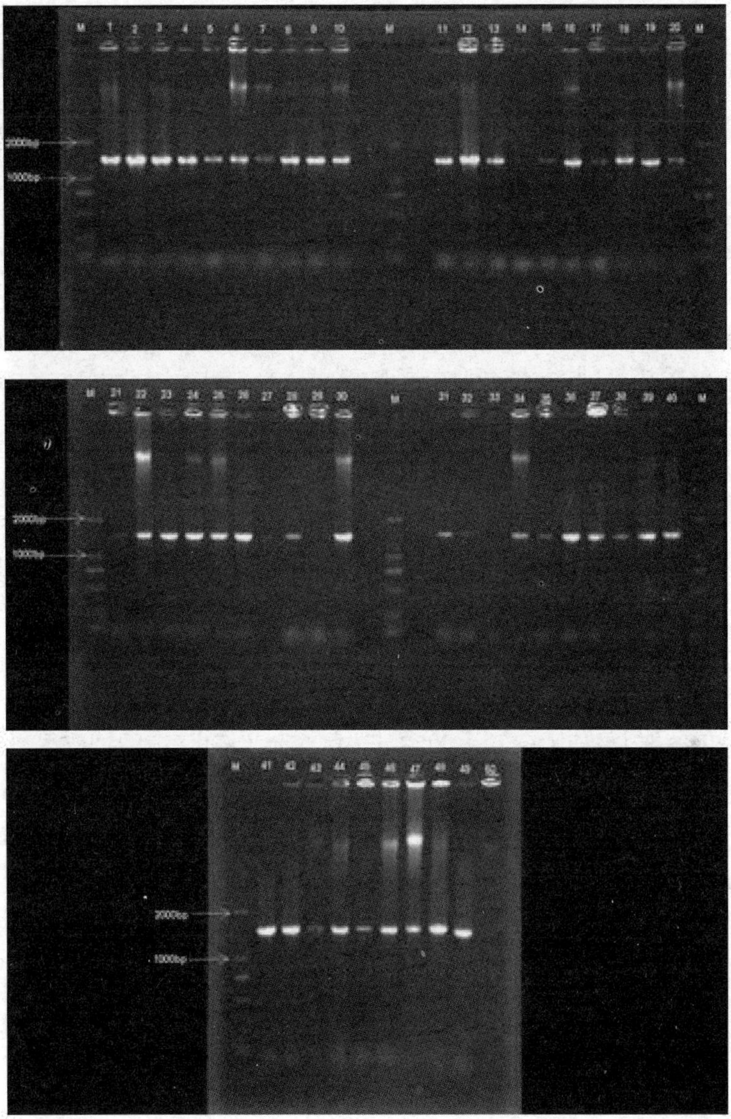

图 6-3　16S rDNA 的 PCR 产物图谱

DGGE 和 TGGE（Tempreture gradient geleletrophoresis）的原理是根据含有不同序列的 DNA 片段在具有变性剂梯度或温度梯度的凝胶上由于其解链行为的不同而导致迁移率的不同。这种方法的灵敏度非常高，能把仅有 1 个碱基差异的 DNA 片段分开。当用 DGGE/TGGE 来研究微生物群落结构时，要结合 PCR 扩增技术，用 PCR 扩增的 16S rRNA 产物来分析微生物群落结构组成（杜宇峰和叶央芳，2006）。

6.3.3 扩增核糖体 rDNA 限制性分析（ARDRA）

扩增性 rDNA 限制性酶切片段分析（Amplified-rDNA Restriction Analysis，ARDRA）方法的基本原理是，一定长度的 DNA 经某种限制性内切酶消化后，产生的片段和数目反映了 DNA 上该限制性内切酶的酶切位点分布。由于不同来源的 DNA 碱基排列位置不同，因此特定的 DNA 和限制性内切酶组合所产生的片段是特异的，这些片段经琼脂糖凝胶电泳分离后，根据其显示的带型就可以作为某一 DNA 的特定分子标记（夏月等，2007）。它是基于 PCR 技术选择性扩增 rDNA 片段（如 16S rDNA、23S rDNA、l623S rDNA 片段），再对 rDNA 片段进行限制性酶切片段长度多态性分析（RFLP）。ARDRA 技术广泛应用于新物种的发现、微生物分类及鉴定、共生菌、病原菌的微生物遗传多样性的检测等。

本课题组将已 PCR 扩增的产物片段用限制性内切酶 RsaI 和 MspI 分别进行单酶酶切：取 PCR 扩增产物 5 μL 于 PCR 管中，加入 1 μL 相应的反应缓冲液，0.3 μL 的限制性内切酶，用双蒸水补足到 10 μL，37℃水浴 3 h，60℃水浴 15 min 以停止反应，用 3%琼脂糖凝胶电泳分析限制性酶切片段，电泳完毕经 EB 染色 10～15 min 后，在凝胶成像系统中观察结果并拍照（王红旗等，2009）。得到如下酶切图谱（图 6-4 和图 6-5），若不同编号的菌株用 RsaI 和 MspI 酶切后所获得的基因图谱完全相同时，则认为它们是相同的基因型。每一个基因型作为一个分类操作单元（Operational Taxonomic Unit，OUT）或称为唯一基因型，在进行聚类统计分析后，去掉重复菌株，将 50 株菌共划分为 15 个 OTUs。

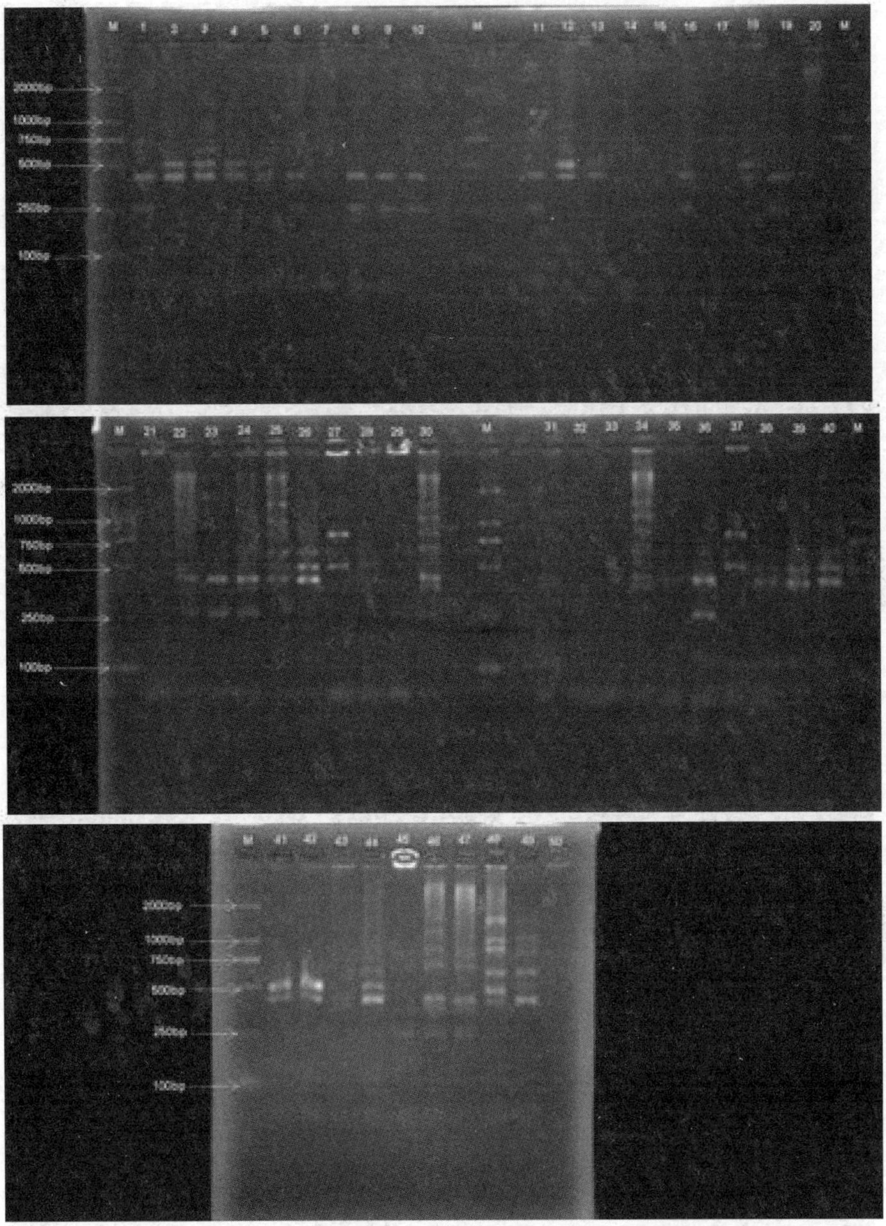

图 6-4　RsaI 酶切结果

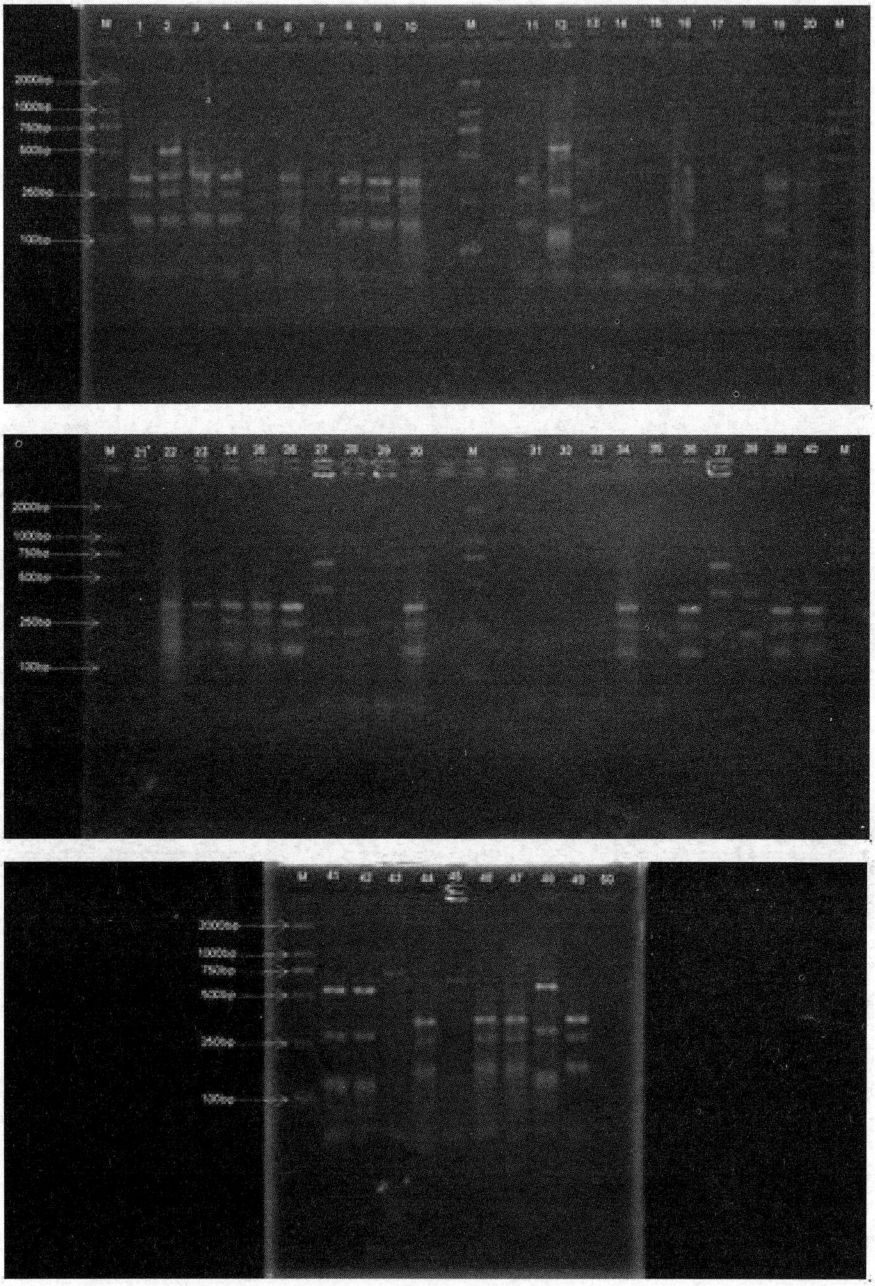

图 6-5 MspI 酶切结果

6.4　案例：高分子量 PAHs 降解菌的降解性能研究及菌群构建

在实际的土壤修复工程中，许多污染场地的污染不仅仅是一种多环芳烃的污染，往往是多种 PAHs 的复合污染，比如本案例中焦化厂的污染场地就是由多种 PAHs 的复合污染，而且是高分子量的 PAHs 的复合污染。对于高分子量的 PAHs 复合污染，单一的微生物降解菌往往不能满足修复工程的降解效率要求。因此，如何能构建可以同时处理多种高分子量 PAHs 的微生物降解菌群，也是值得研究的一个重要内容。以本课题组焦化厂污染土壤中多环芳烃降解菌群研究为例进行深入探讨。菌悬液的制备方法和高效液相色谱 HPLC 测定条件见附录 4。

6.4.1　单菌 PAHs 降解能力的测定

将所得纯菌种的菌悬液分别接种于含苯并[*a*]芘、苯并[*a*]蒽、苯并[*b*]荧蒽、苯并[*k*]荧蒽、茚并[1,2,3-*cd*]芘的 MSM 液体培养基中，接种量为 10%，每个测定设两个重复，同时做对照样只加 PAHs 不加菌液。培养基中茚并[1,2,3-*cd*]芘的初始浓度为 2 $mg\cdot L^{-1}$，其余 4 种 PAHs 的初始浓度为 3 $mg\cdot L^{-1}$。摇瓶避光振荡培养 12 d 后将摇瓶中的整瓶样品进行提取残留的多环芳烃，加入等体积的丙酮和二氯甲烷溶液（体积比为 1∶1），用超声波清洗器超声萃取 20 min，静置分层后用分液漏斗进行分离有机相，共萃取两次后，合并萃取液并用旋转蒸发仪浓缩，用甲醇定容至 1 mL，过滤后待 HPLC 测定，分析测试残余 PAHs 的浓度，计算降解率。降解率的计算公式如下：

$$D\ (\%) = (C_0 - C)\ /C_0 \times 100\% \qquad (6\text{-}1)$$

式中，D —— PAHs 的降解率；

C_0 —— 样品中 PAHs 初始加入浓度；

C —— 加入降解菌的样品中残留的 PAHs 浓度。

通过对分离筛选后的纯菌菌株进行降解能力的测试和降解效率分析（表 6-4），可以看出各单一菌株对于不同 PAHs 降解效率存在较大差别，对苯并[*a*]蒽的降解率为 15.65%～39.64%，对苯并[*a*]芘的降解效率为 6.78%～33.52%，对茚并[1,2,3-*cd*]芘的降解率为 12.48%～31.17%，对苯并[*b*]荧蒽和苯并[*k*]荧蒽的降解率则分别为 17.47%～38.57%和 2.62%～28.29%。种群 5 代表菌株 3-6-12 对苯并[*a*]蒽、苯并[*b*]

荧蒽和苯并[*a*]芘、茚并[1,2,3-*cd*]芘的降解能力最强，种群 6 代表菌株 3-6-15 对于苯并[*k*]荧蒽的降解能力最强，总体来看，菌株 3-6-12 对于 5 种 PAHs 的降解效率要好于其他单菌，而占菌株总数较大比例的鞘氨醇单胞菌的降解能力不及 3-6-12 强。本实验中，由于该 5 种高分子量 PAHs 降解时间仅为 12 d，延长降解时间可能会获得更高的降解率。

表 6-4 15 株菌的 PAHs 降解率

分组	菌株	多环芳烃降解率/%				
		B[*a*]A	B[*b*]F	B[*k*]F	B[*a*]P	IPY
空白		8.82	5.61	3.38	4.07	4.57
1	3-6-1	27.35	30.40	27.05	23.73	29.10
2	3-6-2	15.65	17.47	24.14	19.80	20.14
3	3-6-5	18.49	19.32	28.20	16.10	22.85
4	3-6-10	21.06	20.61	13.80	15.69	18.13
5	3-6-12	39.64	38.57	25.37	33.52	31.17
6	3-6-15	29.37	22.71	28.29	23.17	26.64
7	3-6-17	20.52	19.35	13.99	15.98	19.50
8	3-6-25	26.17	28.84	13.47	24.19	23.80
9	3-6-27	30.89	33.26	13.17	25.24	29.65
10	3-6-29	17.50	23.06	2.62	7.14	16.11
11	3-6-30	18.72	25.12	3.44	14.37	14.91
12	3-6-33	22.33	27.33	3.77	12.38	19.06
13	3-6-41	23.79	27.39	9.12	10.46	19.43
14	3-6-43	22.25	19.27	3.58	6.82	12.48
15	3-6-45	20.72	25.00	6.53	6.78	17.14

6.4.2 多环芳烃降解菌群的构建

由于多环芳烃是一种较难降解的有机污染物，尤其是对于高分子量的多环芳烃而言，单一的微生物对其降解的能力有限，因此，通过不同方式的配伍组合将各单种微生物的降解能力形成一个完整的降解系统，用配置更合理、更稳定、功能更完善的菌群替代活性较低的单种和土生菌群，集合多种微生物和多种酶的活性，以扩大对多环芳烃底物的利用范围，提高降解效率（杨乐，2008）。

本实验根据降解菌代谢底物的不同，选取针对单一 PAHs 筛选所得的长势较好的菌株进行组合，另外，还从对混合污染底物适应性和降解性能较好的 3 号菌群中选取不同的菌株进行配伍组合，将各单菌按照菌悬液的制备方法制备好之后，以相同比例进行组合，将组合好的菌液接种至含 PAHs 的无机盐培养基中，研究不同配伍组合的降解菌群的降解能力，室温下避光振荡培养 30 d 后测定其降解率。

菌群组合一：选取针对苯并[*a*]芘筛选所得的菌株 1-1-1、1-1-2，针对苯并[*a*]蒽筛选所得的菌株 3-2-1、3-2-3，针对苯并[*b*]荧蒽筛选所得的菌株 1-3-1，针对苯并[*k*]荧蒽筛选所得的菌株 2-4-1、3-4-1，共 7 株菌。

菌群组合二：选取 15 个 OTUs 中菌株数量占优势的代表菌株进行组合。

菌群组合三：根据 15 个 OTUs 中纯菌降解能力，选取降解率较高的代表菌株进行组合。以 10%的接种量将构建菌群的菌悬液接种至含 PAHs 的无机盐培养基中，苯并[*a*]蒽、苯并[*b*]荧蒽、苯并[*k*]荧蒽、苯并[*a*]芘和茚并[1,2,3-*cd*]芘的初始浓度设为 3 mg·L^{-1}，室温下摇瓶避光振荡 30 d 后测定其降解率，菌群的配伍组合及降解率见表 6-5。

表 6-5　构建菌群降解效果比较

菌群	构建菌株	降解率/%				
		苯并[*a*]蒽	苯并[*b*]荧蒽	苯并[*k*]荧蒽	苯并[*a*]芘	茚并[1,2,3-*cd*]芘
1	1-1-1、1-1-2、3-2-1、3-2-3、1-3-1、2-4-1、3-4-1	76.30	78.57	77.00	76.86	77.39
2	3-6-5、3-6-10、3-6-15、3-6-25、3-6-30	60.34	64.68	61.82	61.76	62.11
3	3-6-12、3-6-15、3-6-25、3-6-27	68.32	70.35	68.89	68.29	69.37

由表 6-5 可以看出，由各单一 PAHs 筛选所得降解菌构建的菌群组合一对于苯并[*a*]蒽、苯并[*b*]荧蒽、苯并[*k*]荧蒽、苯并[*a*]芘和茚并[1,2,3-*cd*]芘的降解率较高，对 5 种 PAHs 的降解率均达 76%以上；另外两组依据优势菌和功能菌构建的混合菌群对 5 种 PAHs 的降解率也都达到了 60%以上，可见菌群组合较单一菌株对高分子量的 PAHs 的降解效果要更好，在后续实验中将对其在土壤环境条件下的降解性能做进一步的分析。

对各单一菌株进行 PAHs 降解能力的测定，15 种单菌对该 5 种高分子量的

PAHs 均有一定的降解能力，其中种群 5 代表菌株 3-6-12 对 5 种 PAHs 的降解效率要好于其他菌株，对苯并[*a*]蒽、苯并[*b*]荧蒽、苯并[*k*]荧蒽、苯并[*a*]芘和茚并[1,2,3-*cd*]芘的降解率分别为 39.64%、38.57%、25.37%、33.52%、31.17%，而优势菌属鞘氨醇单胞菌属的代表菌株并不是降解能力最强的功能菌。降解能力测试表明，单一菌对高分子量多环芳烃的降解率有限，根据优势互补的原则构建出 3 种不同组合的降解菌群，并对构建菌群的降解能力进行了测试，实验结果表明，3 种配伍组合构建的菌群相对于单一菌株，降解效率均有了很大的提高，30 d 的降解率均在 60%以上，由各单一 PAHs 筛选所得降解菌构建的菌群组合一降解效果最好，对 5 种 PAHs 的降解达 76%以上，构建的菌群组合可为进一步在土壤中修复效果研究提供高效降解菌源。

6.5 案例：高分子量 PAHs 适宜降解土壤环境条件分析

6.5.1 影响 PAHs 生物降解的环境因素

影响多环芳烃降解的因素除多环芳烃自身的理化性质之外，各种环境因素也会影响多环芳烃污染土壤修复的过程和效果。主要的环境影响因素包括水分、养分以及其他条件。

6.5.1.1 水分

水分是土壤中微生物生长所必需的，水不仅是生物体的组成部分，也是养分的运输介质，而且土壤中的水分还会对土壤及污染物的性质造成影响，从而影响土壤中 PAHs 的降解，土壤水分条件对 PAHs 降解的影响主要来自以下几个方面：① 改变土壤的氧气状况，从而影响土壤的微生物区系；② 影响土壤的氧化还原电位，从而影响养分和重金属的生物有效性；③ 影响 PAHs 的生物有效性（邢维芹等，2007；Joner 等，2002）。

6.5.1.2 养分

足够的土壤养分是维持微生物生长所必需的。土壤养分状况是影响 PAHs 污染土壤修复效果的另一个重要因素。许多学者研究了加入氮和磷对 PAHs 污染土壤的修复效果，然而，结果并不一致。有研究表明，要达到较好的修复效果，必须在 N、P 间保持某一合适的比例。造成修复效果差异的原因之一是不同土壤的肥力有差异，另一原因可能是土壤的微生物学性质差异。多环芳烃本身性质的差异也是引起不同分子量的多环芳烃在相同养分情况下降解差异产生的原因，肥料的性质不同，对土壤中微生物的影响不同，引致对 PAHs 污染物降解的不同（Leys 等，2005）。

6.5.1.3　其他条件

除上述水分和养分对土壤中多环芳烃的降解影响较大之外，温度、pH、溶解氧等环境因素也会对土壤中多环芳烃的降解产生较大的影响。在低温环境下，微生物的酶活性往往会受到抑制，从而影响降解率，而适宜的温度则有利于提高微生物对 PAHs 的代谢效率。对于土壤中的 pH 一般情况下对微生物的降解是比较适合的，但在极端环境下可能会对微生物的生长和代谢造成很大的影响，从而影响 PAHs 的降解效果。在 30～40℃，高温可以提高 PAHs 代谢率达到最大值。但超过这个温度范围，PAHs 的膜毒性会增高（谭文捷等，2007）。环境中可以降解 PAHs 的微生物大都为好氧微生物，因此，氧气的浓度也直接决定了微生物的生长和群落结构，从而影响 PAHs 的降解率。

随着 PAHs 苯环数目增加，辛醇-水分配系数增大，其生物可利用性降低，因此降解速率也越来越低。通过添加表面活性剂，降低介质表面和界面张力，增大 PAHs 在水相中的溶解度，可促进 PAHs 从固相转移到水相，提高生物利用性。宋玉芳等（2002）研究发现，吐温-80 施入 PAHs 污染的土壤中有利于微生物的生长，并促进 PAHs 的降解，但同时需注意有的表面活性剂对微生物有毒害作用，在使用时应特别注意（Hwang 和 Cutright，2004）。如果土壤过于紧实，则不利于养分和氧气在土壤中的运动，修复效果不好。污染物在土壤中的存在时间越长，污染物与土壤颗粒结合越紧密。因此，当考虑修复措施时应考虑到污染物的有效态和紧密吸附态。紧密吸附部分的污染物不会降解或降解很慢，即使对条件进行优化，也不能选择生物处理方法（周亮等，2009）。

6.5.2　实验方案

（1）实验因素选取

对多环芳烃污染土壤进行修复，最重要的是筛选和培育具有较高多环芳烃降解能力的微生物，针对实际污染场地多种复合 PAHs 污染的现状，某一种单一微生物的降解能力有限，因此有必要将单一菌株进行配伍组合构建具有较高降解能力的微生物菌群。此外，加入微生物数量的多少也是影响降解效果的一个因素。因此，本实验将菌群组合和菌量作为研究的两个因素（孙铁珩等，1998；刘莉等，2007）。生物降解需要的最佳温度为 15～45℃，针对不同的污染物，微生物降解所需的最佳温度往往有所不同，因此，本实验将温度作为研究的一个因素（王春艳等，2009）。

一般情况下，土壤中必须有足够的水分才能够维持微生物的存活和繁殖，较高的土壤含水率有利于污染物的解析和提高生物可利用性，但过多的水分也有可能会影响土壤中微生物的活性，因此将土壤含水率也作为本实验研究的一个影响因素。

氮和磷是微生物新陈代谢和繁殖所必需的营养物质，在未被污染的土壤中，微生物的数量、活性和营养物质含量处在动态平衡之中；而多环芳烃污染的土壤中，碳源过量，氮、磷营养元素往往成为微生物高活性的限制性因素。有研究表明，要达到较好的修复效果，必须在氮、磷等养分间保持某一合适的比例。根据本实验土壤的理化性质，考虑添加氮、磷营养盐这一因素。

由于污染土壤中的 PAHs 与土壤基质结合紧密，尤其是高分子量的 PAHs，为了使 PAHs 类污染物从土壤基质上解吸，从而增加其生物有效性，起到改善修复效果的作用，本实验考虑添加研究较多的亲水性表面活性剂吐温-80（齐永强等，2003）。

为了促进土壤中 PAHs 的降解，许多学者研究了化学氧化在有机物污染土壤修复中的应用，Fenton 反应产生的羟基基团可氧化降解多种有机污染物，包括燃料烃、氯代脂肪烃和芳香烃、五氯酚、农药及 PAHs 等，另外有研究者发现先用植物油处理污染土壤可增加 Fenton 反应可氧化的 PAHs 的数量，特别是对高分子量的 PAHs 效果比较明显（Bogan 等，2003）。添加植物油一方面可以增加 PAHs 从土壤基质上的解析，另一方面可能会作为共代谢底物以利于 PAHs 的降解。因此本实验考虑选取先添加玉米油再加入 Fenton 试剂这一因素（李春玉，2008）。

（2）因素水平的选取

本实验土样取自北京焦化厂的污染原状土，将土样过筛后风干并混合均匀。采用电感耦合等离子发射光谱法（ICP-AES）和元素分析仪燃烧法对土壤样品中的常量元素进行分析，测试结果见表 6-6。所选取的 7 个因素的各个水平分布见表 6-7。

表 6-6　土壤的理化性质

元素	TC	TH	TN	TP	速效 P	TK
含量/（$\mu g \cdot g^{-1}$）	16 470	450	57	447	11.808	20 529

表 6-7　各因素的水平分布

水平	菌群组合（A）	菌量（B）	温度（C）	土壤含水率（D）	C∶N∶P（E）	表面活性剂（F）	Fenton 试剂和植物油（G）
1	1	0	20℃	15%	自然	0	0
2	2	10%	30℃	25%	100∶10∶1	500 $mg \cdot kg^{-1}$	2.5%
3	3	20%	40℃	35%	120∶10∶1	1 000 $mg \cdot kg^{-1}$	5%

（3）正交表的选取

综合以上考虑，本实验设定了 7 个因素，每个因素 3 个水平，因此选取的正交表为 L18（3^7），共 18 个实验，见表 6-8。构建菌群对 PAHs 污染土壤的降解实验和土壤中 PAHs 的提取方法见附录 5。

表 6-8　正交实验表

实验号	因素 A	因素 B	因素 C	因素 D	因素 E	因素 F	因素 G
1#	1	1	1	1	1	1	1
2#	1	2	2	2	2	2	2
3#	1	3	3	3	3	3	3
4#	2	1	1	2	2	3	3
5#	2	2	2	3	3	1	1
6#	2	3	3	1	1	2	2
7#	3	1	2	1	3	2	3
8#	3	2	3	2	1	3	1
9#	3	3	1	3	2	1	2
10#	1	1	3	3	2	2	1
11#	1	2	1	1	3	3	2
12#	1	3	2	2	1	1	3
13#	2	1	2	3	1	3	2
14#	2	2	3	1	2	1	3
15#	2	3	1	2	3	2	1
16#	3	1	3	2	3	1	2
17#	3	2	1	3	1	2	3
18#	3	3	2	1	2	3	1

6.5.3 土壤中 PAHs 降解的动态变化

6.5.3.1 培养 14 d 后

经过 14 d 培养后，各实验的土壤中 PAHs 的残留量见表 6-9。在培养 14 d 后，土壤中的 PAHs 有了明显的降解，若按照 PAHs 总量来计算，各实验的降解率都在 37%以上，由于各实验因素水平不相同，因此结果也都有所不同。根据正交实验对最佳条件选择的直接比较方法，6#样品处理条件最佳，PAHs 总量的降解率在 18 个设计实验中最高，为 70.1%，其实验设计条件是：菌群组合二，初始加入菌量 20%，培养温度为 40℃，土壤含水率为 15%，营养盐比例为自然，加入 500 $mg \cdot kg^{-1}$ 的表面活性剂吐温-80，加入 2.5%的玉米油和 Fenton 试剂。其次是 18# 和 16#样品，PAHs 总量的降解率分别达 65.2%和 64.3%。对各单一 PAHs 进行分析可以得出，本实验土壤中三环及三环以下的 PAHs 所占比例较高，因此，在实验初期的 14 d 内就有了较大程度的降解。

表 6-9 培养 14 d 后土壤中 PAHs 的残留量

实验号	NaP	AcPy	PhA	AcP/Flu	AnT	FluA	Pyr	BaA/Chr	BbF	BkF	InP/BghiP	PAHs 总量	降解率/%
C_0	134.75	68.52	271.31	207.93	80.45	2.40	100.35	7.12	0.75	4.75	4.36	882.69	
1#	44.75	38.18	238.15	145.69	23.95	1.98	60.93	4.54	0.39	4.08	4.01	566.66	38.6
2#	60.79	25.17	180.15	145.28	3.51	1.40	13.54	3.45	0.30	2.19	2.22	438.00	52.5
3#	47.14	35.40	150.12	161.49	3.37	1.33	18.17	4.64	0.50	3.01	3.30	428.47	53.6
4#	78.14	29.67	124.63	87.33	2.90	0.28	38.89	5.46	0.46	1.01	0.77	369.55	59.9
5#	60.89	6.70	120.00	100.02	7.62	0.93	64.93	1.65	0.32	4.36	3.65	371.08	59.8
6#	36.49	22.55	52.70	96.50	6.07	2.52	50.43	3.63	0.38	2.45	1.83	275.55	70.1
7#	34.84	19.19	164.37	114.84	6.21	0.90	31.78	3.02	0.36	0.73	0.83	377.07	59.1
8#	96.83	3.66	215.46	195.40	11.96	1.24	41.28	4.43	0.59	4.97	3.83	579.63	37.2
9#	65.22	13.88	137.92	183.19	3.37	1.30	33.64	3.80	0.36	2.39	3.58	448.65	51.4
10#	71.66	3.83	225.23	208.42	13.10	1.70	40.25	4.72	0.61	4.91	1.64	576.09	37.6
11#	28.23	7.28	121.15	132.29	6.91	0.79	29.53	2.83	0.29	2.25	4.64	336.19	63.6
12#	73.00	20.90	86.01	179.49	6.25	2.15	31.49	3.78	0.45	1.29	1.23	406.04	56.0
13#	43.58	15.91	154.92	199.14	4.02	1.78	44.65	4.23	0.39	2.15	4.68	475.45	48.5
14#	30.14	86.02	53.74	147.98	3.20	1.14	44.36	2.78	0.30	0.62	0.27	370.56	59.8
15#	12.52	1.69	101.04	144.09	8.94	1.35	46.86	3.19	0.75	3.59	6.33	330.34	64.2

实验号	NaP	AcPy	PhA	AcP/Flu	AnT	FluA	Pyr	BaA/Chr	BbF	BkF	InP/BghiP	PAHs 总量	降解率/%
16#	44.88	16.41	75.78	140.76	8.18	0.79	35.04	3.28	0.38	1.92	2.41	329.84	64.3
17#	58.09	17.93	129.23	189.47	7.52	1.27	58.42	3.84	0.40	2.22	4.21	472.61	48.8
18#	4.28	21.95	172.38	67.93	7.99	0.88	34.41	2.46	0.21	4.07	4.78	321.33	65.2

6.5.3.2　培养 28 d 后

经过 28 d 的培养后，各实验的土壤中 PAHs 的残留量见表 6-10。由结果可知，大多数实验样本中的 PAHs 总量相对于 14 d 的培养结果又有了一定程度的减少。直接比较可知，18#样品的 PAHs 总量降解率最高为 77.3%，其实验设计条件为：菌群组合三，初始加入 20%菌量，培养温度 30℃，土壤含水率为 15%，C∶N∶P 为 120∶10∶1，加入表面活性剂吐温-80 量为 1 000 mg·kg^{-1}，不加入玉米油和 Fenton 试剂。相比实验初期的 14 d 内的降解结果而言，此阶段 PAHs 的降解速度已有了显著的下降。值得注意的是，在这个阶段有 7 个样本的 PAHs 残留量比实验初期 14 d 后的 PAHs 残留量有所增加。仔细分析各单一 PAHs 的残留量可知，实验样品中的萘和苊烯的残留量又有所增加，另外还有个别低环的 PAHs 量有所增加，其原因可能是由于在降解的过程中产生了新的萘和苊烯。

表 6-10　培养 28 d 后土壤中 PAHs 的残留量

实验号	NaP	AcPy	PhA	AcP/Flu	AnT	FluA	Pyr	BaA/Chr	BbF	BkF	InP/BghiP	PAHs 总量	降解率/%
C_0	134.75	68.52	271.31	207.93	80.45	2.40	100.35	7.12	0.75	4.75	4.36	882.69	
1#	42.04	4.85	207.93	135.35	18.59	4.84	27.39	4.20	0.33	2.30	0.64	448.48	51.4
2#	80.56	5.24	128.46	138.18	10.52	4.54	31.10	4.54	0.68	1.20	0.27	405.29	56.1
3#	92.45	26.14	202.49	118.01	12.94	6.92	47.79	5.35	0.51	0.44	0.18	513.22	44.4
4#	125.03	12.02	75.78	105.60	6.34	1.43	6.72	3.90	0.46	1.95	0.19	339.42	63.2
5#	48.64	5.14	137.56	111.37	17.44	3.97	6.98	3.97	0.39	2.13	3.08	340.67	63.1
6#	132.10	29.37	136.30	176.38	12.56	2.21	0.83	4.88	0.59	0.29	0.31	495.82	46.3
7#	151.27	13.70	41.47	98.23	2.49	2.83	20.35	3.15	0.54	0.66	0.40	335.08	63.7
8#	66.35	6.01	213.00	147.89	21.68	8.37	13.46	6.57	0.61	2.98	0.32	487.24	47.2
9#	104.18	7.31	141.79	171.34	9.61	2.29	12.03	4.68	0.52	1.64	2.04	457.44	50.4
10#	43.50	2.66	171.78	246.70	20.49	1.17	58.88	6.70	0.46	3.93	1.45	557.72	39.6
11#	74.63	2.60	183.97	206.98	12.56	2.38	13.02	4.70	0.65	0.61	1.32	503.42	45.4

实验号	NaP	AcPy	PhA	AcP/Flu	AnT	FluA	Pyr	BaA/Chr	BbF	BkF	InP/BghiP	PAHs总量	降解率/%
$12^{\#}$	127.49	9.87	144.86	105.99	22.41	20.44	2.97	4.87	0.52	0.28	0.58	440.28	52.3
$13^{\#}$	65.92	7.22	161.19	137.43	15.71	2.75	0.83	4.55	0.50	1.56	0.20	397.88	56.9
$14^{\#}$	138.07	60.98	38.21	115.64	2.05	2.50	0.58	3.52	0.63	0.33	0.19	362.69	60.7
$15^{\#}$	23.07	1.50	145.53	151.43	29.86	2.66	0.93	5.80	0.48	1.67	1.49	364.41	60.5
$16^{\#}$	120.46	8.74	131.22	130.06	10.63	1.85	0.64	4.58	0.67	0.43	0.18	409.46	55.6
$17^{\#}$	84.43	7.01	118.60	129.33	7.52	1.84	2.30	4.21	0.68	1.58	0.19	357.69	61.2
$18^{\#}$	23.88	1.65	66.83	84.22	13.39	9.54	3.50	4.75	0.46	1.05	0.39	209.67	77.3

6.5.3.3 培养 52 d 后

经过 52 d 的培养后，各实验样本的土壤 PAHs 残留量见表 6-11。由结果可知，各实验样本的 PAHs 降解率均在 60%以上，其中 $15^{\#}$样本的 PAHs 总量降解率最高，达 79.7%，其实验设计条件为：菌群组合二，初始加入菌量为 20%，培养温度为 20℃，土壤含水率为 25%，C∶N∶P 为 100∶10∶1，加入 500 mg·kg^{-1} 的表面活性剂吐温-80，不加玉米油和 Fenton 试剂。在这一阶段，各样本的 PAHs 降解率相对于之前两个阶段来说，均有了一定的提高，但此阶段的降解速度依然较低。

表 6-11 培养 52 d 后土壤中 PAHs 的残留量

实验号	NaP	AcPy	PhA	AcP/Flu	AnT	FluA	Pyr	BaA/Chr	BbF	BkF	InP/BghiP	PAHs总量	降解率/%
C_0	134.75	68.52	271.31	207.93	80.45	2.40	100.35	7.12	0.75	4.75	4.36	882.69	
$1^{\#}$	20.81	2.41	160.52	138.78	27.71	7.35	4.97	0.83	0.55	3.51	0.29	367.74	60.1
$2^{\#}$	83.57	5.54	131.21	111.57	10.26	0.22	0.64	4.59	0.76	2.38	5.43	356.17	61.4
$3^{\#}$	105.37	57.61	84.19	44.53	9.35	2.30	32.77	4.88	0.56	1.54	1.52	344.62	62.7
$4^{\#}$	57.69	6.21	61.58	81.06	12.21	13.69	43.63	17.10	0.68	2.98	0.70	297.54	67.8
$5^{\#}$	29.51	2.13	96.00	75.40	9.49	2.77	21.41	3.45	0.52	2.06	3.06	245.80	73.4
$6^{\#}$	119.10	18.14	24.49	49.66	22.17	8.61	12.99	4.29	0.57	2.53	0.95	263.49	71.4
$7^{\#}$	146.05	37.53	79.52	32.07	5.90	2.56	34.15	4.07	0.73	0.92	1.34	344.84	62.6
$8^{\#}$	42.04	2.25	107.35	81.26	33.38	2.76	16.24	2.60	0.51	2.99	0.87	292.25	68.3
$9^{\#}$	83.01	3.47	1.90	34.37	1.10	2.03	85.34	3.52	2.43	0.40	0.43	218.00	76.4
$10^{\#}$	45.49	3.35	139.76	96.44	41.53	14.88	17.62	2.57	0.64	3.40	2.77	368.44	60.1
$11^{\#}$	151.78	3.55	9.78	8.68	46.09	1.12	28.25	13.72	1.56	3.70	1.18	269.41	70.8
$12^{\#}$	100.20	22.23	94.60	103.67	7.03	1.84	28.89	4.13	0.72	1.51	2.31	367.13	60.2

实验号	NaP	AcPy	PhA	AcP/Flu	AnT	FluA	Pyr	BaA/Chr	BbF	BkF	InP/BghiP	PAHs 总量	降解率/%
13#	49.99	3.54	137.73	117.24	9.95	1.41	27.50	4.17	0.77	2.78	4.10	359.17	61.1
14#	125.56	48.58	27.40	70.19	35.86	1.15	15.13	2.28	0.55	0.52	0.97	328.19	64.4
15#	20.69	59.28	20.26	2.06	0.30	2.37	69.11	7.73	1.43	3.32	0.58	187.14	79.7
16#	103.04	4.06	6.68	10.57	0.95	4.56	112.93	7.22	0.76	1.15	0.45	252.37	72.6
17#	52.14	9.02	0.34	74.30	75.10	3.64	5.68	0.84	1.74	0.33	1.14	224.27	75.7
18#	25.96	4.52	67.11	38.75	53.06	4.99	9.89	2.88	0.25	2.61	3.02	213.06	76.9

综上所述，经过对实验第 14 天、第 28 天、第 52 天的土样中残留 PAHs 含量进行测试的结果表明，各个阶段土壤中的 PAHs 均有明显的降解。但因调控因素水平不同，各实验样本在各个阶段的降解率也不同。按照各实验中 14 种 PAHs 的总量来计算，各样本的 PAHs 降解率变化见图 6-6。在实验的过程中，实验初期 14 d 的 PAHs 降解速度很快，而中后期的降解则较为缓慢，分析其原因可能是由于初期的降解机制包括物理化学作用在内，低分子量的萘、苊烯等由于挥发或其他原因大大减少，但随着时间的推移，物化作用逐渐减小，生物降解开始起主导作用。

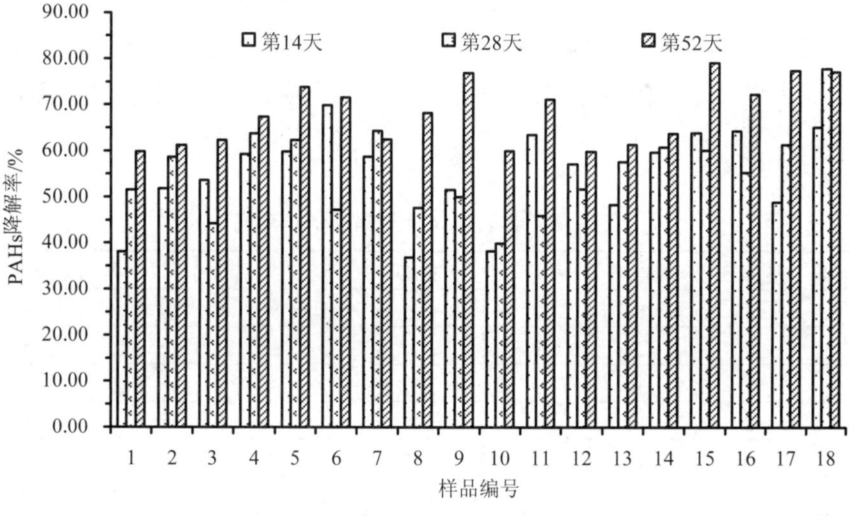

图 6-6　各样本 PAHs 总量降解率变化

6.5.4 降解各阶段各因素重要性及最优水平分析

为了找出最适宜降解的土壤环境条件和促进降解的措施，并能对降解过程中起重要作用的影响因子作粗略估计，因此对降解各个阶段的总 PAHs 降解率进行正交实验分析，计算方法如下：

（1）计算各因素各个水平的平均降解率：其中 *I* 行表示每个因素的 1 水平所对应的数据之和，*i* 行为其平均值，即有其中 *i*1 行表示每个因素的 1 水平所对应去降解率之和的平均值，同理 *i*2、*i*3 行表示每个因素的 2、3 水平所对应降解率的平均值。

（2）分析各因素对去除率影响的大小：同一因素的 *i*1、*i*2、*i*3 中最大值减去最小值之差，称为极差 *R*。直观而言，因素的极差越大，则该因素对实验指标的影响也就越显著，即为影响降解率的主要因素。

（3）取最优水平组合：利用正交表的综合可比性，比较每个因素在不同水平下实验指标的平均值 *i*1、*i*2、*i*3 的大小，选择其中最大者，得最优水平组合，在该水平下油烃的降解率最大。

选取第 14 天作为实验初期的代表，对其进行正交分析。由计算结果可得第 14 天多环芳烃总量降解率的正交表如表 6-12 所示。由表 6-15 结果可知，在实验初期的 14 d 内，因素 E（营养盐比例）为最主要的因素，其次为因素 A（菌群组合），再次为因素 D（土壤含水率），B（菌量），G（Fenton 试剂和玉米油）。在 7 个因素中，F（表面活性剂）的极差最小，说明在这一阶段它对实验结果的影响较小。

表 6-12 培养第 14 天降解率的正交表

实验号	因素 A	因素 B	因素 C	因素 D	因素 E	因素 F	因素 G	降解率/%
1#	1	1	1	1	1	1	1	38.59
2#	1	2	2	2	2	2	2	52.53
3#	1	3	3	3	3	3	3	53.56
4#	2	1	1	2	2	3	3	59.95
5#	2	2	2	3	3	1	1	59.78
6#	2	3	3	1	1	2	2	70.14
7#	3	1	2	1	3	2	3	59.13
8#	3	2	3	2	1	3	1	37.18

实验号	因素 A	因素 B	因素 C	因素 D	因素 E	因素 F	因素 G	降解率/%
9#	3	3	1	3	2	1	2	51.38
10#	1	1	3	3	2	2	1	37.56
11#	1	2	1	1	3	3	2	63.56
12#	1	3	2	2	1	1	3	55.99
13#	2	1	2	3	1	3	2	48.47
14#	2	2	3	1	2	1	3	59.84
15#	2	3	1	2	3	2	1	64.20
16#	3	1	3	2	3	1	2	64.25
17#	3	2	1	3	1	2	3	48.78
18#	3	3	2	1	2	3	1	65.17
I	301.80	307.96	326.45	356.43	299.15	329.83	302.49	
II	362.38	321.68	341.09	334.10	326.43	332.34	350.33	
III	325.90	360.44	322.54	299.54	364.49	327.9	337.26	
*i*1	50.30	51.33	54.41	59.41	49.86	54.97	50.415	
*i*2	60.40	53.61	56.85	55.68	54.41	55.39	58.39	
*i*3	54.32	60.07	53.76	49.92	60.75	54.65	56.21	
R	10.10	8.75	3.09	9.49	10.89	0.74	7.97	

通过比较各因素在不同水平下的平均值 *i*1、*i*2、*i*3 的大小，选择其中最大者得到本阶段的适宜降解的各因素水平组合为：A2B3C2D1E3F2G2。

按照上述分析方法可得实验中期和后期 PAHs 降解的 *R* 值和适宜降解的环境条件，见表 6-13 和表 6-14。由表 6-13 可以看出，在培养 30 d 后，温度的 *R* 值最高，在这一阶段对土壤中多环芳烃的降解起主导作用，可见在实验的中期，适宜的温度保证了微生物的快速生长和繁殖。其次为菌群组合因素，并且菌群组合的 *R* 值也接近温度的 *R* 值，可见微生物的不同配伍组合仍是影响土壤中多环芳烃降解的重要因素。再次为 Fenton 试剂和植物油、营养盐比例、土壤含水率，这三者的 *R* 值相差不大但与温度和菌群组合均有一定的差距，表明这一阶段这 3 个因素对多环芳烃的降解起相对次要的作用。表面活性剂和菌量的 *R* 值在这一阶段最小，表明在此阶段吐温-80 的添加以及初始加入的菌量对土壤中多环芳烃的降解影响不大。比较这一阶段各因素 *i*1、*i*2、*i*3 的大小，得出在此阶段适宜降解的各因素水平组合为：A3B2C2D1E2F3G3。

表 6-13 培养 30 d 后 PAHs 降解 R 值和适宜降解条件

因素	菌群组合	菌量	温度	土壤含水率	C∶N∶P	表面活性剂	Fenton 试剂和植物油
R 值	11.05	0.56	12.60	4.87	5.33	1.18	5.80
水平	3	2	2	1	2	3	3
适宜条件	组合三	10%	30℃	15%	100∶10∶1	1 000 $mg \cdot kg^{-1}$	5%

由表 6-14 可以看出，在培养 52 d 后，菌群组合及菌量的 R 值相对最高，表明在这一阶段微生物的因素对土壤中多环芳烃的降解起主导作用。Fenton 试剂和植物油、温度、营养盐比例、表面活性剂在这一阶段对土壤中多环芳烃的降解影响相对次要。土壤含水率在本阶段对土壤中多环芳烃的降解影响不大。比较这一阶段各因素 $i1$、$i2$、$i3$ 的大小，得出在此阶段适宜降解的各因素水平组合为：A3B3C1D3E3F2G1。

表 6-14 培养 52 d 后 PAHs 降解 R 值和适宜降解条件

因素	菌群组合	菌量	温度	土壤含水率	C∶N∶P	表面活性剂	Fenton 试剂和植物油
R 值	9.55	8.02	4.97	0.71	4.15	3.78	5.05
水平	3	3	1	3	3	2	1
适宜条件	组合三	20%	20℃	35%	120∶10∶1	500 $mg \cdot kg^{-1}$	0

综合 3 个阶段的 R 值分析，不同阶段对土壤中多环芳烃降解的主控因素均有所不同，最适宜降解的各因素组合也均不相同。各因素对降解率的影响随时间变化见图 6-7。总的来看，菌群组合这一因素一直是各个阶段对降解率产生影响的主控因素，这也说明了微生物在多环芳烃降解中的重要作用。从最优水平组合来看，实验初期的 0～14 d 内，菌群组合二为最优水平，而在中期 15～28 d 和后期的 29～52 d，菌群组合三为最优水平。分析其原因不难发现，菌群组合二为构建菌群的优势菌组合，在实验初期它能更好地适应在土壤中的环境并发挥作用；而菌群组合三为构建菌群的功能菌组合，在培养过程中不断的生长和繁殖，因此在实验的中后期逐渐显示出其较好的降解功能。营养盐比例和土壤含水率对降解率的影响随时间呈下降趋势，可能是由于 N、P 元素在初始土样中的含量很低，因此在实验初期添加一定比例的营养盐之后，对降解率有很大的影响，在实验中后期可能

由于微生物生长消耗而没有使其一直保持在合适的比例，因此在中后期对降解率的影响逐渐变小。表面活性剂的添加对于实验的 3 个阶段降解率的影响都较小，可能是由于本实验添加植物油也起到了使多环芳烃从土壤中解析的作用。

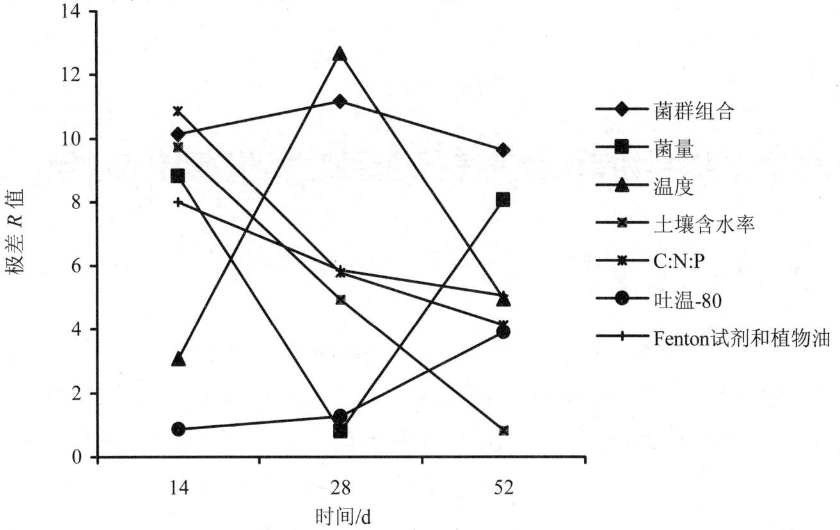

图 6-7　各因素对降解率的影响随时间变化

通过对影响土壤中多环芳烃降解的 7 个因素的正交实验，对各因素在不同水平下的降解性能研究表明：在微生物修复的整个过程中，微生物的菌群组合对土壤中 PAHs 的降解率有很大影响，可见微生物仍然是影响修复效果的关键因素。此外，适宜的温度、营养盐比例和土壤含水率下有利于提高微生物的活性和土壤中 PAHs 的降解效率。

在不同阶段，实验所预先选定的 7 个因素对降解率影响的重要性都有所变化。在实验初期的 14 d 内，营养盐比例是首要因素，菌群组合和土壤含水率分列二、三位；在实验中期的 15～28 d 内，温度上升至第一位，菌群组合、Fenton 试剂和植物油分列二、三位；在实验后期的 29～52 d，菌群组合成为最主要的影响因素。因此，应根据不同的生物反应阶段来控制适宜降解的土壤环境条件，使微生物的修复效果达到最佳。

第 7 章
石油烃污染土壤的固定化微生物修复技术

7.1 固定化微生物技术及其在石油污染土壤修复中的应用

7.1.1 微生物固定化技术

固定化微生物技术（immobilized microorganism）是 20 世纪 70 年代由生物化工中的固定化酶技术发展起来的生物技术（武淑文等，2004）。它是利用物理或化学的手段将游离细胞或酶定位于或限定于特定的空间区域，使其保持催化活性并可反复使用的一种技术。作为一项起步较晚的新技术，因具有微生物密度高、反应迅速、微生物流失少、产物易分离及反应过程易控制等优点，而发展迅速，后来居上，现在的实际应用已经远远超过固定化酶。目前，固定化微生物技术已成为国内外生物科学、环境科学及其相关学科研究的重点。与其他应用游离微生物的生物过程相比，微生物固定化技术有其明显的优势：对完整的微生物细胞进行固定，可避免人为破坏生物酶的活性和生化反应的稳定性；可提高单位体积介质中微生物细胞密度；固定化后的微生物能长期保持活性；固定化细胞颗粒的微环境有利于屏蔽土著菌、噬菌体和毒性物质对微生物体的恶性竞争、吞噬和毒害，使其在复杂环境中也可稳定地发挥高效能（苏丹等，2006）。

7.1.2 固定化微生物技术的应用现状

对土壤修复而言，理想的载体须满足以下条件（van Veen 等，1997），载体须有利于微生物的生存和功能发挥；载体能够为微生物提供较长的保护时间以使微生物在土壤中积累足够的生物活性；载体需无毒且环境友好，不会引起土壤二次污染；载体拥有良好的传质性能，不仅利于包埋微生物向土壤中的扩散，同时可以保证污染物向包埋微生物的传质。海藻酸钠是一类天然高分子多糖类物质，易成型、传质性好、对微生物无毒害作用，且可降解，已经被广泛应用于金属离子（Arıca 等，2001；Say 等，2001）、染料（Domínguez 等，2005）、苯酚（Jodra 和 Mijangos，2003）等污染物的去除，可借鉴的技术相对成熟。

土壤中石油污染物疏水性强、溶解度低，导致其不易被微生物利用，从而限制了微生物的修复效果。因此，在包埋载体中引入吸附剂，增加包埋微生物捕获污染物的机会，可提高污染物的去除效率。目前，常用的吸附剂主要包括活性炭、凹凸棒土、壳聚糖和腐殖酸等。凹凸棒土是一种具有层链状结构的含水富镁硅酸矿物，其晶体呈棒状活纤维状，长为 0.05～5 μm，宽为 0.05～0.15 μm，长径比大，是一种天然一维纳米材料（王辉，2006）。其层内贯穿孔道，表面凹凸相间布满沟槽，具有较大的比面积和较强的吸附性能。作为无机载体材料，因其一维纳米的结构特性而被应用于高分子材料和污水处理。本章将凹凸棒土引入海藻酸钠材料中，组成海藻酸钠-凹凸棒土复合载体材料，将载体对微生物生长的保护和对污染物的吸附结合，促进包埋微生物对有机污染物和营养类物质的摄取。

7.1.2.1 固定化微生物技术在土壤污染修复中的应用研究

近 10 年来，微生物修复发展尤为迅猛，给污染土壤的生物修复技术带来了丰富的研究内容和发展前景（滕应等，2008）。微生物修复技术的核心是高效降解菌对污染物的降解作用（王红旗等，2009）。以往的研究集中在筛选分离优势降解菌群或开发高效遗传工程菌、物理与化学技术强化提高降解速率、利用生物强化技术（比如植物与专性降解菌的联合）。

用于污染土壤特别是有机（多环芳烃、石油烃等）污染土壤修复的降解菌（土著菌、外来菌和基因工程菌）都是游离菌，降解过程使污染物的成分趋向于更复杂，一些次生代谢物和中间降解产物的毒性更大，而且它们很难被微生物降解。游离微生物修复作用的不足就逐渐显现出来，如单位体积内有效降解菌浓度低、与土著菌竞争处于弱势、抗毒性侵害能力差、耐环境冲击力弱等。为了解决上述不足，近年来，人们将固定化技术引入土壤微生物修复工艺中。

鉴于土壤环境的复杂性、非均质性和特殊性，固定化技术在土壤污染修复中要克服和解决的问题要比在流体介质中多，相关的研究进展比较缓慢。目前，大部分的研究仍处于实验室阶段，在野外环境中的应用暂时未取得突破性的进展。但是已经取得的成绩证明，对于土壤污染修复而言，固定化微生物技术无疑具有特殊的技术优势和光明的应用前景。Wiesel 等（1993）在实验室模拟的土壤系统中利用固定化混合菌群降解多环芳烃。试验结果表明：固定化细胞能利用这些物质进行生长并使之完全降解。固定化细胞分别在培养 1 d、2 d 和 15 d 后，酚、萘、菲均能被彻底降解。与游离细胞相比，固定化细胞生长更加稳定，且具有较强的降解能力。Omar 和 Rehm（1988）发现 *Candida parapsilosis*（假丝酵母菌）和 *Penicillium frequetans*（青霉菌）被填埋柱黏土颗粒固定后，其降解烷烃的能力大大提高。C_{12}～C_{18}的烷烃经固定化微生物降解后，其含量降解到初始量的 13.4%～32.3%，同样的固定化细胞应用到含水层的沙土中，最终的残余量是初始的 85.9%～98.9%。由此认为，土壤中有机物降解能力增强是因为引入了固定化微生物。Karigar 等（2006）从石油污染的土壤中筛选到可以降解苯酚的节细菌属菌株，对于底物浓度为 22 $mmol \cdot L^{-1}$，可以很好地降解。海藻酸盐和琼脂包埋以后，其降解苯酚性能明显优于游离菌，并且包埋后的降解菌可以降解高浓度的苯酚。此外，包埋后的细胞可以连续使用一周，而降解性能不发生任何改变。王新等（2006）采用化学方法对微生物进行固定化包埋，通过对 3 株菌的单独固定及混合固定来降解有机污染土壤中的芘及苯并[*a*]芘，实验结果显示，微生物经过固定化后对污染物的降解效果明显好于游离菌。

此外，McLoughlin（1994）认为包埋法的微环境可以将微生物与土壤环境隔离，为其提供最初的保护，等微生物渐渐适应周围环境之后，再将其释放。这些可以使微生物克服复杂多变的土壤环境，增强其生存能力。他还认为，包埋法固定化可以建立一种稳定、恒定、持续的保护机制，而不是立即将大量微生物细胞释放入环境。在这样的微环境中，微生物可以长时间生存和维持基本的新陈代谢活动。van Elsas 等（1992）的研究也表明：微生物细胞经固定化后投加入灭菌壤砂土，其生存情况要比微生物直接投加好。所有珠体颗粒制备中添加了 3%的脱脂乳，或者 3%的脱脂乳和 3%的膨润土，此时，固定化细胞颗粒在土壤中保持最高的生存能力。*P. fluorescents*（荧光假单胞菌）包埋过程中，细胞活性未受损伤。

7.1.2.2 固定化微生物技术在石油污染土壤修复中的研究

石油中含有数百种化合物，主要由烷烃、芳香烃、环烷烃组成，占石油含量的 50%～98%，其余为非烃类含氧、硫、氮等化合物（张从和立江，2000）。存在于土壤环境中的天然微生物种群对石油烃的降解作用是石油烃和其他烃类污染物从土壤环境中消除的基本途径之一（Balba 等，1998）。微生物利用自我调控机制以及对污染物的综合净化功能处理土壤中的石油烃类污染物，使它们在生物的新陈代谢过程中得到较为彻底地转化和降解，最终产物是 CO_2 和水，不会产生二次污染，是应用前景最为乐观的土壤石油污染物处理方法。从理论角度来看，石油的生物降解是可行的，但实际情况下，土壤温度、营养物质波动以及石油成分复杂性与毒性等叠加在一起使得生物降解比较困难。

传统生物修复方法中接入外源微生物多为游离态，与土著微生物的竞争作用以及对环境因素的波动敏感，造成外源菌投入污染环境后数量下降甚至活性丧失，严重制约了其对石油污染物的降解能力。微生物能否抵抗环境中各种不利因素的影响并积累足够的生物活性，是石油污染土壤生物修复效果的关键因素（Paul 等，2005），固定化技术可以克服环境因素的制约，利用载体包埋技术将微生物接种入土壤，一方面可以提高包埋微生物抵抗环境冲击的能力，促进微生物的生长（Friel 和 McLoughlin，1999；McCabe 等，2001）；另一方面，固定化载体的多孔性使得载体对包埋微生物有一个缓慢释放的作用，可以向污染环境中不断提供菌龄较小的新鲜细胞。

张秀霞等（2008）从石油污染土样中筛选和纯化了 2 株降解石油污染物的高效微生物菌株 H 和 F，以它们为生物活性物质，采用生物大分子仿生合成出的纳米多孔 SiO_2 为载体，通过表面吸附固定化方法将其固定，制备出固定化微生物。将固定化微生物应用于含有石油污染物土壤的生物修复。结果表明，该固定化微生物对石油污染物 50 h 一次降解率高达 96.2%；通过 8 次的反复实验，50 h 的原油降解效果保持在 85%以上。Ilyna 等（2003）介绍了一种可以用烃类污染土壤修复的微生物制剂 COBE-10。制剂中的微生物菌株是从石油烃类物质污染的现场土壤中分离出来的。最终选择出了 6 株高活性的菌株；进行了 7 种不同载体物质的试验，选择出了适宜的微生物载体，并将微生物固化在载体上形成了固体可以长期保存的微生物制剂 COBE-10。通过用柴油和炼油厂的废弃物污染土壤的生物修复试验，证明该产品效果良好。张瑞玲等（2009）则从将从石油污染土壤中筛选出的 2 种优势降解菌枯草芽孢杆菌和多食鞘氨醇杆菌制成混合菌液与固体草炭土以 0.5∶1 的比例制备成固体微生物菌剂后，投放到辽河油田石油污染土壤中，进行了现场原油污染土壤的修复实验，并与活性污泥和自然降解相比较。结果表明，现场条件下修复 2 个月后，固体混合菌剂、活性污泥、自然降解实验堆原油降解率分别为 73.5%、41.4%、38.5%，固体菌剂的修复效果明显优于活性污泥和自然降解。

实际上，微生物的固定化载体带来的传质限制以及由此造成的微生物与环境中污染物的接触困难，限制了固定化微生物技术在石油污染土壤修复领域进一步应用，使得相应的研究处于实验室阶段。因此，制备高传质性能以及复合强化污染物吸附能力的载体，有助于微生物对污染物的接触和摄取（张坤，2008），将促进微生物固定化技术在石油污染土壤修复领域内的应用。

7.2 石油污染土壤微生物固定化技术

一种好的固定化微生物的制备方法，应该具有以下特点：① 固定化方法简单、温和、适用、成本低，固定化材料便宜、易得、无毒、不损害细胞；② 制备的固定化细胞具有良好的机械强度和化学稳定性，在一定的 pH 和温度下可以保证使用时间，不被破坏；③ 能够人为地控制固定化细胞的大小、形状、空隙度、网状结构等，使底物、产物及其他代谢产物能自由扩散，不影响活细胞的新陈代谢；④ 单位体积的固定化细胞应含有尽可能多的细胞，以提高固定化细胞的效率（朱启忠，2009）。

现有的用于制备固定化微生物的方法种类繁多，新方法也层出不穷，如 Karel 等（1985）划分为表面附着、多孔介质包埋、隔离和自凝集四大类；王建龙（2002）把目前经常采用的细胞固定化方法分为四类，即吸附法、包埋法、交联法和截留法；杨文英等（2001）归纳了吸附法、包埋法、共价结合法、交联法、多孔物质包络法、超过滤法、多种固定化方法的联用等 7 种制备固定化细胞的方法。因此，目前还没有一个精确合理的分类。按照固定化载体与作用方式的不同，传统的固定化方法大致可以分为包埋法、吸附法、交联法和共价法四大类，如图 7-1 所示（Cassidy 等，1995）。其中包埋法的研究最多，应用最广泛。此外，随着固定化技术研究的深入，出现了微生物细胞自絮凝、膜截留、联合固定等一系列的新方法。

7.2.1 包埋法

包埋法就是用物理的方法将微生物细胞包埋在凝胶的微小空格内或埋于半透膜聚合物的超滤膜内。根据载体材料和方法的不同，包埋法可分为凝胶包埋法和半透膜包埋法两种。凝胶包埋法是将细胞包埋在各种凝胶内部的微孔中而使细胞固定的方法；半透膜包埋法是将细胞包埋在由各种高分子聚合物制成的小球内而使细胞固定的方法。

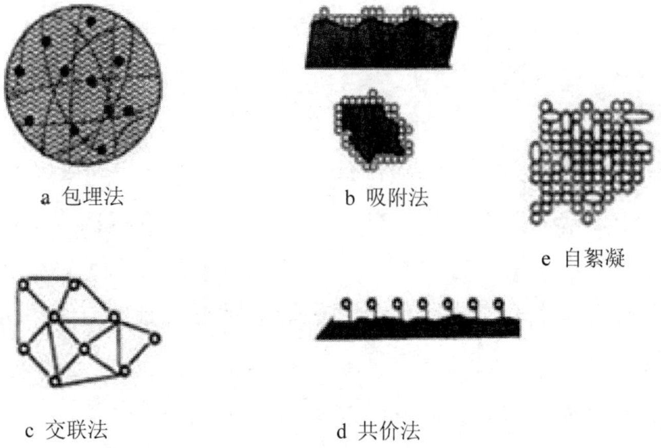

图 7-1 常见固定化微生物的制备方法

通常所用的包埋载体有琼脂、海藻酸钠、聚乙烯醇（PVA）、聚丙烯酰胺（PACAM）和卡拉胶等有机载体。包埋法的优点是：① 方法简便，将细胞与固定化材料一起凝胶化或聚合，即可制成固定化细胞；② 条件比较温和，包埋载体种类多，可以根据细胞特性的反应要求选用不同的载体、包埋条件和方法；③ 包埋后稳定性好，且微环境适于细胞生长，细胞不易漏出；④ 可以尽量多地包埋细胞。但是，包埋法也有其缺点：① 载体存在扩散限制作用；② 许多载体形成凝胶后对高分子底物的通透性差；③ 载体无法再生。尽管如此，包埋法目前仍是所有固定化方法中最为有效、最有实用价值的一类方法。

7.2.2 吸附法

吸附法是通过静电吸引或利用载体对细胞的亲和性将细胞直接吸附在水不溶性载体上的一种固定化方法。吸附法是一种比较简单的固定化方法，一般只要把载体放在细胞悬浮液中，搅拌或浸泡，然后洗去没有被吸附的游离细胞，就制成了固定化细胞。实际应用中，吸附法常常与包埋法等其他方法相结合，也取得了十分理想的效果。

吸附法一般分为物理吸附法和离子吸附法两种。前者使用具有高度吸附能力的硅胶、活性炭等吸附剂将细胞吸附到表面上使之固定化，操作简单，反应条件温和，载体可反复利用，但结合不牢固，细胞易脱落，抗冲击负荷相对较低，固定的细胞数量受载体种类及其表面积的限制。后者根据细胞在解离状态下可因静电引力而固着于带有相异电荷的离子交换剂上，如 DEAE-纤维素、cM-纤维素等。

7.2.3 交联法

交联法是利用双功能或多功能试剂，直接与细胞表面的反应基团（如氨基酸、羟基、硫基、咪唑基）发生反应，使其彼此交联形成网状结构的固定化细胞，其结合力是共价键。由于交联固定法化学反应比较激烈，固定化微生物的活力多数情况下较脆弱，再加上此方法所用交联剂价格较贵且制备复杂，因而限制了该方法的广泛应用。

交联法常用的交联剂有戊二醛、顺丁烯二酸、甲苯二异氰酸酯等，其应用过程中常与包埋法联用。首先用载体将细胞包埋，然后用交联剂交联强化，从而得到机械强度好的凝胶，一般都能取得较好的效果。鉴于交联剂往往对活细胞有毒害作用，所以在使用浓度、交联时间等方面要加以控制。

7.2.4 共价法

共价结合法是细胞表面上功能团（如氨基、硫基或轻基等）和固相支持物表面的反应基团之间形成化学共价键连接，从而成为固定化细胞。共价偶联的程度主要取决于细胞和载体表面的性质。常用于共价法的无机载体有活化的玻璃、陶瓷等；有机载体有琼脂、纤维素、骨胶原等。

该方法的特点是：细胞与载体之间连接牢固，不会发生脱落，稳定性良好，但反应条件激烈，操作复杂，控制条件苛刻。实际应用中，为了活化载体，常使用各种交联剂如戊二醛、碳化二亚胺（EDAC）、对β-硫酸酯乙砜基苯胺（SESA）、疏基丙酸、丙烯酸等。载体和交联剂反应后，形成各种活化的反应基团再和细胞表面的反应基团结合成牢固的共价键，从而达到固定化细胞的目的。目前在共价结合法中，此法又被称为共价交联法，是十分有用的一种固定化方法。

7.2.5 其他

除了上述传统的固定化方法，研究者还进行了以下的固定化方法的研究。无载体固定化技术是 20 世纪 80 年代初提出的利用某些具有自身强絮凝能力的菌株形成颗粒，以此作为一种固定化细胞的方法。与其他各种载体固定化技术相比，无载体固定化技术具有非常突出的优点：细胞的固定化方法非常简单；不使用细胞生长和代谢产物生物合成所需营养物质以外的其他任何化学物质；自絮凝细胞颗粒内部结构呈松散型，传质阻力小，且颗粒内部表面不断自我更新，整体活性较好；在一定的生物反应器中，小颗粒的絮凝和大颗粒的解离可以呈动态平衡，不存在载体固定化细胞的强度问题；适宜的微生态环境，使之有利于细胞代谢过程中彼此之间的协调。

膜截留固定化方法，主要用于制备生物传感器和膜反应系统。细胞与酶相似，可以通过半透膜、中空纤维膜、超滤膜等截留，使细胞不能透过此膜，而产物和底物可以透过。

固定化技术实际应用中，常常多种固定化方法联合使用，该方法可以平衡单一固定化方法的优缺点。如采用吸附-交联法，即先将细胞吸附在树脂上再用交联剂交联，提高了细胞的活性与稳定性。此外，还有包埋-交联法、PVA 包埋-吸附法、细胞聚集-交联法、包埋-共价结合法等。

总之，各种固定化方法各有千秋，各有利弊（表 7-1），适用于某一菌体的固定化方法不一定适用于其他菌体，对于固定化方法的评价也暂且没有统一的客观标准。目前的状况是：各研究者根据自己所筛选的菌种和使用情况，进行固定化方法、固定化载体及固定化条件的选择与改进。

表 7-1　常见固定化微生物方法的比较

性能	包埋法	吸附法	交联法	共价法
制备的难易	适中	易	适中	难
结合力	适中	弱	强	强
活性保留	适中	高	低	低
固定化成本	低	低	适中	高
存活力	有	有	无	无
适用性	广	适中	小	小
稳定性	高	低	高	高
载体的再生	不能	能	不能	不能
空间位阻	大	小	较大	较大

7.3　微生物固定化载体配比优化设计

固定化载体的传质能力，直接影响固定化微生物对于营养物质和底物的摄取，进而限制其在土壤石油污染修复方面的应用。而通过固体或者液体致孔剂在载体内部形成多孔结构是改善微生物固定化传质限制的有效途径（张秀霞等，2010）。因此，本章在海藻酸钠-凹凸棒土复合载体材料基础上引入碳酸钙，组成海藻酸钠-凹凸棒土-碳酸钙复合载体材料，固定化成球后酸洗。碳酸钙的引入，一方面可以致孔，增强固定化微生物颗粒与外界的氧气、营养物质以及能量交换；另一方面，随着时间的推进，它可以从颗粒溶出，强化降解菌进入环境的速度，进而达到缓释的效果。

复合载体材料各组分的浓度及配比是决定固定化成功与否的关键因素，在制定固定化载体配比试验方案之前，必须合理确定各组分的适宜浓度，以简化实验内容，缩短实验周期。因此，本章着重考察复合载体材料各组分对固定化微生物颗粒活性的影响，进而获得载体各组成成分基本配比范围。固定化微生物制备过程中，复合载体材料各个组分的不同组合影响固定化微生物颗粒整体的机械性能、传质性能、使用寿命及石油烃降解性能。固定化微生物颗粒最终要投加入石油污染土壤，环境因子必然会影响其使用性能。如何更好地综合有机载体材料与无机载体材料的优点，实现两者性能方面的互补，是固定化微生物性能优化的重点。因此，在固定化微生物基本载体配比范围的基础上，针对海藻酸钠-凹凸棒土与海藻酸钠-凹凸棒土-碳酸钙复合载体材料，分别设计三因素三水平与四因素三水平正交试验方案。其中，固定化微生物颗粒对石油烃的降解率作为衡量指标。固定化微生物涉及载体材料及包埋菌体，体系构建复杂，其最终性能及降解石油烃效能由各组分综合决定。本书主要研究内容围绕固定化微生物的研发而展开，因此，单独对固定化微生物实验设计进行研究。

7.3.1 固定化微生物颗粒制备方法

包埋法制备固定化微球的成型方法主要有滴落法、液流挤出法和分散法。其中，滴落法最为常见、方法较为简单，少量制备时可将凝胶细胞混合液倒入医用注射器后挤压、滴入成型剂中，即可得到均匀珠体。珠体大小主要由针头粗细、混合液黏度和挤压速度决定。批量生产时，最有效和实用的设备是电子蠕动泵。因而，本书出于可操作性的考虑以及实验条件的限制采用恒流泵运用滴落法制备固定化微球。

7.3.1.1　海藻酸钠-凹凸棒土固定化微生物颗粒的制备

海藻酸钠和凹凸棒土混合均匀溶于蒸馏水，120℃高压湿热灭菌 30 min；降解菌菌体经离心收集，制备成高浓度的菌悬液；待海藻酸钠凝胶混合物即包埋剂冷却至 40～50℃，按菌液∶包埋剂=1∶10 体积比混合均匀，用恒流泵将其滴入氯化钙溶液中钙化成球。包埋颗粒在 4℃条件下固化 24 h 后，弃去氯化钙溶液，无菌水清洗 3 次即得到制备的固定化微生物颗粒，制备流程如图 7-2 所示。固定化微生物颗粒使用之前，投加到增殖培养基中增殖再培养一段时间。

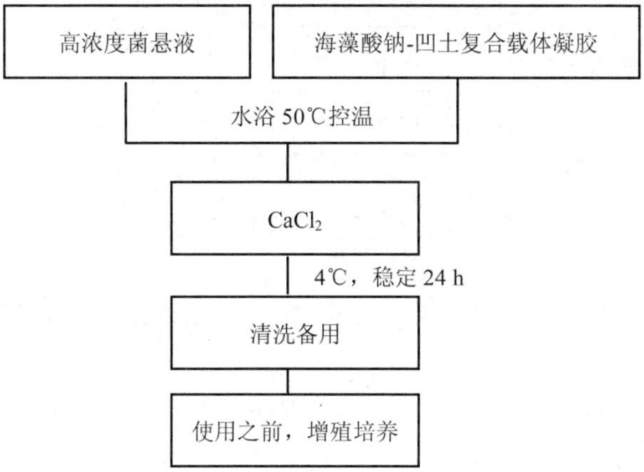

图 7-2　海藻酸钠-凹凸棒土固定化微生物的制备流程

通过单因素实验设计，分别考察海藻酸钠、凹凸棒土、氯化钙不同添加量条件下，固定化微生物的相对活性，进而确定海藻酸钠-凹凸棒土固定化微生物的基本载体组分配比范围。

7.3.1.2　海藻酸钠-凹凸棒土-碳酸钙固定化微生物颗粒的制备

海藻酸钠和凹凸棒土混合溶于蒸馏水，120℃高压湿热灭菌 30 min；降解菌菌体经离心收集，制备成高浓度的菌悬液；待海藻酸钠-凹土凝胶混合物冷却至 40～50℃，投加分析纯碳酸钙，制备成包埋剂；按菌液∶包埋剂=1∶10 体积比混合均匀，用恒流泵将其滴入氯化钙溶液中钙化成球；收集固定化颗粒，盐酸除碳酸钙致孔；包埋颗粒在 4℃条件下固化 24 h 后，弃去氯化钙溶液，转移到增殖培养基中增殖一段时间，无菌水清洗 3 次即得到制备的固定化微生物颗粒，制备流程如图 7-3 所示。

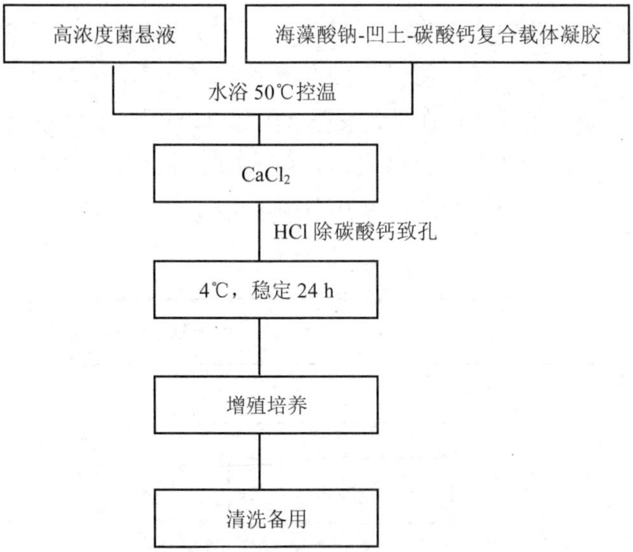

图 7-3 海藻酸钠-凹凸棒土-碳酸钙固定化微生物的制备流程

通过单因素实验设计，分别考察海藻酸钠、凹凸棒土、碳酸钙、氯化钙不同添加量条件下，固定化微生物的相对活性，进而确定海藻酸钠-凹凸棒土-碳酸钙固定化微生物的基本载体组分配比范围。

7.3.2 海藻酸钠-凹凸棒土复合载体材料基本配比优化设计

7.3.2.1 海藻酸钠-凹凸棒土复合载体材料基本配比设计

在单因素影响实验的基础上，对海藻酸钠用量（%）、凹凸棒土（%）、氯化钙用量（%）进行三因素三水平（表 7-2）的正交试验，以固定化微生物小球 15 d 对石油烃的降解率作为最佳制备条件的衡量指标。根据表 7-2 中不同因素与水平的数据，分 9 组进行实验，正交试验条件为：水温 50℃；微生物包埋量 10%（体积比）；反应时间为 24 h；增殖时间为 48 h。其中，固定化微生物的制备方法同前。

表 7-2　正交试验因素水平

水平	因子 A	因子 B	因子 C
	海藻酸钠质量分数/%	凹土棒土质量分数/%	氯化钙质量分数/%
1	2.5	0.5	2
2	3	1	3
3	3.5	1.5	4

（1）凹凸棒土添加量对固定化微生物颗粒的活性影响

载体材料中引入矿物类物质可以增强微生物的生存能力（谢明杰等，2009），同时可以支撑载体内部骨架。但是，矿物类种类的不同及数量的多少，最终影响微生物生存的微环境，减弱或者增强其生长，进而影响微生物的新陈代谢。通过改变凹凸棒土的添加量，考察固定化微生物的相对活性（图 7-4）可知，在海藻酸钠浓度为 2%，氯化钙添加量为 2%，微生物包埋量为 10%（体积比）条件下，凹凸棒土含量过低或过高都会影响固定化微生物颗粒的活性，在凹凸棒土添加量为 1%时，颗粒的活性最高。在固定化微生物的制备过程中，适当添加凹凸棒土可以起到支撑空间骨架的作用，有助于增加颗粒的孔隙率，增加颗粒的通透性，降低内扩散阻力，增强颗粒的吸附能力，改善颗粒内外的传质性，从而提高微生物的相对活性。但若凹凸棒土的添加量过大，可能反而会堵塞固定化微生物颗粒中的孔道，使包埋的微生物没有足够的空间生存或增殖，最终影响微生物的活性。

（2）海藻酸钠添加量对固定化微生物颗粒的活性影响

在固定化微生物载体成分中，海藻酸钠的含量占了较大比值，对于固定化微生物颗粒制备过程中凝胶的黏稠度有较大影响。通过调整海藻酸钠添加量，考察固定化微生物的相对活性（图 7-5）可知，在凹凸棒土浓度为 1%，氯化钙浓度为 2%，微生物包埋量为 10%（体积比）条件下，海藻酸钠的含量以 2.5%～4%为宜。适量增加海藻酸钠用量，虽然可以使得颗粒内部致密性增强，包埋菌量增多，但是海藻酸钠含量过高时，相应的传质阻力也增大，使得固定化微生物颗粒的活性明显下降。在实验中，海藻酸钠含量为 4%时，海藻酸钠凝胶混合溶液黏稠度过大，颗粒成球困难且拖尾。所以，考虑到成球性的问题，海藻酸钠浓度的适宜范围要缩至 2.5%～3.5%。

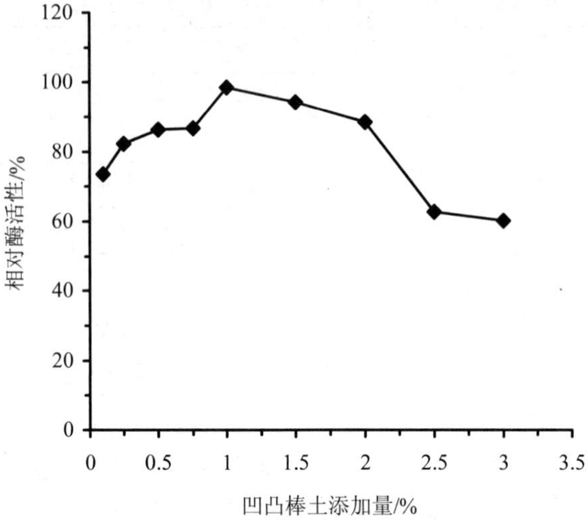

图 7-4 凹凸棒土添加量对固定化微生物颗粒活性的影响

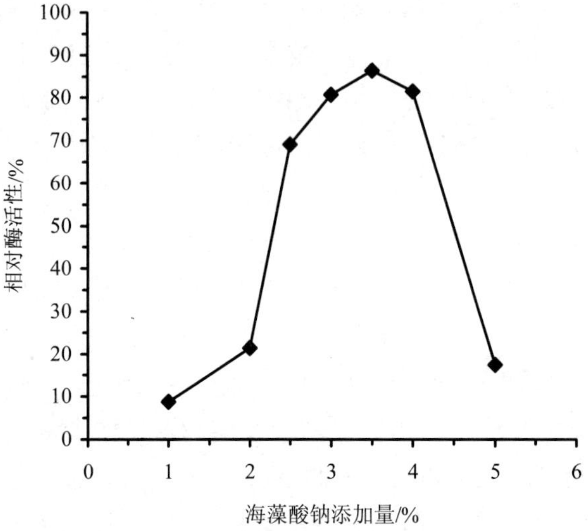

图 7-5 海藻酸钠用量对固定化微生物颗粒活性的影响

（3）氯化钙添加量对固定化微生物颗粒的活性影响

氯化钙是海藻酸钠-凹凸棒土凝胶成球的重要因素，影响最终成球的机械强度、颗粒内部的骨架结构以及颗粒制备过程中微生物的活性。在海藻酸钠浓度为

3.5%，凹凸棒土浓度为 1%，微生物包埋量为 10%（体积比）条件下，通过改变氯化钙的浓度，考察固定化微生物的相对活性（图 7-6）可知，在初始阶段，微生物颗粒活性随氯化钙浓度的增加变化不大。

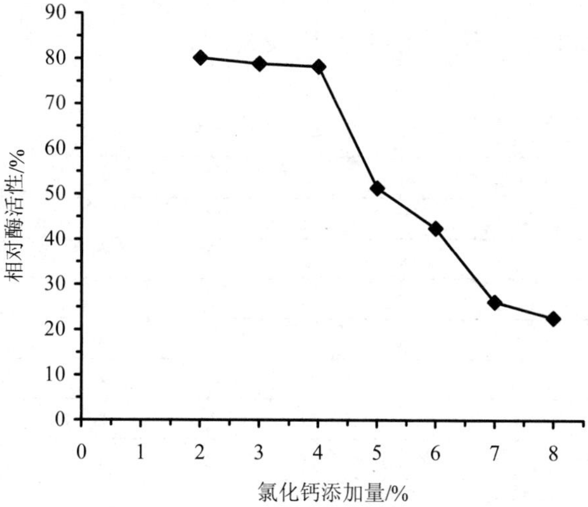

图 7-6　氯化钙浓度对固定化微生物颗粒活性的影响

当氯化钙浓度超过 4%时，微生物颗粒的活性开始下降，这与高浓度氯化钙盐的渗析作用使微生物细胞脱水有关。实验中发现，氯化钙浓度为 1%时，其成球性差，难以满足颗粒使用的弹性和机械强度要求。所以，氯化钙用量在 2%～4%时，微生物颗粒的活性较好。

7.3.2.2　海藻酸钠-凹凸棒土固定化微生物载体配比优化

为了找出最优的载体配比，并对固定化微生物石油烃降解性能起重要作用的影响因子做粗略估计，因此对各个阶段的总石油烃降解率进行正交试验分析，计算方法如下：

（1）计算各因素各个水平的平均降解率：其中 *k* 行表示每个因素的 1 水平所对应的数据之和，*k* 行为其平均值，即有其中 *k*1 行表示每个因素的 1 水平所对应去降解率之和的平均值，同理 *k*2、*k*3 行表示每个因素的 2、3 水平所对应降解率的平均值。

（2）分析各因素对去除率影响的大小：同一因素的 *k*1，*k*2，*k*3 中最大值减去最小值之差，称为极差 *R*。直观而言，因素的极差越大，则该因素对实验指标的影响也就越显著，即为影响降解率的主要因素。

（3）取最优水平组合：利用正交表的综合可比性，比较每个因素在不同水平下实验指标的平均值 *k*1、*k*2、*k*3 的大小，选择其中最大者，得最优水平组合，在该水平下固定化微生物对石油烃的降解率最大。

表 7-3 正交试验结果

试验号	A	B	C	去除率/%
1	1	1	1	39.38
2	1	2	2	42.15
3	1	3	3	31.47
4	2	1	2	33.53
5	2	2	3	42.13
6	2	3	1	36.10
7	3	1	3	40.57
8	3	2	1	37.95
9	3	3	2	41.28
*K*1	113	113.48	113.43	
*K*2	111.76	122.23	116.96	
*K*3	119.8	108.85	114.17	
*k*1	37.67	37.83	37.81	
*k*2	37.25	40.74	38.99	
*k*3	39.93	36.28	38.06	
R	2.68	4.46	1.18	
主次顺序	B＞A＞C			
最优水平	A3	B2	C2	
最优方案	A3B2C2			

表 7-3 中极差 *R* 值及大小反映了因素变化时试验的变化幅度，极差越大，就是该因素对指标影响越大，它就越重要。从正交试验结果可以看出，固定化微生物颗粒制备的载体材料中，对石油烃降解率影响最大的是凹凸棒土浓度，其次是海藻酸钠浓度，影响最小的是氯化钙浓度。因此，决定固定化微生物石油烃降解率的各因素主次关系为：凹凸棒土＞海藻酸钠＞氯化钙。2 号试验的处理效果最好，石油烃降解率达到 42.15%。石油烃降解率与各因素不同水平之间的关系如图

7-7 所示。

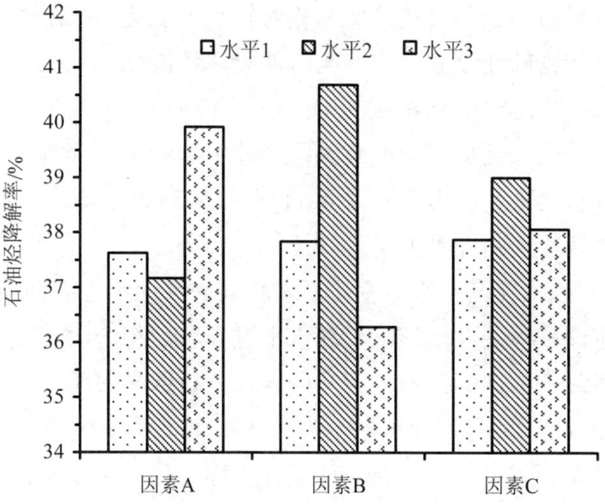

图 7-7　各因素水平的石油烃降解率

本实验中，凹凸棒土浓度是对石油烃降解率影响最大的因素。将 3 个水平下的降解试验结果对比，可以发现，凹凸棒土浓度为 1% 的石油烃降解率＞凹凸棒土浓度为 0.5%的石油烃降解率＞凹凸棒土浓度为 1.5%的石油烃降解率。可能的原因是，凹凸棒土添加量为 1.5%时，固定化微生物颗粒的内部孔道堵塞，限制了包埋微生物的生长空间，同时也不利于载体内外氧气、营养物质及碳源的交换，从而影响石油烃的降解效果；凹凸棒土添加量为 0.5%时，相对于其他载体组分而言数量过少，难以体现其吸附污染物的性能。海藻酸钠-凹凸棒土复合载体材料中，凹凸棒土的添加量为 1.0%时，固定化微生物颗粒的整体吸附性能和包埋微生物生存的微环境较为优越，因而石油烃的降解率最高。这与前期利用琥珀酸脱氢酶酶活作为衡量指标，研究凹凸棒土添加量对微生物活性的影响的试验结果相一致，适当的添加可以保证包埋微生物的活性及降解能力。

海藻酸钠的浓度对固定化微生物颗粒的性能也有较大影响。固定化微生物的石油烃降解效果随海藻酸钠的浓度改变而改变，但从石油烃降解率来看，海藻酸钠浓度为 3.5%时制得的固定化微生物颗粒对反应体系中的石油烃有最好的去除效果。前期试验中，以琥珀酸脱氢酶的酶活作为衡量指标，考察并限制了复合载体材料中海藻酸钠的浓度范围，但固定化微生物颗粒的石油烃降解效果并不是单纯由海藻酸钠浓度所决定，而是多个影响因素相互作用的结果。

氯化钙浓度对石油烃降解率的影响相对较小。氯化钙浓度对海藻酸钠与钙离子反应生成海藻酸钙的速度有一定影响，即氯化钙浓度较大时，钙离子能更充分地置换钠离子，利于海藻酸钙颗粒的机械强度和成型。但高浓度钙离子对微生物的活性有毒害，因此，钙离子浓度较高时，微生物活性受影响，最终固定化微生物颗粒整体降解石油烃的能力有所下降。但从试验结果来看，这种影响并不显著，氯化钙 3 个水平直接的差异不大。

I 值反映对应因素在其他因素变化基本相同的条件下与石油烃降解率的关系，值越大，说明在该试验条件下该因素的水平越好，而每个因素最佳水平的组合即为石油烃降解率最高的试验条件。相应的统计分析结果表明，该菌株的最佳载体制备条件为 A3B2C2，即海藻酸钠用量为 3.5%，凹凸棒土用量为 1.0%，氯化钙用量为 3.0%，与 2 号试验的条件一致，此条件下固定化微生物颗粒对石油烃的降解率为 42.15%，与对照试验中游离菌对石油烃的降解率 19.1%相比有显著增加。这一结果可能由以下两方面的原因造成的：

（1）微生物经包埋后，抵抗外界环境干扰能力增强。固定化技术相对于游离微生物技术的优势之一，是固定化载体为外源微生物构建适宜的生长环境。海藻酸钠-凹凸棒土复合载体材料的组分对微生物无毒害，其存在为微生物的生长和活性积累提供了保证。

（2）凹凸棒土的引入，可以强化固定化微生物颗粒的整体性能。典型的凹凸棒土经分散后，常保持束状，类似于刷子堆或干草堆，其适当的添加可以增强固定化微生物颗粒载体的机械强度和骨架。此外，凹凸棒土具有较大的比表面积和较强的吸附性能，其适当的引入可以增加微生物捕获石油烃污染物的概率。

综合以上分析可知，本试验研究中，衡量固定化微生物最佳载体配比的标准是石油烃的降解率，而海藻酸钠-凹凸棒土复合载体材料制备的固定化微生物颗粒的降解效果均高于游离微生物。因此，后续研究中，海藻酸钠-凹凸棒土固定化微生物仍作为重点加以优化和评价。

7.3.3 海藻酸钠-凹凸棒土-碳酸钙复合载体材料基本配比优化设计

7.3.3.1 海藻酸钠-凹凸棒土-碳酸钙复合载体材料基本配比设计

在单因素影响实验的基础上，海藻酸钠用量（%）、凹凸棒土（%）、碳酸钙

(%)、氯化钙用量(%)进行四因素三水平(表 7-4)的正交试验，以固定化微生物小球 15 d 对石油烃的降解率作为最佳制备条件的衡量指标。根据表 7-4 中不同因素与水平的数据，分 9 组进行实验，正交试验条件为：水温 50℃；微生物包埋量 10%(体积比)；反应时间为 24 h；增殖时间为 48 h。其中，固定化微生物的制备方法同前。

表 7-4　正交试验因素水平

水平	因子 A	因子 B	因子 C	因子 B
	海藻酸钠质量分数/%	凹土棒土质量分数/%	碳酸钙质量分数/%	氯化钙质量分数/%
1	2.5	0.5	3	2
2	3	0.75	5	3
3	3.5	1.0	7	4

(1) 凹凸棒土添加量对固定化微生物颗粒的活性影响

凹凸棒土作为吸附剂引入固定化微生物载体材料中，可以改善微生物生存的微生态环境，但是其含量过低或过高都会影响固定化微生物颗粒的活性。图 7-8 是凹凸棒土添加量对固定化微生物相对酶活的影响，在海藻酸钠浓度为 2%，碳酸钙浓度为 2%，氯化钙浓度为 2%，微生物包埋量为 10%(体积比)条件下，可以看出凹凸棒土添加量为 0.75%时，颗粒的活性最高。

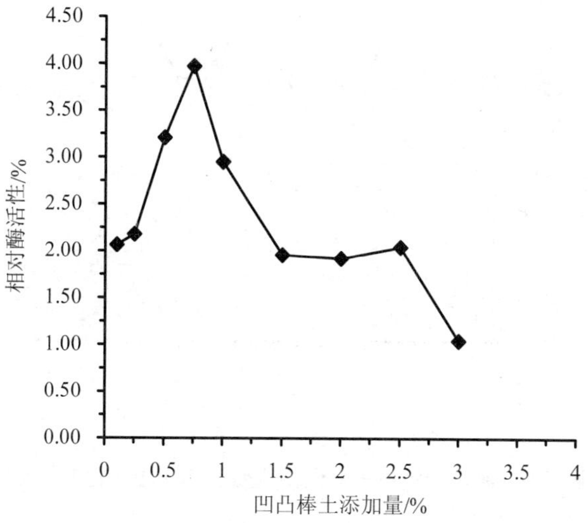

图 7-8　凹凸棒土添加量对固定化微生物颗粒活性的影响

在固定化微生物的制备过程中，适当添加凹凸棒土可以起到支撑空间骨架的作用，有助于增加颗粒的孔隙率，增加颗粒的通透性，降低内扩散阻力，增强颗粒的吸附能力，改善颗粒内外的传质性，从而提高微生物的相对活性。但若凹凸棒土的添加量过大，可能反而会堵塞固定化微生物颗粒中的孔道，使包埋的微生物没有足够的空间生存或增殖，最终影响微生物的活性。此外，在海藻酸钠-凹凸棒土凝胶制备过程中，凹凸棒土含量超过 2%时，难以与海藻酸钠凝胶混合均匀出现沉淀现象，所以凹凸棒土的含量需介于 0.25%～2%。

（2）海藻酸钠添加量对固定化微生物颗粒的活性影响

在凹凸棒土浓度为 0.75%，碳酸钙浓度为 2%，氯化钙浓度为 2%，微生物包埋量为 10%（体积比）条件下，由图 7-9 可知，海藻酸钠的含量以 2.5%～4%为宜。适量增加海藻酸钠用量，虽然可以使得颗粒内部致密性增强，包埋菌量增多，但是海藻酸钠含量过高时，相应的传质阻力也增大，使得固定化微生物颗粒的活性明显下降。在实验中，海藻酸钠含量为 4%时，海藻酸钠凝胶混合溶液黏稠度过大，颗粒成球困难且拖尾。所以，考虑到成球性的问题，海藻酸钠的适宜范围要缩至 2.5%～3.5%。

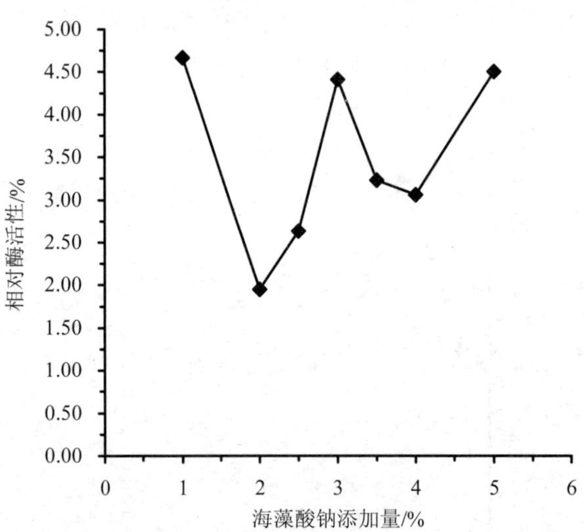

图 7-9 海藻酸钠用量对固定化微生物颗粒活性的影响

（3）碳酸钙添加量对固定化微生物颗粒的活性影响

在海藻酸钠-凹凸棒土-碳酸钙复合载体材料中，碳酸钙的引入一方面可以改善固定化微生物颗粒的孔隙度，另一方面可以增强固定化微生物颗粒的传质性能。但是，固定化颗粒制备过程中，除碳酸钙致孔需盐酸浸泡。对微生物而言，盐酸造成的过酸环境必然会影响其活性甚至造成过多死亡。因此，改变碳酸钙添加量考察固定化微生物相对活性的改变。在海藻酸钠浓度为 3.0%，凹凸棒土浓度为 0.75%，氯化钙浓度为 3%，微生物包埋量为 10%（体积比）条件下，由图 7-10 可知，碳酸钙的添加量以 3%～7%为宜。碳酸钙添加量在 1%时，考虑到致孔的数量，故舍去此值。而碳酸钙添加量超过 7%意味着除碳酸钙过程中盐酸使用量增多，会严重危害微生物的活性。

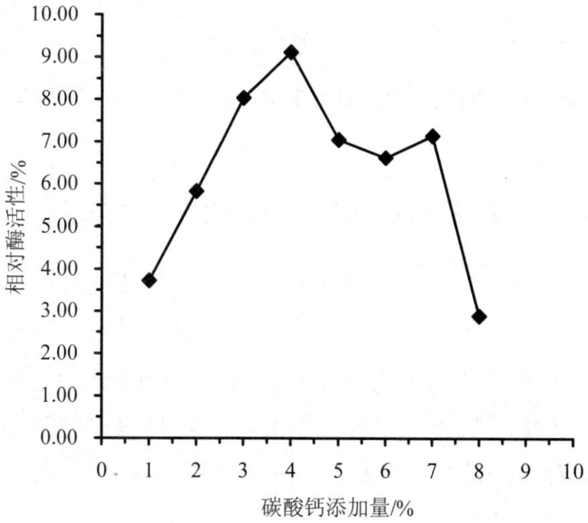

图 7-10　碳酸钙用量对固定化微生物颗粒活性的影响

（4）氯化钙添加量对固定化微生物颗粒的活性影响

在海藻酸钠浓度为 3.0%，凹凸棒土浓度为 0.75%，碳酸钙浓度为 2%，微生物包埋量为 10%（体积比）条件下，由图 7-11 可以看出，在初始阶段，氯化钙浓度介于 2%～4%时，微生物颗粒活性随氯化钙浓度的增加有略微的上升趋势。当氯化钙浓度超过 4%时，微生物颗粒的活性开始下降，这与高浓度氯化钙盐的渗析作用使微生物细胞脱水有关。实验中发现，氯化钙浓度为 1%时，其成球性差。所以，氯化钙用量在 2%～4%，微生物颗粒的活性较好。

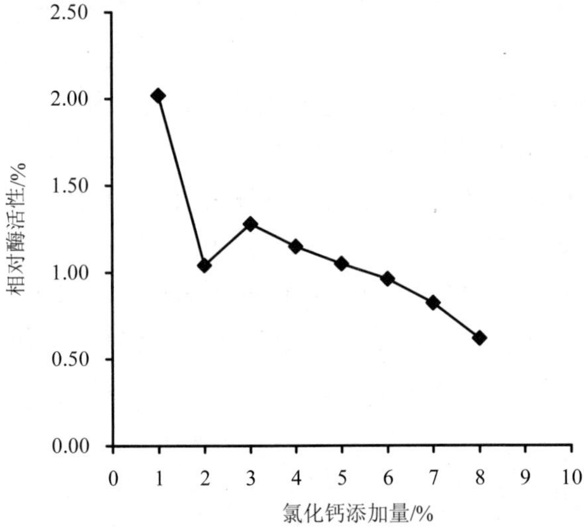

图 7-11 氯化钙用量对固定化微生物颗粒活性的影响

7.3.3.2 海藻酸钠-凹凸棒土-碳酸钙固定化微生物载体配比优化

表 7-5 中极差 R 值及大小反映因素变化时试验的变化幅度，级差越大，就是该因素对指标影响越大，它就越重要。从正交试验结果可以看出，固定化微生物颗粒制备的载体材料中，对石油烃降解率影响最大的是碳酸钙浓度，其次是氯化钙浓度，影响最小的是凹凸棒土浓度。因此，决定降解率的各因素主次关系为：碳酸钙＞氯化钙＞海藻酸钠＞凹凸棒土。4 号试验的处理效果最好，石油烃降解率达到 42.38%。

表 7-5 正交试验结果

试验号	A	B	C	D	去除率/%
1	1	1	1	1	39.50
2	1	2	2	2	40.22
3	1	3	3	3	41.44
4	2	1	2	3	42.38
5	2	2	3	1	41.5
6	2	3	1	2	39.1

试验号	A	B	C	D	去除率/%
7	3	1	3	2	39.57
8	3	2	1	3	37.69
9	3	3	2	1	41.81
$K1$	121.14	121.45	116.28	122.81	
$K2$	122.96	119.41	124.41	118.89	
$K3$	119.07	122.31	122.48	121.47	
$k1$	40.38	40.48	38.76	40.94	
$k2$	40.99	39.80	41.47	39.63	
$k3$	39.69	40.77	40.83	40.49	
R	1.30	0.97	2.69	1.31	
主次顺序	C＞D＞A＞B				
最优水平	A2	B3	C2	D1	
最优方案	A2B3C2D1				

石油烃降解率与各因素不同水平之间的关系如图 7-12 所示。碳酸钙作为致孔剂引入载体材料中，可以克服载体对于营养物质以及底物造成的传质限制，进而强化包埋微生物对石油烃等碳源物质的摄取。但是传质性能过于良好，则会使得载体材料对污染物浓度梯度稀释的能力减弱，影响微生物的存活率，反而降低固定化微生物整体石油烃降解性能。本实验中，碳酸钙浓度是对石油烃降解率影响最大的因素。将 3 个水平下的降解试验结果对比，可以发现，碳酸钙浓度为 5%的石油烃降解率＞碳酸钙浓度为 3%的石油烃降解率＞碳酸钙浓度为 7%的石油烃降解率。可能的原因是碳酸钙添加量为 3%时，固定化微生物颗粒内部孔隙及通道并不发达，影响石油烃的降解效果。碳酸钙添加量为 7%时，一方面致孔过程中所用盐酸量相应增大会影响微生物的活性；另一方面固定化微生物颗粒内部“蜂窝”状结构过于丰富，外界石油烃较易扩散进入载体内，包埋微生物生存微环境状态发生改变，进而影响其活性。海藻酸钠-凹凸棒土-碳酸钙复合载体材料中，碳酸钙添加量为 5%时，复合载体形成的孔道为微生物生长提供了足够空间，同时使其石油烃污染物的梯度稀释能力得到较好体现，因而石油烃的降解率最高。这与前期利用琥珀酸脱氢酶作为衡量指标，研究碳酸钙添加量对微生物活性影响的实验结果一致，适当的添加可以强化固定和微生物载体传质性能和微生物的活性。但固定化微生物对石油烃的降解性能并不是单一碳酸钙组分的影响，而是由载体各组分以及制备过程参数相互作用的结果。

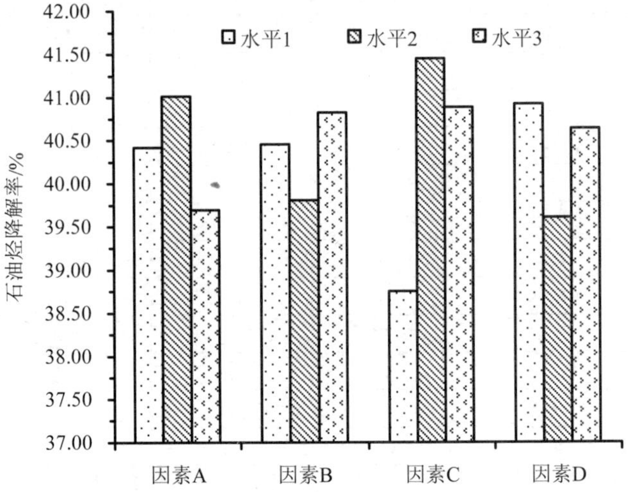

图 7-12 各因素水平的石油烃降解率

氯化钙对于石油烃降解率的影响相对较小，情况与海藻酸钠-凹凸棒土固定化微生物颗粒的类似，3 个水平直接差异不大。这与前期通过微生物琥珀酸脱氢酶酶活作为衡量指标，缩小氯化钙配比范围有关。

海藻酸钠作为海藻酸钠-凹凸棒土-碳酸钙复合载体材料的主成分，其浓度对固定化微生物颗粒的性能仍有较大影响。从石油烃降解率来看，海藻酸钠浓度为3.0%时制得的固定化微生物颗粒对反应体系中的石油烃有最好的去除效果。而海藻酸钠浓度为 2.5%时，石油烃降解率较低的原因可能是其成分相对于载体材料其他组分较少，未达到构建微生物适宜生存环境的要求。

凹凸棒土作为吸附剂引入海藻酸钠-凹凸棒土-碳酸钙复合载体材料中，其吸附性能未对固定化微生物的石油烃降解性能形成较大影响，与之前海藻酸钠-凹凸棒土复合载体材料的实验结果相反。海藻酸钠-凹凸棒土-碳酸钙复合载体材料中，碳酸钙对固定化微生物整体传质性能改变贡献较大。而相比之下，凹凸棒土的吸附性能与骨架支撑性能对固定化微生物整体性能改变影响微乎其微。

所列 K 值反映对应因素在其他因素变化基本相同的条件下与石油烃降解率的关系，值越大，说明在该试验条件下该因素的水平越好，而每个因素最佳水平的组合即为石油烃降解率最高的试验条件。相应的统计分析结果表明，该菌株的最佳制备条件为 A2B3C2D1，即海藻酸钠用量为 3.0%，凹凸棒土用量为 1.0%，碳酸钙用量为 5%，氯化钙用量为 2.0%。

其中，各个因素水平组合的海藻酸钠-凹凸棒土-碳酸钙固定化微生物颗粒的石油烃降解性能均高于海藻酸钠-凹凸棒土固定化微生物颗粒，且高于游离菌的石油烃降解性能。这一结果表明，碳酸钙的引入可以改善载体的传质性能，促进与外界环境的底物、氧气及营养成分的交换，最终提高固定化微生物颗粒整体石油烃降解能力，有优化提高的潜力。固定化微生物的整体石油烃降解性能是由载体各组分以及制备过程参数相互作用的结果。综合各因素水平组合降解石油烃的结果，后续研究中，仍将海藻酸钠-凹凸棒土-碳酸钙固定化微生物作为研究重点，进行过程控制参数调控和评价。

7.4　石油污染土壤微生物固定化过程参数优化

固定化微生物工艺参数的优化实际包括两部分：一是配方优化，优化的标准为固定化微生物修复石油污染土壤的性能，第 6 章的研究中已经完成；二是过程控制参数优化，优化的标准为最优载体配比条件下制备的固定化微生物颗粒的琥珀酸脱氢酶酶活。

影响固定化过程的参数很多，主要有凝胶水浴温度、初始包埋菌量、滴流速度、搅拌强度、固定化时间、增殖培养时间等（贺银凤等，2006）。对于不同菌株的同一配方固定化过程而言，统一一致的操作参数意味着大规模、高效率批量生产的可能。因此，优化参数非常必要。前期试验结果表明，两种复合载体材料制备的固定化微生物降解性能及理化性质各有优势，难以区分，因此后期的技术参数优化仍然两种方案并行研究。

7.4.1　微生物固定化过程参数设计

考察固定化微生物的琥珀酸脱氢酶酶活，对两种不同固定化载体，包括海藻酸钠-凹凸棒土和海藻酸钠-凹凸棒土-碳酸钙体系中固定化微生物过程参数调控设计如下：

不同水浴温度（30℃、40℃、50℃、60℃、70℃、80℃）条件下，固定化微生物制备过程的其他条件参数为：包埋菌量 1%，反应时间 24 h，增殖时间为 0。

不同包埋菌量（1%、2%、3%、4%、5%）条件下，固定化微生物制备过程的其他条件参数为：水浴温度 50℃，反应时间 24 h，增殖时间为 0。

不同反应时间（6 h、12 h、18 h、24 h、30 h）条件下，固定化微生物制备过程的其他条件参数为：水浴温度 50℃，初始包埋菌量 4%，增殖时间为 0。

不同增殖时间（12 h、24 h、48 h、60 h、72 h）条件下，固定化微生物制备过程的其他条件参数为：水浴温度 50℃，初始包埋菌量 4%，反应时间 18 h。

7.4.2 海藻酸钠-凹凸棒土固定物微生物过程控制参数优化

7.4.2.1 凝胶液水浴温度优化

由于海藻酸钠-凹凸棒土混合凝胶液灭菌后将持续冷却，因此，固定化过程中凝胶液的温度不稳定，制得的颗粒结构不均匀。为了避免这种情况发生，必须对固定化过程中凝胶液的温度加以控制，本实验采取水浴控温的方式，并对 30～80℃的温度范围进行了考察，结果见图 7-13。包埋所用的菌株是耐低温菌，其适宜生长温度为 10～30℃。固定化微生物颗粒制备过程中，水浴温度过高则会导致微生物活性受抑制甚至死亡的后果。图 7-13 中，明显看出当水浴温度超过 70℃时，固定化微生物颗粒的活性显著下降。在 30℃条件下，固定化微生物颗粒的活性比较高，但是随着温度的下降，凝胶液的黏稠度增大，制粒困难，因此，固定化微生物颗粒制备过程中，温度必须要高于 30℃。所以，在包埋菌量为 1%，反应时间为 24 h，增殖时间为 0 的固定化微生物颗粒制备过程中，水浴温度应控制在 40～50℃。

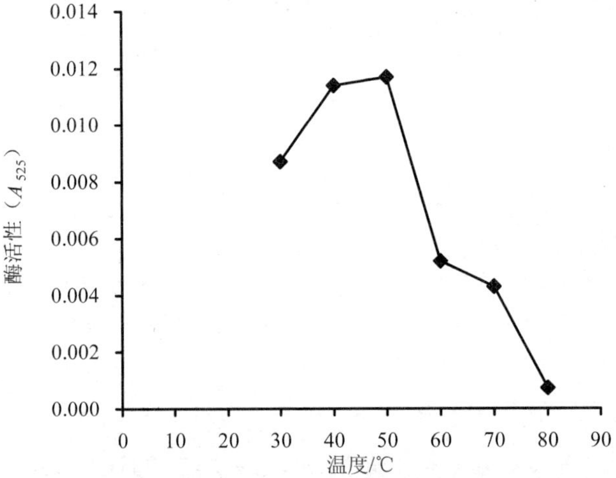

图 7-13 水浴温度对固定化微生物活性的影响

7.4.2.2　菌量控制

海藻酸钠-凹凸棒土复合载体材料条件下，固定化微生物颗粒内部空间相比于无添加凹凸棒土的固定化微生物颗粒增加有限，其投加使用前的菌量主要由初始包埋菌量所决定，后期增殖过程的主要作用是恢复包埋菌体的活性。菌体包埋过程中，微生物不可避免会有损伤，因此，初始包埋菌量的大小直接关系到固定化微生物的活性。一般来说，初始包埋的菌量越大，剩余活性越高，但并不是包埋量越多越好。初始包埋量过少，无法保证固定化微生物内部高浓度的活菌量；包埋量过多，则又会影响到营养物质、微生物代谢产物、氧气等的传质扩散，降低微生物的活性，从而降低对石油烃的去除率。同时，虽然包埋量对固定化颗粒的强度影响比较小，但包埋量越大，意味着固定化强度越低，固定化颗粒越容易破碎，降低颗粒的使用寿命。结合文献及预实验，对初始包埋菌量进行了考察，结果如图 7-14 所示。对于游离微生物而言，在氧气和营养物质供应充足的情况下，增大初始接种量有利于缩短微生物细胞的延滞期，增大微生物细胞的浓度；但对于固定化微生物而言，由于载体材料的传质阻力，固定化微生物细胞常常出现营

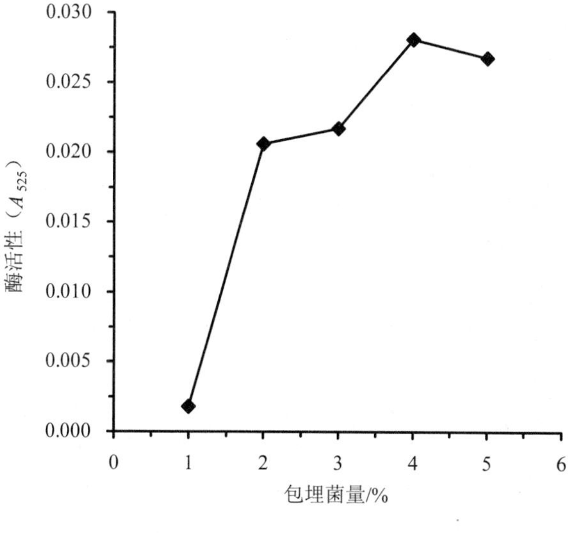

图 7-14　初始包埋菌量对固定化微生物活性的影响

养和缺氧情况，因此增大初始包埋量往往会进一步加剧微生物细胞之间对营养物质的竞争，导致整体细胞活性的下降。海藻酸钠-凹凸棒土复合材料制备体系中，初始包埋菌菌量超过 4%时，固定化微生物的活性已无明显增加趋势。因此，考虑到保证固定化微生物的浓度优势，在水浴温度 50℃，反应时间 24 h，增殖时间 0 条件下，初始包埋菌量以 4%为宜。

7.4.2.3 反应时间

海藻酸钠-凹凸棒土固定化微生物制备的原理是，海藻酸盐不能形成热可逆凝胶，通过 Ca^{2+}离子取代海藻酸钠溶液中的 Na^{+}离子形成凝胶网络，从而包埋菌体。固定化微生物颗粒内部逐层发生胶凝反应，因此固定化反应时间影响固定化微生物的活性及基本理化性状（马萍等，2003）。固定化反应时间过短，则反应不充分，颗粒内部网络结构不完善，机械强度无法满足要求；时间过长，Ca^{2+}离子会抑制微生物的活性。图 7-15 表明，在水浴温度 50℃，初始包埋菌量 4%，增殖时间为 0 条件下，固定化反应 6 h 时，固定化微生物的活性最高，但是其机械强度不能满足长时间的使用要求。因此，优化后的最佳固定化反应时间为 18 h。此外，在凝胶成球反应的过程中，必须不断地搅拌，以促进凝胶分散，避免彼此粘连结块。

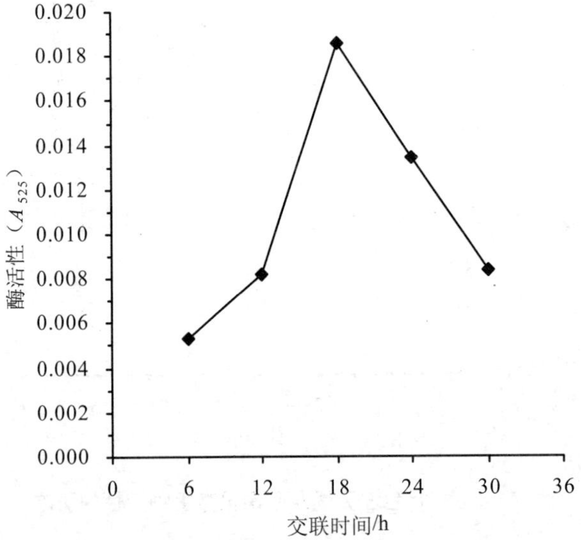

图 7-15 反应时间对固定化微生物活性的影响

7.4.2.4　增殖时间

反应过程中，微生物不可避免会有损伤，因此在固定化颗粒制作完成后，必须要及时恢复细胞活性，为后续应用提高目标微生物浓度。本实验配制了增殖培养基，采用恒温振荡培养的方式，根据预实验结果和目标菌株的生长曲线，对其增殖时间进行了考察，结果见图 7-16。在水浴温度 50℃，初始包埋菌量 4%，反应时间 18 h 条件下，最终增殖时间确定为 60 h。

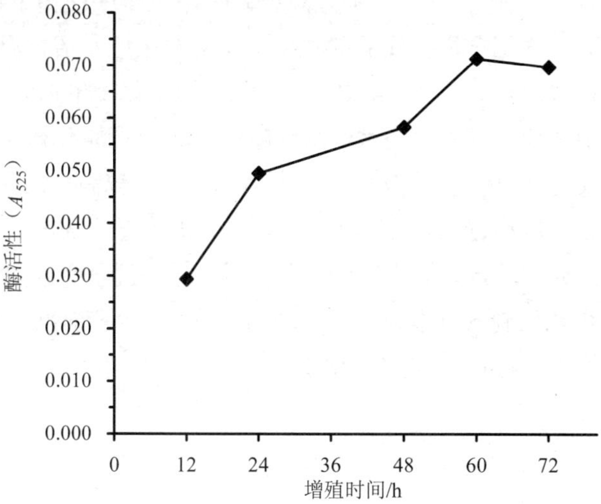

图 7-16　增殖时间对固定化微生物活性的影响

7.4.2.5　流滴速度优化

固定化微生物颗粒的外形和规则程度受凝胶流滴速度的影响，若凝胶流滴速度过快，则初始钙化反应不彻底；若凝胶流滴速度过慢，则制粒耗费时间较久，对微生物活性产生不利影响，且容易出现拖尾现象。经实验确定，海藻酸钠-凹凸棒土固定化微生物颗粒制备过程中，凝胶流滴速度控制在 15～20 滴·min^{-1}。

7.4.3 海藻酸钠-凹凸棒土-碳酸钙固定化微生物过程控制参数优化

7.4.3.1 凝胶液水浴温度优化

以海藻酸钠-凹凸棒土-碳酸钙复合材料做载体包埋菌体时，凝胶液体灭菌后同样发生持续冷却的情况，影响制备过程的可操作性和颗粒的均匀性。此外，当海藻酸钠-凹凸棒土-碳酸钙混合凝胶温度低于30℃时容易发生凝固，形成白色“果冻状”胶块。因此，固定化过程中凝胶液母体海藻酸钠-凹凸棒土-碳酸钙的温度控制显得十分必要。根据前期预实验的探索，本实验采取水浴控温的方式，并对30～80℃的温度范围进行了考察，结果见图7-17。固定化微生物颗粒制备过程中，水浴温度过高易造成菌体死亡。当水浴温度超过70℃，固定化微生物颗粒的活性显著下降。在30℃条件下，固定化微生物颗粒的活性比较高，但温度条件下，凝胶液的黏稠度较大，制粒过程存在困难。实验中，温度低于30℃时，凝胶液会出现凝固的现象。因此，固定化微生物颗粒制备过程中，温度必须要高于30℃。所以，固定化微生物颗粒制备过程中，在包埋菌量1%，反应时间24 h，增殖时间24 h条件下，水浴温度应控制在50～60℃。

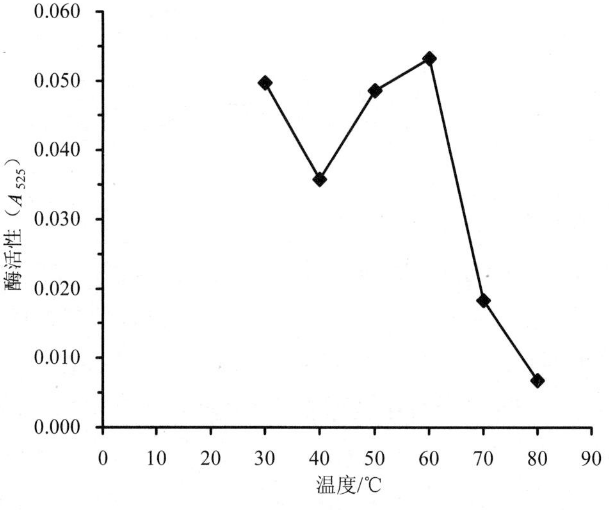

图7-17 水浴温度对固定化微生物活性的影响

7.4.3.2　菌量控制

海藻酸钠-凹凸棒土-碳酸钙复合载体材料条件下，固定化微生物颗粒的制备过程既有细胞毒害又有细胞增殖。为了保证固定化微生物颗粒高的传质性能，引入盐酸与碳酸钙反应致孔，这一过程对微生物有毒害，直接影响包埋微生物的存活率。如何控制初始包埋微生物的活菌量对于海藻酸钠-凹凸棒土-碳酸钙固定化微生物基本性能至关重要，因此对固定化微生物进行增殖处理，提高颗粒内部微生物浓度。与海藻酸钠-凹凸棒土固定化微生物相比，海藻酸钠-凹凸棒土-碳酸钙的制备过程较为复杂，菌量控制更有难度，微生物活性更加难以预测。

经过多次实验，调整初始包埋菌量，考察固定化微生物的琥珀酸脱氢酶酶活，得到结果如图 7-18 所示。当初始包埋菌量为 2%时，经过 24 h 的增殖，固定化微生物的达到比较高的活性，即其内包埋的菌量达到比较高的量。但是当初始包埋菌量继续增加到 3%或者 5%时，菌量的优势不再明显。考虑到实验的操作过程中湿菌体准备的工作量，固定化微生物初始包埋菌量确定为 2%。

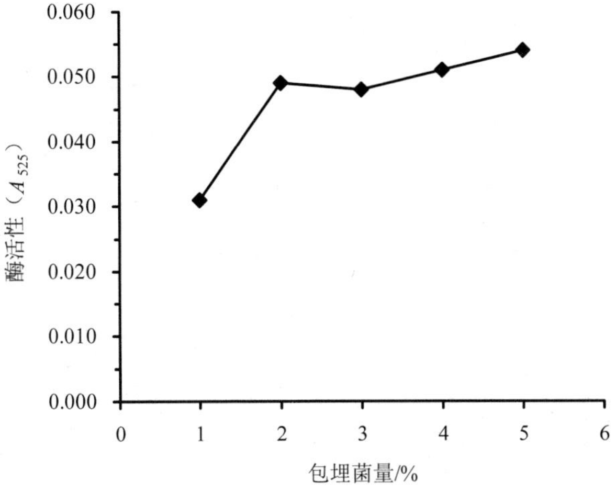

图 7-18　初始包埋菌量对固定化微生物活性的影响

7.4.3.3　反应时间

海藻酸钠-凹凸棒土-碳酸钙复合载体包埋体系而言，固定化反应时间是固定化微生物制备最核心的步骤，时间的长短涉及固定化后微生物的活性及基本性能。在海藻酸钠包埋固定化过程中，凝胶化剂 $CaCl_2$ 中的 Ca^{2+} 与海藻酸根离子螯合形成不溶于水的海藻酸钙凝胶，从而将细胞固定。这一胶凝过程中，时间过短，最终制备的固定化微生物颗粒机械强度弱，耐水冲击力差，影响使用寿命。而固定化反应时间过长，一方面氯化钙溶液的浸泡影响菌体存活率，另一方面生成的网链状的分子式过密而阻碍了底物与营养物质等的传输。图 7-19 表明，在水浴温度 60℃，初始包埋菌量 2%，增殖时间 24 h 条件下，固定化反应 6 h 时，固定化微生物的活性较高，但是其机械强度不能满足长时间的使用要求；超过 18 h，固定化微生物的活性下降迅速。因此，优化后的最佳固定化反应时间为 18 h。

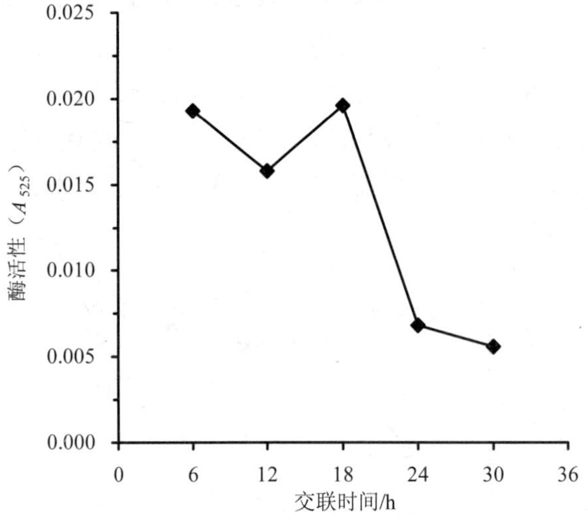

图 7-19　反应时间对固定化微生物活性的影响

7.4.3.4　增殖时间

海藻酸钠-凹凸棒土-碳酸钙固定化微生物制备过程中，影响微生物存活率的两大因素来自于钙离子的毒害和盐酸的损伤。固定化微生物颗粒成型及固定化反应过程中，钙离子会导致微生物细胞脱水甚至失活；而盐酸致孔过程中，直接对微生物细胞有毒害，影响微生物的活菌数。因此在固定化颗粒制作完成后，必须要及时恢复细胞活性，为后续应用提高目标微生物浓度。本实验配制了增殖培养基，采用恒温振荡培养的方式，根据预实验结果和目标菌株的生长曲线，对其增殖时间进行了考察，结果见图 7-20。从图中可以看出，随增殖时间的延长，海藻酸钠-凹凸棒土-碳酸钙固定化微生物的活性一直呈现上升的趋势，也表明固定化颗粒内部细菌数量一直在增长。但实际实验操作中，发现当增殖时间超过 60 h 时，海藻酸钠-凹凸棒土-碳酸钙固定化微生物颗粒有溶胀破裂的趋势，因此在水浴温度 60℃，初始包埋菌量 2%，反应时间 18 h 条件下，最终增殖时间确定为 48 h。

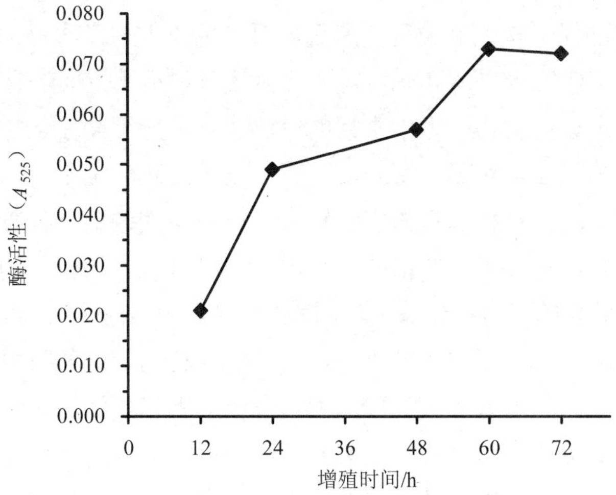

图 7-20　增殖时间对固定化微生物活性的影响

7.4.3.5　流滴速度优化

海藻酸钠-凹凸棒土-碳酸钙固定化微生物颗粒制备过程中的分散性和外形的规则程度受凝胶流滴速度快慢影响。若凝胶流滴速度过快，则初始钙化反应不彻底，影响成球性；若凝胶流滴速度过慢，则固定化微生物制备过程漫长，影响最终包埋微生物的活性，且会出现拖尾现象。经实验室反复实验，确定海藻酸钠-凹凸棒土-碳酸钙固定化微生物颗粒制备过程中凝胶流滴速度控制在 15～20 滴·min^{-1}。

7.5　案例：含碳酸钙的石油污染土壤修复用固定化微球的制法及应用

微生物修复技术被公认为是最有生命力的土壤清洁技术，在石油污染土壤修复方面得到了广泛和长远的发展，取得了诸多的突破与进展。一般而言，土壤微生物修复技术是利用土壤中的土著微生物或向土壤中投入经驯化的高效微生物，在适宜条件下通过菌的代谢活动降解石油污染物、修复污染土壤。为了克服游离菌有效浓度低、竞争力弱、抗毒性侵害能力差的问题，众多的目光投向了微生物菌剂。目前，市面上以及实验室研发的微生物菌剂多为液体或者粉状，如 BET BIOPETRO、MICRO-BLAZE、OILGATOR 等。这类制剂其有效菌负载量存在极限值，且在使用过程中易脱落失活，因而需要大量使用和多次追加，而修复效率也常常低于实验室研究水平。因此，需要在负载量和活性方面进行改进。

包埋法是固定化微生物技术中常见的方法，具有方法简便、材料易得、条件温和、稳定性好等优点。对于土壤介质而言，投加的载体是不可回收的，但是包埋法的优势决定了这类材料选择的空间较大，如海藻酸钠、卡拉胶、琼脂等。吸附法也是固定化微生物技术中常用的方法，且是目前已有的微生物制剂中最通用的制备技术，其最大的优势在于载体材料廉价易得、类别多样，如活性炭、麦秆、麸皮、硅藻土等。在水体石油污染方面，已有研究将包埋法和吸附法结合制备固定化微生物微球，如包木太等（2012）利用海藻酸钠包埋活性炭制备固定化微生物颗粒，并通过实验证明其具有良好的降解性能；谷妮娜（2006）利用聚乙烯醇及活性炭作为载体固定微生物处理含油废水，取得较好的降解效果。鉴于土壤的非均质性及石油成分的复杂性，在土壤石油污染治理方面，二者技术的结合还不够成熟，处于起步阶段。

海藻酸钠是一种常用的固定化载体，在工业及环境领域有着广泛的应用，是天然、无毒材料。凹凸棒土是一种具有层链状结构的含水富镁硅酸矿物，其晶体呈棒状活纤维状，长径比大，是一种天然一维纳米材料。层内贯穿孔道，表面凹凸相见布满沟槽，因而具有较大的比表面积和较强的吸附性能。利用凹凸棒土负载微生物的研究也早已起步，取得了一些阶段性成果。此外，我国的凹凸棒石储存量占世界存储量的 50%以上，但由于国内开发利用水平较低，使得凹凸棒石得不到合理利用，出现资源浪费的现象。

针对现有石油污染土壤微生物修复技术的不足及相应微生物制剂制备技术发展缓慢的问题，本发明的目的在于提供一种可用于石油污染土壤修复的固定化微球及其制备方法（王璇，2011）。该固定化微球颗粒呈圆球状，内部有孔隙，直径为 2.5～3.0 mm，所述固定化微球包含海藻酸钠作为包埋材料，凹凸棒土作为吸附剂，其吸附有石油烃降解菌及营养元素。该固定化微球的制备方法以海藻酸钠作为包埋材料，凹凸棒土作为吸附剂，包埋可降解石油烃的降解菌及营养成分，经过高浓度菌液悬浮、固定化成球、增殖再培养等的制备步骤，得到固定化微球。该方法大大改善了微球的孔隙与吸附性能，进而改善了微球的负载能力，使得固定化微球内部生存环境得到改善，进而耐环境冲击力增强，制备的固定化微球环保安全与生物相容性好，在石油污染土壤的生物修复过程中有广阔的应用前景。本书发明所涉及用于石油污染土壤微生物修复的固定化微球的具体制备步骤如下所述。

7.5.1　固定化微球的制备方法

7.5.1.1　菌悬液的制备

（1）培养基的配制

富集培养基：用于接种石油烃降解菌，按微生物学常规方法配制 LB 液体培养基，利用常规方法进行高温灭菌处理，可在 121℃下高温灭菌 30 min，冷却至室温，获得富集培养基。

增殖培养基：用于给石油烃降解菌提供营养，包含葡萄糖 20 $g \cdot L^{-1}$，酵母膏 3 $g \cdot L^{-1}$，蛋白胨 2 $g \cdot L^{-1}$，NH_4NO_3 1 $g \cdot L^{-1}$，$MgSO_4 \cdot 7H_2O$ 0.2 $g \cdot L^{-1}$，KCl 0.2 $g \cdot L^{-1}$，pH=7.8，利用常规方法进行高温灭菌处理，可在 115℃下高温灭菌 20 min，冷却备用。

（2）富集培养方法

从保藏石油烃降解菌的斜面培养基上用无菌水冲洗菌液至普通 LB 液体培养基中，摇床培养 12 h 后得到种子液；在无菌操作台中，在富集培养基中按 5%（v/v）的接种量接种至石油烃降解菌的种子液中；完毕后，将其置于恒温摇床中，调节摇床转速 150 $r \cdot min^{-1}$，25～30℃下培养，优选 24～60 h；收集菌液，4 000 $r \cdot min^{-1}$ 离心 10 min，收集沉淀，即得到湿菌体，可置于 4℃保存。

（3）菌悬液的配制方法

将湿菌体稀释，溶剂可采用无菌水，优选采用可补充营养物质的前述增殖培养基。研究中考虑菌体与增殖培养基不同比例，即分别将 1 g、2 g、4 g 湿菌体与 10 mL 增殖培养基混合均匀，制得菌悬液，4℃保存备用。

7.5.1.2　海藻酸钠-凹凸棒土凝胶液的配制

将重量比不同的海藻酸钠与凹凸棒土混合均匀，投放入 90 mL 去离子水，在

121℃下高温湿热灭菌 30 min，然后分别置于 40℃和 60℃水浴锅中保温。其中，海藻酸钠重量分别为 2.5 g、3 g、3.5 g，凹凸棒土重量分别为 0.5 g、1.0 g、2.0 g。固定化微球的海藻酸钠和凹凸棒土的质量比例为（1～6）：（0.5～3），优选比例为（2.5～3.5）：（0.5～2），更优选 3.5：1。

7.5.1.3 菌悬液投加

取 90 mL 海藻酸钠-凹凸棒土凝胶液，在其中加入 10 mL 菌悬液，利用涡旋仪混合均匀。其中，混合物中的菌浓度优选为 0.01～0.04 $g \cdot mL^{-1}$，最优选 0.04 $g \cdot mL^{-1}$；海藻酸钠的浓度优选为 0.01～0.06 $g \cdot mL^{-1}$，进一步优选 0.025～0.035 $g \cdot mL^{-1}$，最优选 0.035 $g \cdot mL^{-1}$；凹凸棒土的浓度优选为 0.005～0.03 $g \cdot mL^{-1}$，进一步优选 0.005～0.02 $g \cdot mL^{-1}$，最优选 0.01 $g \cdot mL^{-1}$。

混合物中的湿菌体浓度如果过小，最终制得的固定化微球的活性不够，如果过大，则会堵塞固定化微球的孔隙，且会引起菌体浪费；海藻酸钠的浓度少于一定浓度，无法成球，但超过一定浓度时，制备的固定化微球会有严重的拖尾现象，而且操作过程中凝胶液太黏稠，制备起来比较困难；凹凸棒土的浓度如果过低，起不到改善固定化微球性能的效果，但当其浓度超过一定程度时，制备的海藻酸钠-凹凸棒土-菌混合物中有较多沉淀，成分难以均一。

需要说明的是，包埋的菌不同，其所优选的物料浓度和比例也会不同。当包埋 *Paracoccus* sp. HXG-D17 菌时，混合物中，石油烃降解菌的浓度优选为 0.01～0.04 $g \cdot mL^{-1}$，最优选 0.04 $g \cdot mL^{-1}$；海藻酸钠的浓度优选为 0.01～0.06 $g \cdot mL^{-1}$，进一步优选 0.025～0.035 $g \cdot mL^{-1}$，最优选 0.035 $g \cdot mL^{-1}$；凹凸棒土的浓度优选为 0.005～0.03 $g \cdot mL^{-1}$，进一步优选 0.005～0.02 $g \cdot mL^{-1}$，最优选 0.01 $g \cdot mL^{-1}$。

7.5.1.4 固定化成球

利用恒流泵将上述过程所得 100 mL 混合物，滴入 100 mL 浓度为 0.05 $g \cdot mL^{-1}$ 的氯化钙溶液中，液滴与氯化钙接触瞬间即成球。在氯化钙溶液中安装磁力搅拌器，以保证液体与氯化钙的接触面积。反应结束后，将浸泡有固定化微球颗粒的氯化钙溶液放于 4℃冰箱反应 18 h。其中，氯化钙溶液的浓度如果过低，无法成球，但氯化钙溶液的浓度太高的话，其钙离子会对菌体产生毒害，影响菌的活性。当包埋 *Paracoccus* sp. HXG-D17 菌时，浓度优选为 0.02～0.08 $g \cdot mL^{-1}$，进一步优选 0.03～0.05 $g \cdot mL^{-1}$，最优选 0.03 $g \cdot mL^{-1}$。

其中，上述过程混合物与氯化钙混合时，为了使反应物比例适当，且反应顺利进行，优选石油烃降解菌、海藻酸钠、凹凸棒土和氯化钙的浓度比=（1～4）：（1～6）：（0.5～3）：（2～8），更优选（1～4）：（2.5～3.5）：（0.5～2）：（3～5），最优选 4∶3.5∶1∶3。优选利用恒流泵进行滴加操作，这样做的目的是使反应的成球速度和质量提高。在操作中，在氯化钙溶液中设置磁力搅拌器，以保证混合物液体与氯化钙的接触面积。反应结束后，将浸泡有固定化微球颗粒的氯化钙溶液放于 4℃冰箱反应，该反应温度的控制主要是为了保证菌的活性最大，反应时间优选 18～24 h。

7.5.1.5　增殖再培养

将固定化微生物颗粒清洗后，转移入增殖培养基，清洗可进行多次。

石油烃降解菌、海藻酸钠、凹凸棒土和氯化钙的浓度比优选（1～4）：（1～6）：（0.5～3）：（2～8），进一步优选（1～4）：（2.5～3.5）：（0.5～2）：（3～5），最优选 4∶3.5∶1∶3。此处的增殖培养基的作用在于促进吸附在微球上的菌株再生长，可以选用常规的任意增殖培养基，本发明为了方便，选用了增殖培养基。所用的增殖培养基的量，如果太少，所附加的营养物质不足，可以根据所制得的固定化颗粒的多少选择，一般使用固定化微生物颗粒体积 2～5 倍的增殖培养基量进行再培养即可。然后，于 25℃不大于 100 $r\cdot min^{-1}$ 摇床培养，优选采用常规的摇床慢速培养 48～72 h，再清洗几次，即制备得到固定化微球，可将微球置于 4～20℃封存。以上的两次清洗步骤目的是除去固定化微球上吸附的氯化钙溶液或增殖培养基杂质，均可用无菌水和生理盐水清洗。

上述内容描述了本发明所述的固定化微球及其制备方法。本发明所制备的固定化微球既可用于原位土壤修复也可用于异位土壤修复，其明显的特点是：凹凸棒土的引入，大大改善了微球的孔隙与吸附性能，进而改善了微球的负载能力；营养物质的引入，使得固定化微球内部生存环境得到改善，进而耐环境冲击力增强。此外，微球制备过程中恒流泵的引入，大大提高成球速度与质量，具有大规模生产的潜力。所采用材料的天然性与可降解性，决定了制备的固定化微球环保安全与生物相容性好。本发明在石油污染土壤的生物修复过程中有广阔的应用前景。

7.5.2　固定化微球的降解性能分析

固定化微生物对石油烃的降解能力分析方法见附录 5。

7.5.2.1 不同底物浓度条件下的固定化微生物石油烃降解能力对比

不同底物浓度条件下，两种固定化微生物颗粒的石油烃降解能力存在差异，这与固定化微生物颗粒的载体成分和内部结构有关。之前扫描电镜观察，海藻酸钠-凹凸棒土-碳酸钙固定化微生物颗粒的内部为蜂窝状，传质性能要优于海藻酸钠-凹凸棒土固定化微生物颗粒。20 d 污染土壤降解实验结果（图 7-21）表明，海藻酸钠-凹凸棒土-碳酸钙固定化微生物对中低浓度石油烃的降解性能有较多优势，高浓度条件下要略低于海藻酸钠-凹凸棒土固定化微生物。

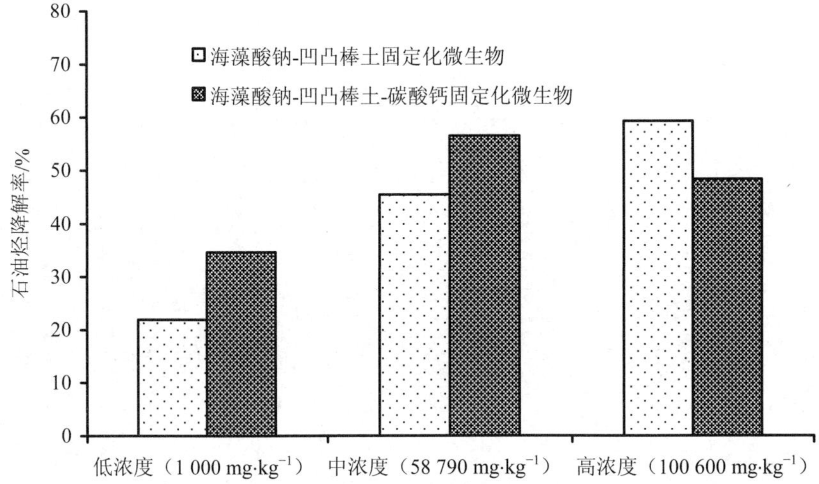

图 7-21 不同底物浓度下固定化微生物石油烃降解能力比较

底物浓度关系到碳源的供给，两种固定化微生物在低浓度石油污染条件下相应的降解率要低于中高浓度的石油烃降解率，表明低浓度石油污染土样中碳源供给不足，限制了微生物的摄取及增殖。高浓度石油污染土壤中，海藻酸钠-凹凸棒土固定化微生物的降解性能要优于海藻酸钠-凹凸棒土-碳酸钙固定化微生物，一方面可能是由于前者构建的生长环境更利于菌体生长，另一方面载体对石油烃有梯度稀释作用，菌体被毒害比较弱甚至无毒害。结合实际土壤污染情况，后期以中浓度石油污染土壤为例，考察两种固定化微生物抗环境冲击能力。

7.5.2.2　不同接种量条件下的固定化微生物石油烃降解能力对比

微生物从本质上讲是一种含多种官能团的蛋白质结构。因此，经固定化后的微生物其官能团与载体之间存在共价键或范德华力等形式的作用，主链结构得到加固，不易流失，不易被破坏，其稳定性增强。由于其官能团稳定性的增加，其生物活性有所减弱，但由于固定化微生物的高密度性，因此单个微生物活性降低的缺陷可以得到弥补。相对于添加碳酸钙的固定化微生物，海藻酸钠-凹凸棒土固定化微生物的内部结构要致密些，对微生物的限制能力要强些，这些恰好可以实现菌体浓度与外界环境干扰的平衡，因而表现出相对高的降解能力。

图 7-22 表明，5%和 10%接种量条件下，海藻酸钠-凹凸棒土-碳酸钙固定化微生物的石油烃降解性能要优于海藻酸钠-凹凸棒土固定化微生物。这表明，适宜接种量条件下，前者的传质能力可以为微生物利用石油烃做碳源提供保障。

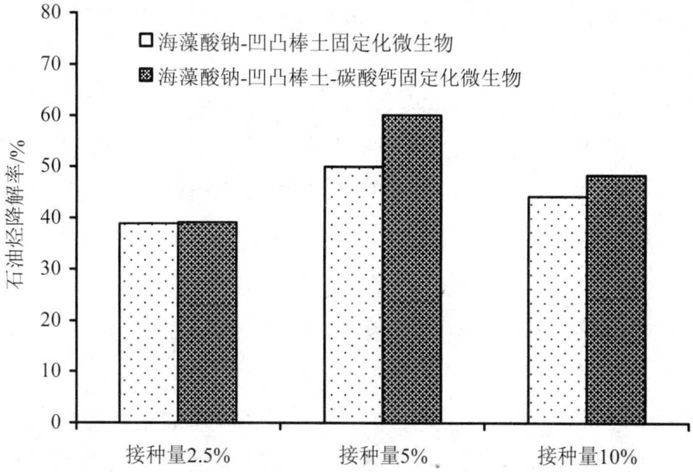

图 7-22　不同接种量条件下固定化微生物石油烃降解能力比较

7.5.2.3　不同水土比条件下的固定化微生物石油烃降解能力对比

图 7-23 研究结果表明，两种固定化微生物对石油烃的降解能力随水土比值增大而增强。土壤中石油烃疏水性强，多以附着的形式吸附于土壤颗粒表面。水体的存在，可以强化固定化微生物颗粒内外营养物质、碳源及氧气等的交换。

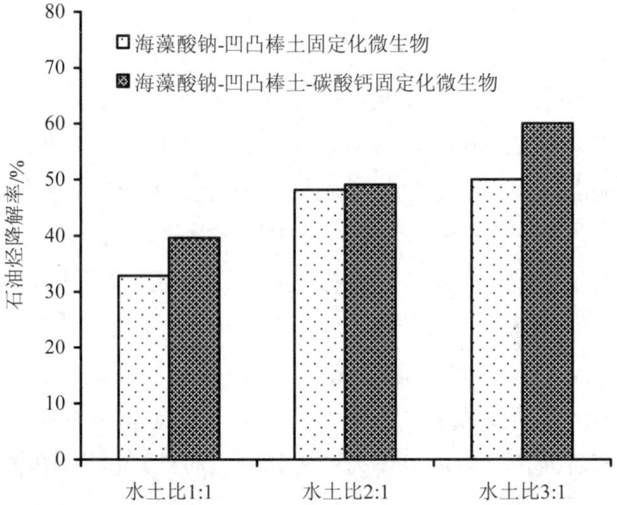

图 7-23 不同水土条件下固定化微生物石油烃降解能力比较

不同水土比条件下，海藻酸钠-凹凸棒土-碳酸钙固定化微生物的降解性能均优于海藻酸钠-凹凸棒土固定化微生物。凹凸棒土的引入，增加了微生物捕获石油烃的概率；碳酸钙的引入，使得固定化微生物的传质性能得以进一步提升，也强化了菌体扩散进入环境的通道且载体内部菌体增殖空间大大增加。从石油烃降解率角度来看，海藻酸钠-凹凸棒土-碳酸钙固定化微生物的降解性能要占优势，其最高降解率达到 60.41%，高于海藻酸钠-凹凸棒土固定化微生物颗粒最高降解率 50.66%。

但从试验角度来看，以海藻酸钠作为主体材料的固定化微生物抗水体冲击力要差一些，在水土比超过 3∶1 时，颗粒容易破碎，时间过长会发生溶解现象。若投放到场地试验中，海藻酸钠-凹凸棒土-碳酸钙固定化微生物更利于石油烃降解性能的发挥。但室内实验中，30 d 以上的石油烃降解实验，海藻酸钠-凹凸棒土固定化微生物更适合降解动力学方面的研究。综合固定化微生物不同环境条件下的石油烃降解效果，从野外场地实验应用价值的角度考虑，后期试验中，重点考察海藻酸钠-凹凸棒土-碳酸钙固定化微生物的石油烃降解动态变化。

7.5.2.4　人工污染土壤中固定化微生物降解石油烃的动态变化

（1）不同底物浓度条件下的固定化微生物石油烃降解动态变化

可以看出，在 3 种不同的初始底物浓度下，固定化微生物对底物的降解趋势基本一致：前 5 d 的石油烃降解速率比较迅速，主要归因于包埋降解菌在载体的暂时庇护下，快速地发挥降解性能；随后进入波动期，表明部分菌种进入土壤开始逐渐适应复杂环境，降解性能的发挥有所变缓；而后，随着固定化微生物适应能力的增强，实现内部菌体与外界传质的平衡，土壤中石油烃残余率又出现下降的趋势。

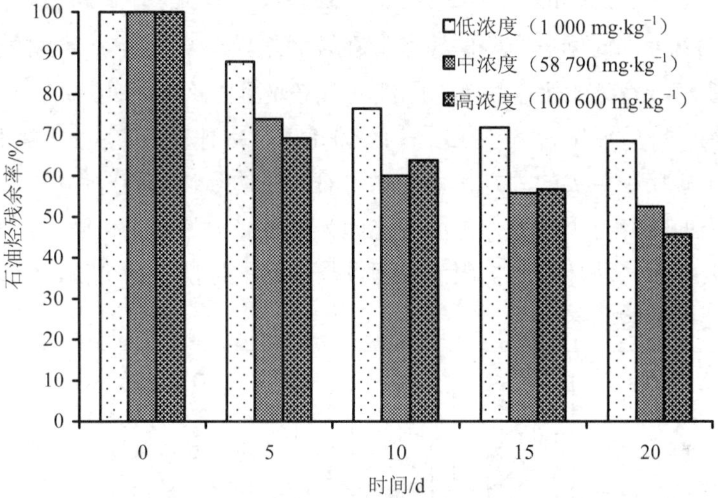

图 7-24　不同底物浓度下土壤中石油烃残余率随时间的变化曲线

图 7-24 表明，随着时间的延长，添加固定化微生物的石油污染土样其石油烃含量是逐渐降低的，但对于不同浓度的石油污染土样，其相应的残余率不同。对于初始底物浓度为 6 000 mg·kg^{-1} 的中浓度石油污染土样，海藻酸钠-凹凸棒土-碳酸钙固定化微生物颗粒的降解优势较为明显，其 20 d 石油烃降解率达到 55.6%。相比较而言，固定化微生物颗粒对高浓度石油污染土壤的降解速率略低，从土壤中石油烃残余率变化趋势可以看出，10 d 以后石油烃的降解率趋于平缓，可能是由于降解产物的不断积累对细菌产生钝化作用，或是由于降解产物的积累导致产生反馈抑制作用，也可能产生一些有毒物质影响菌种的生长。初始底物浓度为

1 000 mg·kg^{-1} 的石油污染土样中，石油烃的残余率最高，可能的原因是石油烃浓度过低，不利于微生物对碳源的摄取进而影响其活性。因此，接下来的实验中所用土壤为中浓度石油污染土样，浓度为 58 790 mg·kg^{-1}。

（2）不同接种量条件下的固定化微生物石油烃降解动态变化

生物降解污染物过程中需要考虑到微生物的浓度，当微生物的浓度较低时，所需的培养时间会过长，从而导致整个降解过程的平均反应速率下降。而当微生物的浓度较高时，会造成菌体之间对基质和氧气等的竞争作用，同样会造成平均反应速率的下降，并且从经济角度考虑也不合适。

固定化微生物颗粒的接种量对石油烃底物的残余率存在明显影响。图 7-25 可以看出，土壤中石油烃的残余率一直呈下降趋势，但对于不同接种量的固定化微生物，其在 20 d 的时间段内降解速率存在较大差异。接种量为 2.5%的土样中，石油烃的残余率一直处于平稳状态，无波动。整体而言，5%和 10%的固定化微生物接种量石油烃降解速率相差无几，然而 20 d 后，接种量为 5%的土壤石油烃残余率成为最小。接种量大的固定化微生物对石油烃的降解无绝对优势。原因可能有两个：一方面碳源有限，另一方面可能因为接种量大的固定化微生物颗粒氧气的消耗速率要比氧气从环境中扩散到包埋颗粒内部的扩散速率更快，氧气的扩散成为一个重要的影响因素。

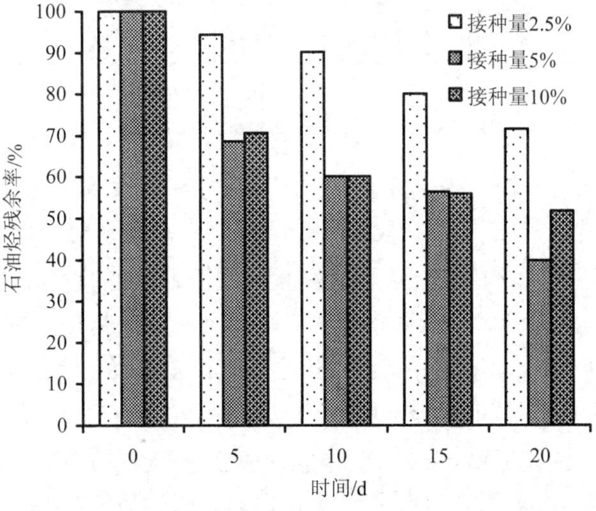

图 7-25　不同接种量条件下土壤中石油烃残余率随时间的变化曲线

因此，包埋颗粒中的菌种接种量要适宜，否则就会因为需要增加氧气的扩散速率而造成动力消耗。考虑到实际应用，选择 5%的接种量最为合适。在 20 d 时，2.5%、5%、10%接种量的固定化微生物对石油的降解率分别达到 28.78%、60.41%和 48.09%

（3）不同水土比条件下的固定化微生物石油烃降解动态变化

土壤环境中，底物降解的启动时间以及降解速率受土壤颗粒的影响较大，固定化颗粒的传质效果有较大下降。实验室条件下，固定化微生物降解石油烃的反应体系中，水体作为外界因子，一方面有利于增强固定化微生物对石油烃的吸附能力及与外界的营养物质交换，另一方面可以强化菌体往环境中的扩散。但是体系运行过程中，水体的冲击力同样对固定化微生物的存在寿命产生影响。因此，水土比会影响固定化微生物的降解能力。对于海藻酸钠-凹凸棒土-碳酸钙固定化微生物颗粒而言，其内部蜂窝状结构决定了其耐水力冲击力能力差。图 7-26 中可以看出，20 d 内，实验室条件下，水土比为 3∶1 时，石油烃的残余率低于水土比为 1∶1 与 2∶1 的条件，这与水体影响石油烃及氧气等在固定化微生物载体内的扩散能力有关。水土比为 3∶1 的条件下，固定化微生物颗粒的石油烃降解能力最强。

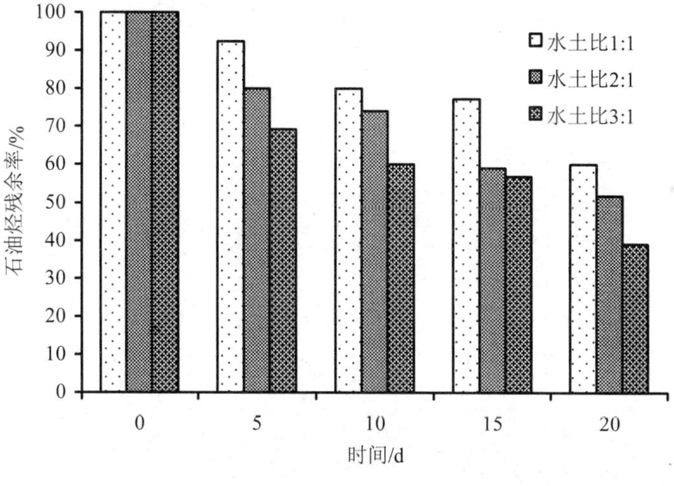

图 7-26　不同水土比条件下土壤中石油烃残余率随时间的变化曲线

7.5.2.5　原状污染土壤中固定化微生物降解石油烃的动态变化

自然条件下，油田原油污染区土壤由于长时间暴露在环境中，会发生复杂的物理反应和化学反应，使得石油成分更复杂、与土壤结合得更紧密。对于石油烃，除了低分子芳烃、萘能溶于水，蒽和菲有中度溶解性外，分子量高于 228 的芳烃很难溶于水，而烷烃比芳烃的水溶性更小，C_8 以下的烷烃微溶于水，C_8 以上的烷烃几乎不溶于水。由于低分子烃类易挥发，能积聚在土壤中的石油烃，绝大部分是高沸点、高分子量组分，而且低水溶性的石油烃容易吸附在土壤颗粒上，难以转移到油水界面，直接影响其可生物利用性（李广贺等，2002）。而“老化”的石油污染土壤中残油成分多为高碳烃类，生物可降解性差。因此，实验室可控条件下研究土壤中石油烃的降解率随时间的动态变化，对海藻酸钠-凹凸棒土-碳酸钙固定化微生物应用于油田污染场地具有重要借鉴意义。其中，原状油污染土壤采自华北油田，石油烃浓度为 108 000 $mg \cdot kg^{-1}$。

实验室可控条件下，固定化微生物对石油烃的降解率随时间的变化趋势（图 7-27），可以看出，0～10 d 固定化微生物降解能力一直比较稳定，主要由于载体的保护作用使得微生物活性保持较好；10～20 d 降解趋于平缓，可能是因为载体的庇护减弱，同时部分降解菌通过扩散进入土壤。鉴于水相条件下，海藻酸钠-凹凸棒土-碳酸钙的载体结构机械力比较差，因而降解性能的发挥只能维持 30 d 左右。但是，若投加的污染场地中，良好的传质性能是其捕获污染物碳源，发挥降解能力的保障。

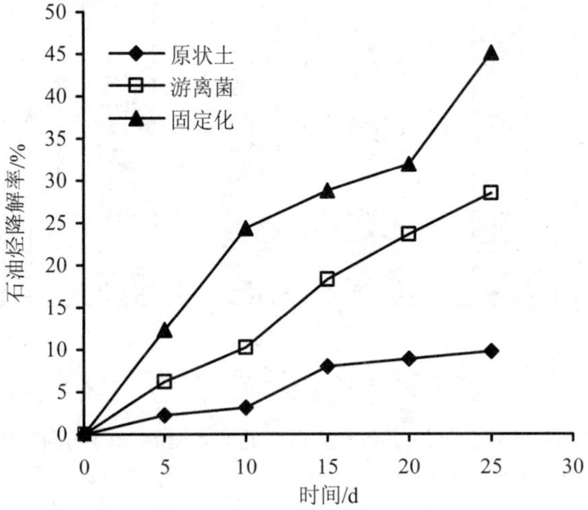

图 7-27 原状油污染土中固定化微生物对石油烃的降解曲线

通过与游离菌降解效果对比说明，菌种经固定化包埋后，对底物的降解能力得到很大提高。这可能是由于有毒有机物对菌种的活性有一定的抑制作用，而载体对有毒底物的扩散会产生阻碍作用，使得细胞表面的实际污染物浓度降低，毒性降低对细胞活性有一定的保护作用。或者由于固定化与游离的细胞所处的微环境不同，使得细胞的形态、生理特性等方面有所改变。

7.5.3 固定化微球的其他性能特点

7.5.3.1 固定化微球的耐环境冲击力

为了考察固定化微球耐环境冲击的能力，在同样的降解试验条件下，将温度设置为10℃，石油烃降解率仍达到41.76%；而改变水土比，设置为1∶2，其石油烃降解率仍达到43%；而改变温度，设置为20℃，其石油烃降解率仍可达到42.21%；而延长降解时间至30 d，固定化微球的石油烃降解率达到90%。表明，添加凹凸棒土的固定化微球耐环境冲击力强，并且可以保持高效的降解性能。

7.5.3.2 固定化微球的环保安全与生物相容性好

由于本发明的固定化微球来源于天然，无毒无害，相对而言其与生物的相容性较好，并且寿命30～60 d，即在30 d之后大部分降解，因此固定化微球对环境危害几乎为零。

7.5.3.3 恒流泵的引入

实验室传统上制备固定化微球多采用医用针管或者滴定管，其滴加速度较慢，5～15 $mL\cdot min^{-1}$，难以满足大批量固定微球制备的需求。本发明的固定化微球的制备，引入了恒流泵，可以实现大规模生产的可能，根据恒流泵型号的不同，可以满足不同的生产量，可以达到 2 000 $mL\cdot min^{-1}$ 以及更高的滴加速度。如果不用恒流泵，制备体积为 100 mL 的固定化微生物颗粒的时间（主要是滴加时间，由于液体接触瞬间即成球，成球的时间可忽略不计）为 15 min，而若采用恒流泵，其制备时间可达到 15 min 的 10%，即 1.5 min。

7.5.4 石油污染土壤固定化微生物基本性能

为外源微生物构建适宜的生长环境以提高外源微生物的抗环境冲击能力，促进微生物的生长并积累足够的生物活性，是成功实现生物强化修复的关键和保证。微生物固定化通过为微生物提供适宜的微环境，利于外源微生物在新环境中的生存和生长。因此，在前期优化实验的基础上，扫描电镜下观察改进后的固定化微生物颗粒微观形态与结构的优势及特点，直观角度评价改进后的复合载体材料。

在污染环境微生物修复过程中，微生态环境作为微生物降解的非限定性因子制约着污染物的生物降解速率和降解动力学特性。固定化微生物能否克服这些非限制性因素，更好地发挥降解性能是评价固定化微生物性能的重要因素。因此，在前期优化实验的基础上，在 10℃条件下，改变环境参数，对两种固定化微生物的石油烃降解性能进行比较，进一步确定改进后的复合载体材料的降解优势，进而考察其在石油污染土壤中降解石油烃的动态趋势。

固定化微生物颗粒样品作扫描电镜（包木太等，2010）时进行预处理，即去离子水清洗两遍，然后经戊二醛-锇酸双固定化，去离子水清洗，乙醇系列溶液梯度脱水，临界点干燥和喷金处理。最后用日立扫描电镜 S-4800 观察。

7.5.4.1 固定化微生物颗粒的微观形态

图 7-28 是不同载体条件下固定化微生物颗粒整体形态的扫描电镜图，其中图 7-28a 是海藻酸钠固定化微生物；图 7-28b 是海藻酸钠-凹凸棒土固定化微生物；图 7-28c 是海藻酸钠-凹凸棒土-碳酸钙固定化微生物。图 7-29 是不同载体条件下固定化微生物颗粒表观形态的扫描电镜图。其中，图 7-29a 是海藻酸钠固定化微生物；图 7-29b 是海藻酸钠-凹凸棒土固定化微生物；图 7-29c 是海藻酸钠-凹凸棒土-碳酸钙固定化微生物通过对比，可以发现，凹凸棒土的引入使得颗粒粗糙度有加强，与土壤中石油烃类物质接触面积增大。添加碳酸钙后除孔的固定化微生物颗粒可直接看出其内部蜂窝状结构，表明固定化小球表面存在致密层，内部存在大孔道，此层极薄的致密球壳可以有效防止颗粒内部菌体外流，内部大孔道有利于底物、产物和溶解氧的传递。

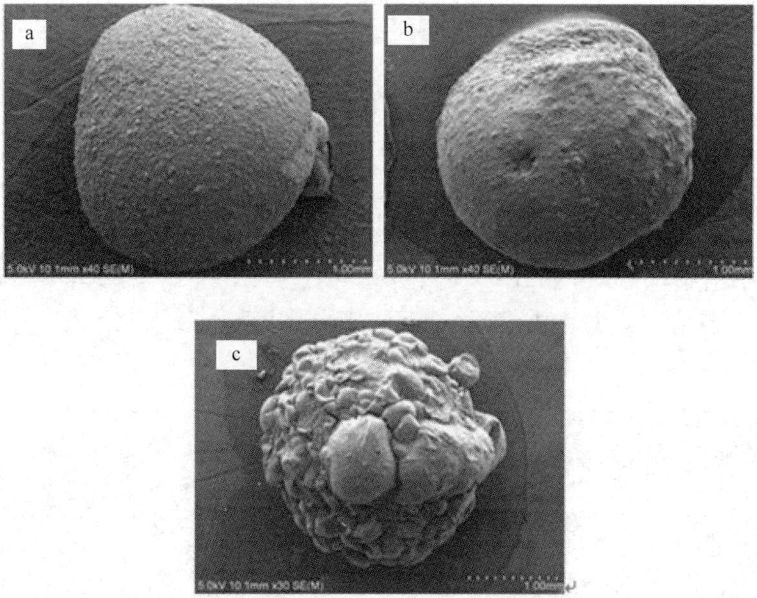

图 7-28　固定化微生物颗粒整体 SEM 图

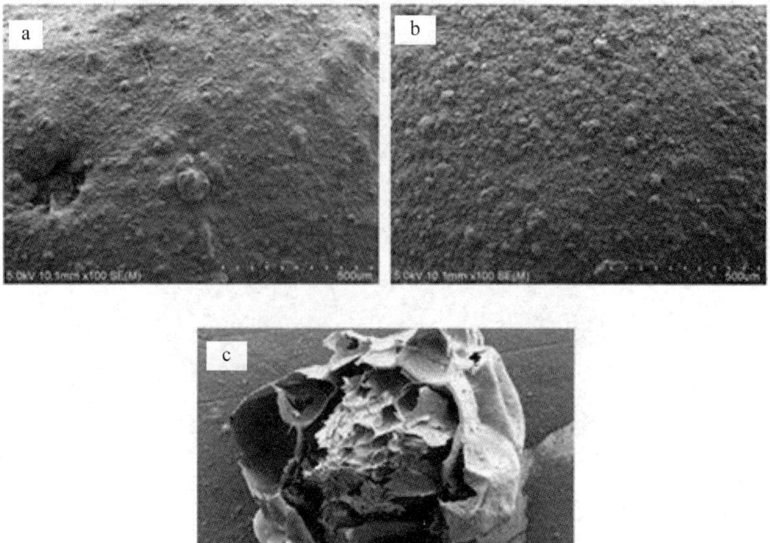

图 7-29　固定化微生物颗粒表观 SEM 图

7.5.4.2 固定化微生物颗粒的内部结构

图7-30a是未包埋菌体的海藻酸钠-凹凸棒土固定化微生物颗粒载体结构SEM图，图中细长纤维状或长杆状的即引入的凹凸棒土，一定程度上可以支撑空间，增加颗粒孔隙度。图 7-30b 是图 7-30a 的放大细节 SEM 图，也可以看出颗粒内部有褶皱及孔隙。图 7-30c 海藻酸钠-凹凸棒土固定化微生物颗粒包埋菌体 SEM 图，揭示了菌体在海藻酸钠-凹凸棒土复合载体上的分布情况，短杆状即包埋的菌体，均匀附着于载体上。实验中，平板计数统计结果表明，每 1 mL 体积的固定化微生物包埋菌量为 10^8～10^{13} 个。

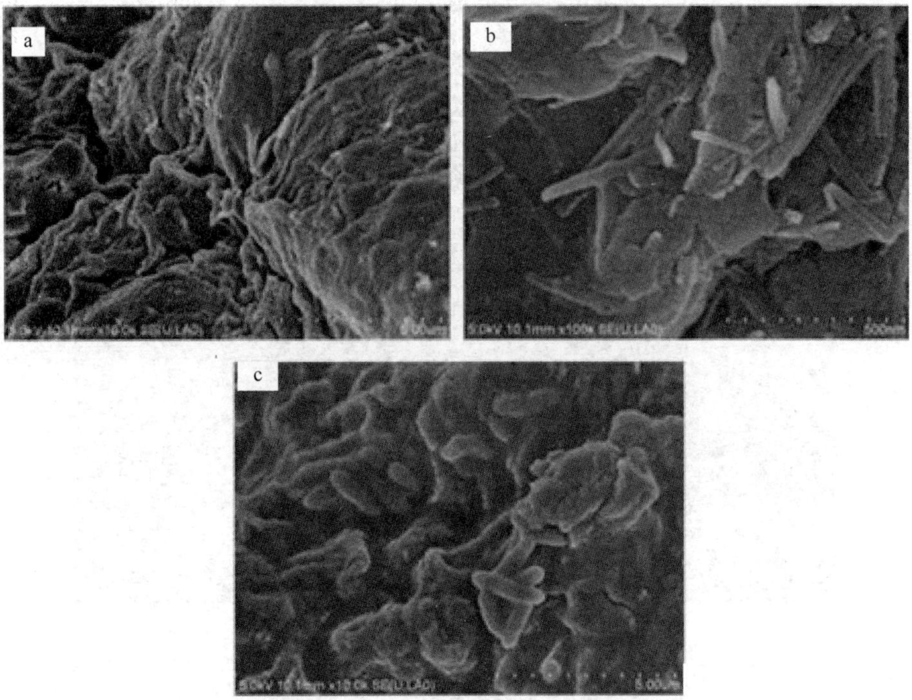

图 7-30 固定化微生物颗粒内部 SEM 图

图 7-31a 是未包埋菌体的海藻酸钠-凹凸棒土-碳酸钙固定化微生物颗粒载体表观结构 SEM 图，图中分布的白色颗粒为盐酸致孔未全部去除的碳酸钙颗粒，其在使用过程中，会慢慢溶出，进一步加强颗粒的通透性，改善颗粒的传质性能，从而为菌体与外界物质、能量交换提供保证。图 7-31b 则是图 7-31a 断面处的放

大细节 SEM 图，从图中可以看出，细长杆状或纤维状的即凹凸棒土，起到支撑颗粒骨架的作用，而内部蜂窝状的结构印证了图 7-31c 整体形态对与内部结构的推断，固定化载体中的传质阻力主要集中在致密表层。进一步说明，碳酸钙的引入及最终致孔为菌体提供了更大的生存、生长空间及传质通道。图 7-31c 是海藻酸钠-凹凸棒土-碳酸钙固定化微生物颗粒包埋菌体 SEM 图，揭示了菌体在海藻酸钠-凹凸棒土-碳酸钙复合载体上分布情况，图中，短杆状的即包埋的菌体。实验中，平板计数统计结果表明，每 1 mL 体积的固定化微生物包埋菌量为 10^8～10^{13} 个。

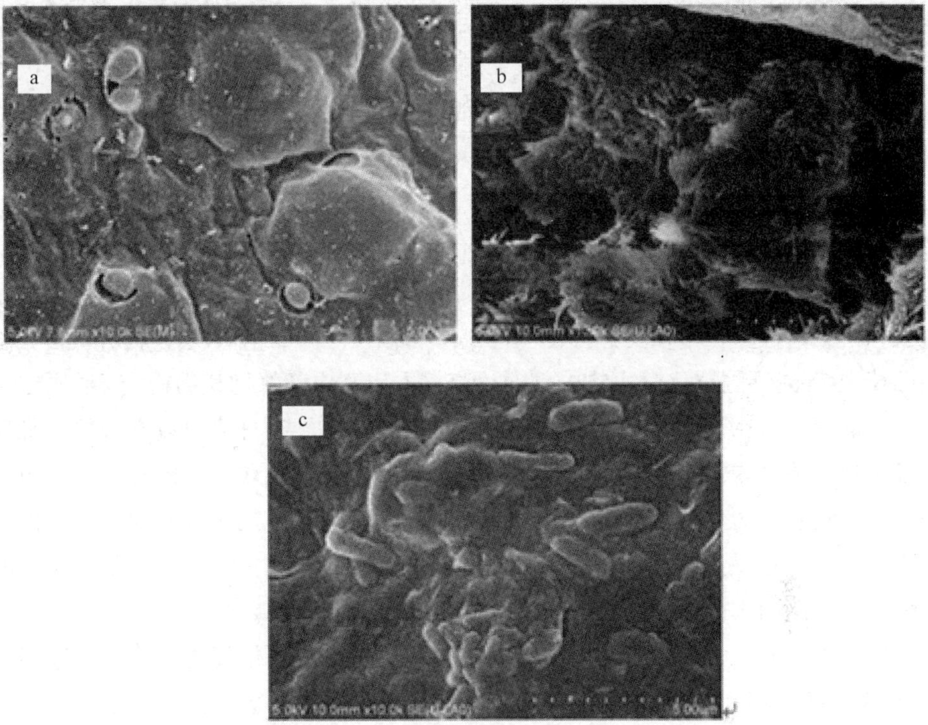

图 7-31 固定化微生物颗粒内部 SEM 图

7.6 小结

为克服游离菌应用于石油污染土壤修复效率低的弊端，本研究针对实验室前期筛选的耐低温石油烃降解菌（*Paracoccus* sp.）开展固定化载体材料选择及技术参数优化方面的研究，并考察固定化微生物的微观形态及降解性能，得到以下结论：

（1）海藻酸钠-凹凸棒土复合载体材料制备的基本载体配比范围为：海藻酸钠2.5%～3.5%，凹凸棒土0.5%～1.5%，氯化钙2%～4%；海藻酸钠-凹凸棒土-碳酸钙复合载体材料基本配比范围为：海藻酸钠2.5%～3.5%，凹凸棒土0.5%～1%，碳酸钙3%～7%，氯化钙2%～4%。

（2）石油烃降解率作为衡量指标，正交试验优化得到最优载体配比分别为：海藻酸钠用量为3.5%，凹凸棒土用量为1.0%，氯化钙用量为3.0%；海藻酸钠用量为3.0%，凹凸棒土用量为1.0%，碳酸钙用量为5%，氯化钙用量为2.0%。最优载体配比下固定化微生物对石油烃的降解率均高于游离菌。琥珀酸脱氢酶作为衡量指标，海藻酸钠-凹凸棒土固定化微生物过程参数优化结果为：水浴温度40～50℃；包埋菌量4%；固定化反应时间18 h；增殖时间60 h；流滴速度15～20滴·min^{-1}；海藻酸钠-凹凸棒土-碳酸钙固定化微生物过程控制参数优化结果为：水浴温度50～60℃；包埋菌量2%；固定化反应时间18 h；增殖时间48 h；流滴速度15～20滴·min^{-1}。

（3）扫描电镜观察表明：凹凸棒土的引入使得固定化微生物颗粒颗粒粗糙度有加强，一定程度上可以支撑内部空间，增加颗粒内部的褶皱及孔隙；海藻酸钠-凹凸棒土-碳酸钙固定化微生物的剖面可直接看出其内部蜂窝状结构，表明固定化小球表面存在致密层，内部存在大孔道，此层极薄的致密球壳可以有效防止颗粒内部菌体外流，内部大孔道有利于底物、产物和溶解氧的传递。此外，扫描电镜图也可直观看到短杆状菌体在载体上的附着情况。通过对比可以发现，添加碳酸钙致孔的固定化微生物无论从传质性能还是内部菌体生长空间而言，都要优于海藻酸钠-凹凸棒土固定化微生物。

（4）人工石油污染土壤中，固定化微生物的石油烃降解能力对比实验表明，海藻酸钠-凹凸棒土-碳酸钙固定化微生物颗粒更适合污染场地修复：不同底物浓度条件下，海藻酸钠-凹凸棒土-碳酸钙固定化微生物对中低浓度石油烃的降解性能有较多优势，高浓度条件下要略低于海藻酸钠-凹凸棒土固定化微生物；5%和10%接种量条件下，海藻酸钠-凹凸棒土-碳酸钙固定化微生物的石油烃降解优势表明，在适宜接种量条件下，前者的传质能力可以为微生物利用石油烃做碳源提供保障；短期内，不同水土比条件下，海藻酸钠-凹凸棒土-碳酸钙固定化微生物对石油烃的降解率均高于海藻酸钠-凹凸棒土。

（5）海藻酸钠-凹凸棒土-碳酸钙固定化微生物的降解动态变化表明：中高浓度条件下，石油烃的残余率下降较快；5%和10%的固定化微生物接种量石油烃降解速率相差无几，然而 20 d 后，接种量为 5%的土壤石油烃残余率成为最小；水土比为 2∶1 的条件下，固定化微生物颗粒的石油烃降解能力最强。此外，原状污染土壤中与游离菌降解效果对比说明，菌种经固定化包埋后，对底物的降解能力得到了很大提高。

第 8 章 石油污染土壤的微生物降解促进机制

8.1 石油烃污染土壤微生物修复的影响因素

影响石油烃类物质微生物降解的因素十分复杂。石油产地不同，所含组分的差异都会影响其降解，其他物理化学因素也会对降解产生影响。主要因素包括：油的物理状态、温度、pH 和盐分、氧气、水分、营养物质、表面活性剂、土壤结构等。齐永强等（2003）通过多因素对比实验，将筛选出的 7 个石油烃降解的主要影响因素以正交表方法组合起来，找出了各主要影响因素的重要性和最佳水平，测定了土壤中所存在的石油污染物在生物降解作用下的后期产物。结果表明：影响土壤中石油烃类降解的主要因素有石油污染强度、营养物（NH_4NO_3、K_2HPO_4）、氧化剂（3% H_2O_2 溶液）、表面活性剂（TW-80）、温度、土壤含水率和土壤透气性。在石油烃生物降解的不同阶段，各个因素的重要性以及最佳水平会发生相应的变化，在生物降解后期，土壤中残留的石油污染物主要是正构和异构烷烃。此外，通过实验得出了生物修复的最佳降解生态条件为：营养物质 C∶N 为 60，电子受体 H_2O_2 的累计加入量为 12 $mg \cdot g^{-1}$，含水量为 50%，表面活性剂为阴离子表面活性剂十二烷基苯磺酸钠；因素的主次关系排列为含水量、表面活性剂、营养物质和电子受体（李晔等，2004）。

8.1.1 油的物理状态

石油降解菌主要生长与作用的位置在油水界面。在水体中，油能散开成薄膜，微生物利用的表面积较大；而在土壤中，油被土粒或植物吸附，限制其扩散，故较难降解。液体烃比固态烃容易降解，如能溶于水中或其他烃类中则较易为微生物所利用，然而烃类溶解度均较低，且在漏油事故中石油量远超过其溶解度，故石油很难被微生物降解。石油烃的物理状态对其微生物可降解性有显著影响。在水体系中，微生物主要在油-水界面活动，油的分散程度直接影响微生物能接触到的石油烃的表面积，油-水界面面积的增加，使石油烃更易到达微生物。但是像石油烃这类疏水的污染物容易吸附到土壤颗粒表面，影响生物降解，通过共溶剂和表面活性剂的添加可以减少或消除这方面的限制。

8.1.2 温度

从 0～70℃环境中均可分离石油降解菌。一般来说，环境中烃类的降解与温度呈正相关。在 0～40℃范围内每升高 10℃，其生化反应增加 2～3 倍。温带及热带地区石油经 2～6 个月降解，寒带要几年。温度与其他因素联系起来问题就比较复杂。比如温度可以影响水分的供应，冻土及冰中因无液态水使石油难降解。温度还会影响烃类的物理状态，低温时某些烃类呈固态，因而不易降解。例如二苯甲烷在 30℃是液体，而在 20℃时为固态，假单胞菌在 20℃时对其无法降解，30℃时可使之降解。不过有时低温对降解有利，某些低分子烃类对微生物有毒，在低温时其挥发性受限，溶解度也较小，所以对微生物的利用有利。

8.1.3 pH 和盐分

在极端酸性或碱性条件下微生物活性降低，在合适的 pH 下微生物活性增高，石油的生物降解加快。一般来说，多数真菌在酸性（pH＝5）条件下可以很好地生长，而多数放线菌在碱性（pH＝8）条件下生长良好。盐分比较高时可能会影响微生物的活动。如在港湾沉积物中，菲、萘的矿化率与盐度负相关（Shiaris，1989）；且土壤中汽油的去除率随盐度的增加而降低（Sun 等，2004）。

8.1.4 氧气

石油中各个组分完全矿化为 CO_2、H_2O，需要一定量的氧。据计算每分解 1 g 石油，需氧 3～4 g。在严重石油污染的环境里，氧有时成为石油降解的限制因子。虽然采用厌氧方式也可对石油烃进行降解，但实验表明，石油在厌氧条件下的降解比有氧条件下低几个数量级。

8.1.5 水分

石油烃在土壤中的降解与土壤中的水分含量有一定的关系。土壤过分干燥或在冰冻条件下土壤中无液态水，石油难以降解。石油生物降解的最适水分为土壤持水量的30%～90%（Dibble和Bartha，1979）。

8.1.6 土壤结构

土壤结构影响其通透性、持水能力、吸附能力等。因此，不同类型的土壤结构对污染物的降解必然有影响。黏土型土壤对污染物的物理化学减弱能力比粗砂大。

8.2 营养物质的添加及量的配比

微生物广泛分布于空气、水域、土壤、生物体与其他一切物体之中，并从栖居的周围环境里吸收所需要的营养物质进行生长。要使在天然环境条件下生活的微生物能够在人工环境条件下生长，第一，有必要了解微生物生长所需要的营养物质类型，然后按照一定比例将各种营养物质配制成特定的营养基质，以维持微生物的生长；第二，在微生物发酵工业中，营养物质除了要满足微生物的正常生长以外，还必须能够有利于代谢产物的形成；第三，微生物不同，它们的营养需求也不同，因此，可根据营养物质的性质，利用特定类型的微生物分解与利用这类物质。

大量实践证明，在众多的漏油事故中，氮和磷的含量常常严重限制微生物对石油的降解。氮和磷加入土壤后可以促进石油及各种烃类的生物降解并增加细菌的数量。研究发现土壤中存在菲时，加入氮和磷时菲的降解率远高于未加时菲的降解率，不过要隔一段时间才见效，而土壤中存在正十六烷时，施加氮和磷以后，对十六烷的降解立即见效，施加最适宜的比例为 C∶N∶P=100∶10∶1。尽管环境中氮、磷的含量很低时生物降解速率也很低，但是降解仍然可以继续。这与营养物质的再生有关，即无机营养物被微生物同化为细胞后，再经过细胞溶解或原生动物消化后又转化为无机物被微生物循环利用（Efroymson和Alexander，1991）。

8.3 表面活性剂对生物降解的强化作用

表面活性剂增溶修复。由于油的疏水性、渗（泄）漏进土壤的油类污染物强烈吸附在土壤颗粒表面或进入土壤孔隙，造成微生物和污染物的隔离，使降解率下降或产生零降解率，由于微生物不能利用极低浓度的污染物，导致污染物的微生物降解停止或减缓。向微生物修复介质中加入表面活性剂（如 TW-80），可以增加污染物的移动性，克服污染物的微生物不可利用性，加速生物修复的速率。某些细菌在降解污染物过程中，也会分泌细菌化的表面活性剂，其活性更强，而且比注入化学表面活性剂的成本更低。Texas Research Institute（TRI）研究发现阴离子表面活性剂（Richonate-YLA）和非离子表面活性剂（HyonicPE-90）联合作用是最有效的，可使 80%的石油残余物从土壤表面脱除。有研究表明非离子表面活性剂 Triton X-100 对复杂芳烃（PAHs）的溶解作用最有效（Carriere 和 Mesania，1995；Li 等，1993）。

研究表明添加适量的表面活性剂 TW-80 能在很大程度上促进土壤中石油污染物的生物降解（宋玉芳等，2002）。鼠李糖脂不但可以增加烃类的溶解性，还可以改变细胞表面的性质，增加恐水性有利于烃类的降解（Zhang 和 Miller，1994）。此外，采用生物泥浆法研究了油酸钠和十二胺对石油污染土壤微生物治理效果的影响。结果表明阴离子表面活性剂油酸钠能明显促进石油污染物的降解过程，大幅度提高微生物的除油效果（戴树桂和董亮，1999）。

生物表面活性剂（Biosurfactants）是表面活性剂家族中的后起之秀，和传统的化学合成的表面活性剂相比，生物表面活性剂有许多明显的优势：① 更强的表面和界面活性；② 对热的稳定性；③ 对离子强度的稳定性；④ 生物可降解性；⑤ 低毒性等。如在萘表面活性剂增溶降解试验中，菌株 *Rhodococcus* sp. 413A 分泌的糖脂类生物表面活性剂对降解菌的毒性只有 TW-80 的一半。由于这些显著特点，使生物表面活性剂广泛应用，并有可能逐步替代化学合成的表面活性剂。Rahman 等（2003）向受石油污染的污泥投加降解菌株和鼠李糖脂培养 56 d 后发现，C_8～C_{11} 的烷烃降解率达到 100%，而 C_{12}～C_{21} 的烷烃、C_{22}～C_{31} 的烷烃和 C_{32}～C_{40} 的烷烃降解率也分别达到 83%～98%、80%～85%和 57%～73%。

8.4　添加电子受体促进生物降解

油类污染物生物修复的电子受体主要包括溶解氧、有机中间产物和无机含氧酸根等，其种类及浓度对修复速率有很大影响。

氧气是最常用的电子供体，溶解氧的输送也是原位微生物修复中关键的限制因素。氧输入地下的方式主要有空气注入、纯氧注入、臭氧引入和过氧化氢溶液引入。

Yaniga 和 Smith（1984）处理汽油污染采用空气注入法。该方法可使地下水溶解氧质量浓度达到 8～12 mg·L^{-1}，但汽油或其他油品渗漏会造成这类物质在水中含量达到 10～100 mg·L^{-1}，溶解氧质量浓度达 20～200 mg·L^{-1} 时才能将其完全降解。可见，虽然空气注入法是最经济、最简单的形式，但由于溶解氧浓度的限制，处理效果并不理想。

纯氧注入、臭氧引入都能使溶解氧达 40～50 mg·L^{-1}，但成本均相对较高，很难实际应用。在德国有人利用臭氧注射对某柴油污染地点进行微生物修复，取得了较明显的修复效果。但臭氧成本很高，且很难区分化学氧化和生物氧化，其应用受到限制。

过氧化氢可以使溶解氧浓度超过 200 g·L^{-1}，大大高于上述几种输氧方式，其成本也不高，是空气注射的 15～20 倍，它是生物修复中较普遍的供氧方案，过氧化氢作为氧源引入的最大问题在于其毒性和不稳定性。实验表明，当溶解氧质量浓度低于 200 mg·L^{-1} 时，对微生物一般没有毒性，而且经驯化后，微生物甚至可耐受 1 000 mg·L^{-1} 的浓度，因而可以通过逐渐加量的方式降低过氧化氢的毒性。对于过氧化氢的不稳定性，实际应用中已有不少报道。Huling 在处理密歇根州一处石油产品污染时，将过氧化氢注入地下水中，经过一定时间后测得包气带土壤中氧的浓度很高，表明过氧化氢已经大量分解（Dibble 和 Bartha，1979）。

8.5 共代谢

土壤油类污染物中包含的难降解有机物不能被微生物直接利用作为生长基质，但可以通过共代谢途径进行降解。在微生物共代谢反应中产生的既能代谢转化生长基质又能代谢转化目标污染物的非专一性的酶，是微生物共代谢反应发生的关键。如甲烷氧化菌产生的甲烷单氧化酶（MMO），是一种非特异性的酶，可以分解多种污染物，包括 TCE、C-DCE、t-DCE 和 1,1-DCE（de Nardi 等，2005）。

不同的目标污染物需要不同的诱导物，甲烷、苯酚、甲苯、氨和丙烷等已被证明是有效的生长基质，有研究发现，2,4-D 甲基和甲基对硫磷的降解中投加葡萄糖，PCBs 的降解中投加联苯等也都可以诱导产生共代谢。

共代谢也是一条降解汽油添加剂 MTBE 的有效途径。Hardison 等（1997）首次报道的是一株能将 MTBE 部分降解的粘束孢属丝状真菌。当其细胞在正丁烷中生长时能有效降解 MTBE。在 MTBE 浓度为 18 mg·L^{-1} 时，其最大生物降解速率为 0.92 mg·g 细胞$^{-1}$·h^{-1}。一些微生物在降解丙烷过程中，能有效降解 MTBE，而且当底物换成异丙醇，MTBE 也能被微生物降解。铜绿假单胞菌在以戊烷为底物时也能降解 MTBE。从活性污泥中筛选出两株土生戈登氏菌也能在乙醇作为碳源时进行 MTBE 的共代谢，但不能直接以 MTBE 为唯一的碳源和能源。Smith 等（2003）研究了丙烷降解菌，母牛分枝杆菌与 MTBE 的共代谢作用，发现叔丁基甲酯是 MTBE 的主要降解产物，当丙烷降解菌与 MTBE 一起培养时，两种中间产物叔丁基甲酯和叔丁醇在细胞外迅速积累。以 1-丙醇或 2-丙醇为碳源，MTBE 代谢产生少量的叔丁基甲酯和叔丁醇。而以酪蛋白-酵母提取液-葡萄糖肉汤为碳源时，没有叔丁基甲酯和叔丁醇生成。此外，某些苯降解菌在利用苯的同时也能有效降解地下水中 BTEX。

Michael（2000）通过添加葡萄糖利用微生物共代谢对 12 个被四氯乙烯污染的土壤及地下水站点进行修复。他们首先从被四氯乙烯污染的土壤中大量分离对四氯乙烯及其可能的降解产物有降解能力的菌株，在人工条件下进行驯化和增殖，然后挖开被污染的土壤直至地下水层，然后铺上碎石及通气管和回流水管，在用泥土重新覆盖的时候分别泼上葡萄糖溶液和微生物的培养液。用鼓气和水流循环的办法控制地下微生物的生存环境，以保证微生物的数量及活性。回流水检测显示，不到 1 个月四氯乙烯的浓度从 470 μg·L^{-1} 下降到 3.5 μg·L^{-1}。四氯乙烯降解的中间产物三氯乙烯、二氯乙烯和一氯乙烯的浓度也在显著下降，污染物的总去除率在 90%～99%。存在共代谢情况下物质的微生物降解为我们寻求难降解污染物微生物降解技术提供了新的思路。

8.6　种植植物对微生物降解的促进作用

8.6.1　植物与菌根真菌协同修复

利用植物与特殊的菌根真菌能够创造良好的根际条件，菌根通过外延菌丝大大增加了与土体的接触面积，菌根和菌丝周围特殊的土体条件为微生物生长和繁殖提供了良好环境，从而为有机污染土壤的修复提供良好基础。利用丛枝菌根（AM）修复有机污染土壤正成为一个崭新的研究方向。大量的研究发现，在特定微生物根际接种 AM 能够提高污染物的去除效果。耿春女等（2002）研究发现，AMF 的孢子不仅能存在于石油污染土壤，而且当石油浓度达到 10 000 mg·kg^{-1} 时，菌根侵染率高达 82%～86%。何翊等（2004）研究表明，在污染土壤中种植玉米与大豆，并施加不同的 AMF 菌剂，一个生长季节后，土壤中石油类污染物降解率可达 53%～78%。AMF 与玉米协同修复土壤芘污染时，80 mg·kg^{-1} 磷处理能够显著增加土壤微生物碳量，向土壤中加入不同浓度的 TW-80 也有明显促进作用，土壤芘去除效果最佳的 TW-80 处理浓度为 500 mg·kg^{-1}，其土壤芘残留浓度比相应的无 TW-80 对照处理降低了 22.4%（孔凡美，2008）。

通过对不同石油污染土壤（石油的质量分数分别为 0.2%和 2%）进行丛枝菌根真菌 *Glomus mosseae*（G.m）和 *Glomus versifome*（G.v）单接种和双接种处理发现，G.v 真菌比 G.m 对高石油污染浓度具有更强的适应性，双接种处理的菌根侵染率和石油烃降解率等均高于单接种处理，两种菌种的协同作用，可有效促进植物生长和石油烃的降解（王丽萍等，2009）。除丛枝菌根真菌外，乳牛肝菌（*Suillus bovinus*）、卷边柱蘑菌（*Paxillus involutus*）和灰环粘盖牛肝菌（*Suillus laricinus*）（ST）等同样能够生存于石油污染土壤的植物根际，一方面，菌根真菌能够形成较强的菌丝团，进而在根际形成微生物薄膜，可以增加污染土壤的微生物种类，并提高其活性；另一方面，菌根真菌及促生细菌能够减缓污染物对于植物的毒害作用，从而促进了石油烃的降解（Sarand 等，1998；屈庆秋，2010）。田间实验表明，玉米、大豆与内生或外生菌根真菌的协同修复效果好于它们与专性降解菌的协同修复效果，而外生菌根真菌与专性降解细菌的协同修复效果则因植物而异（程国玲，2004）。

8.6.2 植物与高效外源菌的协同修复

研究发现通过筛选石油烃的高效降解菌，投加外源菌与植物进行联合，构建高效的植物-微生物修复体系也能显著提高污染土壤的修复效果。

刘鹏等（2006）利用高效石油降解菌结合种植大豆、碱草等植物对石油污染土壤进行协同修复，135 d 后石油烃的降解率达 63.65%～83.26%，同时发现根际土壤的石油烃含量明显低于非根际土壤，研究表明，植物可以促进根际微生物的繁殖及对污染物的分解转化，进而提高修复效率。陆泗进（2007）在研究植物强化人工柴油污染土壤时发现，种植植物苜蓿、芥菜并投加外源菌株 Q10、Q14 及 Q18 对土壤中柴油污染物降解能力均有不同程度的提高。在砂土中，苜蓿强化菌株 Q18 降解柴油的能力强于芥菜；而在砂壤土和黏土中，芥菜强化菌株 Q18 降解柴油的能力强于苜蓿。马强等（2009）通过盆栽实验研究了土壤石油烃污染对玉米和水稻根伸长的影响，并在土壤中接种经过筛选得到的石油烃降解菌，研究发现水稻根长受石油烃影响较小，水稻-微生物联合处理下土壤中石油烃的降解速率最快，培养期内的降解效率达到 53.3%。杨琴等（2009）通过接种原油降解菌群 TJQ、JQ1、JQ2 到人工污染土壤中发现 JQ1+JQ2 菌群组合使石油烃降解幅度最大，30 d 内降解率可达 35.36%；而 JQ1+JQ2+高羊茅组合 30 d 内石油烃降解率则高达 49.81%，且根际微生物提高 1～2 个数量级，微生物 FDA 活性提高 0.53～1.26 倍。李未荣等（2007）通过田间试验研究玉米和向日葵两种植物对石油污染土壤的修复作用，考察外源菌（DX-9）对植物修复的强化和协同效应。结果表明，在 10 000 $mg \cdot kg^{-1}$ 污染浓度下，150 d 玉米、向日葵试验区土壤中石油降解率分别为 42.5%和 46.4%，较对照区提高了 100.5%和 118.9%。外源节细菌的施加可使生物修复速度显著加快，150 d“DX-9-玉米”和“DX-9-向日葵”试验区石油烃降解率分别达到 72.8%和 76.4%，较同期单独植物修复的降解率提高了 71.3%和 64.7%。但是土壤主要理化性质、生物群落分布、呼吸强度及植物不同部位中石油烃的残留量与对照并无显著差异。也有研究发现，在石油污染土壤中播种苜蓿草，经过一个生长季（150 d），各处理土壤中的细菌总量、真菌总量、PAH-降解细菌和 PAH-降解真菌数量不受外源专性细菌和真菌初始接种量的影响，实验结束时矿物油的去除率为 58.8%～88.3%，PAHs 的去除率为 91.7%～97.8%，外源专性细菌和真菌的接种对矿物油和 PAHs 的降解无明显促进作用，这与前人的结论存在差异（宋雪英等，2007）。

在构建外源微生物与植物协同修复体系时，由于土壤中存在具有降解石油能力的土著微生物，其数量和种类远大于接种菌，在此条件下，外源降解菌的作用能否得到发挥需要经受复杂环境条件下与土著微生物的竞争生长及适应性等方面的考验，土著菌有可能抑制外源菌的生长而影响其降解作用的发挥。因此，将外源菌定殖于植物的根际，使之能够存活、繁殖，并且生长成为优势菌群是协同修复体系应用的关键。关于外源微生物的定殖研究上，目前农业上多采用菌液浸泡种子萌发后，种入土壤定殖的方法。但这种方法并不适合于污染土壤的生物治理，因为植物的生长周期长，且在幼苗时期对污染物的抵抗力和降解力弱，在污染严重的地区难以存活。因而，在污染治理中应尽可能利用原污染地已有的植物作为根系的提供者，在已经长成的植物根系上接种高效降解菌，根据定殖的机制可尝试使用根部定点注射或含菌水灌溉的方法（周乐，2006）。另一方面植物的种类也可能对外源菌的定殖产生影响，例如大多数单子叶植物由于具有须根系，能提供更大的根表面积而有利于微生物的定殖。不同基因型植物有相应的微生物群落结构特征，这一点是否对外源微生物定殖产生影响还有待进一步研究。

8.6.3 根际微生态系统的变化研究

越来越多的研究表明，根-土界面的微生态调节过程是植物-微生物协同修复过程中的重要环节。植物根际能够为微生物提供一个良好的环境，在石油污染土壤的植物-微生物协同修复过程中，根际土壤中石油烃的降解效率要远远大于非根际环境，根际微域在污染土壤的修复过程中发挥了重要的作用。

根际是指植物根系与土壤之间的微界面，其范围通常只有几微米到几毫米。根际界面由于深受根系生长活动的影响，其物理化学和生物学性状随根系界面的微生态过程会产生响应变化，与非根际土壤存在很大的比较差异。Gunther 等（1996）总结的根际污染物快速消解的可能机理包括：① 根系生长改善了土壤理化性状；② 从整体上增加微生物种群数量及多样性，或者选择性地富集污染物降解特异菌群；③ 根分泌物及脱落物提供污染物共代谢降解底物；④ 根部释放酶催化降解有机污染物；⑤ 加速污染物的腐殖化进程；⑥ 提高污染物的土壤吸附、植物吸收及迁移转化能力等。

（1）植物的吸收作用

研究表明，在烃污染土壤的植物修复过程中，与根际微生物作用相比，植物通过吸收作用导致的土壤污染物浓度的降低程度是较弱的。例如，Chaineau 等（1997）以玉米种植在燃料油含量 1.2%的土壤中，110 d 后在植物组织中未检出饱和烃。Binet 等（2000）研究发现，只有土壤初始浓度 0.003‰～0.16‰的 PAHs 被黑麦草组织吸收，根际土壤中污染物的降低绝大部分是由于生物降解或生物转化所致。因此，在污染胁迫下，植物分泌特定的分泌物以及酶系，提高土壤微生物数量、活性；诱导并改变微生物的群落结构可能是污染物快速消解的主要原因。

（2）根系分泌物的改变

根系分泌物是在一定的生长条件下，活的且未被扰动的根释放到根际环境中的有机物的总称，既有来自健康植物组织的释放，也有老组织或植物残根的分解产物。大致分为渗出物，即是由根细胞中扩散出来的低分子有机物质；分泌物，即高分子粘胶物质；分解物，即是植物残体（含根系）的分解产物。根系分泌物组成和含量的变化是植物响应环境胁迫最直接、最明显的反应，它是不同生态型植物对其生存环境长期适应的结果（何艳等，2004）。

例如，不同芘污染处理对根系分泌氨基酸种类的影响不大，而对各氨基酸分泌量的变化幅度影响较大（许超和夏北成，2010）。在芘处理条件下，AMF 与玉米联合对根系分泌物的组成有明显影响。AMF 处理能够促进玉米根系分泌琥珀酸和水杨酸，为芘的共代谢降解提供底物；能够提高玉米的根系活力，降低叶片 MDA 浓度和 CAT 活性，缓解芘对叶片的氧化损伤，从而提高玉米对芘污染的抗性（孔凡美，2008）。黑麦草根系分泌有机酸、总糖以及氨基酸的量都随菲质量浓度的上升而变化。在不同菲处理条件下，低分子有机酸的组成无明显变化，但含量随菲质量浓度上升而提高；总糖和氨基酸含量均随菲质量浓度上升出现先升高后下降的趋势（谢明吉等，2008）。在芘、菲、苊、萘污染胁迫下，黑麦草根系分泌物中可溶性有机碳、草酸和可溶性总糖的含量均高于无污染对照，在较低污染强度下，供试 PAHs 对根系分泌物的促分泌效应由强到弱依次为芘、菲、苊和萘。4 种 PAHs 对可溶性糖类的促分泌作用最强，其分泌量的增加幅度明显大于可溶性有机碳和草酸（杨艳等，2010）。

（3）根际条件下微生物的动态调节

根系分泌物不仅为根际微生物提供生长所需的能源，对微生物的代谢有一定的影响，提高微生物群落对毒性物质的转化率；而且不同根系分泌物直接影响着根际微生物的数量、活性和种群结构，在污染胁迫条件下，植物主动释放特异性根系分泌物，诱导根际微生物群落结构的定向变化。微生物的响应则可能是绝对数量增加，或者是污染物的根际特异微生物降解菌群的相对丰度增大；生物酶的响应可能是数量的增大和活性的增强，或者是特定酶（系）在某种污染物作用下的诱导表达，并由此改变生物体对另一类化合物的代谢行为。这些响应变化过程均将直接或间接地影响污染物在根-土界面中的存在。

大量研究通过分析土壤微生物数量以及土壤酶活性的变化来揭示根-土界面微生态环境的动态变化。植物存在条件下，土壤中微生物的数量和活性能够显著提高。国外许多研究者发现无论是石油烃还是多环芳烃污染土壤，在种植植物条件下，土壤微生物总数以及降解菌数量都会发生显著变化，微生物的总数会有所提高；然而，很多情况下，微生物总数并没有太大变化，有机污染物的特异性降解菌的数量会显著提高。例如，Nichols 等（1997）观察到苜蓿根系的利用十六烷、苯、苯甲酸、菲、芘等有机物的微生物数量显著增加，同样 Rugh 等（2005）将 18 种植物种在多环芳烃处理土壤上，发现与对照比，植物显著增加了多环芳烃的生物降解，总细菌数和菲（Phenanthrene）降解菌也显著增加。而微生物总数和降解菌数量同时增加的也有发现，例如种植多脉莎草修复石油污染土壤的情况下两者均有增加（Escalante-Espinosa 等，2005），种植芦苇的条件下根围土壤细菌总数、十六烷细菌、F2 油细菌与多环芳香烃细菌数都远高于裸地土壤（聂明，2010）。苜蓿和披碱草的植物根际微生物的数量高出空白对照 1～2 个数量级，除油微生物数量高出近 3 个数量级（陈嫣等，2005）。分析原因，可能是植物向土壤环境中释放大量分泌物（糖类、醇类和酸类等），向土壤中补充了有机碳，植物根细胞的死亡也增加了土壤有机碳，而有机碳的存在可以增加微生物对污染物的矿化作用，对于多环芳烃类物质的降解则可能提供共代谢基质，这些推论在许多研究中被证实（Miya 和 Firestone，2000；钟传文和周国逸，2003）。另外，根据人为投加糖类、有机酸、氨、硝酸铵以及磷酸二氢钠等模拟植物根际分泌物条件下多环芳烃降解菌数量显著增加的现象也可以推断这一点（Joner 等，2002）。

除了可能影响微生物的数量以外，污染土壤植物根际微生态环境对微生物活性也具有诱导作用，活性的增强有利于石油烃的降解和污染土层的生物修复。在越来越多的研究中都证实在根际与非根际条件下与土壤的物质以及能量转化有重要关系的氧化还原酶如脱氢酶活性、过氧化氢酶活性以及用于评价土壤微生物总体活性的荧光素二乙酸酯酶活性都存在显著差异。例如苜蓿和披碱草的植物根际土壤 FDA（荧光素双醋酸酯）活性高出对照 0.29～0.36。经过 150 d 的降解，植物根际油污土中石油烃的降解率比无根系土壤高 9.1%～15.5%（陈嫣等，2005）。高羊茅同样是一种对石油烃具有耐受性的植物，通过对种植高羊茅条件对烃降解的影响研究发现，荧光素二乙酸酯活性、过氧化氢酶活性及脱氢酶活性变化与苜蓿有着同样的规律，在试验进行 10 周后，根际土壤微生物平板计数及酶活性显著高于非根际土壤（鲁莽等，2009）。

一方面，微生物数量和活性的变化是根-土界面微生态系统的调节过程之一；另一方面，植物也可能诱导微生物多样性发生改变。微生物多样性包括群落功能多样性、结构多样性以及遗传多样性。目前，多数研究采用 Biolog 微生物鉴定系统，根据土壤细胞悬液对 95 种单一碳源的利用模式来说明微生物代谢多样性的变化。

Yoshitomi 和 Shann（2001）原位收集了玉米（*Zea mays* L.）根系分泌物，研究了它们对 ^{14}C-芘的矿化作用的影响，结果表明添加 *Zea mays* L.根系分泌物的土柱中微生物的 BiologTM 功能多样性增大，且 ^{14}C-芘的矿化作用明显增强。孙天然（2009）通过盆栽实验种植大豆和黑麦草，研究一种典型低有机质红壤种多环芳烃的去除效果时发现：Biolog 数据显示，根系分泌物的进入明显改变了土壤微生物的种群结构，使之有利于多环芳烃的降解。在代谢多样性的分析上，孙天然（2009）发现大豆和黑麦草都能加强多环芳烃的降解，但二者所引起的土壤微生物种群代谢多样性的变化有所不同，即植物增强微生物的活性是专性的。而且在间作修复中，土壤微生物还表现出被抑制的现象。另有研究发现，种植黑麦草和紫花苜蓿以及二者间作的情况下，石油污染土壤的微生物群落代谢多样性并没有明显的不同，Biolog 的分析结果显示微生物功能多样性指数（Shannon 指数）分别是 3.28、3.28、3.3，分析这可能与植物根系的发育程度或者土壤营养物质的限制有关（Kirk 等，2005）。

然而由于有相当数量的土壤微生物是目前不可培养的，因此利用传统培养技术来研究根际微域的变化得到的结果可能与真实情况存在差异，随着分子生物学等技术在微生态领域的大量应用，越来越多的研究通过借助此项技术研究微生物遗传多样性，从而揭示根-土界面更加微观的变化。分子生物学方法主要是依靠提取土壤的总 DNA，进行 PCR（polymerase chain reaction）扩增，然后采用变性梯度凝胶电泳（denatured gradient gel electrophoresis，DGGE）、核糖体 DNA 扩增片段限制性内切酶分析（amplified rDNA restriction analysis，ARDRA）以及末端限制性片段长度多态性分析（terminal restriction fragment length polymorphism，T-RFLP）等方法来分析微生物遗传多样性的动态变化。

通过基因芯片（GeoChip）技术研究不同微生态环境下的土壤微生物群落结构特征发现，植物的根际作用相比于石油烃污染对于微生物群落结构影响更加显著（钟毅等，2006）。同样，也有研究者利用 PCR-DGGE 技术发现玉米草的种植及海藻寡糖的加入增加了土壤中微生物数量，其微生物群落结构与未种植植物及修复前土壤相比发生了较大的变化，而其中植物的生长对于微生物群落结构起到决定性的作用（唐景春等，2010）。Corgie 等（2006）利用 PCR-TTGE 和 RT-PCR-TTGE 的 DNA/RNA 分析技术，研究了菲加速降解的根-土界面微生态系统中土壤细菌的 16S rDNA 和 16S rRNA 的遗传特性变化特征，结果表明，虽然根际土层中细菌的菌群结构较之非根际土无明显变化，但其中的活性菌种却存在较大的变异，这是诱导菲在根际土层中加速降解的根本原因。Kirk（2005）证实石油烃类污染物胁迫下，黑麦草和紫花苜蓿根区的微生物群落结构具有选择性富集效应，特异降解菌群数量在污染土壤中比未污染土壤中多，这是黑麦草和紫花苜蓿根际石油烃加速降解的根本原因。另一方面，黑麦草会增加微生物的总量及活性，而紫花苜蓿则会选择性富集高效降解菌群，对土壤中微生物的绝对量影响不大。一些植物暴露在不同的污染物中会在根面上选择性地富集异化基因型的微生物，这不仅保护植物免受侵害同时也对植物修复起到很好的促进作用（Siciliano等，2001），这也是植物在污染胁迫条件下的动态调节之一，当然这种动态调节并不一定适用于所有的植物。

除了对微生物数量和群落结构的影响外，植物根系渗出物或分泌物的类型和数量，也是影响微生物定植的不可忽视的因素（Laurent，1998）。有研究表明，植物的健康状态与携带的微生物区系关系十分密切，且植物基因型对其所具有的微生物群落的种群密度、组成、微生物的种类均有影响（Smithand Goodman，1999）。

污染胁迫下的根际动态是植物对环境刺激响应的集中表现，不同的植物可能具有不同的响应机制。植物可能通过增加分泌物选择性地增加根际降解菌的数量，也可能仅仅增加微生物的数量，其中一部分是降解菌或者具有其他的对抗污染物的机制。根系释放到根际营养成分的转变对根际微生物的选择性促进作用也可能是植物对污染物胁迫的一种解毒机制，或者根系分泌物通过诱导、促进根际微生物对污染物的解毒能力而使植物免遭毒害。在根际条件下，微生物的数量、活性都会不同于非根际条件；微生物的群落结构变化也可能受到不同的植物的不同影响。

8.7 高效石油降解菌群的构建

通常是从污染处理系统或污染地取样并以污染物或其组成成分为唯一碳源、能源、氮源富集分离出多种优势（或关键）降解菌，而后构建成一个高效菌群再接入系统，处理污水、废弃物、修复污染环境。当然菌群中种的相互干扰、拮抗、竞争也是存在的，这些将会影响到菌群的功能，但可以通过优化结构予以消除。

当处理包括多种污染物（如直链烃、环烃和芳香烃等）的污染时，单一微生物通常不会有太大的效果。降解石油烃类化合物的能力依赖于微生物群落的种属组成。另外，化合物的生物降解通常是分多步进行的，在这个过程中包括多种酶和多种微生物。土著微生物虽然在土壤中广泛地存在，但其生长速度较慢，代谢活性不高，或者由于污染物的存在造成土著微生物的数量下降，使降解污染物的能力降低，因此在污染物的实际处理过程中，需要考虑在污染土壤中接种多种降解污染物的高效菌，或者激发当地多样的土著微生物。接种外来微生物时，会受到土著微生物的竞争，因此，需接种大量的微生物形成优势，才能起到催化作用，才能加快生物修复的速度。

烃类物质降解菌群研究最为普遍，环境中许多微生物都具有代谢石油烃的能力，但单个菌株在纯培养时只能代谢一定范围内不同种类的烃，所以降解烃的复杂混合物（如石油）就需要将具有各种酶活力的菌株进行混合培养。以烃类物质中的不同组分为基质，从污染环境样品中富集分离出优势菌株，而后再把这些菌种组合起来的菌群用于处理含烃废水，处理含烃固体废弃物，修复烃污染的环境。在菌群的构建上还只是把优势降解菌组合在一起，或再加入有特殊功能的菌（如表面活性剂产生菌），有些除了以菌群进行生物强化外，还投加了其他的营养元素进行生物促进以提高菌群的生物修复效率。

菌群的研究关键是对优势种、关键种的认识，并把它们组成一个强化菌群，用于生物强化。目前对于具有协同关系的菌株的筛选和组合还是一个随机的过程，其协同作用的机制有待进一步研究。

8.8 高效微生物制剂及其辅助制剂的研究

微生物制剂是生物修复技术的关键，也是生物修复技术研究的热点，随着生物技术的不断发展和研究的不断深入，文献中出现了大量的新型高效的微生物菌剂研究成果报道。Kolwzan（2004）提出了一种新的生物修复制剂，采用给石油污染土壤中投加该制剂的原位生物修复方法，使石油污染得到了有效的处理。试验结果表明：在夏季 3 个月的处理时间里，可以使石油污染降低至 $n \times 10^{-3}\%$（w/w）以下（n=1～9）。并通过经济评估对比，认为生物修复技术是一种经济有效的土壤修复技术。Murygina（2005）在对俄罗斯 Komi Republic 地区，由于石油泄漏造成的 2 000 m^2 湿地严重污染，致使该地区的土壤已经寸草不生，使用名称为“Rhonder”的微生物制剂进行污染地区的土壤生物修复，取得了明显效果。经过 1.5 个月的修复试验，在土壤的初始石油含量为 0.458%～0.738%（w/w）条件下，降解去除率达到了 20%～51%。并且有 70%～85%的土壤被绿草所覆盖。经过 2002 年冬季寒冷季节过后，到 2003 年春季，在不用继续投加“Rhonder”生物修复制剂的条件下，经过一个夏季的生物降解，其石油的去除率又上升至 54%～79%，并且有 85%～95%的土壤被绿草覆盖，使该地区的石油污染得到了有效控制，并且植物被得到有效修复。Ilyna 等（2003）介绍了一种可以用烃类污染土壤修复的微生物制剂 COBE-10。制剂中的微生物菌株是从石油烃类物质污染的现场土壤中分离出来的。第一步在选择的培养基中，用柴油、燃料油或石油作为唯一碳源进行培养，从其中分离出了 82 株菌株；第二步仍以石油为唯一碳源，调节矿化度的变化，从其中又分离出 30 种菌株；第三步用筛选出的菌株在实验室内用人工配制的污染土壤进行驯化培养，以提高微生物菌株降解石油污染物的能力，最终选择出了 6 株高活性的菌株；第四步进行了 7 种不同载体物质的试验，选择出了适宜的微生物载体，并将微生物固化在载体上形成了固体可以长期保存的微生物制剂 COBE-10。通过用柴油和炼油厂的废弃物污染土壤的生物修复试验，证明该产品效果良好。Lin 等（1999）论述了微生物制剂和辅助制剂（肥料）及土壤氧化剂在含矿物和砂石的沼泽沉积地带石油污染生物修复中的作用，研究是在可控制的温室条件下进行的。研究结果表明：营养物（肥料）的应用可以增强沼泽植物的生长，增加了土壤微生物的呼吸速率，提高了油污降解速度，土壤中残留的芳香烃类化合物总量（TTAH）分别下降了 81%和 17%。土壤氧化剂使用增加了处理成本，使用不当时还会对生物修复产生负面影响，因此建议采用投加无机营养物质的生物修复技术处理沿海湿地石油泄漏造成的污染。叶小梅和常志州（1999）试验研究了添加不同调理剂及不同量调理剂对污泥中石油生物降解的影响。结果表明：添加调理剂可以显著地提高石油生物降解速率；几种调理剂之间比较，以木屑为最好，蛭石次之，稻草再次之。添加 6%的调理剂，在室温下培养 120 d，污泥中石油残留量减少了近 70%。秦煜民和隋智慧（2002）等对辽河油田石油污染土壤进行微生物修复的可行性进行了试验研究。分离出 4 种对石油污染物有降解作用的细菌。研究表明，加入适当的 N、P 元素可加速生物降解；在 H_2O_2 和油酸钠的用量分别为 8 850 $mg·L^{-1}$ 和 166 $mg·L^{-1}$ 时，24 d 内的生物除油率可达 48%；原土壤的 pH 对细菌活性的影响不大。Ponomareva 等（1998）利用天然微生物培养获得了一种降解石油烃的菌属（*Arthrobacter*），有效地净化了石油污染的土壤，并通过投加过氧化钙使净化作用提高了 10%～15%，该方法不仅使表层土壤（10 cm）得到净化，同时也净化了深层土壤。Foght 等（1998）在实验室内从不同土壤和水环境中分离出 6 种降解石油的菌株，形成的商品化的联合菌株（OSBA），该联合菌株具有温度敏感性小的特点，且可有效地去除土壤中石油污染物。也有学者研究发现：给石油污染土壤中加入表面活性剂，可以增强烃类物质污染土壤的生物修复作用，加速土壤中固有微生物的生长（Bock 等，1995；Strong-Gunderson 和 Guzman，1996；Killham 和 Paton，2004）。Dickson（1997）利用废弃棉花籽研制出的生物修复制剂是一种粉末状纤维素，它含有 3%～8%硫酸铵作为生物活性物质。该生物修复制剂具有在水存在时优先选择性吸附烃类物质的能力，并且能够支持天然存在的烃类物质降解菌生长的作用，进而导致被吸附的烃类物质分解而生成 CO_2、H_2O 及其他良性的废产品。已形成商品化产品（商品名称 OILGATOR），产品已经在美国输油管道泄漏事件的处理中得到很好的验证，并已经在美国、德国、日本等地推广应用，该产品是通过检索得知的已经形成工业化生产应用的唯一产品。

8.9　案例：正十六烷酶促降解性的研究

本节以微生物对正十六烷的酶促降解性为例，说明不同环境因素，包括不同底物浓度、温度、pH、营养物质以及表面活性剂，对微生物降解石油烃类物质的影响。本节研究引自陈延君（2007），实验方法见附录 8。

8.9.1　酶提取液的降解能力

蜡状芽孢杆菌 DQ01 关键酶对正十六烷的降解率随时间的变化规律如图 8-1 所示，DQ01 的膜内酶对正十六烷有较高的降解能力，在培养的 72 h 可以达到 96.1%的降解率。另外，72 h 时，96.6%的正十六烷可以被 DQ01 的膜周酶降解，这表示 DQ01 的膜周酶对正十六烷有较高的降解能力。膜周酶主要位于细菌内膜和外膜附近，具有一定的生理功能（Beveridge，1999），比如膜周酶在运输 N、P 等营养元素时起到关键作用。本节的研究发现 DQ01 的膜周酶对碳源的运输也有重要贡献。

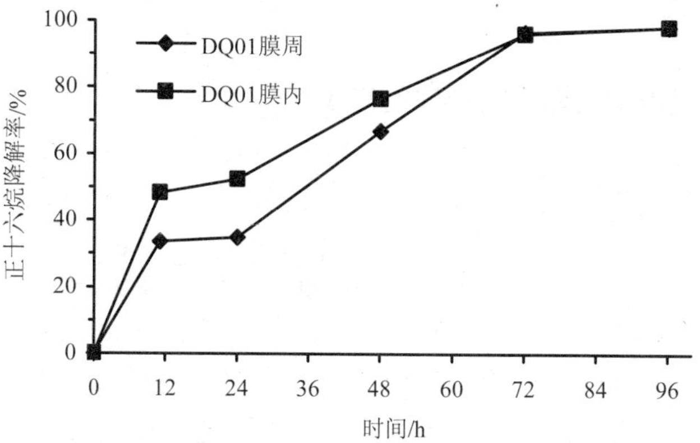

图 8-1　DQ01 的膜周酶和膜内酶对正十六烷的降解情况

如图 8-2 所示，芽孢杆菌 DQ02 胞外酶在 11 h、24 h、48 h、72 h、96 h 对正十六烷的降解率分别为 44.4%、65.2%、80.6%、97%和 99.8%，可见随着时间的增加，胞外酶逐渐将正十六烷催化降解。相比较而言，膜内酶的催化降解能力较强，48 h 以后对正十六的降解率就达到 85%以上。

总体来看，蜡状芽孢杆菌 DQ01 和芽孢杆菌 DQ02 的膜内酶都是降解正十六烷的关键酶，可见，细菌会运输大部分正十六烷到体内，然后进一步被菌种体内的酶系分解代谢。

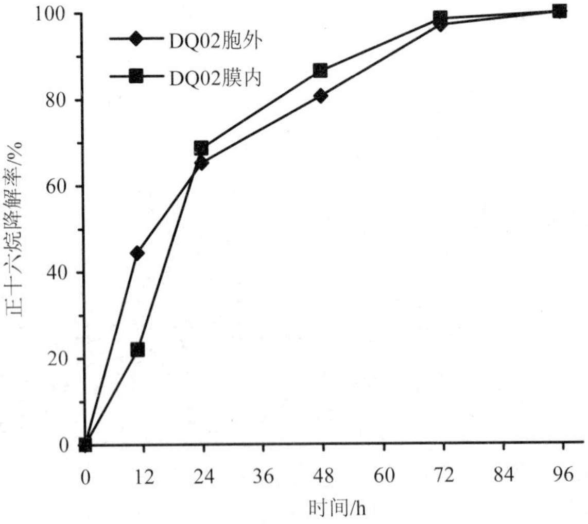

图 8-2 DQ02 的胞外酶和膜内酶对正十六烷的降解情况

8.9.2 不同环境因素对微生物产酶的影响

8.9.2.1 pH 对酶促降解性的影响

试验结果表明，2 株菌的酶对正十六烷降解的最适 pH 在 6.5～8.0。如图 8-3 所示，pH=7.0 时，蜡状芽孢杆菌 DQ01 的膜周酶、膜内酶和芽孢杆菌 DQ02 的膜内酶对正十六烷的降解率都达到 100%。当 pH 小于 6.5 或大于 8.0 的条件下，酶的降解活性明显下降，低于 60%。是因为，一方面过高或过低的 pH 会影响底物分子和酶分子的带电状态，从而影响酶和底物的结合；另一方面当酸度条件过高或过低时，会影响细膜内酶的稳定性（Johansen 等，1997），甚至使酶结构发生不可逆的破坏。

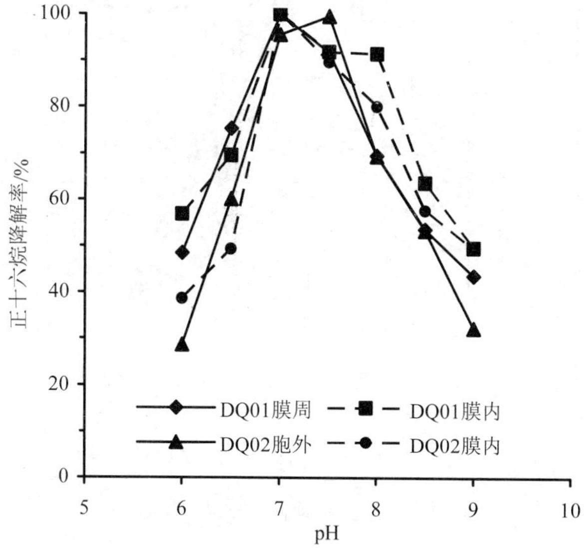

图 8-3　pH 对酶降解性的影响

8.9.2.2　温度对酶促降解性的影响

有机物的微生物降解反应，其中酶促反应起着至关重要的作用。而温度对酶促反应的影响有两方面：一方面，当温度升高时，可以加快分子的热运动，增加分子间碰撞的机会，从而使反应速度加快；另一方面，作为生物催化剂的酶，其化学本质是蛋白质，增高温度可增加酶变性的机会，反而使反应速度减慢。酶反应的最适温度就是这两种过程平衡的结果（Fetzner，1998）。本实验中，如图 8-4 所示，随着酶反应温度的升高，降解酶对正十六烷降解活性增大，这与普通的化学反应相似，但当酶反应温度高于 35℃时，其降解活性显著下降，40℃会引起蛋白质凝固，从而使酶降解性降低，甚至完全失活。可见，两株菌的降解酶对正十六烷降解的最适温度为 25～30℃，过高的温度会使酶严重失活。

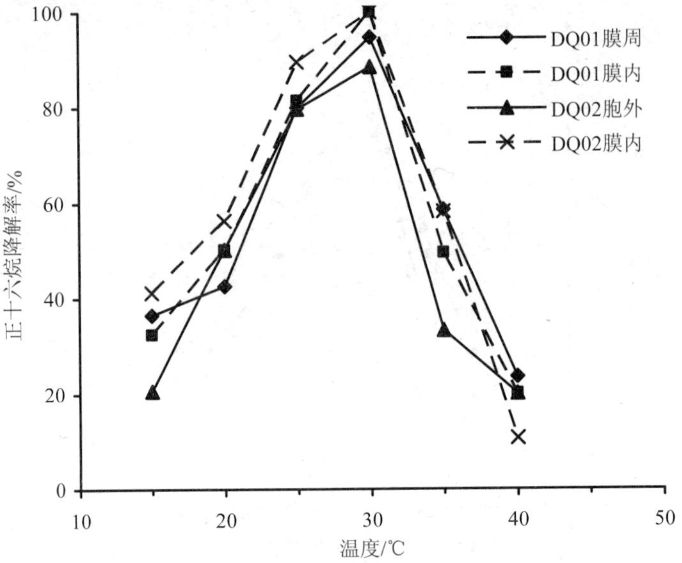

图 8-4 温度对酶降解性的影响

8.9.2.3 底物浓度对微生物产酶的影响

如图 8-5 所示，以 10 mg·L^{-1} 正十六烷为碳源时，蜡状芽孢杆菌 DQ01 膜内酶、膜周酶，芽孢杆菌 DQ02 膜内酶、膜周酶 24 h 后对正十六烷的降解率分别为 54%、38.1%、70.3%和 65.1%。以 1 mg·L^{-1} 正十六烷为碳源时，提取蜡状芽孢杆菌 DQ01 和芽孢杆菌 DQ02 的关键酶对正十六烷的降解能力略低。以 100 mg·L^{-1} 正十六烷为碳源时，提取 DQ01 的关键酶和 DQ02 的关键酶对正十六烷的降解能力均有提高。可能是因为两株菌都是从被石油污染的土壤中分离纯化出的高效降解菌，当正十六烷浓度较高时，会刺激微生物的酶系统，从而使正十六烷降解酶的产生量上升。而正十六烷的浓度为 500 mg·L^{-1} 时，微生物酶的降解能力又有所下降，可能是菌种往往会因为污染物浓度过高导致细胞死亡（Cubitto 等，2004），因此在以正十六烷为碳源培养微生物时可以适当提高正十六烷的浓度，微生物可以分解出较多的降解酶，以利于对正十六烷的降解。在突发的土壤石油污染事故中，往往会有大量的污染物进入周围环境中，如北京东郊某加油站就曾因卸油的意外事故造成油料泄漏，监测资料表明：土壤中油的浓度高达 2 000 mg·L^{-1}（李玮，2004）。这些高浓度的烷烃溶解度较低，所以开始阶段很难被微生物降解。但发现当微生物经过一段时间对污染物适应后，泄漏的一定浓度的烷烃会刺激微生物的产酶系统，逐渐被微生物自然降解。

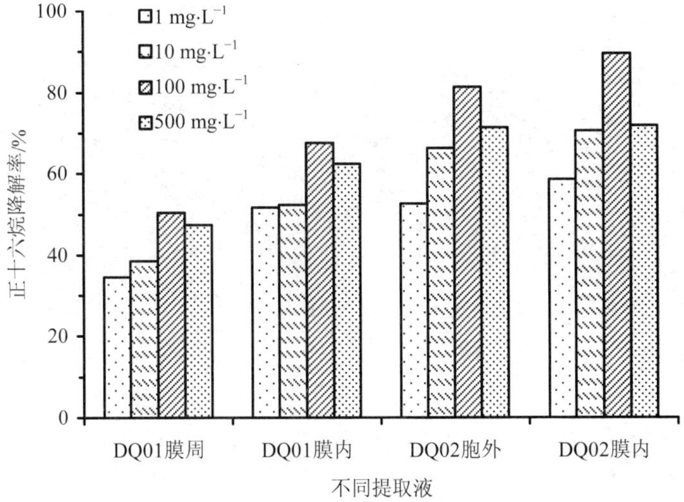

图 8-5　底物浓度对产酶的影响

8.9.2.4　鼠李糖脂浓度对微生物产酶的影响

如图 8-6 所示，鼠李糖脂在一定浓度范围时可以增加降解酶的合成，对两株菌而言，2 $mmol·L^{-1}$ 左右的鼠李糖脂可以比较好地刺激菌种在正十六烷中的生长和产酶，可见低浓度的鼠李糖脂能有效提高细菌产酶的能力，这与 Al-Tahhan 等（2000）的研究结果一致。当鼠李糖脂浓度增大时，微生物合成的酶对正十六烷的降解不稳定，不过大体呈下降趋势。可见表面活性剂除了可以协助难溶性有机物的扩散，有利于微生物吸附降解非水相的污染物（Cubitto 等，2004）以外，还可以促进降解菌关键酶的生成。所以在石油烃污染的修复工作中，可以考虑加入鼠李糖脂来提高污染物的降解率，但鼠李糖脂的浓度需要严格控制。

8.9.2.5　营养物质对微生物产酶的影响

在污染土壤中有机碳含量较高，而 N、P 相对缺乏，因为石油烃能够提供生物较易利用的有机碳，而不能提供 N、P 及其他营养物，所以氮源和磷源是常见的烃类生物降解限制因素，添加适量营养物可以促进生物降解。并且目前在石油污染治理上的大量研究表明，补充氮、磷营养能够显著提高降解菌的数量和活性，缩短去除污染物所需要的时间。

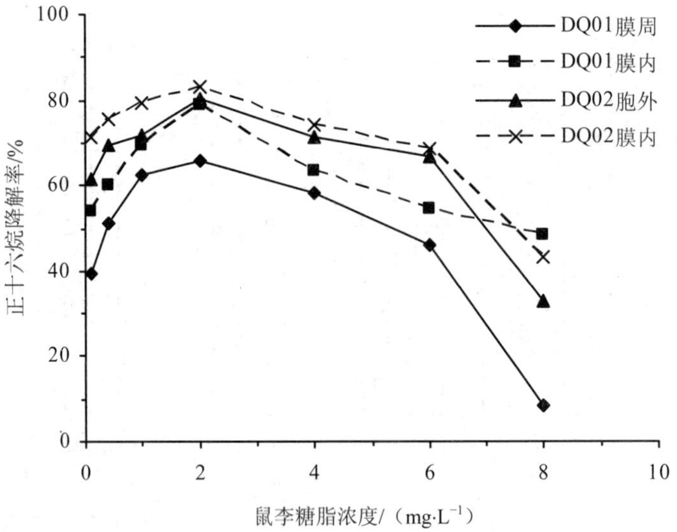

图 8-6 鼠李糖脂浓度对产酶的影响

试验结果如图 8-7 所示，C∶N∶P 为 100∶10∶1 时两株菌自身产酶降解正十六烷的效果最好，这与一般认为 C∶N∶P 为 100∶10∶1 时最适合于烃类的生物降解的结论一致（顾传辉和陈桂珠，2000）。营养物质的重要性在于它们可以为合成细胞质提供基质，为细胞生长和生物合成提供能源。因此有学者认为石油中碳完全转化时所需的氮、磷量可以根据细胞质材料中的 C∶N 比例计算。微生物细胞中碳的含量一般为 46%～52%，氮的含量为 10%～14%，以此计算细胞中碳、氮的比例在 5 左右。试验中当 C、N 比为 5 时，蜡状芽孢杆菌 DQ01 和芽孢杆菌 DQ02 膜内酶的降解能力均在 89%以上，可见降解率也较高。C∶N∶P 为 120∶10∶1 和 C∶N∶P 为 360∶6∶1 的培养条件下，两株菌产酶的能力均明显下降，对正十六烷的降解率远远低于 C、N 比为 10 时菌的产酶降解率。可见，C∶N∶P 达不到细菌代谢所需的比例，就会限制细菌的代谢产酶速度，从而制约有机污染物的降解，但添加过量反而有抑制作用，营养比例对烃类生物降解速率的影响既可以是正向的也可以是负向的（McMillen 和 Gray，1994），因而实际利用微生物处理石油烃类污染时存在一个经济合理的添加量及添加比例。研究表明 C、N、P

的配比以 100∶10∶1 和 100∶20∶1 为较合适，可以提高蜡状芽孢杆菌 DQ01 和芽孢杆菌 DQ02 产酶和对正十六烷的降解。

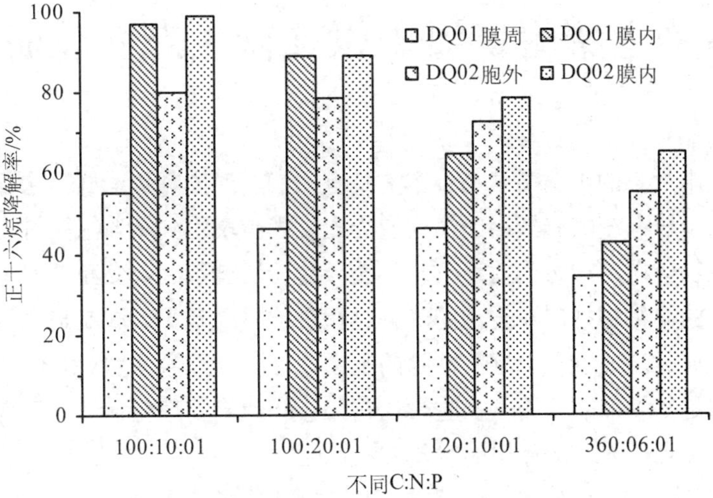

图 8-7　营养元素对产酶的影响

第 9 章 石油污染土壤耐低温菌根际微生态变化研究

大多数未污染的土壤微生物群落均具有天然石油烃降解菌群，这种固有的特性使大多数土壤系统具有较高的烃代谢能力。当土壤受到石油污染时，具备降解能力的微生物会在这种污染胁迫下产生诱导酶，通过基因突变和自然选择作用，适应新底物的微生物种属在石油的降解过程中被逐渐富集，这就是自然状态下石油烃和其他烃类污染物从土壤中消除的基本途径之一。微生物对石油烃的代谢过程最终产物是 CO_2 和水，不会产生二次污染，相比于物理化学修复而言是目前应用前景最广并且最为经济环保的修复方法。

筛选高效的石油烃降解菌已经成为开展石油烃污染土壤修复工作的前提。另外，由于环境条件的限制作用，能够适应不同温度条件的石油烃降解菌也越来越受到重视。从天津大港油田某采油井周围采取土壤样品，通过对土样进行大量的菌种筛选工作，筛选出 31 株低温条件（10℃）能够降解石油的微生物菌株。本实验以前期的工作为基础，继续对其中具有较好降解性能的两株菌 DG17、DG24 进行培养鉴定，并进行土壤原油降解特性研究，为土壤修复选择高效降解菌。

9.1 微生物根际修复实验设计

土壤中的石油烃污染对植物的生长发育具有一定的影响。吕志萍和程龙飞（2001）的研究结果表明，土壤中石油烃浓度大于 500 $mg{\cdot}kg^{-1}$ 即可对玉米的萌芽和生长均产生明显毒害作用。在石油烃含量为 5 000 $mg{\cdot}kg^{-1}$ 土壤中生长玉米的株高、茎径、叶片数与未受污染土壤中的相比都明显降低。因此，必须严格控制土壤中的石油烃浓度，有研究推荐选择植物修复的污染土壤石油烃含量一般低于 5%。同样，石油烃的微生物降解率受其浓度的影响较大，高浓度石油烃会抑制微生物的活性并对其有毒性作用。小麦根部对石油污染较为敏感（程云和周启星，2002）。有研究表明，在 31 000 $mg{\cdot}kg^{-1}$ 的石油污染土壤中，种植紫花苜蓿和黑麦草能提高石油烃降解菌的数量（Kirk 等，2005）。考虑到植物的耐受性，选取合适的石油烃浓度非常重要。

根据到北方油田区的实际情况，结合前期预试验小麦、玉米、紫花苜蓿以及黑麦草的种植结果，选择以小麦、紫花苜蓿为本次研究的供试植物。小麦为北方地区典型的粮食作物，并且属于单子叶植物；紫花苜蓿则属于北方地区常见的牧草，属于双子叶植物，有研究表明不同类型的植物对于土壤中微生物群落的定向调节具有不同的方向，而双子叶植物与单子叶植物的调节机制也有差异，例如单子叶植物一般都具有较大的须根系，可以提供更大的根表面积（Kirk 等，2005）。本研究将小麦、紫花苜蓿与高效降解菌 DG17 进行联合，分别采用固定化菌剂和菌悬液的形式接种到石油污染土壤中，构建植物-微生物协同修复体系，研究协同体系中石油烃随时间的降解率。选取 3%的石油烃浓度，即 30 000 $mg \cdot kg^{-1}$ 作为试验浓度，将采自华北油田的原油污染土壤与清洁农田土壤充分混匀后静置于 4℃条件下 30 d。土壤样品混匀后进行理化性质分析，实验方法见附录 9。

分别设置不同的实验条件，如表 9-1 所示，在实验室可控条件下进行盆栽实验，采用 9 个设计 4 平行。选用白色陶土盆，直径为 25 cm，高 25 cm。每个盆中装入石油污染土壤 2 500 g（石油烃的质量分数为 3%）。盆栽实验进行前放在人工气候箱平衡 14 d，条件控制在 25℃ 16 h 光照，18℃ 8 h 黑暗，含水率控制在 30%。接种的高效降解菌采用前期筛选的菌株，按照 0.1%的比例（1 g 菌体$\cdot$1 kg^{-1} 土）分别接种固定化外源菌和菌悬液，菌悬液与固定化颗粒分别与土壤充分混合后开始下一步试验。

小麦种子和苜蓿种子经过消毒处理后，播种在土壤中，16 h 光照，温度控制在 25℃；8 h 暗反应温度控制在 18℃。配制 Hoagland’s 营养液定期浇灌土壤。在修复实验开始前进行种子发芽实验，观察小麦和苜蓿的发芽情况。

模拟北方区的自然气候条件，实验设计进行 10 周，为避免高浓度石油污染土壤对于小麦、紫花苜蓿的发芽抑制作用，本试验选择在接种外源微生物后将浸泡至已微露白芽的小麦与苜蓿种子播种至土壤中，一周后种子陆续发芽。分别于播种后第 7 天、第 21 天、第 42 天、第 56 天、第 70 天采集土壤样品，实验条件设置为 20℃ 12 h 光照，10℃ 12 h 黑暗。取样采用灭菌的抹刀，小心去除表层土壤，然后取下圆柱形的土体。轻轻抖落植物根系附着的表土，小心收集根周围土壤，取 20 g 土壤样品放在冷冻干燥机中，冷冻干燥 48 h，以进行后续的石油烃含量测定的实验、酶活性测定的实验。取 5 g 根际土以进行微生物群落多样性测定，取同样质量的空白土样作对照。另取 3 g 土壤样品，去除植物，105℃烘干 48 h 测定土壤含水率。称取相当于 10 g 风干土样的新鲜土壤进行 Biolog 分析。

表 9-1 实验条件设计

样品号	实验设计
A	原状土+小麦+固定化菌剂
B	原状土+苜蓿+固定化菌剂
C	原状土+小麦+菌悬液
D	原状土+苜蓿+菌悬液
E	原状土+小麦
F	原状土+苜蓿
G	原状土+固定化菌剂
H	原状土+菌悬液
I	原状土（采自油田落地油污染土）

分别于 2010 年 9 月 12 日与 26 日进行两次种子发芽实验，如图 9-1 所示。分别选取饱满的小麦和紫花苜蓿种子各 200 颗，控制温度湿度条件：温度控制在 25℃，8 h 暗反应温度控制在 18℃；湿度控制在 60%，土壤含水率控制在 30%。试验在北京师范大学温室的人工气候箱内进行。

图 9-1 种子发芽实验照片

2010 年 10 月 20 日开始准备石油污染土壤，充分混合静置一个月。制备高效降解菌的菌悬液和固定化菌剂，保存于 4℃冰箱。12 月 3 日开始植物实验，分别于 12 月 10 日、12 月 24 日、1 月 14 日、1 月 28 日、2 月 11 日取样。实验开始前，测定土壤的理化性质、含水率等指标，见表 9-2 和表 9-3。控制初始的土壤含水率在 30%左右。菌株的富集培养方法、石油烃含量的测定方法、荧光素二乙酸酯酶活性分析方法、Biolog 分析方法、土壤微生物遗传多样性分析方法见附录 9。

表 9-2　土壤理化性质　　单位：$mg{\cdot}kg^{-1}$

土壤理化性质指标	C	H	N	P	K
褐土	46 290	9 070	640	583.43	18 606

表 9-3　土壤含水率

样品名称	含水率/%
A	26.50
B	23.92
C	28.87
D	23.08
E	16.62
F	22.62
G	38.60
H	24.77
I	20.77

9.2　根际外源菌修复体系中石油烃的降解规律研究

筛选高效外源菌进行石油污染土壤的微生物修复已经得到了广泛的研究，许多研究发现外源微生物投入污染土壤中，由于环境条件难以改造成微生物适宜的降解环境，加上土著菌与外源菌存在竞争作用，导致微生物在对新环境的适应过程中的优势不明显，往往导致修复效果不如预期。随着石油烃耐受性植物的深入研究以及根际概念的提出，根际微域越来越受到研究者的重视。植物根际圈能为微生物提供持续营养物质并为其生长创造良好的环境。因此在进行污染土壤的微生物修复中引入石油烃耐受性植物，构建植物-微生物协同修复体系可能是改善土壤环境，提高菌株活性，强化微生物降解的一条有效途径。

通过植物根际作用降解石油烃，主要是依靠根系周围的土著微生物群对石油烃的降解，往往土著微生物群的代谢潜能不足以支持对污染物的快速和完全降解。接种外源菌并结合土壤根际的土著微生物群，能够显著提高石油烃的降解率。选择不同植物以及不同的石油烃降解菌构建的修复体系对于石油污染土壤的修复效果也不尽相同，本研究通过筛选不同植物与降解菌株构建根际微生物协同修复体系，比较不同类型植物以及不同的外源菌接种方式中对石油降解的影响。

9.2.1 接种外源菌条件下土壤石油烃降解情况

石油烃初始浓度控制在 3%（30 000 mg·kg^{-1}），即 10 g 土中总石油烃（TPH）含量为 0.3 g，将华北油田的原油污染土壤（浓度在 10%左右）与清洁农田土壤混合，静置 30 d 后测得的石油烃含量为 30 931 mg·kg^{-1} 土。这一过程主要是为了让混合后的土壤能够更加均匀。由于该实验土壤取自华北油田落地油污染土，经过长时间的挥发，石油烃中的易挥发成分大部分消失，剩余部分主要是沥青质以及其他长链烷烃、环烷烃以及芳烃等难降解成分。

本研究主要考察不同的高效外源菌的接种方式对于石油烃降解的影响，许多研究证实对高效降解菌进行固定化处理，可以更好地抗击环境冲击；另一方面，在土著降解菌存在的情况下，固定化处理可以较好地避免土著菌对外源菌的冲击，使得外源菌能够在土壤中有一个更好的生存环境。

如图 9-2 所示为接种固定化 DG17、DG17 菌悬液以及对照组的石油烃含量随时间的变化情况。在实验条件设置为 20℃ 12 h 光照，10℃ 12 h 黑暗情况下，经过 70 d 降解后，在不投加任何表面活性剂以及无其他外界条件扰动下，对照土壤的总石油烃含量从 30 720 mg·kg^{-1} 下降为 26 780 mg·kg^{-1}，降解率为 12.83%，主要是土著菌的作用。接种固定化的外源菌 DG17 对石油烃的降解有较大的促进作用，降解率为 19.33%，而接种菌悬液的条件下仅为 16.43%，一方面可能是土著菌与外源菌存在竞争作用，而固定化的菌剂能够较好地保护外源菌免受外界环境因素的干扰；另一方面可能由于包埋外源菌的载体材料在降解的过程中能够提供部分营养物质，对于土著菌降解石油烃也有一定的促进作用。

对石油烃含量的变化过程进行进一步分析。试验初期，采用海藻酸钠和凹凸棒土进行固定化处理的 DG17 即表现出较好的降解效果。相对于接种 DG17 菌悬液和对照组而言，接种固定化 DG17 条件下，石油烃的降解速率最高，达到了

185.7 mgTPH·（kg 土壤·d）$^{-1}$。6 周之后，该处理条件下的石油烃降解速率出现了较大程度的下降，仅为 24.8 mgTPH·（kg 土壤·d）$^{-1}$，第 8 周之后，缓慢上升，达到 40 mgTPH·（kg 土壤·d）$^{-1}$。接种 DG17 菌悬液在初期并未表现出较高的石油烃降解速率，仅为 71.4 mgTPH·（kg 土壤·d）$^{-1}$，相比于对照组的 102.1 mgTPH·（kg 土壤·d）$^{-1}$，反而有所降低。6 周之后，接种 DG17 菌悬液处理的石油烃降级速率开始升高，第 8 周之后达到了最高值 107.1 mgTPH·（kg 土壤·d）$^{-1}$。分析对照组的石油烃降解规律可以看出，由于较适应的温度和湿度条件，实验开始前 6 周，石油污染土壤中存在的土著微生物对石油烃具有较好的降解作用。实验后期，石油烃降解速率开始下降，从 88.1 mgTPH·（kg 土壤·d）$^{-1}$ 降到了 30.5 mgTPH·（kg 土壤·d）$^{-1}$ 直至最后基本无降解。而接种外源菌条件下，在经历了 70 d 的降解过程后，微生物依然表现出对石油烃较强的利用能力，相比于对照组而言，具有更加持续的降解潜力。

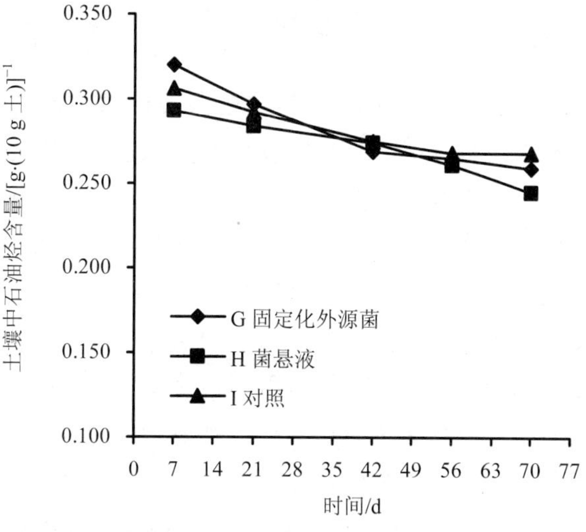

图 9-2　不同修复体系中石油烃浓度随时间变化

有研究发现，有机污染物在土壤中具有被“陈化”（aging）的倾向，并随着时间的推移变得比较稳定。这些有机污染物的稳定性、释放行为、环境影响因素等问题，都可能会影响到植物修复效率（Meharg 和 Cairney，2000）。本试验选用的华北油田废弃油井落地油污染土具有一定的时间年限，一方面石油烃与土壤的结合非常稳定；另一方面，由于挥发、淋滤以及生物降解等因素使得石油烃中易被利用的低分子量的烷烃、芳烃含量减少，而难以利用的沥青质、长链烃、高环的多环芳烃成分增加。对照组后期的石油烃降解速率出现了较大幅度的下降可能与这一因素有关。

固定化颗粒投加到土壤中，不断释放石油烃降解菌，对石油烃具有较好的利用效果，并与土著菌形成一定的竞争作用；随着时间的推移，固定化颗粒逐渐变小直至消失，外源菌的优势作用开始减弱，因此在实验后期，接种固定化外源菌条件下石油烃的降解速率有所降低。接种菌悬液条件下，实验初期的降解效果并不佳，外源菌 DG17 与土著微生物可能存在着竞争作用。在前面研究假单胞菌 DG17 和芽孢杆菌 DG24 的组合的降解效果时发现混合菌的效果不如单菌，分析有可能是假单胞菌 DG17 对原油中的烷烃类化合物和芳烃类化合物都有一定的降解效果，可能对其他菌的生长产生了抑制作用。实验后期，这种抑制作用得到缓解，有可能是土著菌占据了优势，也有可能是 DG17 与土著菌有了较好的协同。

9.2.2 种植植物条件下根际土壤石油烃降解情况

本研究选用了北方油田区常见的粮食作物小麦和牧草类作物紫花苜蓿，分别研究其种植条件下石油烃的降解情况。实验开始前，进行了植物毒理实验。

目前已建立的高等植物毒理实验的 3 种方法分别为种子发芽实验、根伸长实验和早期植物幼苗生长实验（Gong 等，1999；宋玉芳等，2002）。以高等植物种子发芽抑制率进行土壤污染生态毒理效应研究，是从生态毒理学角度衡量土壤环境质量和土壤污染的重要方法。为了筛选出石油烃污染土壤适合的修复植物，污染土壤中种子的发芽实验已得到广泛的应用。有研究者通过玉米草、黑麦草等牧草的发芽率来筛选适应的植物，也有对粮食作物小麦、玉米，豆科植物紫花苜蓿等进行发芽和生物量的研究，还有以花卉植物种子萌发来考察植物对于不同浓度石油烃污染土壤的响应（李方敏等，2006；Muratova 等，2008；彭胜巍，2009）。

对小麦和紫花苜蓿的种子发芽情况观察显示，在石油烃污染条件下，小麦和紫花苜蓿的发芽时间均较正常情况下有所延长，其中，小麦种子在播种 7 d 开始发芽，无污染土壤中为 4～5 d，而紫花苜蓿则在播种 10 d 后陆续发芽，无污染土壤中为 3～4 d。实验 14 d 后统计发芽的颗数，两次重复后发现小麦的平均发芽率为 67%，紫花苜蓿的发芽率为 79.5%。石油烃污染胁迫条件下，小麦和紫花苜蓿的发芽时间有一定的延长，此外发芽率有不同程度的下降，相比于清洁土壤中分别下降了 17.1%、11.4%。研究表明，石油烃污染对植物的发芽有一定程度的抑制作用，抑制程度与石油烃浓度以及种子与石油烃接触的时间长短有关。接触时间越长，发芽率越低，恢复发芽所需的时间越长（张久根和蔡士悦，1993）。程国玲和李培军（2007）在研究矿物油对小麦和紫花苜蓿的种子萌发的影响时发现，随着油浓度的增加，苜蓿种子的发芽率也呈下降趋势，但与小麦种子发芽率相比，矿物油对苜蓿发芽率的影响较小，10 000 $mg \cdot kg^{-1}$ 时抑制率仅为 23%。本研究中，石油烃对小麦和紫花苜蓿的发芽同样都有不同程度的抑制作用。

图 9-3 为种植小麦和紫花苜蓿条件下根际土壤石油烃的降解情况。种植小麦和紫花苜蓿都能不同程度地提高石油烃的降解率，降解率分别为 14.38%、21.95%；其中紫花苜蓿对石油烃的降解具有更好的促进效果，小麦对石油烃污染较为敏感，在 3%的污染浓度下，小麦发芽虽然受影响不大，然而小麦的生长、根伸长等受到了一定程度的抑制。因此，单独种植小麦的条件下，石油烃的降解率并没有较大提高，与对照组的 12.8%基本接近。

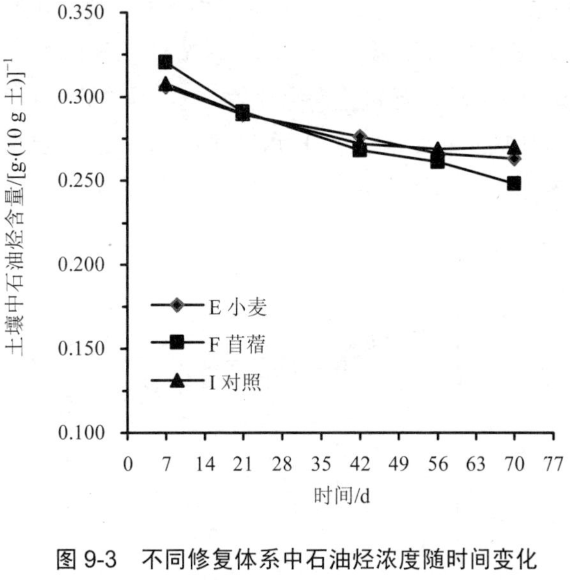

图 9-3　不同修复体系中石油烃浓度随时间变化

研究表明，矿物油对小麦根生长以及芽生长均有抑制作用，其中对于根生长的抑制作用较对芽生长的抑制作用更为显著。分析指出，与种子发芽相比，根从一开始就完全暴露于土壤中，与污染物接触更充分，其生长和发育过程受土壤条件的影响较大。因此，根对土壤污染的反应更敏感（宋玉芳，2002）。本研究中，小麦根系受石油污染的影响比苜蓿更显著。在种植紫花苜蓿的条件下，初期石油烃的降解速率达到 187.1 mgTPH·（kg 土壤·d）$^{-1}$，明显高于对照组。21 d 之后，石油烃的降解速率有所下降，但仍然高于对照组。植物根际微域是不同于普通土壤环境的特殊区域，在种植植物的条件下，由于根系呼吸、根系分泌以及根系其他活动都可能使得根际土壤的微生物活性以及群落结构、丰富度发生变化，从而更加有利于微生物利用石油污染物。

9.2.3 菌悬液条件下根际土壤石油烃降解规律

如图 9-4 所示，菌悬液条件下根际石油烃的降解率为 16.78%，种植苜蓿并投加 DG17 菌悬液条件下石油烃的降解率为 15.86%，两者比较接近。相比于无任何处理的对照组而言，两个处理条件下石油烃降解率有一定程度的提高，然而对比接种菌悬液处理 16.4%的降解率而言，没有太大的差异。由此可见，在接种菌悬液后再种植植物石油烃的降解并没有较大程度的提高。种植苜蓿并接种 DG17 菌悬液条件较单独种植苜蓿条件下 21.95%的降解率有所下降，分析这 3 种处理可以看出，单独种植苜蓿的处理效果最佳，苜蓿-土著菌具有更好的协同作用。一方面，种植苜蓿能够改善土壤环境，促进土著微生物对石油烃的利用；另一方面，大量的外源假单胞菌 DG17 的加入又可能因为竞争而产生一定程度的抑制作用，因而苜蓿-菌悬液处理条件下石油烃降解率反而比单独种植苜蓿低。

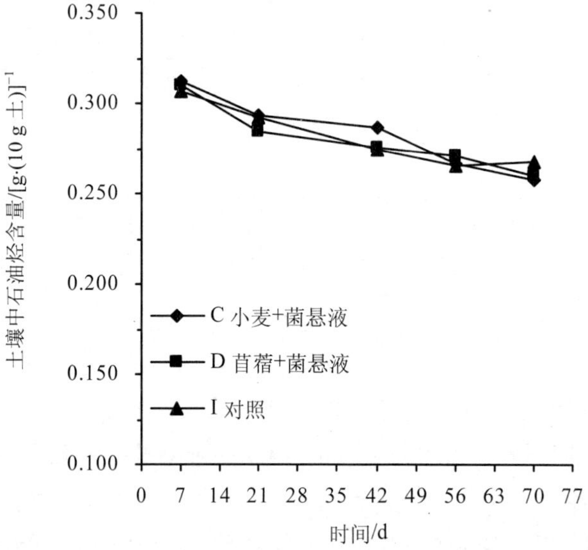

图 9-4 不同修复体系中石油烃浓度随时间变化

对石油烃的降解过程进行进一步分析发现：苜蓿-菌悬液处理条件下，石油烃降解速率在前 3 周明显高于对照，达到了 175.7 mgTPH·（kg 土壤·d）$^{-1}$，之后 5 周石油烃降解较为平缓，第 8 周后降解速率再次提高。小麦-菌悬液体系石油烃降解速率则是在第 6 周（42 d）至第 8 周（56 d）最高，达到 90.5 mgTPH·（kg 土壤·d）$^{-1}$。植物-菌悬液处理条件下，石油烃降解速率在后期都出现了明显的增加趋势。其中，种植小麦并接种外源菌条件下，石油烃含量的变化规律与只接种外源菌的处理十分类似。

9.2.4　固定化缓释菌剂条件下根际土壤石油烃降解规律

如图 9-5 所示，固定化外源菌处理条件下，根际石油烃含量从最初的 30 520 mg·kg^{-1} 下降为 25 000 mg·kg^{-1}，降解率为 18.09%，苜蓿与固定化外源菌的处理条件下石油烃的降解率为 15.73%。从图上可以看出，在前 3 周，在种植植物并接种固定化外源菌处理条件下，石油烃的降解速率基本与对照接近；第 3 周至第 6 周，对照组的石油烃降解速率高于处理组；从第 6 周开始处理组的石油烃降解速率开始高于对照组，第 8 周之后增加的趋势更为明显，其中小麦-固定化外源菌处理条件下石油烃的降解速率达到 168.6 mgTPH·（kg 土壤·d）$^{-1}$，苜蓿-固定化外源菌处理条件下达到 105.7 mgTPH·（kg 土壤·d）$^{-1}$。

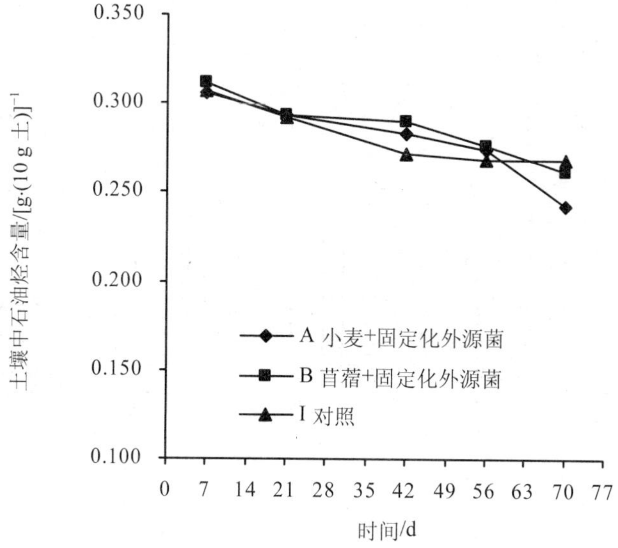

图 9-5　不同修复体系中石油烃浓度随时间变化

与只接种固定化外源菌的处理进行比较发现，小麦-固定化外源菌处理与苜蓿-固定化外源菌处理石油烃的降解主要集中在 42 d 之后，初期石油烃降解较为缓慢；而接种固定化外源菌处理的前 6 周具有较高的石油烃降解效率，后期土壤石油烃含量变化较小。分析原因，可能是植物存在条件下，根系的作用减缓了浇水以及温度、湿度变化对于固定化颗粒寿命的影响，外源菌 DG17 的释放速度有所减缓。实验后期在植物根系周围的土壤仍然发现了固定化颗粒的存在，由此初步判断植物根际环境能够促进包埋处理的外源菌 DG17 的缓释。小麦与紫花苜蓿相比，与固定化外源菌具有更好的协同作用，初步分析这可能与植物的根系形态以及根际调节机制有关。小麦属于单子叶植物，属于须根系类型，种子萌发时所发生的主根很早退化，由茎基部长出丛生须状的根，也称为不定根（adventitious roots）。不定根的存在使得植物与固定化外源菌有更多的接触，为外源菌的定殖提供良好的环境。紫花苜蓿则属于直根系，主根发达而无须根。

如图 9-6 所示为不同处理条件下石油烃的总降解量。其中种植紫花苜蓿情况下，经过 63 d 的降解，土壤中石油烃含量减少了 7 020 $mg\cdot kg^{-1}$；固定化外源菌处理条件下，石油烃的含量减少了 6 200 $mg\cdot kg^{-1}$，小麦-固定化外源菌协同修复体系中，石油烃的含量减少了 5 520 $mg\cdot kg^{-1}$；而只有土著菌存在条件下，石油烃的含量下降了 3 940 $mg\cdot kg^{-1}$。

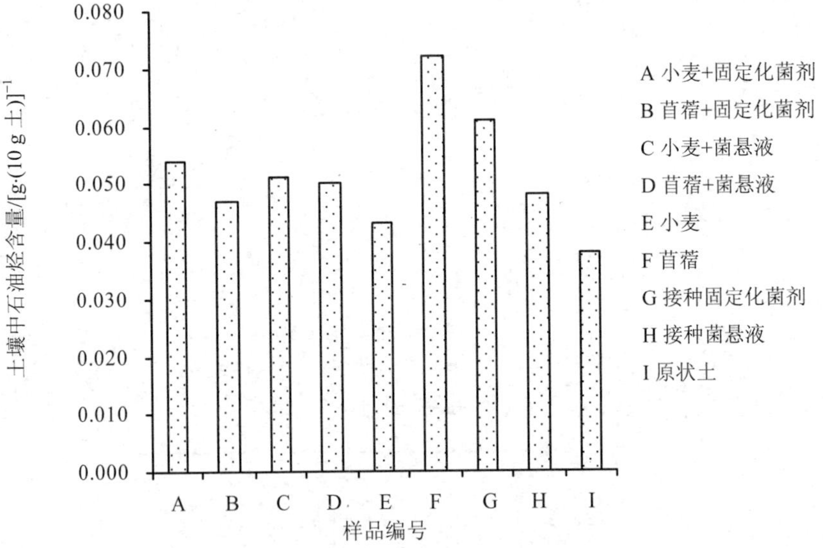

图 9-6　不同处理条件下土壤中石油烃含量

许多研究证实，固定化微生物能够更好地发挥优势。邵娟（2006）对嗜碱芽孢杆菌 SG，胶质芽孢杆菌 JZ 和巨大芽孢杆菌 JD 进行固定化，并进行原油降解性能研究时发现，固定化菌株能够降低原油的黏度，最高降黏率达到 31.97%。同样，本实验中，固定化外源菌相比于菌悬液而言对石油烃具有更好的降解效果。

整个实验阶段，单独种植苜蓿以及只投加固定化外源菌对石油污染土壤均有较好的修复效果，其次是小麦和固定化外源菌的协同修复体系。种植紫花苜蓿对土著菌降解石油烃有较好的促进作用，而种植小麦对于土著菌的促进作用并不显著，这可能与小麦的生长周期以及实验条件有关。实验温度控制在 20℃ 12 h 光照，10℃ 12 h 黑暗情况下，植物生长较为缓慢。小麦生长期可大致分为 11 个时期：出苗期、分蘖期、越冬期、返青期、起身、拔节、孕穗期、抽穗期、开花期、灌浆期、成熟期。而本实验条件下，小麦经过 3 周的出苗期之后未进入自然状况下的越冬期，相比于自然状态下小麦茎秆较为纤细。另外，小麦根系对于石油烃污染较为敏感，实验过程中发现小麦的生长情况不如正常条件。

当根际内源菌和固定化外源菌同时存在时，一方面，小麦的根际环境可能使得固定化颗粒中包含的外源菌 DG17 得以缓慢释放，相比于只接种固定化外源菌而言，与土著微生物的融合有一个缓冲过程，而且具有更长久的作用效果；另一方面，外源菌的缓慢释放也增加了对石油烃的降解，有效减缓污染物对于小麦根系的胁迫作用，能够更好地保护小麦的根系。

比较不同处理条件在实验后期石油烃的降解情况发现，小麦-固定化外源菌 DG17 处理条件下，石油烃的降解速率在所有的处理中最高（图 9-7）。种植紫花苜蓿情况下以及接种固定化外源菌处理条件下，总石油烃的含量有了较大程度的减少；然而实验后期，土壤石油烃的降解速率开始变缓，特别是 56 d 之后，分别降至 78.57 mgTPH·（kg 土·d）$^{-1}$ 和 40 mgTPH·（kg 土·d）$^{-1}$。相比之下，小麦-固定化外源菌体系在 42 d 之后就表现出了较高的降解速率，达到了 53.3 mgTPH·（kg 土·d）$^{-1}$，高于种植苜蓿的 41.9 mgTPH·（kg 土·d）$^{-1}$ 和 24.8 mgTPH·（kg 土·d）$^{-1}$。56 d 之后，降解速率更是上升至 168.6 mgTPH·（kg 土壤·d）$^{-1}$，远远高于其他处理。随着降解时间的推移，小麦-固定化外源菌表现出了良好的修复潜力。相比于其他处理而言，小麦与固定化外源菌 DG17 具有更好的协同修复效果。由于实验周期的限制，植物的根系成熟度受到一定的影响，如果这一限制因素取消，该协同修复体系将会更加充分的发挥其对于石油烃的降解优势，取得更好的修复效果。

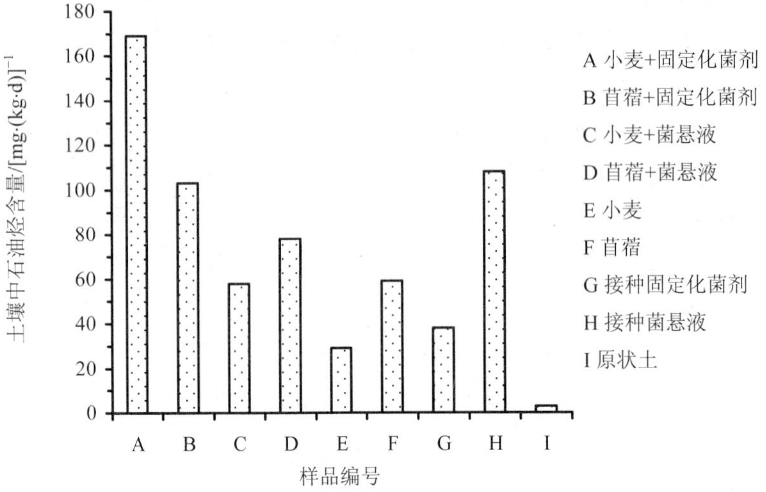

图 9-7 56～70 d 不同处理条件下石油烃降解速率的变化

9.3 根际微生态调节过程中土壤酶活性的变化规律

土壤酶是参与土壤新陈代谢的重要物质，它主要来自微生物细胞，也可以来自动植物残体。在土壤的碳、氮、硫、磷等各类元素的物质循环中都有土壤酶的作用，特别是有机残体的分解和某些无机化合物转化的开始阶段，以及在不利于微生物繁殖的条件下，土壤酶有着重要的作用。土壤中积累的酶类型很多，已知的可分为氧化还原酶类、转移酶类、水解酶类和裂解酶类等，不同的酶可以用来反映土壤生物物质转化以及微生物活性、活动强度等。

在石油污染土壤的生物修复过程中，植物根系及微生物都能产生各种各样的酶，能够催化石油烃进行氧化反应，其中最为重要的是脱氢酶。脱氢酶在石油烃氧化过程的起始阶段起着重要作用，它使石油烃的氢原子活化并传递给特定的受氢体，实现石油烃的氧化和转化。脱氢酶在环状有机化合物的分解转化过程中起着重要的作用，其主要参与 PAHs 加氧化后形成中间产物转-二聚氢脱氢生成儿茶酚的过程，其活性的大小可以反映土壤对有机化合物降解能力的强弱。在许多情况下，植物根系及微生物对石油污染物的降解或转化从脱氢开始。因此，可以利用脱氢酶的活性反映植物根系-微生物系统降解石油的活性。

同样，荧光素二乙酸（FDA）可以被土壤中的许多酶所水解，如蛋白酶、脂肪酶以及酯酶等，发生酶促反应过程，其水解活性也可以有效评价土壤微生物的总体活性。有研究表明，在石油污染土壤中，根际作用对污染土壤微生物的生长有促进作用，与无植物污染土壤相比，微生物 FDA 活性高出 0.29～0.36（陈嫣等，2005）。在种植高羊茅与菌群及其混合体联合的条件下，微生物 FDA 活性提高 0.53～1.26 倍（杨琴等，2009）。

以往对于石油污染土壤的植物-微生物协同修复体系的研究中，酶活性的研究多是限于脱氢酶、过氧化氢酶、脲酶、多酚氧化酶等或者是利用 FDA 来评价微生物的活性，而两者结合的研究尚不多见，因此，本章对协同修复体系中的脱氢酶和荧光素二乙酸酯酶进行研究，分析酶活性变化及其与石油烃降解的相关关系。

9.3.1　脱氢酶活性变化规律

分别对不同处理条件下，不同采样时间的土壤样品进行处理，分析其脱氢酶活性随时间的变化规律，如图 9-8 和表 9-4 所示。除了接种固定化菌剂和接种菌悬液处理外，脱氢酶活性在整个试验过程中都经历先升高后下降的趋势。其中小麦-固定化菌剂协同修复的条件下，脱氢酶活性上升幅度最大，经历 14 d 的降解后从初始的 35.124 μgTPF·g^{-1} 干土上升至 55.822 μgTPF·g^{-1} 干土，提高了 0.59 倍。在种植植物的条件下，前 14 d 内土壤脱氢酶活性都有较大的提高。其中，小麦、紫花苜蓿与固定化外源菌协同修复体系中脱氢酶活性分别增加了 20.698 μgTPF·g^{-1} 干土、19.189 μgTPF·g^{-1} 干土，高于小麦、紫花苜蓿与菌液的处理条件。在只种植小麦与紫花苜蓿，不接种外源菌的条件下，脱氢酶活性也分别提高了 11.092 μgTPF·g^{-1} 干土、10.507 μgTPF·g^{-1} 干土。清洁土壤中添加石油烃污染物时，土壤的脱氢酶活性会发生显著的变化。有研究发现，以柴油为污染物进行模拟实验，发现被污染后土壤 FDA、脱氢酶及过氧化氢酶活性均立即增加（Margesin 等，2000）；而也有研究表明，中等程度的石油烃污染（4 000～8 000 mg·kg^{-1}）能明显抑制脱氢酶活性（Megharaj 等，2000）。原油污染土壤中本身存在大量的土著微生物能够降解石油烃，当供试土壤置于适宜的环境条件下，土著菌开始发挥作用，能够一定程度地利用石油烃作为碳源。因此，实验初期，土壤具有一定的脱氢酶活性。

在种植植物的条件下，土壤脱氢酶活性能够一定程度的提高，许多研究者在试验过程中也证实了这一点。例如，王靖等（2008）研究发现通过 150 d 的盆栽实验，铺地黍、牛筋草和百丝 3 种草不同程度地加快了土壤中石油污染物的降解，与未种植植物土壤相比，土壤中脱氢酶的活性高出 0.61～1.20 倍。

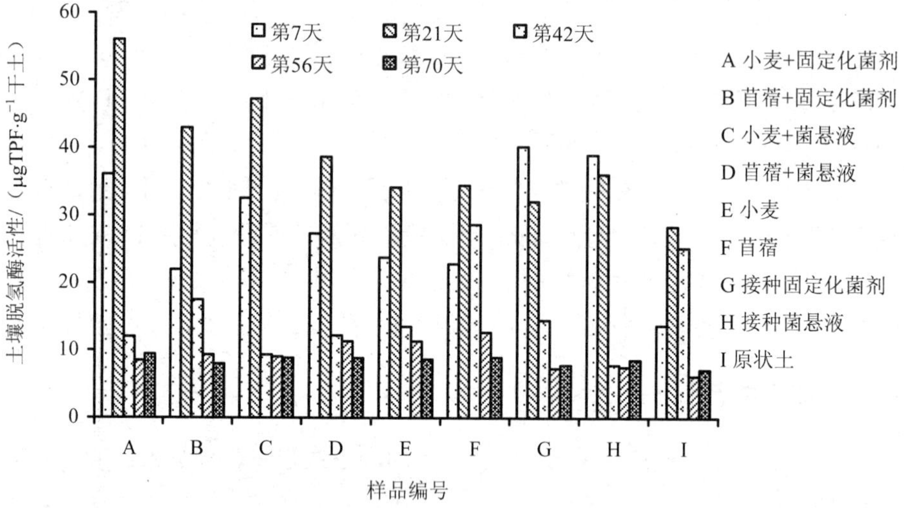

图 9-8 不同土壤样品条件下脱氢酶活性变化

表 9-4 不同时间段脱氢酶活性值

样品编号	实验设计	初始的脱氢酶活性	21 d 脱氢酶活性	70 d 脱氢酶活性
A	原状土+小麦+固定化菌剂	35.124	55.822	9.211 7
B	原状土+苜蓿+固定化菌剂	22.646	41.836	7.894 1
C	原状土+小麦+菌悬液	31.982	47.230	9.245
D	原状土+苜蓿+菌悬液	28.637	45.552	11.250
E	原状土+小麦	28.187	39.279	8.468
F	原状土+苜蓿	23.097	33.604	8.615
G	原状土+固定化菌剂	40.023	30.867	9.009
H	原状土+菌悬液	38.953	33.559	11.858
I	原状土	13.018	29.403	9.077

图 9-9 为接种固定化外源菌与菌悬液条件下土壤脱氢酶活性随时间的变化趋势。由图可知，无论是接种固定化外源菌缓释菌剂还是接种菌悬液处理条件下，土壤脱氢酶活性都出现了先缓慢下降，中期下降明显而后略微上升的趋势。而对照处理中，土壤脱氢酶活性则呈现先上升、保持稳定而后缓慢下降直至平缓的过程。

比较初始的脱氢酶活性，即可发现，接种固定化外源菌与接种菌悬液处理条件下初期的脱氢酶活性都非常高，分别达到了 40.02 μgTPF·g^{-1} 干土、38.96 μgTPF·g^{-1} 干土。然而，随着实验的进行，脱氢酶活性呈现不断下降直至平稳的趋势。分析原因，可能是高效外源菌的投加本身一定程度上增加了土壤中的脱氢酶活性以及对多环芳烃类的降解，而随着降解过程的进行，酶活性出现了缓慢下降的趋势。

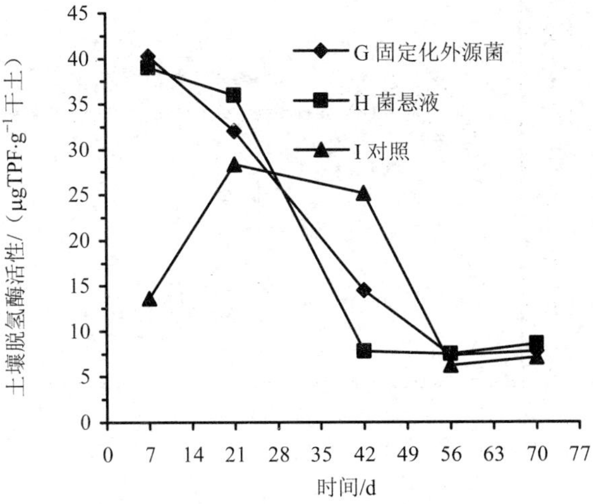

图 9-9　接种外源菌条件下土壤脱氢酶活性的变化

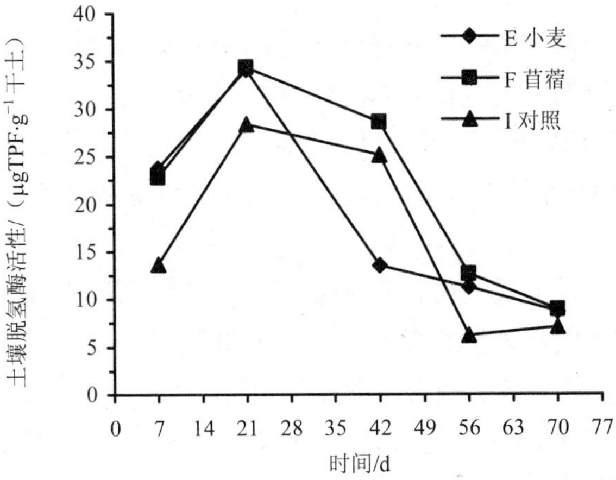

图 9-10　种植植物条件下土壤脱氢酶活性的变化

由图 9-10 可知，种植小麦和紫花苜蓿条件下，土壤脱氢酶活性同样经历了先上升后下降的过程。其中，种植小麦条件下，土壤脱氢酶活性在 21 d 后出现了较大幅度的下降，之后一直维持在较低的水平。而种植苜蓿的处理中，脱氢酶活性的变化趋势与对照土壤基本一致，各个时间点的酶活性值都略高于对照土壤。

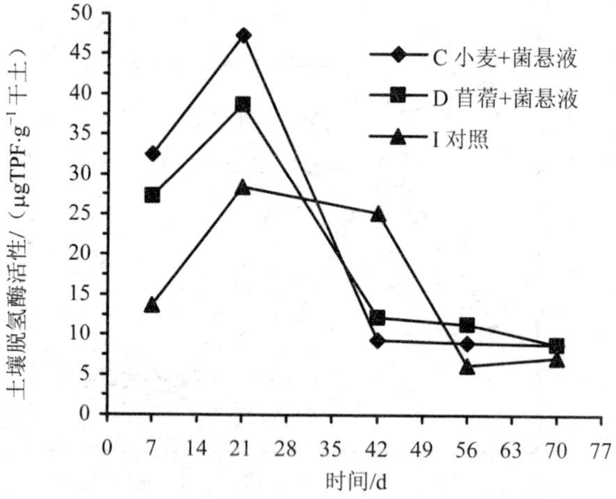

图 9-11　种植植物并接种菌悬液条件下脱氢酶活性变化

由图 9-11 可知，种植小麦和紫花苜蓿并接种菌悬液条件下，土壤脱氢酶活性同样经历了先上升后下降的过程。并且，两种不同的处理条件下，脱氢酶活性的大小以及变化规律都基本相同。与单独种植小麦处理情况下脱氢酶活性变化相似。

图 9-12 为种植植物并接种固定化外源菌处理条件下脱氢酶的变化规律。种植小麦和紫花苜蓿并接种固定化外源菌条件下，脱氢酶的变化与之前的变化规律类似。其中，小麦-外源菌协同修复体系中土壤脱氢酶活性在前 5 周均高于苜蓿处理组。

整个降解过程中，种植植物的各种处理条件下脱氢酶活性都经历了先升高后降低的趋势。在接种固定化外源菌同时种植植物的条件下，脱氢酶都有一个上升的过程，种植植物并接种菌悬液有着同样的规律，而只接种固定化菌剂或者单独接种菌悬液的情况下脱氢酶活性在初始时间段出现峰值后一直呈缓慢下降趋势。由此可见，在土壤的脱氢酶活性变化过程中，植物起着非常重要的作用，外源菌的投加初始阶段会迅速提高脱氢酶活性，然而这种影响随着降解时间而逐渐减弱。

当植物和外源菌同时存在条件下，植物对于土壤酶活性的影响起着主要的作用。

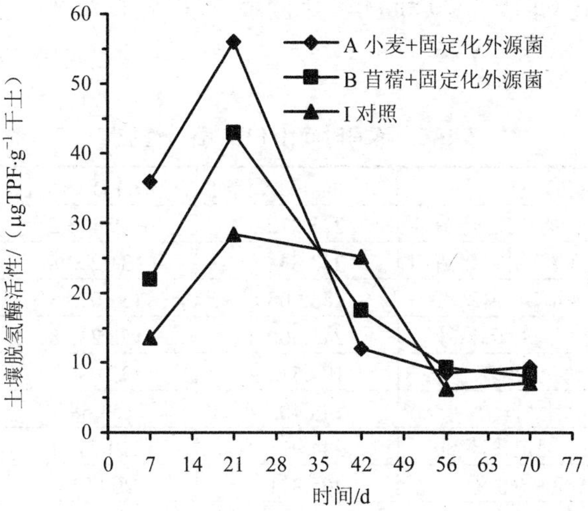

图 9-12　种植植物并接种固定化菌剂条件下脱氢酶活性变化

9.3.2　荧光素二乙酸酯酶活性变化规律

分别对不同处理条件下，不同采样时间的土壤样品进行处理，采用荧光素比色法分析荧光素二乙酸酯酶活性随时间的变化规律。

表 9-5 为不同时间段各种处理条件下土壤中 FDA 活性变化情况。初始的 FDA 活性范围在 177.52～285.91 μg 荧光素·（g 干土·20 min）$^{-1}$，经过了 63 d 的降解后，FDA 活性范围在 134～262.91 μg 荧光素·（g 干土·20 min）$^{-1}$之间。

在植物处理条件下，FDA 酶活性都经历了先下降、后上升再下降直至平缓的过程。相比于土著菌 FDA 活性缓慢下降趋势，投加固定化菌剂以及菌悬液的情况下，FDA 活性经历了下降、上升的波动后出现了平缓上升的趋势。

由图 9-13 可知，无论是接种固定化外源缓释菌剂还是接种菌悬液处理条件下，土壤 FDA 活性都出现了先缓慢下降后上升再下降上升的趋势。接种固定化外源缓释菌剂的 FDA 活性从初始的 244.9 μg 荧光素·（g 干土·20 min）$^{-1}$经历波动之后，上升至 70 d 后的 262.9 μg 荧光素·（g 干土·20 min）$^{-1}$，接种菌悬液处理条件下 FDA 活性相比于初始阶段下降了 57.9 μg 荧光素·（g 干土·20 min）$^{-1}$。接种固定化外源菌缓释菌剂处理（G）在各个采样时间点的 FDA 活性略高于接种菌悬液处理（H）。而对照处理（I）中，土壤 FDA 活性呈现平缓下降的过程，从初始的 259.41 μg 荧光素·（g 干土·20 min）$^{-1}$ 下降至 70 d 后的 139.1 μg 荧光素·（g 干土·20 min）$^{-1}$。

表 9-5 不同时间段 FDA 酶活性值

样品编号	实验设计	初始的 FDA 活性	21 d FDA 活性	70 d FDA 活性
A	原状土+小麦+固定化菌剂	221.872 6	109.113 2	187.009 4
B	原状土+苜蓿+固定化菌剂	223.844 3	131.202 8	134
C	原状土+小麦+菌悬液	285.908 8	152.075 5	210.792 5
D	原状土+苜蓿+菌悬液	246.600 6	158.235 8	189.490 6
E	原状土+小麦	177.518 9	137.080 2	194.452 8
F	原状土+苜蓿	248.405 7	153.684	169.867 9
G	原状土+固定化菌剂	244.911 9	210.731 1	262.905 7
H	原状土+菌悬液	265.921 4	209.816	208.066
I	原状土	259.408 8	259.372 6	139.103 8

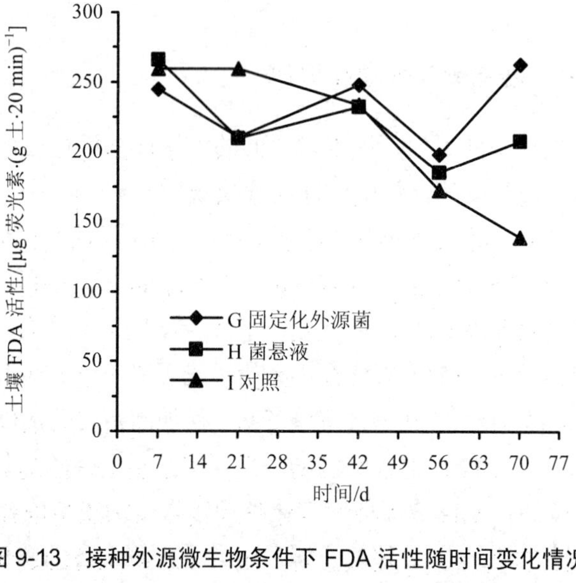

图 9-13 接种外源微生物条件下 FDA 活性随时间变化情况

种植小麦和紫花苜蓿条件下，土壤 FDA 与接种外源菌条件类似，如图 9-14 所示。其中，种植小麦条件下，土壤 FDA 活性在 42 d 之后变化平缓，而种植苜蓿的处理中，FDA 活性的变化趋势与接种外源菌条件基本一致。

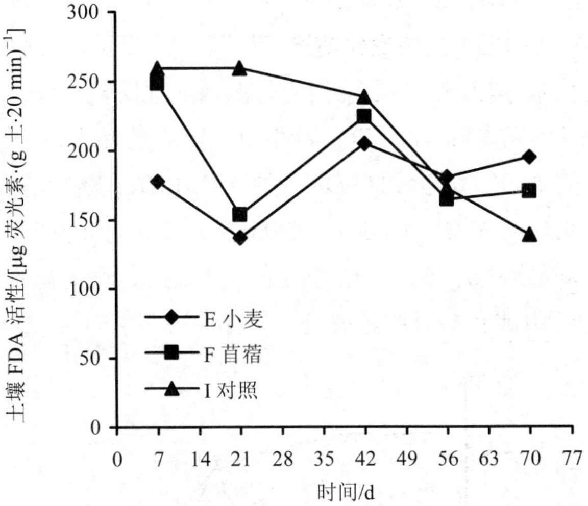

图 9-14 种植小麦苜蓿条件下 FDA 活性随时间变化情况

如图 9-15 所示，种植小麦和紫花苜蓿并接种菌悬液条件下，土壤 FDA 活性先下降，经历一个平缓不变的过程后再上升，56 d 后再出现下降趋势。其中，在第 8 周，种植小麦并接种菌悬液条件下，土壤 FDA 活性比种植苜蓿的处理上升的更高，两者均高于对照处理。

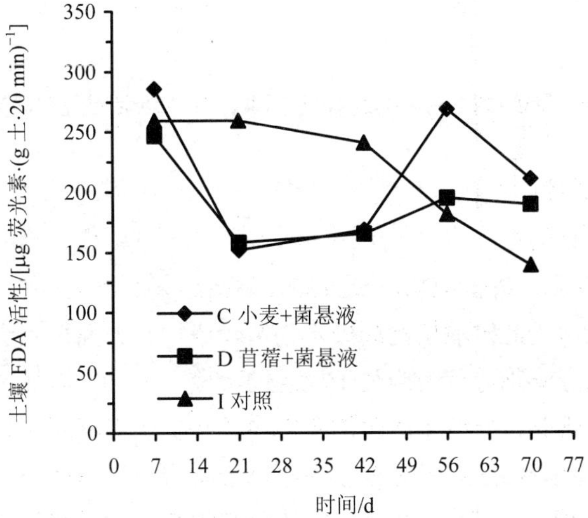

图 9-15 种植植物并接种菌悬液条件下 FDA 活性随时间变化情况

图 9-16 为小麦-固定化外源菌协同修复体系（A）与苜蓿-固定化外源菌协同修复体系（B）的土壤 FDA 活性变化情况。从图中可以看出，两种不同的处理条件 FDA 活性变化趋势基本相同，与之前接种外源菌处理比较一致。在 21 d 时，小麦-固定化外源菌协同修复体系土壤 FDA 活性 109.1 μg 荧光素·（g 干土·20 min）$^{-1}$，苜蓿-固定化外源菌协同修复体系的 FDA 活性为 131.2 μg 荧光素·（g 干土·20 min）$^{-1}$，相比于对照组 259.4 μg 荧光素·（g 干土·20 min）$^{-1}$ 有一个较大幅度的下降。在整个过程中，小麦-固定化外源菌协同修复体系与苜蓿-固定化外源菌协同修复的 FDA 值均低于对照组或者与对照组接近。

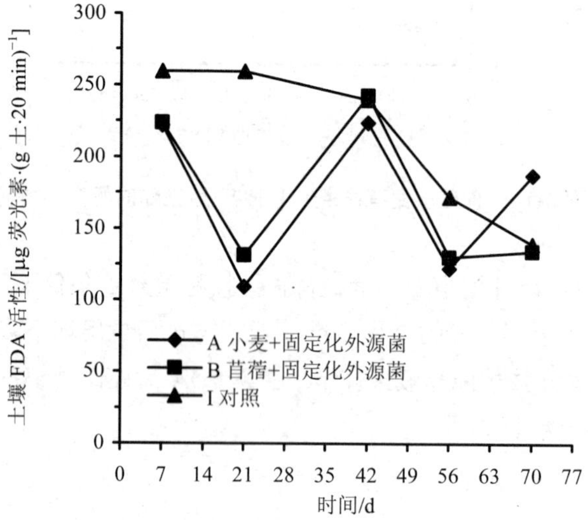

图 9-16 种植植物并接种固定化菌剂条件下 FDA 活性随时间变化情况

分析 FDA 活性的变化过程发现，初始阶段，所有的处理样品都有较高的 FDA 活性，可能是适宜的温度、含水量等条件促进了土壤中微生物的活性增强；而经历了 14 d 的培养后，种植植物以及投加外源菌的条件下土壤的 FDA 活性呈现下降趋势，可能是由于此时的植物尚处于幼苗阶段，一方面根系尚不发达、呼吸作用以及释放根系分泌物等行为尚处于较弱的阶段，另一方面外源菌的引入可能与土著菌产生竞争机制，导致土著菌的微生物活性受到抑制而外源菌的活性尚未完全发挥，因此该阶段只有土著菌的对照 FDA 活性最高。进入下一阶段后，土壤的 FDA 活性均有所提高，其中，接种固定化菌剂的 G 处理达到了最高值 269.717 μg 荧光素·（g 干土·20 min）$^{-1}$，这一阶段土壤酶活性的增强可能与植物的生长阶段有关，植物在此阶段的生长较为显著，促进了土壤中微生物的总体活性。在达到较高水平后，后续的降解过程中，FDA 活性开始缓慢下降，尚不清楚具体的原因。根据石油烃的降解过程，推断可能是由于石油污染土壤属于陈化土壤，易降解的成分多半挥发、流失或者已经被生物利用，剩余部分属于难以降解的成分，限制了微生物利用石油污染物作为碳源，因此微生物活性出现了缓慢下降直至平缓的过程。同样，在脱氢酶活性变化过程中，也出现了上升而后下降的情况。

对于 FDA 的变化过程，需要进一步分析石油烃降解变化、降解成分的变化结合植物的生长过程、脱氢酶的变化趋势等才能推断这一过程出现的原因。

9.3.3　酶活性变化与石油烃降解率的关系

研究表明微生物降解石油烃的机制一方面可能是微生物分泌表面活性剂，例如鼠李糖脂等，对石油烃进行增溶和分散，增加石油烃的比表面积，从而利用微生物与石油烃的接触，加速石油烃的降解（陈延君，2007；陆昕等，2010）。另一方面，在石油烃的微生物降解过程中，微生物分泌的酶可能对石油烃的降解起重要的催化作用，例如石油烃降解过程中，脱氢酶能够促进石油烃活化氢原子而实现石油烃的氧化。脱氢酶活性与石油污染物中石油烃衰减量有良好的相关性，并且可以作为微生物对底物适应性的指标（Marin 等，2005）。本研究选取了土壤脱氢酶活性与土壤石油烃降解量进行相关性分析。

图 9-17 为初始的土壤脱氢酶活性与不同处理石油烃降解量的相关关系，图 9-17a 考虑所有处理的总石油烃降解；图 9-17b 除去种植苜蓿以及接种菌悬液剩余处理的总石油烃降解；图 9-17c 考虑第一阶段的石油烃降解量。其中，图 9-17a、b 分别为初始的土壤脱氢酶活性与整个试验过程石油烃降解量的相关关系。考虑所有的处理条件，脱氢酶活性与石油烃降解并没有明显的相关性，相关系数仅为 0.200 4。如图 9-17a 所示；剔除了种植苜蓿以及接种菌悬液的处理情况，对两者的相关性进行重新分析，发现脱氢酶活性与石油烃降解具有一定的相关性，相关系数达到了 0.825 4。图 9-17c 为初始的土壤脱氢酶活性与第一阶段（7～21 d）石油烃降解量的相关关系。同样，考虑所有的处理条件，脱氢酶活性与石油烃降解并没有明显的相关性，相关系数仅为 0.07。由此可见，除了种植苜蓿以及接种菌悬液的处理外，初始的脱氢酶活性与大部分处理中总石油烃的降解存在一定的关系。

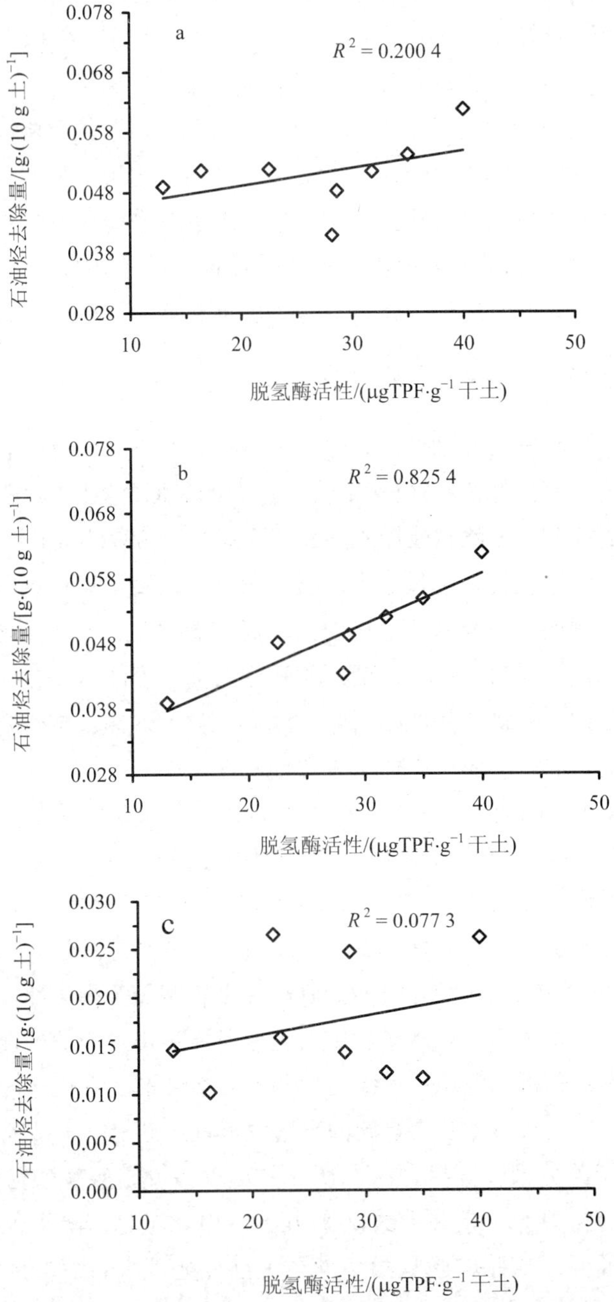

图 9-17 初始的土壤脱氢酶活性与不同处理石油烃降解量的相关关系

图 9-18a 为末期的土壤脱氢酶活性与整个试验过程石油烃降解量的相关关系。考虑所有的处理条件，脱氢酶活性与石油烃降解并没有明显的相关性，相关系数仅为 0.03。图 9-18b 为末期的土壤脱氢酶活性与最后一阶段（56～70 d）石油烃降解量的相关关系。同样，考虑所有的处理条件，脱氢酶活性与石油烃降解并没有明显的相关性，相关系数仅为 0.03。如图 9-18c 所示，剔除小麦-固定化外源菌、苜蓿-固定化外源菌处理、单独种植苜蓿处理以及对照处理，对两者的相关性进行重新分析，发现脱氢酶活性与石油烃降解具有较好的相关性，相关系数达到了 0.92。

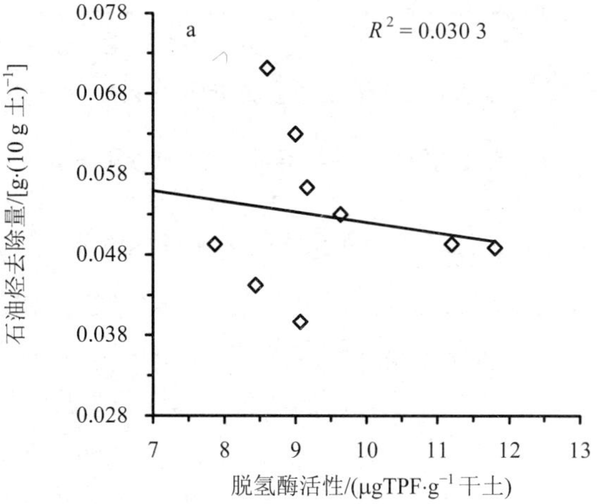

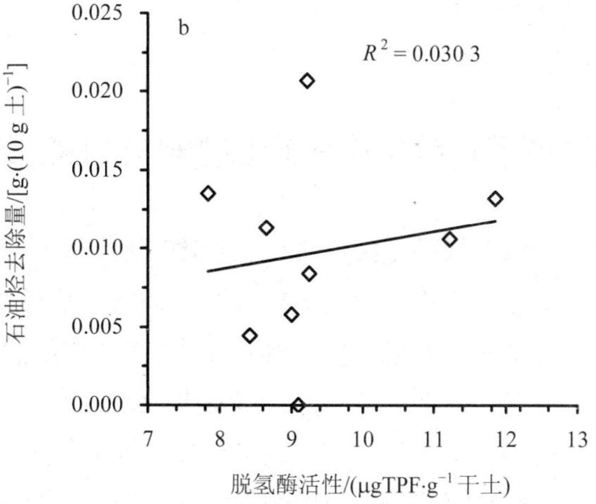

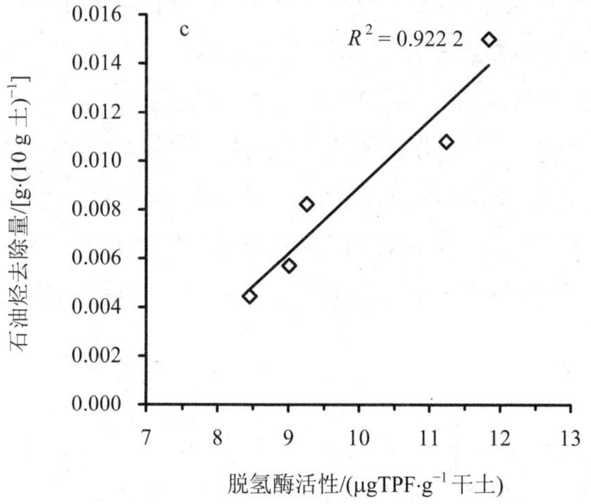

图 9-18 末期的土壤脱氢酶活性与不同处理石油烃降解量的相关关系

许多研究者认为，土壤脱氢酶活性是反映微生物降解石油烃效率的重要指标，并且脱氢酶活性变化过程与石油烃的降解存在正相关关系。本研究发现，在整个石油烃的降解过程中，土壤脱氢酶活性发生了一定的波动。部分处理条件下，脱氢酶活性与石油烃的降解存在一定程度的相关。初期脱氢酶活性与总石油烃的降解存在一定的相关性，末期脱氢酶活性则与对应阶段（56～70 d）的石油烃的降解关系更紧密。因此，脱氢酶活性可以一定程度地表征土壤石油烃的降解情况，而对于小麦-固定化外源菌协同修复体系以及种植苜蓿处理条件下，石油烃的降解情况可能与其他因素的关系更密切。

9.4 根际微生态调节过程中微生物功能多样性的变化

土壤微生物群落功能多样性是描述土壤微生物群落特征的一个重要指标，反映了土壤状况的重要信息。由于土壤中大量的微生物不可培养分离，基于分离培养的传统分析方法不能反映所有微生物的真实变化。以群落水平碳源利用类型为基础的 Biolog 检测方法能够简单、快捷地反映微生物群落水平的生理代谢轮廓，目前已被广泛应用于揭示土壤微生物的功能多样性，评价生态环境变化所引起的土壤微生物群落变化。解析特定环境中的微生物群落结构可直接展示环境体系生态功能特性、修复过程中微生物群落变化以及外源菌的定殖情况，为生物修复过程中筛选高效降解菌株并优化微生物群落结构提供依据，同时可用于评估生物修复的效果。

Garland（2003）开始将 Biolog 方法应用于土壤微生物群落的研究。刘五星等（2011）在分析石油污染土壤理化性质变化的基础上，采用常规平板法及 Biolog 进行结合，测试石油污染土壤的微生物生态变化，以揭示石油污染对土壤理化性质和微生物群落结构和功能多样性的影响。张宇宁等（2010）同样采用 Biolog 分析理化因子如总氮、总磷、速效磷、pH、总有机碳等与土壤微生物群落碳代谢特性的关系。除此之外，Biolog 还可以应用于石油烃降解菌的鉴定工作（阮志勇，2006；夏颖，2004）。

9.4.1　土壤微生物代谢活性变化

Biolog 板分为革兰氏阴性板、革兰氏阳性板以及生态板。本研究中采用的是 Eco-Biolog，也就是生态板来分析微生物的群落变化。

植物-微生物协同修复实验初期以及实验进行 70 d 后分别采集土壤样品进行 Biolog 分析。本研究分别选取了 24 h、48 h、72 h、96 h、120 h、168 h、240 h 的 AWCD 值进行比较。对于初始样品，在 240 h 培养期间，总平均光密度（AWCD）从 24 h 开始迅速提高，168 h 左右达到稳定状态，本研究选择光密度指数增加时期 72 h 的光密度用于统计分析。

对于 70 d 后的土壤样品，在 240 h 培养期间，总平均光密度（AWCD）从 24 h 开始迅速提高，240 h 左右达到稳定状态，本研究选择光密度指数增加时期 96 h 的光密度用于统计分析。

9.4.2　土壤微生物多样性的变化

群落对 Eco-Biolog 板中碳源利用的多样性在一定程度上可以反映群落的代谢多样性。多样性越高，说明群落中的微生物种类越丰富。分别选取了表征微生物群落多样性最常见的多样性指数（H）、均匀度指数（E）和碳源利用丰富度指数（S）以及平均吸光度值（AWCD）的变化来表征微生物群落结构的变化。通常认为，多样性高的群落，对环境中不同资源利用的更充分，抗外界扰动的能力更高（Bell 等，2005）。

如表 9-6 所示，由多样性指数 H、丰富度指数 S 和平均颜色变化率 AWCD 可以看出，初始的土壤样品所有的处理组均高于对照组（I），种植植物以及接种外源菌处理都能够不同程度地提高微生物的多样性，然而影响幅度并不大。不同处理组之间土壤微生物群落物种多样性指数、均匀度指数和碳源利用数差异不显著。F 处理也就是种植苜蓿的条件下，物种多样性指数最高，同时对于碳源的利用也是最为丰富的，其次是 D 处理苜蓿-菌悬液处理条件。

表 9-6　初始土壤微生物群落多样性指数和 72 h AWCD

处理	物种多样性指数（*H*）	均匀度指数（*E*）	碳源利用丰富度指数（*S*）	96 h 平均颜色变化率（AWCD）/%
A	3.21±0.02	0.97±0.01	27.50±0.71	1.29±0.48
B	3.17±0.04	0.97±0.02	26.50±0.71	1.24±0.12
C	3.19±0.03	0.97±0.00	27.00±1.41	1.14±0.23
D	3.24±0.01	0.97±0.02	28.50±2.12	1.32±0.03
E	3.17±0.00	0.98±0.01	25.50±0.71	1.07±0.11
F	3.32±0.07	0.98±0.01	30.00±1.41	1.60±0.22
G	3.20±0.05	0.97±0.01	27.50±0.71	1.34±0.03
H	3.20±0.03	0.97±0.01	27.00±1.41	1.18±0.07
I	3.00±0.07	0.96±0.01	22.50±0.71	0.75±0.09

接种固定化外源菌以及菌悬液都能够一定程度地提高土壤的多样性指数，但是彼此之间基本无差异。种植苜蓿处理条件下的多样性指数略高于种植小麦处理。植物-菌悬液处理条件以及植物-固定化菌剂处理条件，多样性指数以及丰富度指数基本接近。

如表 9-7 所示，70 d 之后，不同处理组土壤微生物群落物种丰富度指数、均匀度指数和碳源利用数出现了一定程度的差异。E 处理也就是种植小麦的条件下，物种多样性指数最高，同时对于碳源的利用也是最为丰富的，高于种植苜蓿处理。小麦-固定化外源菌协同修复体系的微生物多样性指数高于苜蓿-固定化外源菌的处理。接种固定化菌剂处理的微生物多样性指数与对照组无较大差异，而接种菌悬液处理的土壤微生物多样性指数、碳源利用丰富度以及平均颜色变化率均低于对照组。

表 9-7　降解 70 d 后土壤微生物群落多样性指数和 96 h AWCD

处理	物种多样性指数（H）	均匀度指数（E）	碳源利用丰富度指（S）	96 h 平均颜色变化率（AWCD）/%
A	3.28±0.02	0.98±0.01	28.00±0.00	1.44±0.13
B	3.17±0.01	1.00±0.00	24.00±0.00	0.99±0.09
C	3.03±0.05	1.00±0.01	21.00±1.41	0.75±0.02
D	3.21±0.03	0.98±0.02	26.50±0.71	1.09±0.11
E	3.31±0.00	0.98±0.00	29.00±0.00	1.42±0.15
F	3.22±0.08	0.99±0.01	26.00±2.83	1.13±0.19
G	3.11±0.04	1.02±0.01	21.00±1.41	0.85±0.08
H	3.02±0.12	0.98±0.03	21.50±0.71	0.68±0.08
I	3.08±0.08	1.00±0.00	22.00±1.41	0.89±0.10

分别对不同处理样品初期的多样性以及 70 d 之后的结果进行比较，发现小麦-固定化菌剂处理组、小麦处理组以及对照组的多样性指数与平均吸光度值较初期有所增加，而其余处理组的多样性指数、平均吸光度值均有不同程度的下降。总体而言，不同处理体系的微生物群落多样性之间差异较小，后期的土壤与初期土壤相比，多样性变化并不显著。有研究表明，土壤微生物群落代谢多样性可能受土壤条件如土壤类型、含水率、总碳、总氮以及植物根系成熟度等多种因素的影响（Kirk 等，2005；李世朋等，2008；米亮等，2010）。

另外，土壤中石油烃也可能影响微生物群落结构。通常认为，石油烃会刺激土壤中的微生物的生长，使得利用石油烃为碳源的微生物成为优势菌群，从而增加石油烃降解菌的数量，同时其毒害作用会抑制其他微生物的生长而降低微生物群落的多样性；然而也有研究发现石油污染土壤微生物群落功能的多样性高于无污染的土壤，并且在一定范围内随着石油污染程度的升高，微生物群落的丰富度、优势度以及均匀度均升高（任芳菲，2009）。

本实验条件下，土壤的初始条件基本保持相同，外界的干扰主要来自植物以及外源菌的投加。土壤微生物功能多样性在试验初期与试验后期并没有呈现显著的差异。分别对初始土壤和降解 70 d 后的土壤石油烃降解量与微生物多样性指数进行相关关系分析，如图 9-19 所示。初期，土壤的微生物多样性与石油烃的降解具有一定的相关关系，相关系数为 0.665，试验后期，这种相关性并不显著。土壤微生物的多样性在一定程度上影响石油烃的降解，然而多样性的变化并不显著，因此，在微生态系统的调节过程中，代谢多样性的变化并不能很好地解释石油烃的降解情况。

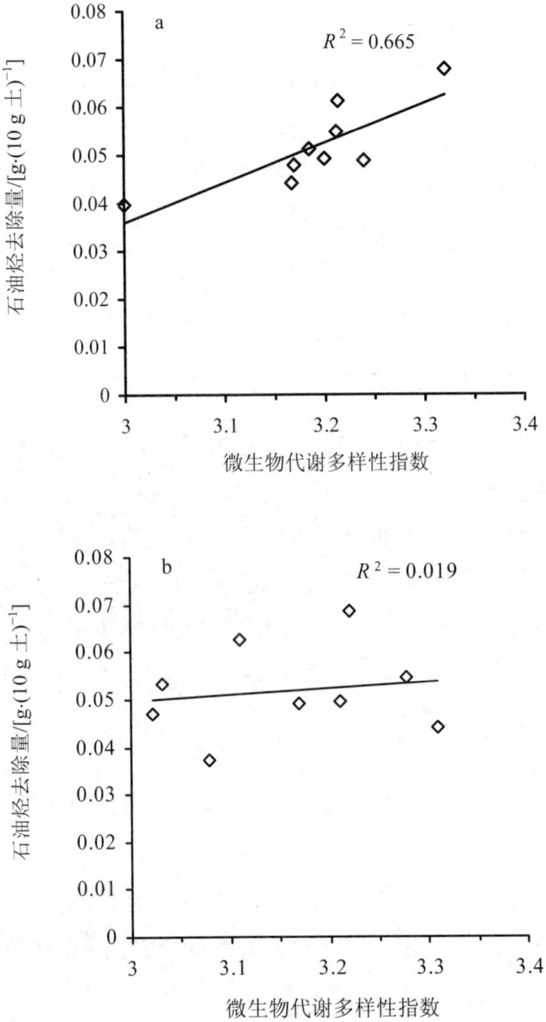

图 9-19 土壤微生物代谢多样性与石油烃降解量的相关关系

结合石油烃的降解情况分析，小麦-固定化外源菌协同修复体系具有良好的石油烃降解效果可能源于接种外源菌并种植小麦的条件下，微生物物种多样性以及碳源利用的丰富度均有所提高。多样性指数是微生物代谢多样性的一个表征，需要进一步分析微生物对不同碳源的利用情况进而了解微生物群落结构的动态变化。

9.4.3　土壤微生物群落代谢功能主成分分析

Biolog 分析得到的数据量非常多，并且许多信息存在重复性，需要对其中的有用信息进行梳理。通常，在对多个样本进行比较时，研究者多根据研究目的对数据进行主成分分析（PCA）、因子分析以及聚类分析。主成分分析是考虑多个指标间的相互关系，利用降维的思想将不同样本的多个指标变换为互不相关的综合指标，可以用降维后的主元向量在空间中点的位置直观地反映出不同微生物群落的代谢特征。因子分析则是寻找存在相关关系的变量之间可能存在对变量变化其支配作用的潜在因子，目的在于对原始变量进行分门别类的综合评价。因子分析的结果经过旋转，可以更合理地解释公因子。聚类分析是根据各样本多元变量（各孔吸光度）的分析来确定样本间的差异，相似的样本聚为一类，从而判断各样本间的相似度和关系（卢纹岱，2010）。应用主成分分析来分析微生物碳源利用多样性被认为是有效的解释方法（Garland 和 Mills，1991）。许多学者对 Biolog 结果进行分析时均采用了这一方法（冯冲凌等，2009；王秀国等，2010）。表 9-8 所示的是 Eco 微平板中 31 种碳源，其中第一个是对照孔。

表 9-8　Eco 微平板中 31 种碳源

水	β-甲基-D-葡萄糖苷	D-半乳糖酸γ-内酯	L-精氨酸
丙酮酸甲酯	D-木糖/戊醛糖	D-半乳糖醛酸	L-天门冬酰胺
吐温-40	*i*-赤藓糖醇	2-羟基苯甲酸	L-苯丙氨酸
吐温-80	D-甘露醇	4-羟基苯甲酸	L-丝氨酸
α-环式糊精	*N*-乙酰-D 葡萄糖氨	γ-羟丁酸	L-苏氨酸
肝糖	D-葡糖胺酸	衣康酸	甘氨酰-L-谷氨酸
D-纤维二糖	*1*-磷酸葡萄糖	α-丁酮酸	苯乙胺
α-D-乳糖	D，L-α-磷酸甘油	D-苹果酸	腐胺

为了进一步探讨不同处理的土壤样品微生物群落的代谢特征，本研究将初始点样品和 70 d 后的样品 Biolog-ECO 于 96 h 的光密度 OD 值进行标准化变换后分别进行主成分分析。一般主成分提取方法有两种，可以取主成分相应的特征值大

于 1 的成分作为主成分，也可以根据累计贡献率达到的百分比值来确定，例如取累计贡献率达到 80%。在本项目的研究中，主成分个数的提取原则是相对应特征值大于 1 的前 *m* 个主成分。根据此原则，初始样品共提取出了 7 个主成分，70 d 后的样品提取了 6 个主成分，主成分特征值、方差贡献率与累积贡献率如表 9-9 所示。

可以看出，对于初始样品，前 7 个主成分可以表征 97.26%的原变量特征；对于 70 d 后的土壤样品，前 6 个主成分可以表征 95%的原变量特征。对于初始样品，前 3 个主成分分别解释土壤代谢 31 种基质变异的 30.7%、19.3%和 17.3%，3 个主成分能够解释一半以上的变异；同样，对于 70 d 后的样品，前 3 个主成分分别能解释 49.9%、16.2%和 9.5%的变异，也能解释一半以上的信息。因此，本研究对前 3 个主成分进行分析。

表 9-9 主成分分析的特征根、方差贡献率与累积贡献率

	项目	PCA1	PCA2	PCA3	PCA4	PCA5	PCA6	PCA7
初始土壤样品	特征根	9.505	5.979	5.352	3.314	2.480	2.071	1.450
	方差贡献率/%	30.663	19.288	17.263	10.690	8.000	6.680	4.678
	累计方差贡献率/%	30.663	49.951	67.214	77.904	85.904	92.584	97.262
70 d 后的土壤样品	特征根	15.475	5.027	2.936	2.451	2.063	1.499	
	方差贡献率/%	49.919	16.217	9.470	7.905	6.655	4.835	
	累计方差贡献率/%	49.919	66.136	75.606	83.511	90.166	95.001	

图 9-20 为初始土壤样品主成分得分分布。1～9 号分别代表 A～I 9 个处理。第一主成分的得分值中，2 号与 3 号土壤接近，即苜蓿-固定化外源菌协同修复体系与小麦-菌悬液处理条件下土壤微生物代谢类型比较接近；1 号、4 号、5 号、6 号、7 号、8 号土壤比较接近，9 号土壤与其他所有土壤都存在显著性差异，对照处理与其他处理之间差异比较显著。第二主成分上，1 号、2 号、3 号和 8 号土壤比较接近，6 号样品即种植苜蓿的处理与其他土壤差异很大；第三主成分上，2 号和 8 号土壤与其他土壤有显著性差异。

图 9-21 为 70 d 后的土壤样品主成分得分分布。第一主成分的得分值中，1 号、5 号与 6 号土壤与其他土壤有一定程度差异；2 号、3 号土壤比较接近，7 号、8 号土壤比较接近，4 号、9 号土壤非常接近。第二主成分上，1 号、3 号土壤比较

接近，2 号、4 号、5 号、7 号、8 号、9 号土壤比较接近；第三主成分上，7 号土壤与其他土壤有显著性的差异。通过主成分得分分布图可以看出，初始阶段，除了对照组外，不同的处理组对碳源的利用主要反映在第一主成分上，彼此之间差异不显著；经过 70 d 的降解试验，小麦-固定化外源菌协同修复体系以及种植紫花苜蓿体系的碳源利用类型与其他处理存在明显的差异，主要反映在第一主成分与第二主成分上。

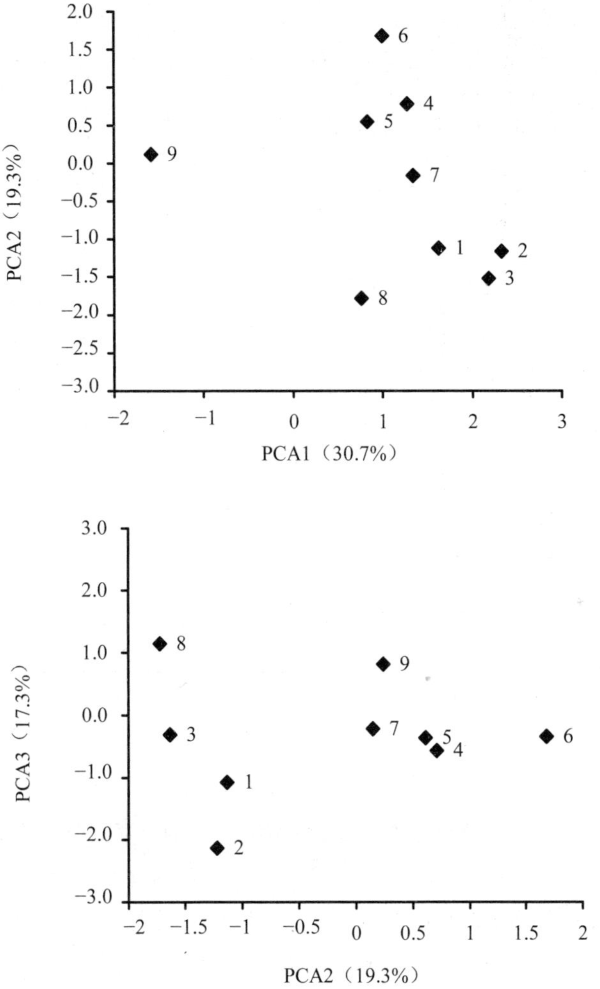

图 9-20　初始的 9 个土壤样品微生物代谢 31 种基质 3 个主成分得分分布

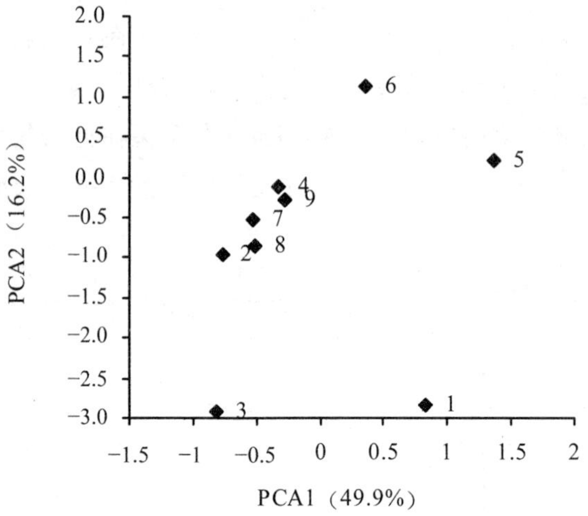

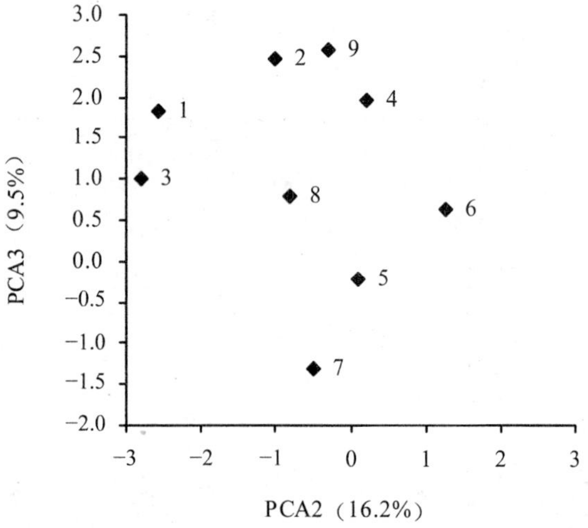

图 9-21　70 d 后 9 个土壤样品微生物代谢 31 种基质 3 个主成分的分布

Biolog 数据的因子载荷是微生物群落结构和功能多样性的具体表现。主成分分析中的载荷因子可反映不同土壤碳代谢的差异，绝对值越大表明该基质的影响越大。表 9-10 显示，初始阶段 9 个土壤微生物代谢基质第一主成分荷载 0.5 以上的有 14 种基质，荷载在 0.8 以上的有 5 种；第二主成分荷载在 0.5 以上的基质有 10 种，第三主成分荷载在 0.5 以上的有 7 种。这说明初始大部分土壤微生物碳代谢功能群结构的差异主要体现在第一主成分、第二荷载因子比较高的基质上。从平均光密度值来看，9 个不同处理条件下，土壤微生物对于 18 种碳源具有较好的利用，其光密度值都在 1 以上，其中对 D-甘露醇、N-乙酰-D 葡萄糖氨、D-纤维二糖、D-木糖/戊醛糖、D-半乳糖醛酸这 5 种碳源的利用能力最强，光密度值都在 2 以上。而利用 L-苏氨酸、α-环式糊精、α-丁酮酸等碳源的能力较弱，其光密度值都在 0.3 以下。

表 9-10　初始土壤样品微生物代谢 31 种基质的主成分分析载荷因子

基质	平均光密度值	PCA1	PCA2	PCA3
丙酮酸甲酯	1.669	0.193	0.093	−0.125
吐温-40	1.795	−0.432	0.384	0.634
吐温-80	1.531	−0.278	0.536	0.483
α-环式糊精	0.250	−0.032	0.645	0.325
肝糖	0.365	0.090	−0.519	0.411
D-纤维二糖	2.189	0.574	0.461	−0.592
α-D-乳糖	1.362	−0.175	0.264	0.879
β-甲基-D-葡萄糖苷	1.761	0.953	0.070	−0.201
D-木糖/戊醛糖	2.037	0.952	0.104	0.056
i-赤藓糖醇	0.498	0.256	−0.512	0.663
D-甘露醇	2.492	0.942	−0.018	−0.149
N-乙酰-D-葡萄糖氨	2.380	0.944	−0.073	0.175
D- 葡糖胺酸	1.489	0.088	0.746	0.131
1-磷酸葡萄糖	1.738	0.792	−0.368	0.366
D，L-α-磷酸甘油	0.440	0.739	−0.194	−0.433
D-半乳糖酸-γ-内酯	1.722	0.465	−0.401	−0.055
D-半乳糖醛酸	2.037	−0.098	0.372	0.104
2-羟基苯甲酸	0.338	0.194	0.795	0.176
4-羟基苯甲酸	0.948	0.705	0.477	0.302
γ -羟丁酸	0.701	0.520	−0.589	−0.373
衣康酸	0.967	0.759	0.170	0.196
α-丁酮酸	0.175	0.016	0.499	0.336
D-苹果酸	0.969	0.629	0.592	0.119
L-精氨酸	1.044	0.016	0.741	−0.132
L-天门冬酰胺	1.944	0.585	−0.308	0.656
L-苯丙氨酸	0.525	0.388	−0.427	0.413
L-丝氨酸	1.873	0.914	0.225	−0.224
L-苏氨酸	0.282	0.616	0.468	0.140
甘氨酰-L-谷氨酸	1.151	0.277	−0.146	0.888
苯乙胺	0.470	−0.009	0.549	−0.702
腐胺	1.026	−0.455	0.041	0.130

表 9-11 显示，70 d 后 9 个土壤微生物代谢基质可分为 3 个主成分，第一主成分荷载 0.5 以上的有 23 种基质，荷载在 0.8 以上的有 12 种；第二主成分荷载在 0.5 以上的基质有 7 种；第三主成分荷载在 0.5 以上的基质比较少，只有 5 种。这说明 70 d 后大部分土壤微生物碳代谢功能群结构的差异主要体现在第一主成分荷载因子高的基质上，但一些土壤微生物碳代谢功能群结构的差异也反映在利用第二、第三主成分荷载因子比较高的基质上。

表 9-11　70 d 后土壤样品微生物代谢 31 种基质的主成分分析载荷因子

基质	平均光密度值	PCA1	PCA2	PCA3
丙酮酸甲酯	1.018	0.597	0.605	−0.061
吐温-40	1.386	0.796	0.265	−0.449
吐温-80	1.351	0.670	0.288	−0.083
α-环式糊精	0.290	0.646	0.470	−0.220
肝糖	0.331	0.228	0.238	−0.380
D-纤维二糖	1.454	0.909	−0.108	−0.049
α-D-乳糖	1.619	0.265	−0.761	−0.561
β-甲基-D-葡萄糖苷	1.518	0.559	−0.532	0.234
D-木糖/戊醛糖	1.139	0.803	−0.244	0.245
i-赤藓糖醇	1.366	0.026	0.233	0.031
D-甘露醇	1.944	0.934	−0.039	−0.092
N-乙酰-D-葡萄糖氨	1.732	0.778	−0.494	−0.072
D- 葡糖胺酸	1.072	0.904	0.166	0.151
1-磷酸葡萄糖	0.521	0.974	−0.115	−0.020
D，L-α-磷酸甘油	0.134	0.817	−0.451	−0.080
D-半乳糖酸-γ-内酯	1.440	0.205	−0.777	−0.092
D-半乳糖醛酸	1.949	0.255	0.173	0.716
2-羟基苯甲酸	0.021	−0.054	0.230	0.363
4-羟基苯甲酸	0.929	0.608	0.682	−0.047
γ-羟丁酸	1.229	−0.021	−0.654	0.659
衣康酸	1.589	0.515	0.457	0.601
α-丁酮酸	1.110	0.900	−0.227	−0.206
D-苹果酸	0.694	−0.354	0.562	−0.567
L-精氨酸	0.657	0.967	0.028	0.003
L-天门冬酰胺	1.469	0.774	0.407	0.360
L-苯丙氨酸	0.388	0.926	−0.326	−0.047
L-丝氨酸	1.549	0.787	0.134	0.283
L-苏氨酸	0.542	0.980	0.033	−0.039
甘氨酰-L-谷氨酸	1.108	0.843	0.034	−0.139
苯乙胺	0.417	0.950	−0.283	−0.076
腐胺	0.303	0.729	0.473	−0.038

从平均光密度值来看，9 个不同处理条件下，土壤微生物对于 20 种碳源具有较好的利用，其光密度值都在 1 以上，其中对 D-半乳糖醛酸、D-甘露醇、*N*-乙酰 -D 葡萄糖氨、α-D-乳糖、衣康酸、L-丝氨酸、*β*-甲基-D-葡萄糖苷这 7 种碳源的利用能力最强，光密度值都在 1.5 以上。而利用α-环式糊精、D，L-α-磷酸甘油、2-羟基苯甲酸等碳源的能力较弱。与初始阶段的样品进行比较可以发现，试验后期，微生物对于衣康酸的利用能力显著增强，初期利用较弱的碳源α-丁酮酸在后期也得到了较强的利用，光密度值达到 1.0 以上。

群落多样性水平关注的是微生物对于碳源的利用模式而不是对于某一种碳源的利用，以往的研究一般根据需要将 Eco 板中 31 种碳源分为不同的类型。然而对于碳源的分类上，不同的研究者也各不相同。例如有研究者将其分为五大类：碳水化合物类、氨基酸类、羧酸类、聚合物类、混合物类（李宝明，2007）；也有研究者根据以微生物对三大营养物质的代谢途径为基本划分原则，将 Biolog EcoPlateTM 的 31 种碳源底物分为四大类：糖类及其衍生物、氨基酸及其衍生物、脂肪酸和酯类、代谢中产物和次生代谢物（张燕燕等，2009）。还有将 31 种碳源分为糖类、氨基酸类、羧酸类、聚合物类、胺类以及其他六大类（时鹏等，2010；郁红艳等，2007）。还有一种划分类型是碳水化合物、氨基酸类、羧酸类、多聚物类、胺类以及芳香类（邵元元等，2011；曹均等，2010）。比较各种分类方法，不同之处主要是对于丙酮酸甲酯、1-磷酸葡萄糖、D，L-α-磷酸甘油以及 2-羟基苯甲酸、4-羟基苯甲酸和苯乙胺、腐胺的归类上。丙酮酸甲酯、1-磷酸葡萄糖、D，L-α-磷酸甘油在时鹏等的研究方法中归为了其他类，而在邵元元等的研究中归为了碳水化合物；2-羟基苯甲酸、4-羟基苯甲酸在时鹏等的研究中归为了羧酸类，而一些研究者则将它归为芳香类。在李宝明的研究中，苯乙胺、腐胺归到了氨基酸类，其他研究中都将它们归为胺类。

结合前人的研究，将碳源划分为 6 种，将 2-羟基苯甲酸、4-羟基苯甲酸归为羧酸类，丙酮酸甲酯、1-磷酸葡萄糖、D，L-α-磷酸甘油归为其他类，苯乙胺、腐胺归为胺类，如表 9-12 所示。此分类与时鹏等的分类相同。通过对 31 种碳源进行分类，进一步研究微生物对于碳源利用模式的变化，如表 9-12 所示。

对碳源进行分类后，我们可以看出，初始的样品中，第一主成分具有较高相关性的碳源有 14 个，主要包括糖类（5 个）、氨基酸类（3 个）和羧酸类（4 个），其他类（2 个）。而与第二主成分具有较高相关性的碳源有 10 个，主要包括糖类（1 个）、氨基酸类（1 个）、羧酸类（4 个）、聚合物类（3 个）以及胺类（1 个）。

表 9-12 Eco 微平板中碳源分类情况

糖类	氨基酸类	羧酸类	聚合物类	胺类	其他
D-纤维二糖	L-精氨酸	D-葡糖胺酸	吐温-40	腐胺	丙酮酸甲酯
N-乙酰-D 葡萄糖氨	甘氨酰-L-谷氨酸	D-半乳糖酸-γ-内酯	α-环式糊精	苯乙胺	D，L-α-磷酸甘油
β-甲基-D-葡萄糖苷	L-苯丙氨酸	D-半乳糖醛酸	吐温-80		1-磷酸葡萄糖
D-木糖/戊醛糖	L-丝氨酸	2-羟基苯甲酸	肝糖		
i-赤藓糖醇	L-苏氨酸	4-羟基苯甲酸			
α-D-乳糖	L-天门冬酰胺	γ-羟丁酸			
D-甘露醇		衣康酸			
		α-丁酮酸			
		D-苹果酸			

70 d 后的样品中，第一主成分具有较高相关性的碳源有 23 个，主要包括糖类（5 个）、氨基酸类（6 个）、羧酸类（4 个）、聚合物类（3 个）、胺类（2 个）以及其他类（3 个）。而与第二主成分具有较高相关性的碳源有 7 个，主要包括氨基酸类（1 个）、聚合物类（2 个）、羧酸类（3 个）以及胺类（1 个）。可以看出，经过 70 d 的降解后，与第一主成分相关的碳源发生了较大变化。

小麦-固定化外源菌协同修复体系以及种植紫花苜蓿体系的碳源利用类型主要反映在第一主成分与第二主成分上。经过 70 d 的降解后，其碳源利用类型发生了较大的变化。试验初期，碳源利用主要以糖、氨基酸、羧酸以及其他类为主，对其他类碳源有一定程度的利用；试验后期则对 6 类碳源都有利用，并且对所有氨基酸类碳源都有较高程度的利用。同时，对于聚合物类的碳源也有较多的利用。碳源类型的变化是微生态系统的调节过程之一，可能与石油烃的降解存在一定的关系。初期，微生物群落结构以碳水化合物类和氨基酸类作为碳源底物的微生物类群为主。在修复过程中，由于碳水化合物类碳源底物的减少，微生物群落结构发生了变化。修复后期，微生物群落中的优势微生物变成了以氨基酸类、聚合物类碳源作为底物的微生物类群。可能由于石油烃的降解促使利用氨基酸类、聚合物类碳源的微生物成为优势类群。

9.5 根际微生态调节过程中微生物遗传多样性的变化

随着分子生物学的发展，越来越多的分子生物学技术被应用于研究土壤环境中微生物群落结构的变化。例如有研究者将 DGGE 用于石油污染土壤的原位修复过程研究中。Madueno 等（2008）采用 DGGE 技术研究了由菲污染土壤中分离得到的菌株 *Sphingomonas paucimobili* 20006FA 对菲污染土壤中菌群变化的影响。夏月等（2007）利用限制性片段长度多态性分析（ARDRA）方法对重金属污染土壤中细菌群落多样性的研究。T-RFLP 技术也被用来分析复杂环境微生物群落（Clement 等，1998；余素林等，2006；陈敏玲等，2008；吴亚嫚等，2009）。各种方法在应用的过程中各有优势，也存在不同的局限性。

本节主要通过分子生态学方法，提出不同土壤样品中的 DNA，构建不同处理条件下土壤微生物的 16S rRNA 克隆文库，利用 ARDRA 技术研究植物-外源微生物协同修复体系中微生物群落结构的演变过程，分析植物以及外源菌的投加对微生物群落结构的影响，从而进一步分析植物-外源微生物协同修复根际微生态调节过程。

9.5.1　接种外源菌条件下土壤微生物遗传多样性变化

9.5.1.1　接种固定化缓释菌剂土壤的 16S rRNA 克隆文库特征

接种固定化外源菌体系的初始土壤样品共获得 22 个不同的分类操作单元。这些 OUT 与数据库中已知细菌的 16S rDNA 序列相似性最高的为 100%，最低的为 91%，36.4%的细菌与已知序列同源性在 97%以下。70 d 后的土壤样品获得了 22 个 OTU 类型，与数据库中已知细菌的 16S rDNA 序列相似性最高的为 100%，最低的为 87%，54.5%的细菌与已知序列同源性在 97%以下。初始样品中检测出的 22 种细菌中有 13 种为不可纯培养细菌，70 d 后检测出的 22 种细菌中有 7 种属于不可纯培养的。

从总细菌的种群结构来看（图 9-22），初始样品的 22 个 OUT 所代表的微生物共分为 6 个类群，分别为：α-变形菌类群（*Alphaproteobacteria*），β-变形菌类群（*Betaproteobacteria*），γ-变形菌类群（*Gammaproteobacteria*），放线菌门（*Actinobacteria*），酸杆菌门（*Acidobacteria*）以及未定义类群 Unclassified。70 d 后的土壤样品微生物为 5 个类群，分别为β-变形菌类群（*Betaproteobacteria*），γ-变形菌类群（*Gammaproteobacteria*），拟杆菌门（*Bacteroidetes*），δ-变形菌类群（*Deltaproteobacteria*）以及未定义类群 Unclassified。其中，γ-变形菌类群（*Gammaproteobacteria*）为优势菌群，占总细菌数的 57.8%。降解前后微生物类

群发生了较大的变化，γ-变形菌类群（*Gammaproteobacteria*）从初始占细菌总数的 35.9%上升至后期的 57.8%，α-变形菌类群（*Alphaproteobacteria*）与酸杆菌门（*Acidobacteria*）均消失，而后期样品的克隆文库中出现了拟杆菌门（*Bacteroidetes*），δ-（*Deltaproteobacteria*）。

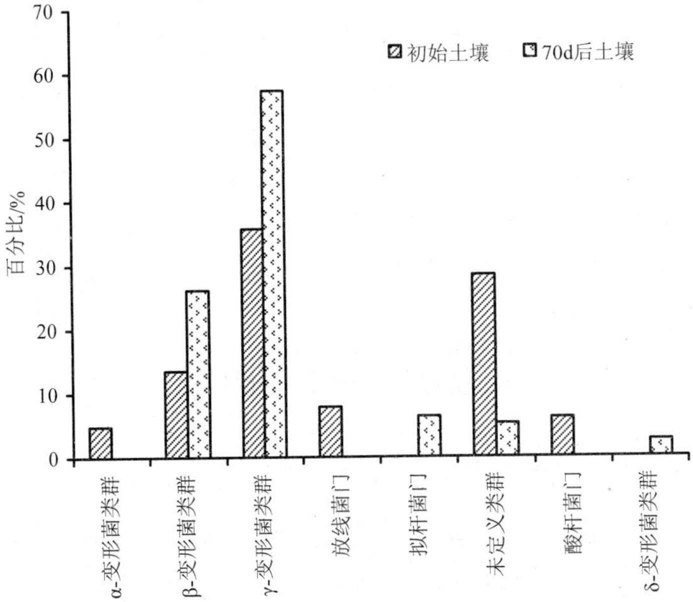

图 9-22 接种固定化菌剂土壤的微生物 16S rRNA 克隆文库类群结构

初期样品中，γ-变形菌类群（*Gammaproteobacteria*）以及未定义类群 Unclassified 均包含了 6 种细菌；β-变形菌类群（*Betaproteobacteria*）与放线菌门（*Actinobacteria*）均包含 3 种细菌；α-变形菌类群（*Alphaproteobacteria*）与酸杆菌门（*Acidobacteria*）均包含 2 种细菌。70 d 后的样品中，细菌种类最多的是γ-变形菌类群（*Gammaproteobacteria*），包含 11 种细菌；其次是β-变形菌类群（*Betaproteobacteria*）包含 4 种；未定义类群 Unclassified 与拟杆菌门（*Bacteroidetes*）均包含 3 种；δ-变形菌类群（*Deltaproteobacteria*）只包含 1 种细菌。

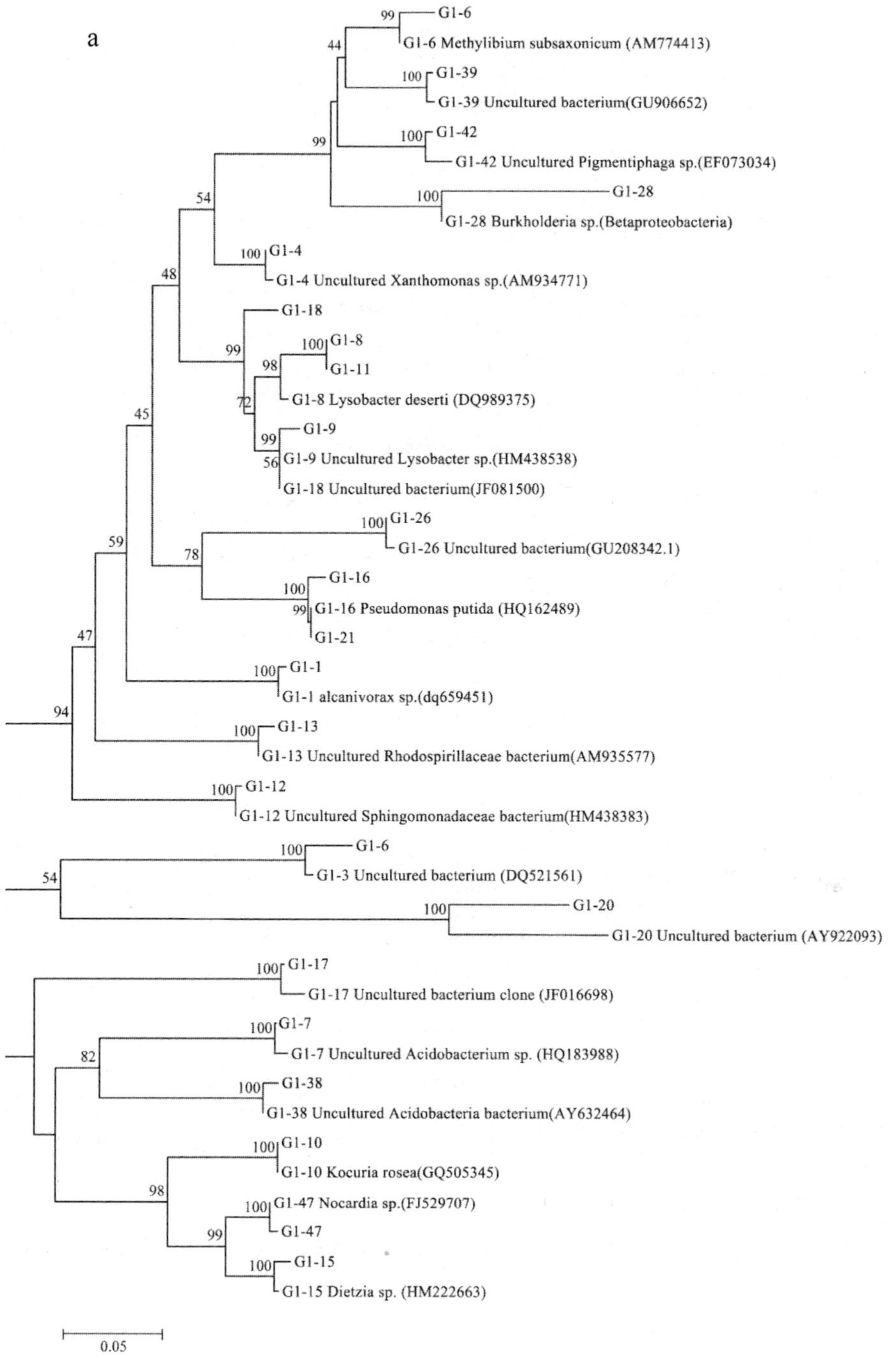
a
G1-6
G1-6 Methylibium subsaxonicum (AM774413)
G1-39
G1-39 Uncultured bacterium(GU906652)
G1-42
G1-42 Uncultured Pigmentiphaga sp.(EF073034)
G1-28
G1-28 Burkholderia sp.(Betaproteobacteria)
G1-4
G1-4 Uncultured Xanthomonas sp.(AM934771)
G1-18
G1-8
G1-11
G1-8 Lysobacter deserti (DQ989375)
G1-9
G1-9 Uncultured Lysobacter sp.(HM438538)
G1-18 Uncultured bacterium(JF081500)
G1-26
G1-26 Uncultured bacterium(GU208342.1)
G1-16
G1-16 Pseudomonas putida (HQ162489)
G1-21
G1-1
G1-1 alcanivorax sp.(dq659451)
G1-13
G1-13 Uncultured Rhodospirillaceae bacterium(AM935577)
G1-12
G1-12 Uncultured Sphingomonadaceae bacterium(HM438383)
G1-6
G1-3 Uncultured bacterium (DQ521561)
G1-20
G1-20 Uncultured bacterium (AY922093)
G1-17
G1-17 Uncultured bacterium clone (JF016698)
G1-7
G1-7 Uncultured Acidobacterium sp. (HQ183988)
G1-38
G1-38 Uncultured Acidobacteria bacterium(AY632464)
G1-10
G1-10 Kocuria rosea(GQ505345)
G1-47 Nocardia sp.(FJ529707)
G1-47
G1-15
G1-15 Dietzia sp. (HM222663)
0.05

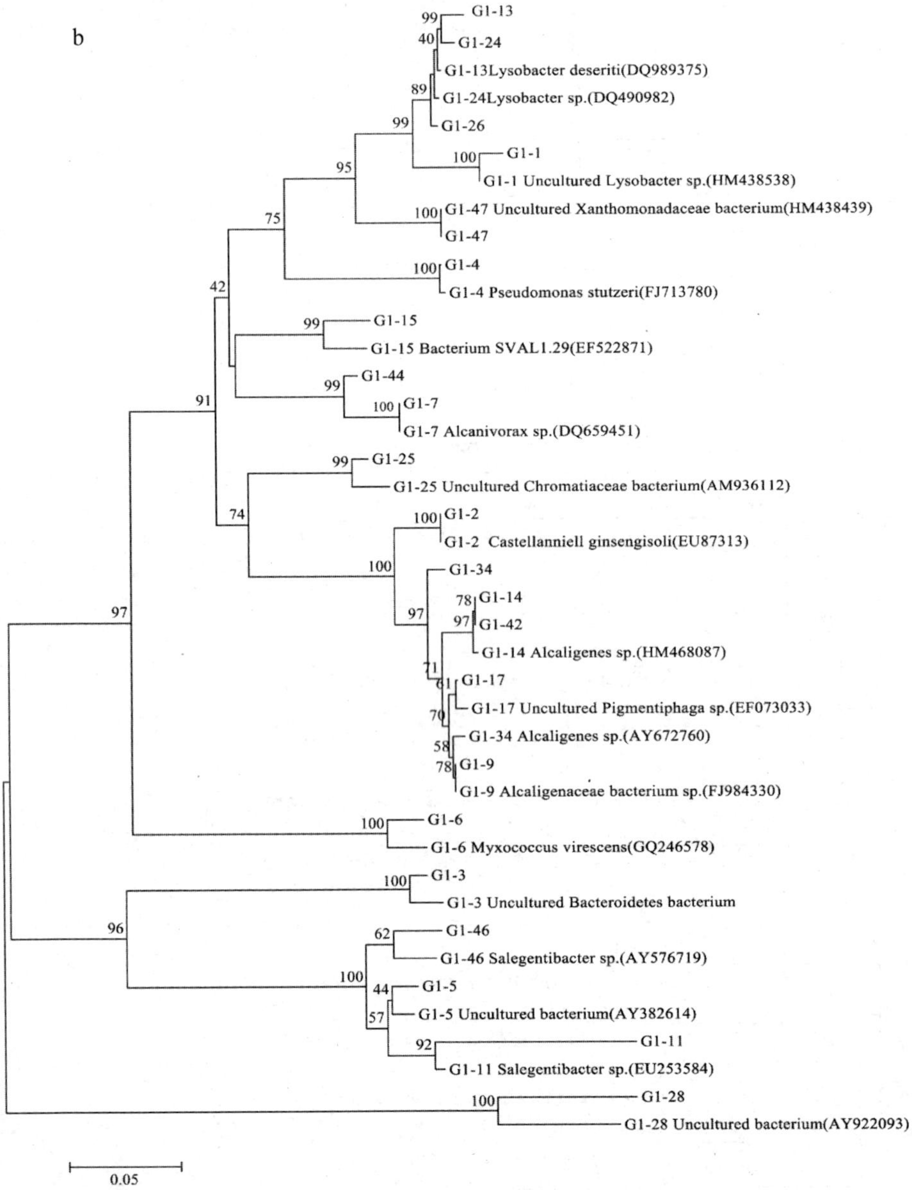

图 9-23 初始土壤（a）和接种固定化菌剂降解 70 d 后的土壤（b）的细菌系统发育树

对克隆子进行测序，建立系统进化树，如图 9-23 所示。初始样品中，数量最多的 OUT 之一与对应的微生物 Uncultured *Xanthomonas* sp.（AM934771）的相似度为 99%，该种微生物是不可培养的黄单胞菌属，发现自脂肪烃类污染土壤，其在总细菌中的比例为 10.3%。同时，还发现了与多环芳烃蒽降解相关的 Uncultured *Lysobacter* sp.clone T311E2（HM438538）以及 Uncultured *Sphingomonadaceae* bacterium clone 3 G11（HM438383）。此外，文库中还新出现了 Uncultured *Rhodospirillaceae* bacterium clone AMDB8（AM935577），该种微生物最早发现自脂肪烃类污染土壤。对多环芳烃芘具有降解效果的食烷菌属 *Alcanivorax* sp.（DQ659451）同样也在这一体系中存在，并且 3 个拷贝数，占总细菌数的 7.7%。石油烃降解菌占总细菌的 25.6%。

70 d 后的样品里，除了之前的分析中发现的石油烃降解菌 Uncultured *Chromatiaceae* bacterium（AM936112）以及对多环芳烃芘具有降解效果的食烷菌属 *Alcanivorax* sp.（DQ659451）和与蒽降解相关的类群 Uncultured *Lysobacter* sp.clone T311E2（HM438538）、Uncultured *Xanthomonadaceae* bacterium clone t313c5（HM438439）外，还发现了一种发现自南极洲的产碱杆菌属 *Alcaligenes* sp. 77b（AY672760），它是一种嗜冷的石油烃降解菌，其占总细菌的比例为 8.9%。芘降解菌和蒽降解菌分别占总细菌数的 13.3%、8.9%。这些微生物都可能与石油烃的降解有重要关系。另外，之前发现的对杀虫剂甲基巴拉松具有一定耐受性的菌属 Uncultured bacterium clone CS399（AY382614）再次在文库中出现。石油烃降解菌的占总细菌的比例为 33.3%。

9.5.1.2　接种菌悬液土壤的 16S rRNA 克隆文库特征

接种菌悬液体系的初始土壤样品共获得 23 个不同的分类操作单元，70 d 后的土壤样品获得了 18 个 OTU 类型。从分类操作单元的数量来看，降解后较降解前有所减少。初始样品中检测出的 23 种细菌中有 12 种为不可纯培养细菌，70 d 后检测出的 18 种细菌中有 10 种属于不可纯培养的。

从总细菌的种群结构来看，初始样品的 23 个 OUT 所代表的微生物共分为 7 个类群。如图 9-24 所示，其中，β-变形菌类群（*Betaproteobacteria*）占总细菌数的 14.7%；γ-变形菌类群（*Gammaproteobacteria*）占 47.1%；未定义类群 Unclassified 占 23.5%；其他的包括拟杆菌门（*Bacteroidetes*），占 5.9%，放线菌门（*Actinobacteria*）、酸杆菌门（*Acidobacteria*）以及蓝藻细菌（*Cyanobacteria*）均占

2.9%。70 d 后的土壤样品微生物为 5 个类群，分别为β-变形菌类群（*Betaproteobacteria*），占总细菌数的18.2%，γ-变形菌类群（*Gammaproteobacteria*），占总细菌数的 68.2%，δ-变形菌类群（*Deltaproteobacteria*），拟杆菌门（*Bacteroidetes*）以及未定义类群 Unclassified。

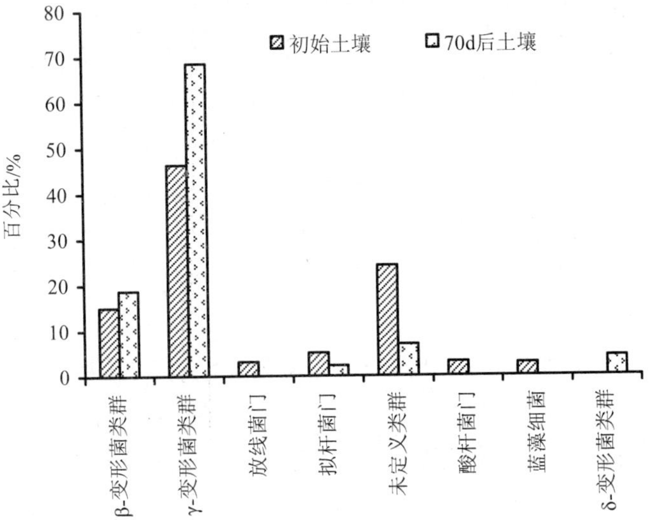

图 9-24 接种菌悬液土壤的微生物 16S rRNA 克隆文库类群结构

初期样品中，γ-变形菌类群（*Gammaproteobacteria*）包含了 8 种细菌，是细菌种类最多的类群；其次是未定义类群 Unclassified 包含了 6 种细菌；β-变形菌类群（*Betaproteobacteria*）包含了 4 种细菌；拟杆菌门（*Bacteroidetes*）为 2 种；其余的均只有 1 种细菌。70 d 后的样品中，细菌种类最多的仍然是γ-变形菌类群（*Gammaproteobacteria*），包含 10 种细菌；其次是β-变形菌类群（*Betaproteobacteria*）和未定义类群 Unclassified，都包含 3 种；拟杆菌门（*Bacteroidetes*）与δ-变形菌类群（*Deltaproteobacteria*）都只包含 1 种细菌。如图 9-25 所示，初始样品中数量最多的 OUT 与对应的微生物 Uncultured *Xanthomonas* sp.（AM934771）的相似度为 99%，该种微生物是不可培养的黄单胞菌属，分离自脂肪烃类污染土壤，其在总细菌中的比例为 17.6%。发现于实验室石油污染柱实验的 Uncultured bacterium clone 62089（EU368476）再次在文库中被找到。同时，还发现了与多环芳烃蒽降解相关的 Uncultured *Lysobacter* sp.clone T311E2（HM438538）。

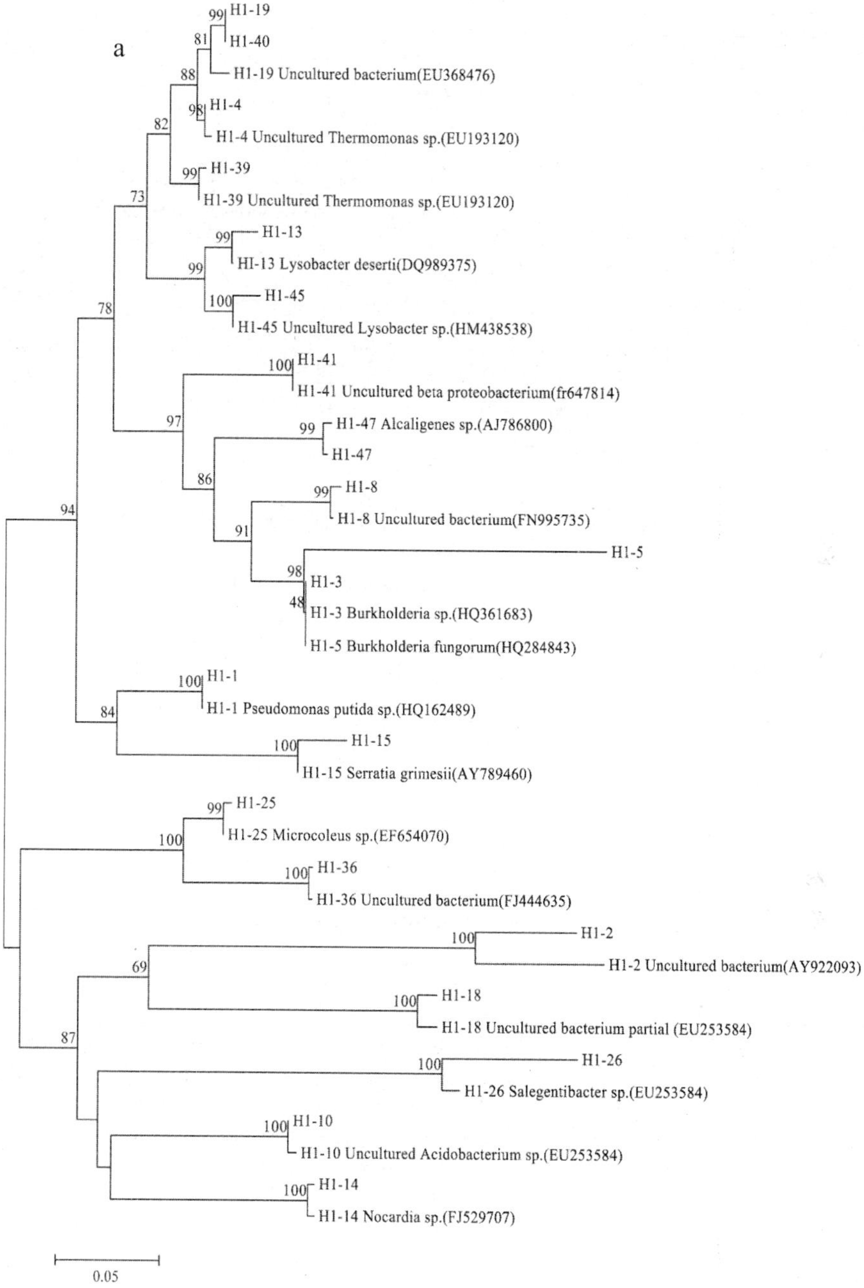
a
H1-19
H1-40
H1-19 Uncultured bacterium(EU368476)
H1-4
H1-4 Uncultured Thermomonas sp.(EU193120)
H1-39
H1-39 Uncultured Thermomonas sp.(EU193120)
H1-13
HI-13 Lysobacter deserti(DQ989375)
H1-45
H1-45 Uncultured Lysobacter sp.(HM438538)
H1-41
H1-41 Uncultured beta proteobacterium(fr647814)
H1-47 Alcaligenes sp.(AJ786800)
H1-47
H1-8
H1-8 Uncultured bacterium(FN995735)
H1-5
H1-3
H1-3 Burkholderia sp.(HQ361683)
H1-5 Burkholderia fungorum(HQ284843)
H1-1
H1-1 Pseudomonas putida sp.(HQ162489)
H1-15
H1-15 Serratia grimesii(AY789460)
H1-25
H1-25 Microcoleus sp.(EF654070)
H1-36
H1-36 Uncultured bacterium(FJ444635)
H1-2
H1-2 Uncultured bacterium(AY922093)
H1-18
H1-18 Uncultured bacterium partial (EU253584)
H1-26
H1-26 Salegentibacter sp.(EU253584)
H1-10
H1-10 Uncultured Acidobacterium sp.(EU253584)
H1-14
H1-14 Nocardia sp.(FJ529707)
0.05

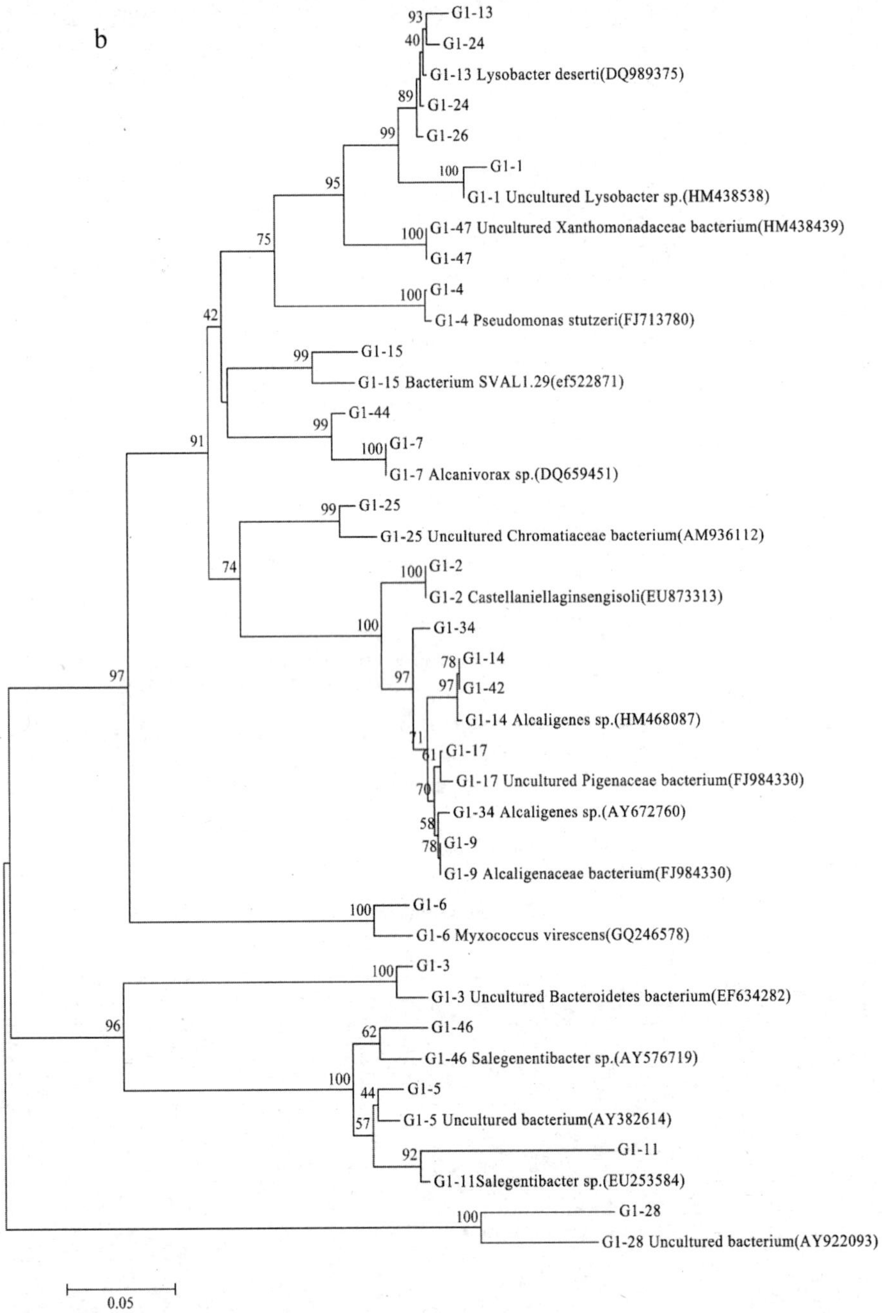

图 9-25　初始土壤（a）和接种菌悬液降解 70 d 后的土壤（b）的细菌系统发育树

70 d 后的样品里，与蒽降解相关的类群有 4 种，分别是 Uncultured *Lysobacter* sp. clone T311E2（HM438538）、Uncultured *Xanthomonadaceae* bacterium clone t313c5（HM438439）、Uncultured *Lysobacter* sp. clone T302F04（HM438526）、Uncultured *Lysobacter* sp. clone T302A11（HM438527），其占总细菌数的 29.5%。同样多环芳烃芘降解菌 *Alcanivorax* sp.（DQ659451）也有发现。在接种固定化菌剂处理的 70 d 后的土壤样品中发现的产碱杆菌属 *Alcaligenes* sp. 77b（AY672760）再次出现，这种发现自南极洲的嗜冷型石油烃降解菌可能与低温条件石油烃的降解有关。此外，文库中还发现了其他功能微生物，例如发现于灭草剂工厂废水的 Uncultured *Agrobacterium* sp. clone VA7（EU252538）对阿特拉津具有一定的降解效果。可以看出，70 d 后的样品中多环芳烃降解菌的数量要远大于石油烃降解菌，相比于初期样品而言，土壤中的优势菌群发生了较大的改变。初期的样品中优势菌群主要是石油烃降解菌，而经过了 70 d 的降解后转换为多环芳烃降解菌属。石油烃降解菌占总细菌的比例从初期的 26.5%增加至 70 d 后的 34.1%。

9.5.1.3　对照土壤的 16S rRNA 克隆文库特征

对照处理的初始土壤样品共获得 20 个不同的分类操作单元，这些 OUT 与数据库中已知细菌的 16S rDNA 序列相似性最高的为 100%，最低的为 93%，20%的细菌与已知序列同源性在 97%以下。70 d 后的土壤样品获得了 15 个 OTU 类型，从分类操作单元的数量来看，降解后有所减少。根据 NCBI 的比对结果可知，这些 OUT 与数据库中已知细菌的 16S rDNA 序列相似性最高的为 99%，最低的为 87%，33.3%的细菌与已知序列同源性在 97%以下。初始样品中检测出的 20 种细菌中有 9 种为不可纯培养细菌，70 d 后检测出的 15 种细菌中有 7 种属于不可纯培养的。

如图 9-26 所示，从总细菌的种群结构来看，初始样品的 20 个 OUT 所代表的微生物共分为 7 个类群，分别为：α-变形菌类群（*Alphaproteobacteria*），β-变形菌类群（*Betaproteobacteria*）、γ-变形菌类群（*Gammaproteobacteria*）、酸杆菌门（*Acidobacteria*）、变形菌门（*Proteobacteria*）、疣微菌纲（*Verrucomicrobiae*）以及未定义类群 Unclassified。70 d 后的土壤样品微生物仅为 4 个类群，分别为β-变形菌类群（*Betaproteobacteria*）、γ-变形菌类群（*Gammaproteobacteria*）、拟杆菌门（*Bacteroidetes*）以及未定义类群 Unclassified。其中，γ-变形菌类群（*Gammaproteobacteria*）占总细菌数的 70.6%，优势明显。

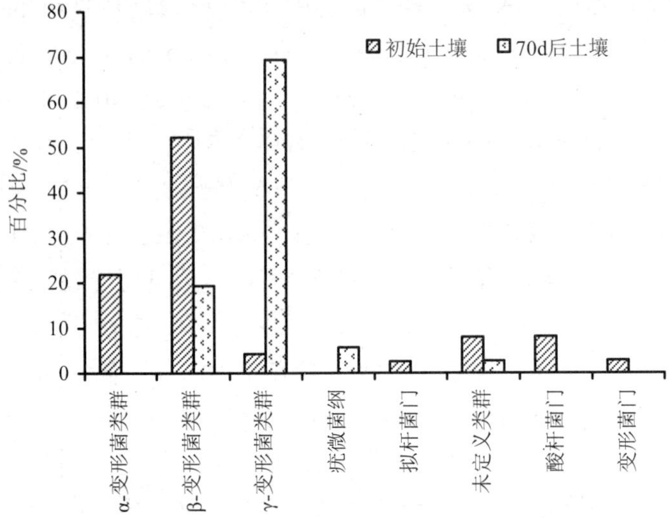

图 9-26 对照土壤的微生物 16S rRNA 克隆文库类群结构

初期，α-变形菌类群（*Alphaproteobacteria*）包含 6 种细菌；β-变形菌类群（*Betaproteobacteria*）包含 5 种细菌；未定义类群 Unclassified 包含 3 种；γ-变形菌类群（*Gammaproteobacteria*）和酸杆菌门（*Acidobacteria*）都包含了 2 种；疣微菌纲（*Verrucomicrobiae*）与变形菌门（*Proteobacteria*）都只有 1 种。70 d 后的样品中，细菌种类最多的是γ-变形菌类群（*Gammaproteobacteria*），包含 7 种；β-变形菌类群（*Betaproteobacteria*）包含 5 种；最少的未定义类群 Unclassified 1 种。

如图 9-27 所示，初始的土壤样品中，Uncultured soil bacterium clone PK-V（EF540436）发现于油页岩化工厂的固体废物半焦炭的植物修复过程中，其与具有 1 个拷贝数的 OUT 相似度为 99%。Uncultured *Caulobacter* sp. clone CM14D1（AM936876）与脂肪烃的降解有关。

经过 70 d 的降解后，土壤中发现了多环芳烃芘的降解菌 *Alcanivorax* sp.（DQ659451）以及蒽的降解菌 Uncultured *Xanthomonadaceae* bacterium clone t313c5（HM438439）与 Uncultured *Lysobacter* sp. *clone* T302F04（HM438526），并且都具有较高的拷贝数。初期，石油烃降解菌仅占总细菌的 5%，实验后期，这一比例上升至 44.1%。其中，占主要比例的是 *Alcanivorax* sp.（DQ659451），占总细菌数的 35.3%。

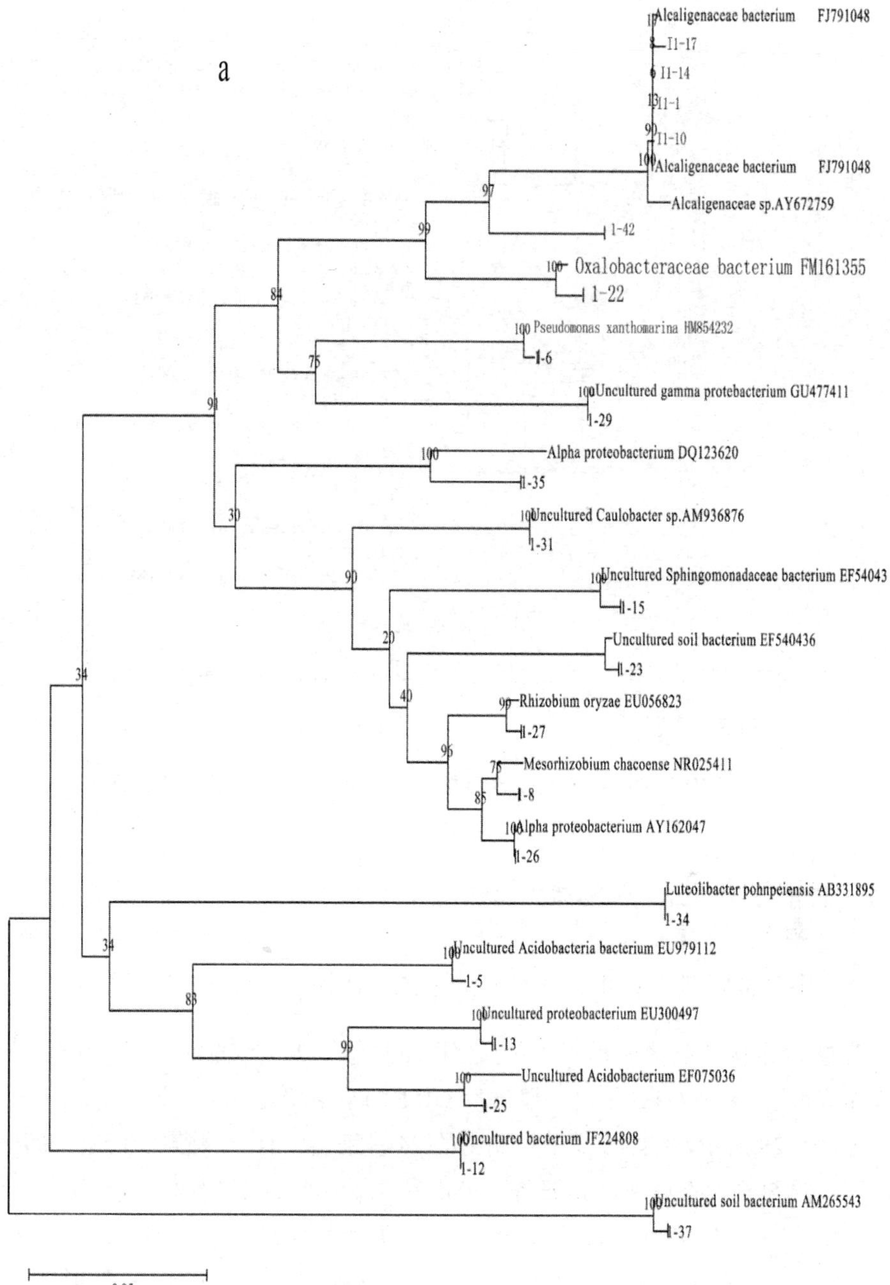
a
Alcaligenaceae bacterium FJ791048
I1-17
I1-14
I1-1
I1-10
Alcaligenaceae bacterium FJ791048
Alcaligenaceae sp.AY672759
1-42
Oxalobacteraceae bacterium FM161355
1-22
Pseudomonas xanthomarina HM854232
1-6
Uncultured gamma protebacterium GU477411
1-29
Alpha proteobacterium DQ123620
1-35
Uncultured Caulobacter sp.AM936876
1-31
Uncultured Sphingomonadaceae bacterium EF54043
1-15
Uncultured soil bacterium EF540436
1-23
Rhizobium oryzae EU056823
1-27
Mesorhizobium chacoense NR025411
1-8
Alpha proteobacterium AY162047
1-26
Luteolibacter pohnpeiensis AB331895
1-34
Uncultured Acidobacteria bacterium EU979112
1-5
Uncultured proteobacterium EU300497
1-13
Uncultured Acidobacterium EF075036
1-25
Uncultured bacterium JF224808
1-12
Uncultured soil bacterium AM265543
1-37
0.05

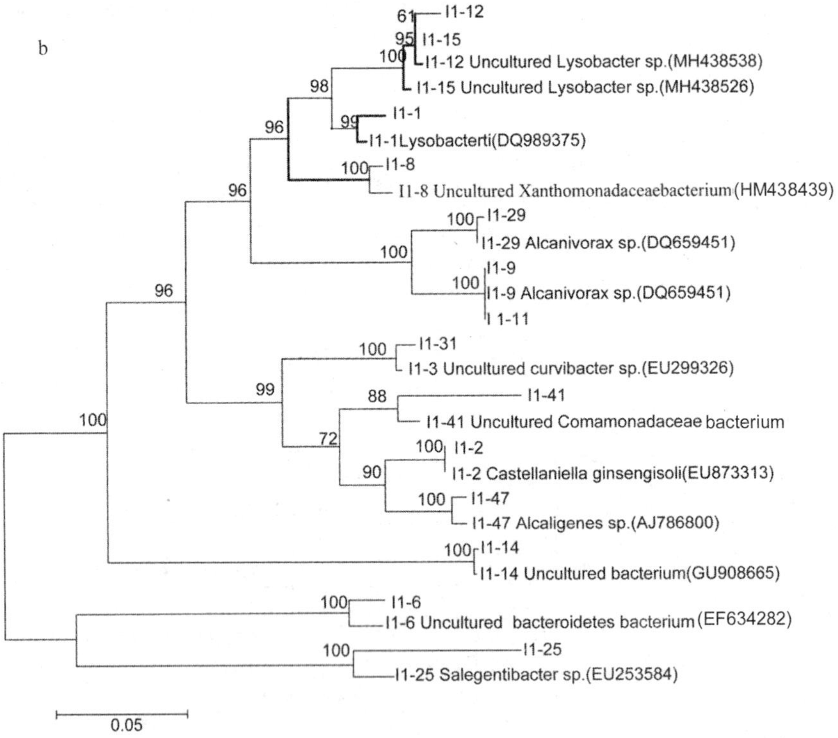

图 9-27　对照组中初始土壤（a）和降解 70 d 后的土壤（b）的细菌系统发育树

9.5.2　种植植物条件下根际微生物遗传多样性变化

9.5.2.1　小麦根际微生物 16S rRNA 克隆文库特征

苜蓿-固定化外源菌体系的初始土壤样品共获得 24 个 OTU 类型，70 d 后的土壤样品获得了 25 个 OTU 类型，降解后 OUT 的数量变化并不明显。

如图 9-28 所示，初始样品中检测出的 24 种细菌中有 12 种属于已经分离培养的，剩余的 50%为不可纯培养细菌。70 d 后检测出的 25 种细菌中只有 11 种属于已分离培养的。从总细菌的类群分布来看，初始样品的 24 个 OUT 代表 6 个类群的微生物，分别为：α-变形菌类群（*Alphaproteobacteria*）、β-变形菌类群（*Betaproteobacteria*）、γ-变形菌类群（*Gammaproteobacteria*）、厚壁菌门（*Firmicutes*）、拟杆菌门（*Bacteroidetes*）以及未定义类群 Unclassified。

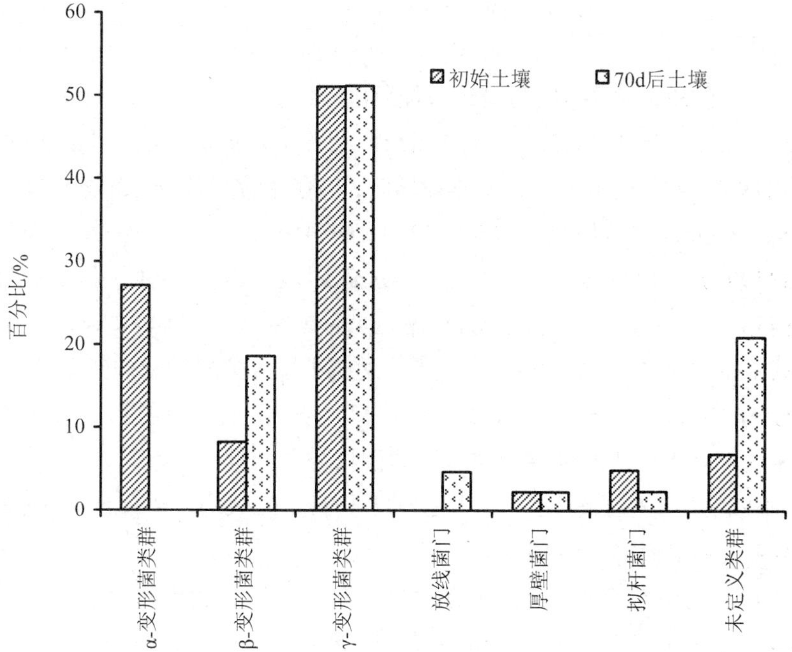

图 9-28　小麦根际微生物 16S rRNA 克隆文库类群结构

70 d 后的土壤样品微生物同样为 6 个类群，分别为β-变形菌类群（*Betaproteobacteria*）、γ-变形菌类群（*Gammaproteobacteria*）、厚壁菌门（*Firmicutes*）、放线菌门（*Actinobacteria*）、拟杆菌门（*Bacteroidetes*）以及未定义类群 Unclassified。初始样品中，γ-变形菌类群（*Gammaproteobacteria*）为优势菌群，占据总细菌数的 51.1%。70 d 后的土壤样品中，γ-变形菌类群（*Gammaproteobacteria*）占总细菌数的 51.2%，同样为优势菌群。其次为未定义类群，占总细菌数的 20.9%，β-变形菌类群（*Betaproteobacteria*），占总细菌数的 18.6%。

如图 9-29 所示，初期样品中，γ-变形菌类群（*Gammaproteobacteria*）包含了 12 种细菌；α-变形菌类群（*Alphaproteobacteria*）、β-变形菌类群（*Betaproteobacteria*）以及未定义类群 Unclassified 均包含 3 种细菌；拟杆菌门（*Bacteroidetes*）包含 2 种；厚壁菌门（Firmicutes）只有 1 种细菌。70 d 后的样品中，细菌种类最多的仍然是γ-变形菌类群（*Gammaproteobacteria*），包含 10 种细菌；其次是未定义类群 Unclassified，有 8 种细菌；β-变形菌类群（*Betaproteobacteria*）包含 4 种。最少

的厚壁菌门（*Firmicutes*）、拟杆菌门（*Bacteroidetes*）与放线菌门（*Actinobacteria*）各有 1 种。

初期样品的克隆文库中，与多环芳烃蒽降解相关的类群 Uncultured *Lysobacter* sp. cloneT302F04（HM438526）以及 Uncultured *Xanthomonadaceae* bacterium clone t313c5（HM438439）均有发现，同时还发现了新的蒽降解类群：Uncultured *Lysobacter* sp. clone T302A11（HM438527）、Uncultured *Lysobacter* sp. clone t282c5（HM438499）、Uncultured *Xanthomonadaceae* bacterium clone T313C12（HM438433）、Uncultured *Lysobacter* sp. clone t281 d5（HM438500）。副球菌属 *Paracoccus* sp. AP27（EU374897）发现于原油泄漏污染的海岸，其与具有 1 个拷贝数的 OUT 相似度为 99%；Uncultured soil bacterium clone MJK14（EF540383）发现于油页岩化工厂的固体废物半焦炭的植物修复过程中，其与具有 1 个拷贝数的 OUT 相似度为 97%。此外，文库中还发现了 *Lysobacter* sp. KSA20（GU048937），其与 2,4-二氯苯甲酸的利用有关。

对 70 d 后的样品的克隆文库进行分析发现一种石油烃降解菌 *Pusillimonas noertemannii* strain T7-7（DQ417606）；另外，Uncultured soil bacterium clone UB12（DQ298 014.1）和 *Alcaligenaceae* bacterium BZ45（GQ246 952.1）这两种微生物均发现于石油污染土壤。发现于实验室石油污染柱实验的 Uncultured bacterium clone 62089（EU368476）再次在文库中被找到。对多环芳烃芘具有降解效果的食烷菌属 *Alcanivorax* sp.（DQ659451）同样也在这一体系中存在。此外，与多环芳烃蒽降解相关的类群 Uncultured *Lysobacter* sp. cloneT302F04（HM438526）、Uncultured *Xanthomonadaceae* bacterium clone t313c5（HM438439）以及 Uncultured *Lysobacter* sp. clone T311E2（HM438538）均有发现。这些功能微生物主要集中在β-变形菌类群（*Betaproteobacteria*）与γ-变形杆菌类群（*Gammaproteobacteria*）。

初始的土壤样品中即存在一定比例的石油烃降解菌以及多环芳烃降解菌，经过 70 d 的降解后，土壤中发现了新的石油烃降解菌属，石油烃降解菌的种类有所增加，但是降解菌的数量从初期的 53.3%下降为 27.9%，初期发现的蒽降解菌仍然大量存在。

a

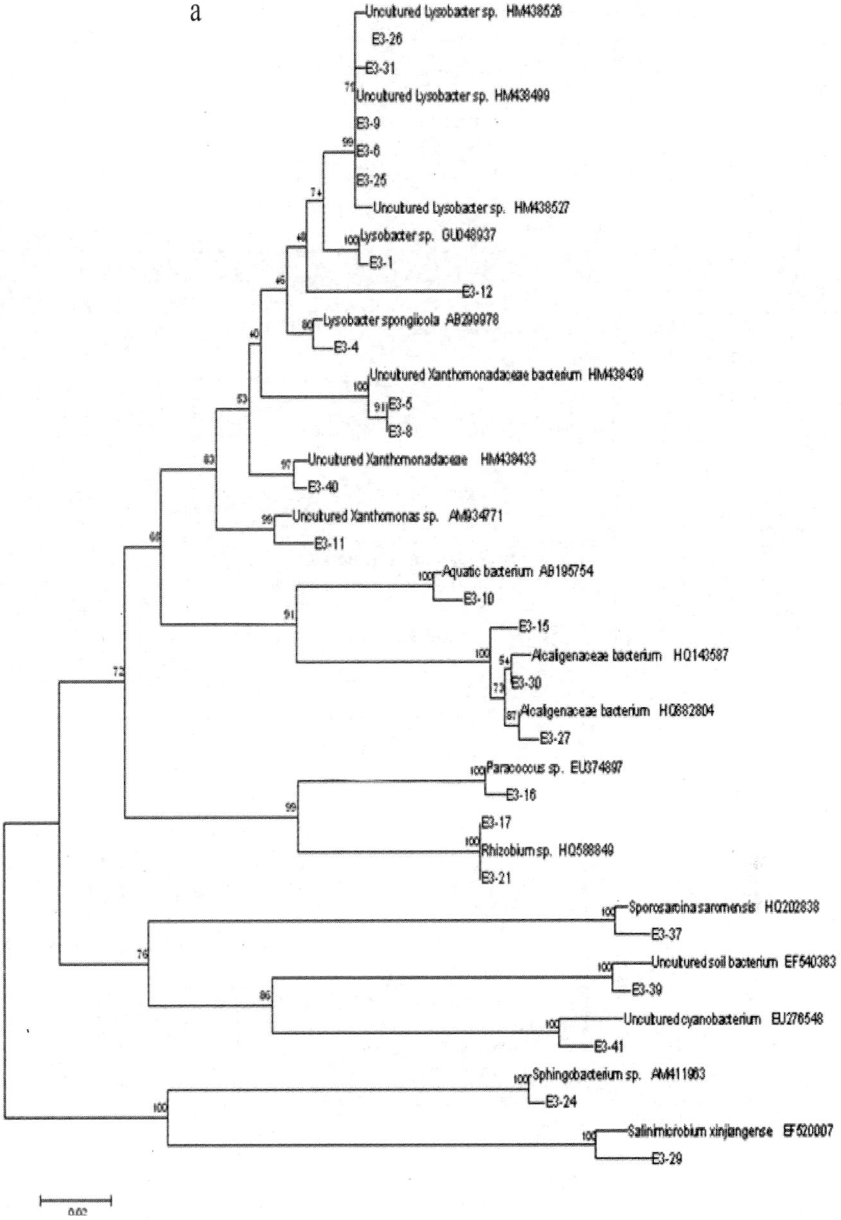
Uncultured Lysobacter sp. HM438526
E3-26
E3-31
Uncultured Lysobacter sp. HM438499
E3-9
E3-6
E3-25
Uncultured Lysobacter sp. HM438527
Lysobacter sp. GU048937
E3-1
E3-12
Lysobacter spongiicola AB299978
E3-4
Uncultured Xanthomonadaceae bacterium HM438439
E3-5
E3-8
Uncultured Xanthomonadaceae HM438433
E3-40
Uncultured Xanthomonas sp. AM934771
E3-11
Aquatic bacterium AB195754
E3-10
E3-15
Alcaligenaceae bacterium HQ143587
E3-30
Alcaligenaceae bacterium HQ882804
E3-27
Paracoccus sp. EU374897
E3-16
E3-17
Rhizobium sp. HQ588849
E3-21
Sporosarcina saromensis HQ202838
E3-37
Uncultured soil bacterium EF540383
E3-39
Uncultured cyanobacterium EU276548
E3-41
Sphingobacterium sp. AM411963
E3-24
Salinimicrobium xinjiangense EF520007
E3-29
100
99
74
48
46
40
53
83
68
72
97
91
80
54
87
76
86

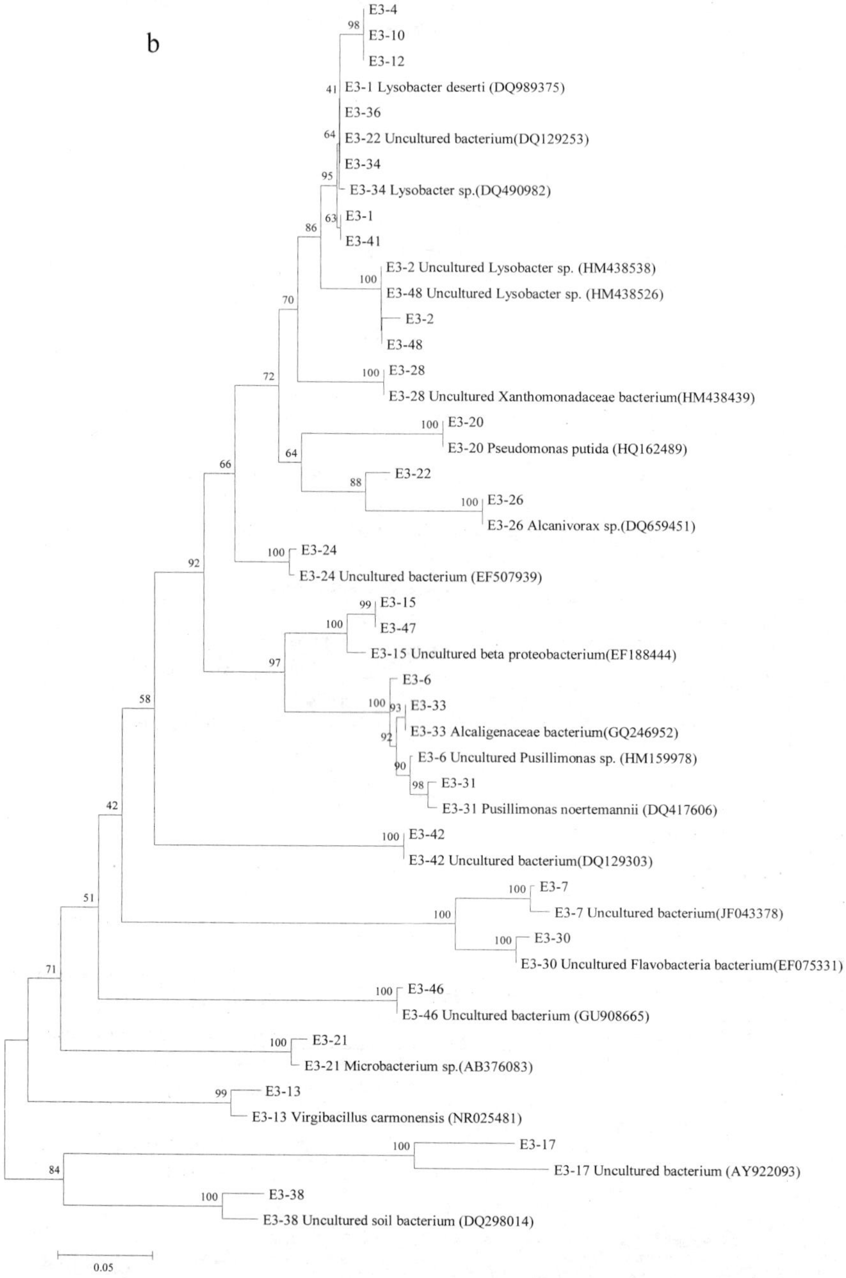

图 9-29 初始土壤（a）和降解 70 d 后的（b）小麦根际土壤的细菌系统发育树

9.5.2.2 苜蓿根际微生物 16S rRNA 克隆文库特征

苜蓿-固定化外源菌体系的初始土壤样品共获得 22 个不同的 OTU，70 d 后的土壤样品也获得了 22 个 OTU 类型。初始样品中检测出的 22 种细菌中只有 6 种为不可纯培养细菌，70 d 后检测出的 22 种细菌中有 14 种属于不可纯培养的。从总细菌的种群结构来看，初始样品和 70 d 后的样品发生了较大变化。如图 9-30 所示，初始样品的 22 个 OUT 所代表的微生物共分为 6 个类群，分别为：α-变形菌类群（*Alphaproteobacteria*），β-变形菌类群（*Betaproteobacteria*），γ-变形菌类群（*Gammaproteobacteria*），厚壁菌门（*Firmicutes*），浮霉菌门（*Planctomycetes*）以及未定义类群 Unclassified。70 d 后的土壤样品微生物为 7 个类群，分别为β-变形菌类群（*Betaproteobacteria*），γ-变形菌类群（*Gammaproteobacteria*），厚壁菌门（*Firmicutes*），放线菌门（Actinobacteria），拟杆菌门（*Bacteroidetes*），疣微菌纲（*Verrucomicrobiae*）以及未定义类群 Unclassified。降解前后微生物类群发生了较大的变化，γ-变形菌类群（*Gammaproteobacteria*）从初始占细菌总数的 29.7%上升至后期的 63.8%，β-变形菌类群（*Betaproteobacteria*）则由 45.9%变为 6.4%；同时，α-变形菌类群（*Alphaproteobacteria*）消失，出现了 3 种新的类群。

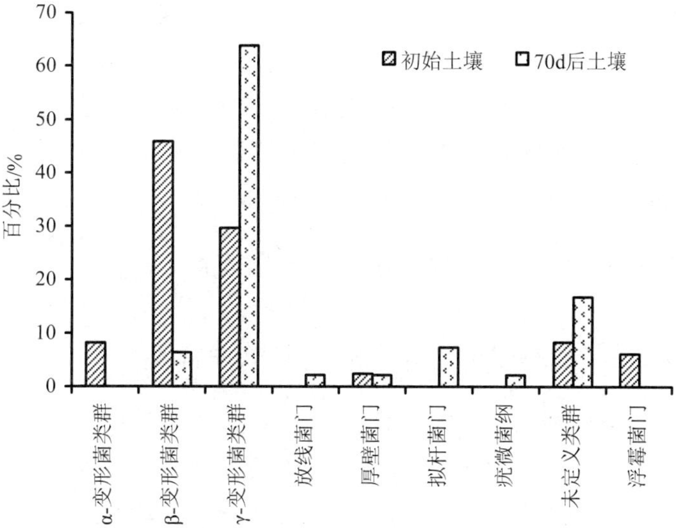

图 9-30 苜蓿根系土壤微生物 16S rRNA 克隆文库类群结构

初期样品中，β-变形菌类群（*Betaproteobacteria*）包含 8 种细菌类型，γ-变形菌类群（*Gammaproteobacteria*）包含了 7 种细菌。70 d 后的样品中，细菌种类最多的是γ-变形菌类群（*Gammaproteobacteria*），包含 10 种细菌；其次是未定义类群 Unclassified 有 6 种细菌；β-变形菌类群（*Betaproteobacteria*）包含 2 种；其与 4 种类群都只有 1 种细菌。

如图 9-31 所示，初始样品，Uncultured *Xanthomonadaceae* bacterium clone t313c5（HM438439）以及新发现的 Uncultured *Acetobacteraceae* bacterium clone T501D7（HM438096）与假单胞菌 Uncultured *Pseudomonadaceae* bacterium clone T301D2（HM438286）都是可以降解蒽的；发现于石油污染土壤的 *Alcaligenaceae* bacterium BZ45（GQ246952.1）与文库中的 1 个 OUT 的相似度达到 100%；*Pseudomonas putida* strain EH63（GU339288）可以分解脂肪。另外还有与五氯苯酚的降解有关的无色菌 *Achromobacter spanius*（FM999732）以及对重金属砷具有耐受性的 *Aminobacter aminovorans*（AM285009）。

70 d 后的样品里，发现于实验室的石油污染柱实验的 Uncultured bacterium clone 62089（EU368476）在文库中同样被找到，并且具有 2 个拷贝数。Uncultured bacterium clone ANT12（HQ015244）最早发现在垃圾渗滤液污染的土壤中，是与多环芳烃蒽和菲降解有关的菌属，文库中有一个菌属与其同源性达到 97%，同样具有 2 个拷贝数。与蒽降解相关的类群 Uncultured *Lysobacter* sp. cloneT302F04（HM438526）、Uncultured *Lysobacter* sp.clone T311E2（HM438538）、Uncultured *Xanthomonadaceae* bacterium clone t313c5（HM438439）以及 Uncultured soil bacterium clone SBANT99（HM596270）在文库中均有发现，占总细菌数的 31.9%。石油烃降解菌占总细菌数的比例从初期的 29.7%增加至 42.6%。

9.5.3 菌悬液条件下根际微生物遗传多样性变化

9.5.3.1 小麦-菌悬液体系的 16S rRNA 克隆文库特征

小麦-菌悬液体系的初始土壤样品共获得 14 个不同的分类操作单元。70 d 后的土壤样品获得了 34 个 OTU 类型，降解前后分类操作单元的数量有显著变化，菌群的丰富度有了较大的提高。如图 9-32 所示，从总细菌的种群结构来看，初始样品的 14 个 OUT 所代表的微生物共分为 5 个类群，分别为：α-变形菌类群（*Alphaproteobacteria*）、β-变形菌类群（*Betaproteobacteria*）、γ-变形菌类群

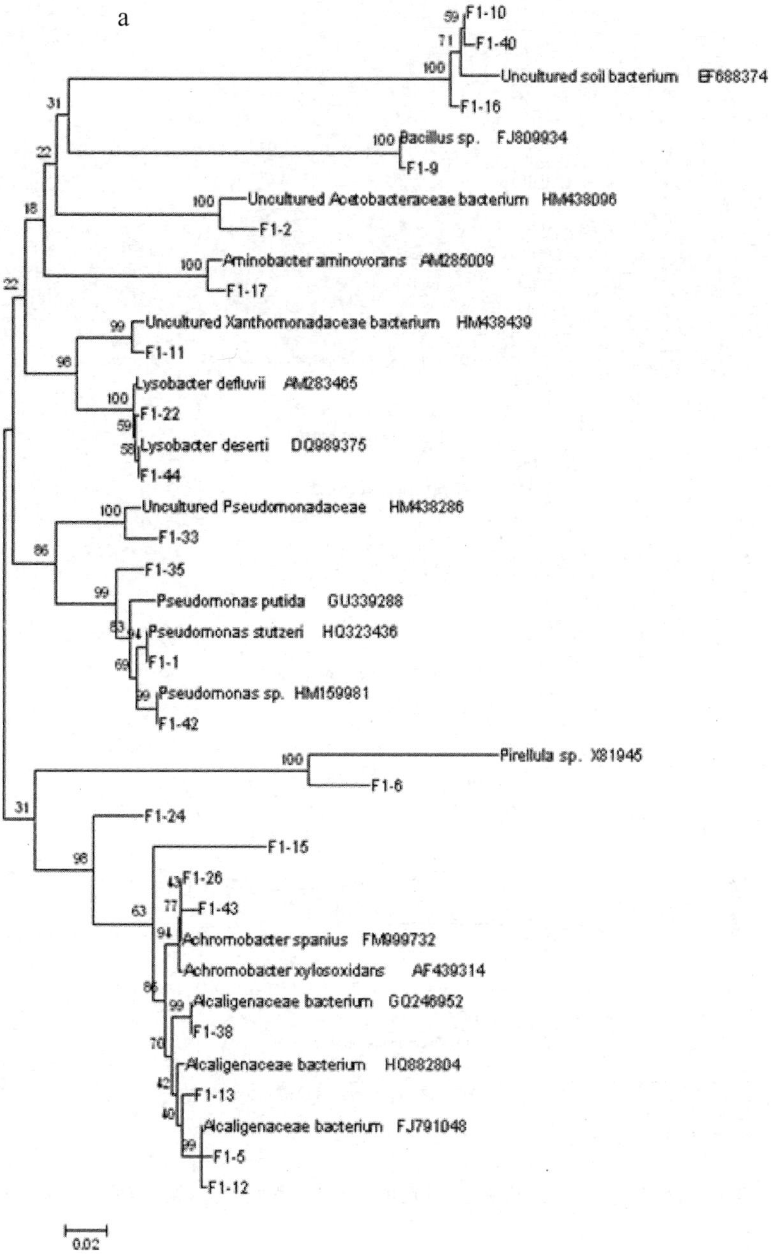
a
F1-10
F1-40
Uncultured soil bacterium EF688374
F1-16
Bacillus sp. FJ809934
F1-9
Uncultured Acetobacteraceae bacterium HM438096
F1-2
Aminobacter aminovorans AM285009
F1-17
Uncultured Xanthomonadaceae bacterium HM438439
F1-11
Lysobacter defluvii AM283465
F1-22
Lysobacter deserti DQ989375
F1-44
Uncultured Pseudomonadaceae HM438286
F1-33
F1-35
Pseudomonas putida GU339288
Pseudomonas stutzeri HQ323436
F1-1
Pseudomonas sp. HM159981
F1-42
Pirellula sp. X81945
F1-6
F1-24
F1-15
F1-26
F1-43
Achromobacter spanius FM999732
Achromobacter xylosoxidans AF439314
Alcaligenaceae bacterium GQ246952
F1-38
Alcaligenaceae bacterium HQ882804
F1-13
Alcaligenaceae bacterium FJ791048
F1-5
F1-12
0.02

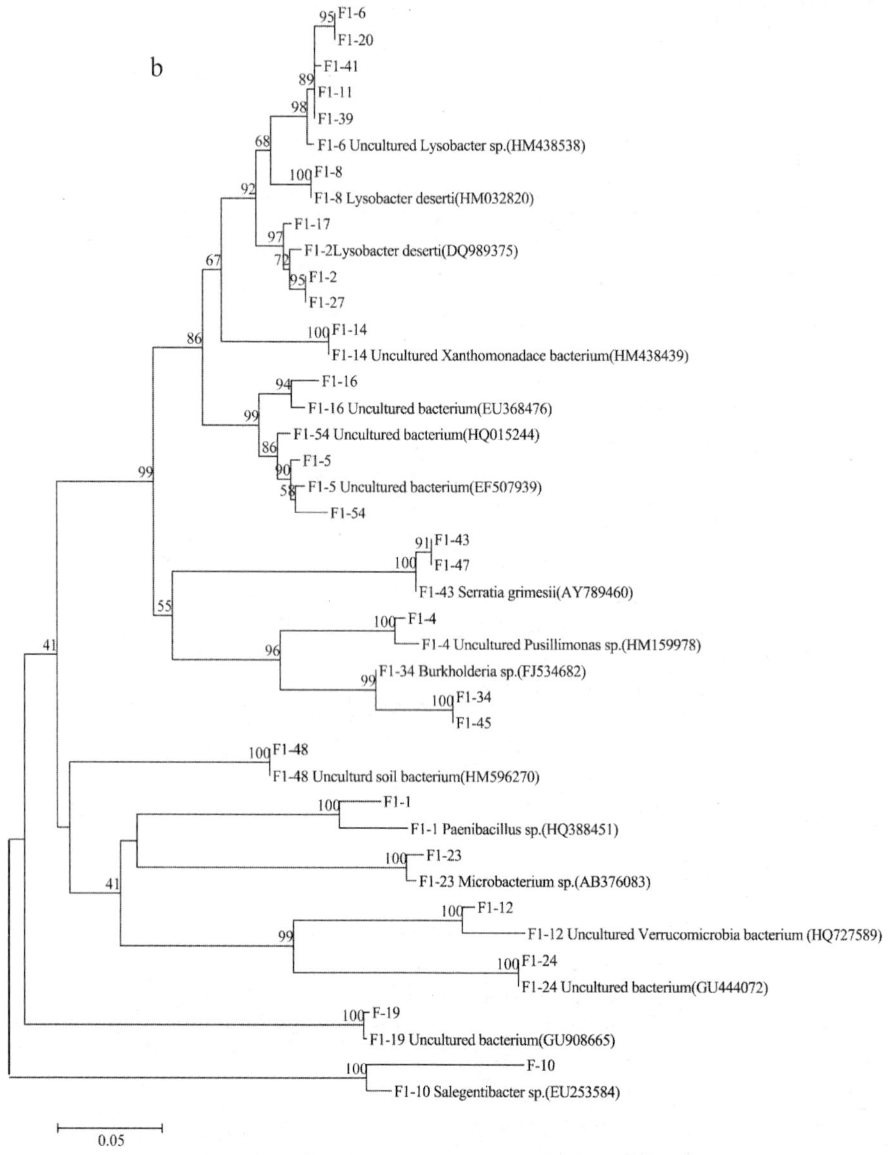

图 9-31　初始土壤（a）和降解 70 d 后的（b）苜蓿根系土壤细菌的系统发育树

（*Gammaproteobacteria*）、厚壁菌门（*Firmicutes*）以及未定义类群 Unclassified。其中，γ-变形菌类群（*Gammaproteobacteria*）和厚壁菌门（*Firmicutes*）分别占总细菌数的 30.4%，最少的为β-变形菌类群（*Betaproteobacteria*），仅占 4.3%。而 70 d

后的土壤样品微生物变为 7 个类群，分别为α-变形菌类群（*Alphaproteobacteria*）、β-变形菌类群（*Betaproteobacteria*）、γ-变形菌类群（*Gammaproteobacteria*）、厚壁菌门（*Firmicutes*）、放线菌门（*Actinobacteria*）、拟杆菌门（*Bacteroidetes*）以及未定义类群 Unclassified。γ-变形菌类群（*Gammaproteobacteria*）的比例上升至 52.2%。厚壁菌门（*Firmicutes*）占总细菌数的比例仅为 2.2%。

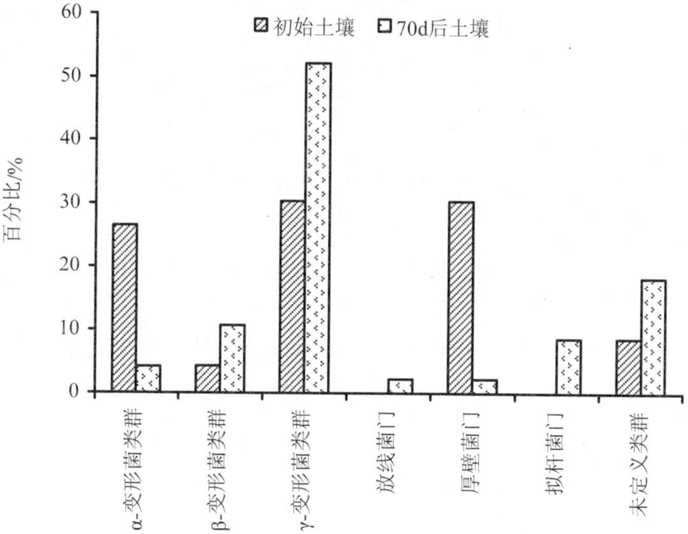

图 9-32　小麦-菌悬液体系中微生物 16S rRNA 克隆文库类群结构

如图 9-33 所示，从文库中可以看出，初期样品中，α-变形菌类群（*Alphaproteobacteria*）和γ-变形菌类群（*Gammaproteobacteria*）均包含 4 种细菌，最少的是β-变形菌类群（*Betaproteobacteria*）只有 1 种细菌。70 d 后的样品中，γ-变形菌类群（*Gammaproteobacteria*）细菌种类最多，包含 15 种细菌；其次是未定义类群 Unclassified，有 9 种细菌；再次是β-变形菌类群（*Betaproteobacteria*）包含 4 种。最少的厚壁菌门（*Firmicutes*）与放线菌门（*Actinobacteria*）各有 1 种。

对初始样品里与 GenBank 中已有的 16S rDNA 序列同源性大于 97%的序列进行分析发现与石油烃降解有关的菌群主要有以下几个：不可培养的黄单胞菌属 Uncultured *Xanthomonas* sp.（AM934771）是分离自脂肪烃类污染土壤的微生物菌群，属于γ-变形菌类群（*Gammaproteobacteria*）；*Staphylococcus haemolyticus*（HQ699551）同样是一株对石油烃具有较强的降解效果的菌株，分离自石油污染

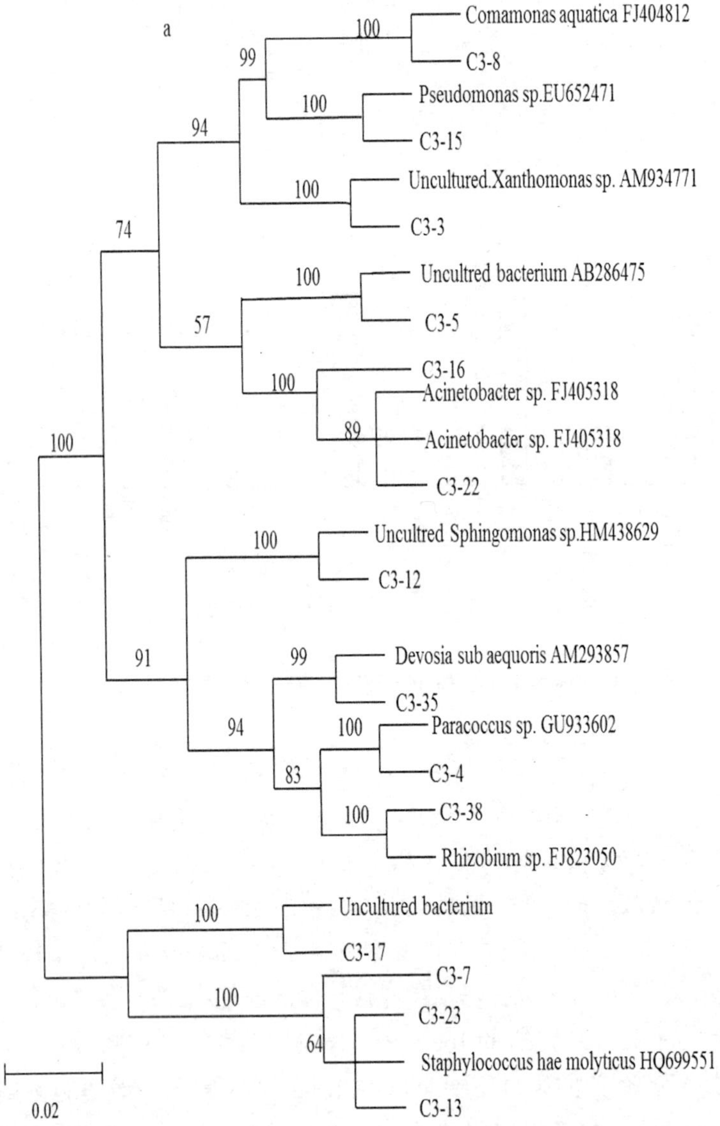
a
Comamonas aquatica FJ404812
C3-8
Pseudomonas sp.EU652471
C3-15
Uncultured.Xanthomonas sp. AM934771
C3-3
Uncultred bacterium AB286475
C3-5
C3-16
Acinetobacter sp. FJ405318
Acinetobacter sp. FJ405318
C3-22
Uncultred Sphingomonas sp.HM438629
C3-12
Devosia sub aequoris AM293857
C3-35
Paracoccus sp. GU933602
C3-4
C3-38
Rhizobium sp. FJ823050
Uncultured bacterium
C3-17
C3-7
C3-23
Staphylococcus hae molyticus HQ699551
C3-13
100
99
100
94
100
74
100
57
100
89
100
100
91
99
94
100
83
100
100
100
64
0.02

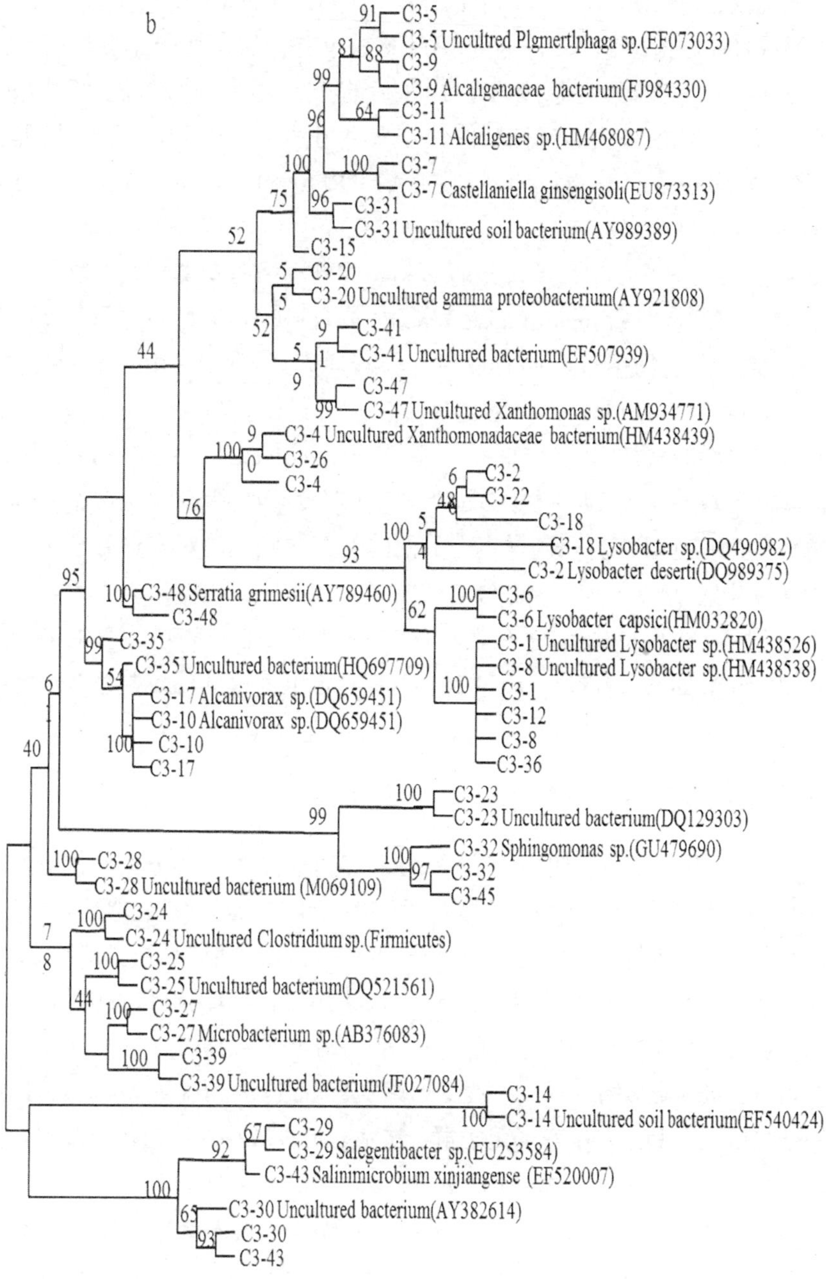

图 9-33　小麦-菌悬液体系初始土壤（a）和降解 70 d 后的土壤（b）的细菌的系统发育树

土壤，在小麦-菌悬液体系的克隆文库中也存在这种菌。Uncultured *Sphingomonas* sp. clone E05（HM438629）是一种能够降解蒽的单胞菌属，属于α-变形菌类群 *Alphaproteobacteria*。在小麦-菌悬液体系 70 d 后的样品文库中也发现了两种蒽降解菌。初期，石油烃降解菌占总细菌数的 47.8%。另外，在文库中我们还发现了反硝化除磷菌 *Comamonas aquatica* strain DNPA9（FJ404812），属于β-变形菌类群（*Betaproteobacteria*）。

对 70 d 后的土壤样品的克隆文库进行分析，找到了一些功能性微生物，主要有：不可培养的黄单胞菌属 Uncultured *Xanthomonas* sp.（AM934771）是分离自脂肪烃类污染土壤的微生物菌群，同时发现了与多环芳烃蒽降解相关的菌种包括 Uncultured *Lysobacter* sp.clone T311E2（HM438538），Uncultured *Lysobacter* sp. cloneT302F04（HM438526）以及 Uncultured *Xanthomonadaceae* bacterium clone t313c5（HM438439），并且文库中的 OUT 与之相似度都达到了 98%或者 99%，在文库中的数量也有绝对优势。同样，在前面的研究中发现的对多环芳烃芘具有降解效果的食烷菌属 *Alcanivorax* sp.（DQ659451）在文库中也有发现。后期石油烃降解菌占总细菌数的 26.1%。另外，文库还找到了其他一些功能微生物：如 Uncultured bacterium clone CS399（AY382614）是对杀虫剂甲基巴拉松具有一定耐受性的菌属。

9.5.3.2 苜蓿-菌悬液体系的 16S rRNA 克隆文库特征

苜蓿-固定化外源菌体系的初始土壤样品共获得 14 个不同的分类操作单元。70 d 后的土壤样品获得了 27 个 OTU 类型，降解后 OUT 的数量增加显著。初始样品中检测出的 14 种细菌有 1 种为不可培养的细菌，而后期样品检测出的 27 种细菌里有 18 种均为不可纯培养的细菌。如图 9-34 所示，初始样品的 14 个 OUT 所代表的微生物共分为 4 个类群，分别为：α-变形菌类群（*Alphaproteobacteria*），β-变形菌类群（*Betaproteobacteria*），γ-变形菌类群（*Gammaproteobacteria*），厚壁菌门（*Firmicutes*）。其中，β-变形菌类群（*Betaproteobacteria*）为优势菌群，占总细菌数的 59.6%；而最少的厚壁菌门（*Firmicutes*）仅占 4.3%。70 d 后的土壤样品微生物为 5 个类群，分别为α-变形菌类群（*Betaproteobacteria*），γ-变形菌类群（*Gammaproteobacteria*），拟杆菌门（*Bacteroidetes*），疣微菌纲（*Verrucomicrobiae*）以及未定义类群 Unclassified。γ-变形菌类群（*Gammaproteobacteria*）占据了绝对优势，占总细菌数的 63.8%。

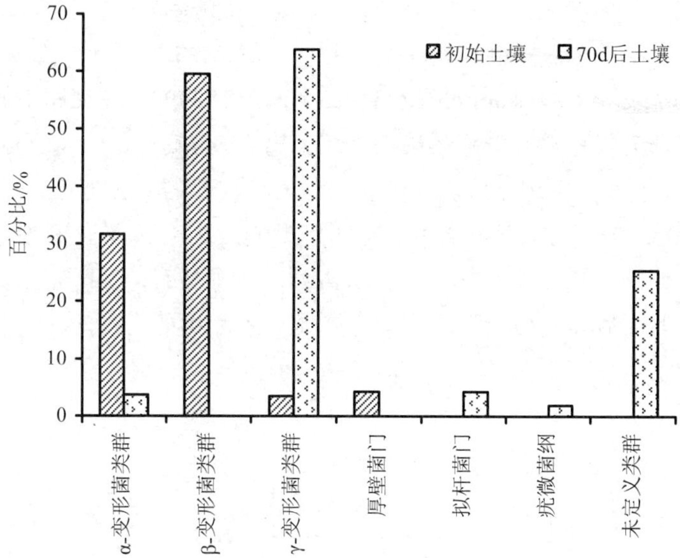

图 9-34　苜蓿-菌悬液体系中微生物 16S rRNA 克隆文库类群结构

如图 9-35 所示，初期样品中，β-变形菌类群（*Betaproteobacteria*）和γ-变形菌类群（*Gammaproteobacteria*）包含的细菌种类较多，分别为 6 个和 5 个；α-变形菌类群（*Alphaproteobacteria*）包含 2 种细菌，最少的是厚壁菌门（*Firmicutes*），只有 1 种细菌。70 d 后的样品中，细菌种类最多的是γ-变形菌类群（*Gammaproteobacteria*），包含 15 种细菌；其次是未定义类群 Unclassified，有 8 种细菌；拟杆菌门（*Bacteroidetes*）包含 2 种。最少的α-变形菌类群（*Alphaproteobacteria*）与疣微菌纲（*Verrucomicrobiae*）各有 1 种。

对初始样品里与 GenBank 中已有的 16S rDNA 序列同源性大于 97%的序列进行分析发现与石油烃降解有关的菌群主要有 Uncultured *Lysobacter* sp. clone t281 d5（HM438500），该菌群同样也是一种对多环芳烃蒽具有降解能力的菌属，属于γ-变形菌类群（*Gammaproteobacteria*）。前面的研究中已经发现了 4 种对蒽具有降解能力的菌属，均属于变形杆菌属。同时发现了一株硝化细菌 *Alcaligenes* sp. R-21939 partial（AJ786800）。

对 70 d 后的土壤样品的克隆文库进行分析时，发现了对脂肪烃具有降解效果的 Uncultured *Brevundimonas* sp. partial 16S clone AMOD2（AM935180）以及不可培养的黄单胞菌属 Uncultured *Xanthomonas* sp.（AM934771）。同时，能够降解多

环芳烃蒽的 3 个菌种包括 Uncultured *Lysobacter* sp.clone T311E2（HM438538），Uncultured *Lysobacter* sp. cloneT302F04（HM438526）以及 Uncultured *Xanthomonadaceae* bacterium clone t313c5（HM438439），在文库中的数量也较有优势。对多环芳烃芘具有降解效果的食烷菌属 *Alcanivorax* sp.（DQ659451）也出现在文库中。另外，发现于实验室的石油污染柱实验的 Uncultured bacterium clone 62089（EU368476）在文库中被找到，并且具有 2 个拷贝数。石油烃降解菌占总细菌数的比例从初期的 12.8%上升至 42.6%。除了与石油烃降解相关的菌群外，一些功能性微生物也有发现，主要有与废水处理相关的产自于好氧活性污泥中的 Uncultured *Alcanivorax* sp. clone XJ40（EF648121）。

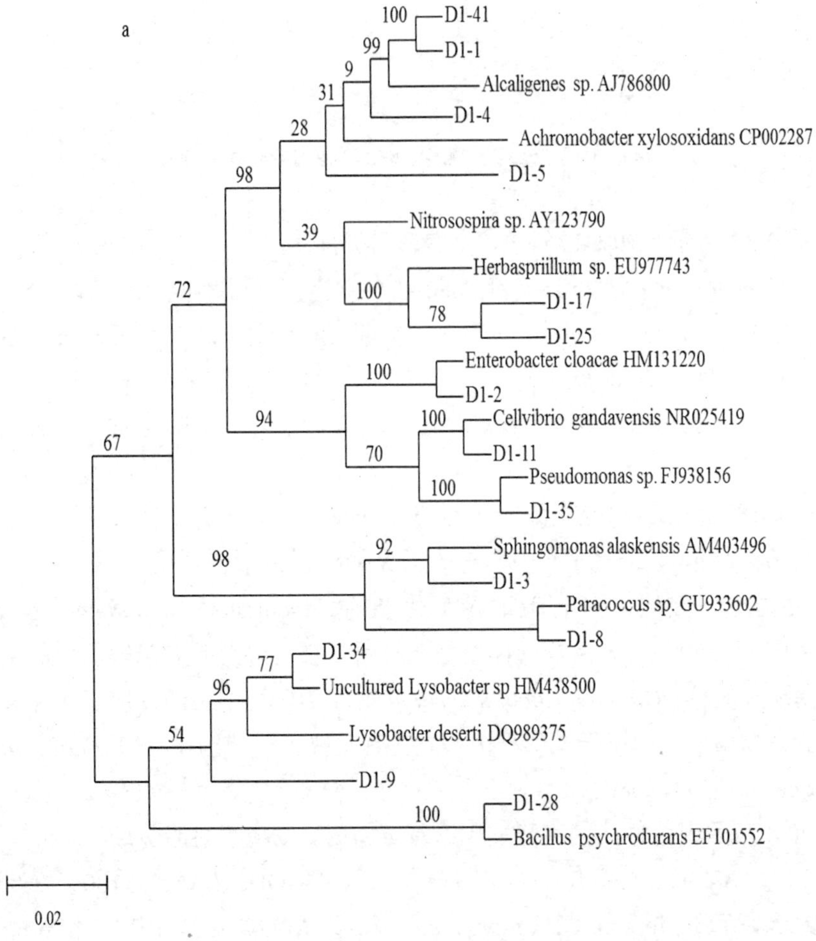

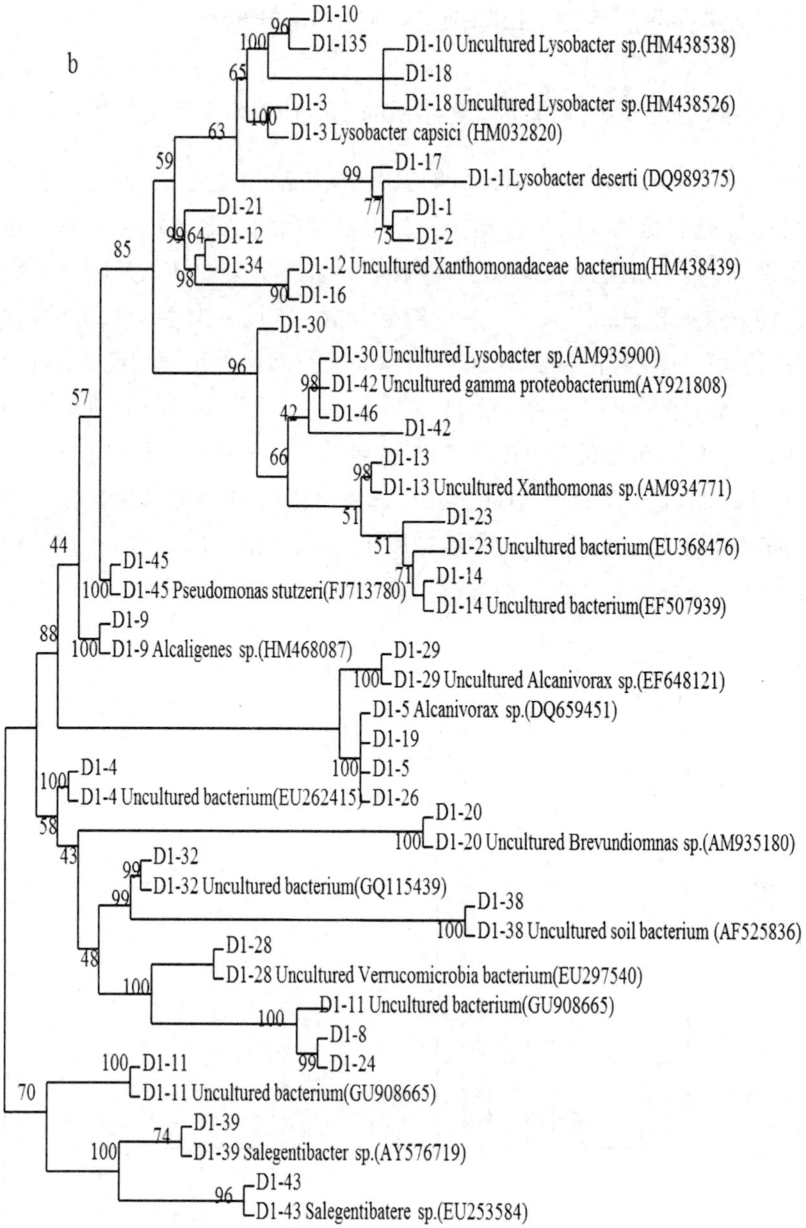

图 9-35　苜蓿-菌悬液体系初始土壤（a）和降解 70 d 后的土壤（b）细菌的系统发育树

9.5.4 固定化缓释菌剂条件下根际微生物遗传多样性变化

9.5.4.1 小麦-固定化外源菌协同修复体系的 16S rRNA 克隆文库特征

分别选取小麦-固定化外源菌体系的初始土壤样品和经过 70 d 降解后的土壤样品进行 DNA 提取纯化，PCR 扩增并构建土壤细菌的 16S rDNA 文库，随机挑选 50 个阳性克隆子。对每个克隆进行 PCR 扩增获得其外源插入片断，然后用限制性内切酶 EcoR Ⅰ 和 HaeⅢ对它们进行酶切分析。如图 9-36 所示，小麦-固定化外源菌体系的初始土壤样品共获得 16 个不同的分类操作单元，即 16 个 OTU 类型。根据 NCBI 的比对结果可知，这些 OUT 与数据库中已知细菌的 16S rDNA 序列相似性最高的为 100%，最低的为 91%，12.5%的细菌与已知序列同源性在 97%以下。70 d 后的土壤样品获得了 22 个 OTU 类型，从分类操作单元的数量来看，70 d 后的样品 OUT 有所增加。这些 OUT 与数据库中已知细菌的 16S rDNA 序列相似性最高的为 99%，最低的为 91%，38.6%的细菌与已知序列同源性在 97%以下。

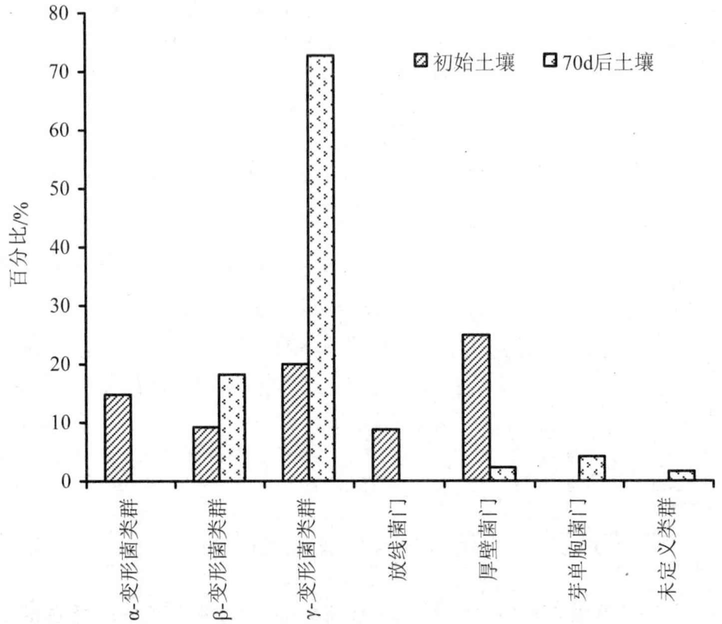

图 9-36 小麦-固定化外源菌体系中微生物 16S rRNA 克隆文库类群结构

如图 9-36 所示，初始土壤样品中检测出的 16 种细菌中有 12 种属于已经分离培养的，剩余的 25%均为不可纯培养的细菌。从总细菌的种群结构来看，初始样品的 16 个 OUT 所代表的微生物共分为 7 个类群，分别为：α-变形菌类群（*Alphaproteobacteria*）、β-变形菌类群（*Betaproteobacteria*）、γ-变形菌类群（*Gammaproteobacteria*）、厚壁菌门（*Firmicutes*）、放线菌门（*Actinobacteria*）、疣微菌纲（*Verrucomicrobiae*）以及未定义类群 Unclassified。其中，厚壁菌门（*Firmicutes*）为优势菌群，占总细菌数的 25%，其次为γ-变形菌类群（*Gammaproteobacteria*），占总细菌数的 20%。而 70 d 后的土壤样品微生物变为 5 个类群，分别为β-变形菌类群（*Betaproteobacteria*）、γ-变形菌类群（*Gammaproteobacteria*）、厚壁菌门（*Firmicutes*）、芽单胞菌门（*Gemmatimonadetes*）以及未定义类群 Unclassified。其中，γ-变形菌类群（*Gammaproteobacteria*）占总细菌数的 72.7%，具有较大的优势；其次是β-变形菌类群（*Betaproteobacteria*），占总细菌数的 18.2%；最少的是厚壁菌门（*Firmicutes*），仅为 2.3%。

对克隆子进行测序，进行 NCBI 比对，采用 MEGA 4.1 软件建立系统进化树，如图 9-37 所示。从文库中可以看出，初期样品中，γ-变形菌类群（*Gammaproteobacteria*）、厚壁菌门（*Firmicutes*）、放线菌门（*Actinobacteria*）均包含 3 种细菌，未定义类群 Unclassified、α-变形菌类群（*Alphaproteobacteria*）、β-变形菌类群（*Betaproteobacteria*）均包含 2 种细菌，最少的是疣微菌纲（*Verrucomicrobiae*），只有 1 种细菌。70 d 后的样品中，γ-变形菌类群（*Gammaproteobacteria*）细菌种类最多，包含 12 种细菌；其次是β-变形菌类群（*Betaproteobacteria*）包含 5 种；剩余的厚壁菌门（*Firmicutes*）、疣微菌纲（*Verrucomicrobiae*）以及未定义类群 Unclassified 各有 1 种。

对初始样品里与 GenBank 中已有的 16S rDNA 序列同源性大于 97%的序列进行分析发现，主要是根瘤菌 *Rhizobium* sp.、分枝杆菌 *Mycobacterium* sp.、寡养单胞菌 *Stenotrophomonas* sp.以及芽孢八叠球菌属 *Sporosarcina* sp.和 *Staphylococcus haemolyticus*。其中 *Rhizobium* sp.（HQ588849）分离自石油污染土壤。芽孢八叠球菌属 *Sporosarcina* sp.（FJ425906）分离自盐湖土壤。分枝杆菌 *Mycobacterium* sp.（AB302334）分离自海水中，是一株烃类降解菌，与文库中 2 个 OUT 相似度均达到了 99%。*Staphylococcus haemolyticus*（HQ699551）同样是一株对石油烃具有较强的降解效果的菌株，分离自石油污染土壤。初期石油烃降解菌的比例占总细菌数的 25%。

a

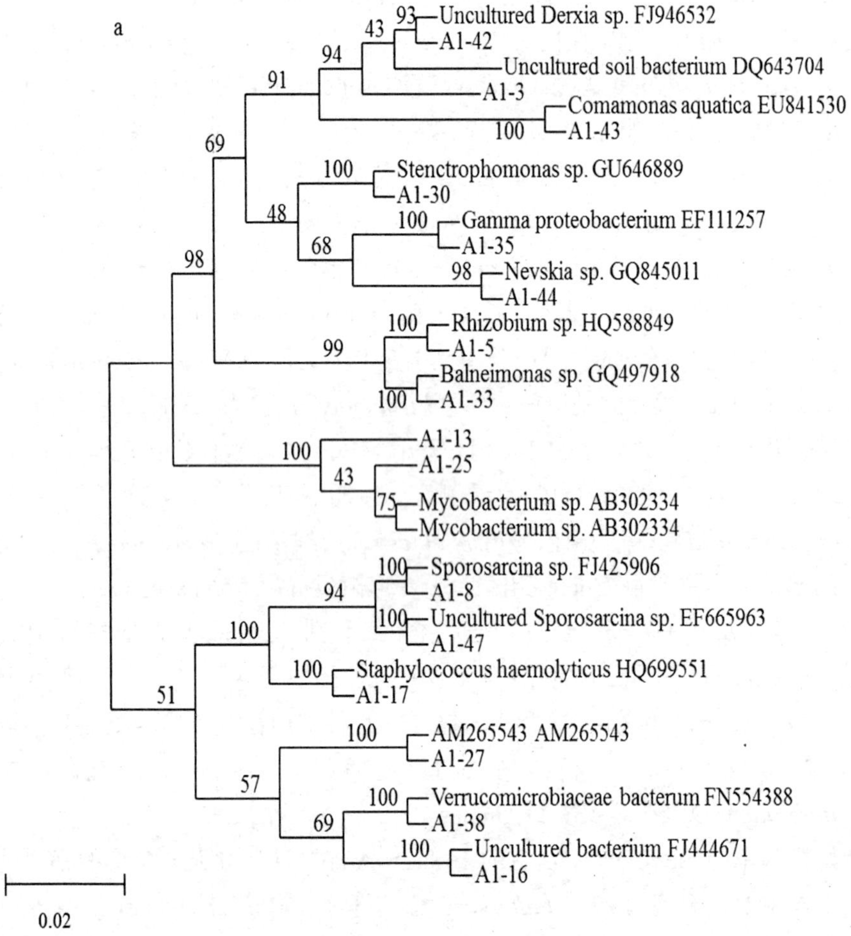
Uncultured Derxia sp. FJ946532
A1-42
Uncultured soil bacterium DQ643704
A1-3
Comamonas aquatica EU841530
A1-43
Stenctrophomonas sp. GU646889
A1-30
Gamma proteobacterium EF111257
A1-35
Nevskia sp. GQ845011
A1-44
Rhizobium sp. HQ588849
A1-5
Balneimonas sp. GQ497918
A1-33
A1-13
A1-25
Mycobacterium sp. AB302334
Mycobacterium sp. AB302334
Sporosarcina sp. FJ425906
A1-8
Uncultured Sporosarcina sp. EF665963
A1-47
Staphylococcus haemolyticus HQ699551
A1-17
AM265543 AM265543
A1-27
Verrucomicrobiaceae bacterum FN554388
A1-38
Uncultured bacterium FJ444671
A1-16
0.02

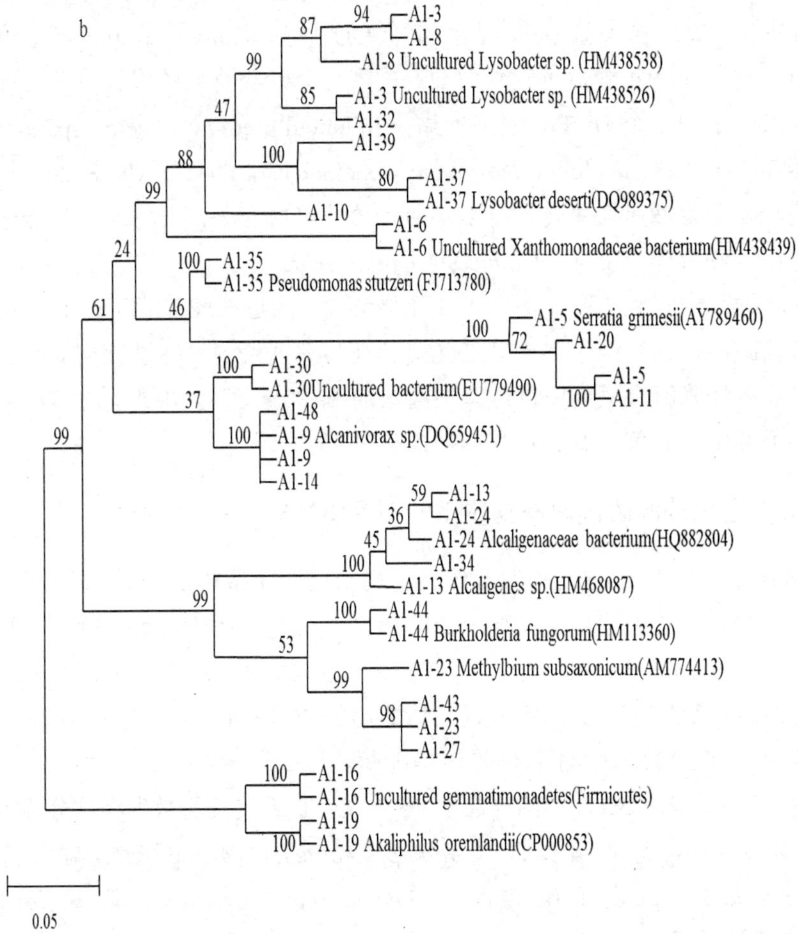

图 9-37　小麦-固定化外源菌体系初始土壤（a）和降解 70 d 后的土壤（b）细菌系统发育树

分别对 70 d 后的样品里与 GenBank 中已有的 16S rDNA 序列同源性大于 97%的序列进行分析。其中，*Alcaligenes* sp.（HM468087）分离自重金属 Cr 污染的制革厂，对 Cr 具有一定的耐受性，*Alcanivorax* sp.（DQ659451）分离自西太平洋深海沉积物中，对多环芳烃芘具有降解效果，属于食烷菌属；假单胞菌 *Pseudomonas stutzeri*（FJ713780）是一种嗜盐菌。样品中 1 个 OUT 与 *Alcanivorax* sp.的相似度为 99%，并且具有 5 个拷贝数，可能与石油烃中多环芳烃类物质的降解有关。此外，土壤中数量较多的 2 个 OUT 与对应的微生物 Uncultured *Lysobacter* sp.clone T311E2（HM438538）和 Uncultured *Lysobacter* sp. cloneT302F04（HM438526）的相似度均达到 98%，这两种微生物均与多环芳烃蒽的降解有关，并且这些功能微生物主要集中在γ-变形杆菌类群（*Gammaproteobacteria*）。

初始的土壤样品中存在一定比例的石油烃降解菌，经过 70 d 的降解后，土壤中石油烃降解菌减少，而发现了多环芳烃芘降解菌与蒽降解菌，并且较高的具有拷贝数。与多环芳烃降解有关的菌群占总细菌数的 27.3%。经过 70 d 的降解后，土壤中的优势类群由厚壁菌门变成γ-变形杆菌类群。

9.5.4.2 苜蓿-固定化外源菌协同修复体系的 16S rRNA 克隆文库特征

如图 9-38 所示，苜蓿-固定化外源菌体系的初始土壤样品共获得 15 个不同的分类操作单元。70 d 后的土壤样品获得了 36 个 OTU 类型，从分类操作单元的数量来看，降解后增加显著。其中，初始样品中检测出的 15 种细菌有 6 种为不可培养的细菌，占细菌种数的 40%；而后期样品检测出的 36 种细菌里只有 15 种属于已经分离培养的，有 58.3%均为不可纯培养的细菌。

从总细菌的种群结构来看，初始样品的 15 个 OUT 所代表的微生物共分为 6 个类群，分别为：α-变形菌类群（*Alphaproteobacteria*）、β-变形菌类群（*Betaproteobacteria*）、γ-变形菌类群（*Gammaproteobacteria*）、厚壁菌门（*Firmicutes*）、鞘脂杆菌门（*Sphingobacteria*）以及未定义类群 Unclassified。70 d 后的土壤样品微生物为 7 个类群，分别为α-变形菌类群（*Alphaproteobacteria*），β-变形菌类群（*Betaproteobacteria*）、γ-变形菌类群（*Gammaproteobacteria*）、厚壁菌门（*Firmicutes*）、放线菌门（*Actinobacteria*）、拟杆菌门（*Bacteroidetes*）以及未定义类群 Unclassified。初期，β-变形菌类群（*Betaproteobacteria*）为优势菌群，占总细菌数的 33.3%，经过 70 d 的降解后，γ-变形菌类群（*Gammaproteobacteria*）变为优势菌群，占总细菌数的 52.1%，其次是β-变形菌类

群（*Betaproteobacteria*），占 20.8%。

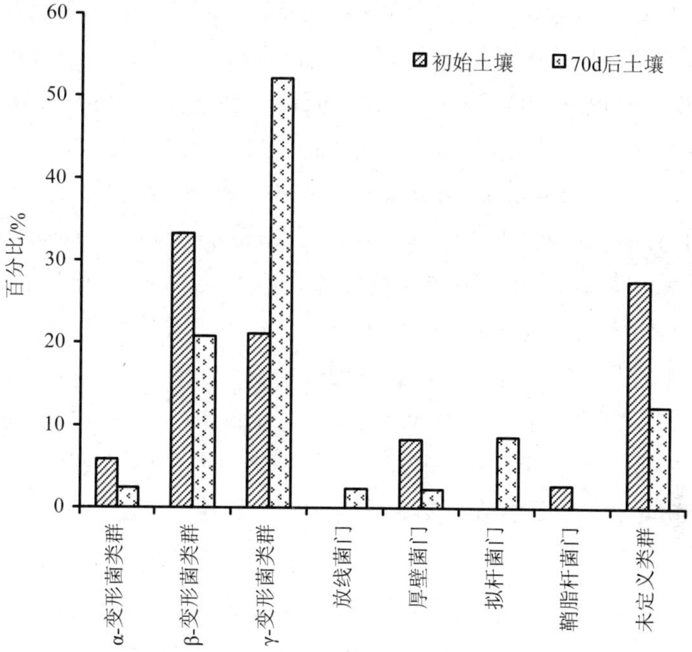

图 9-38 苜蓿-固定化外源菌体系中微生物 16S rRNA 克隆文库类群结构

如图 9-39 所示，从文库中可以看出，初期样品中，微生物种数最多的是未定义类群 Unclassified，包含 7 种，其次是γ -变形菌类群（*Gammaproteobacteria*），包含 3 种细菌。70 d 后的样品中，细菌种类最多为γ-变形菌类群（*Gammaproteobacteria*），包含 14 种细菌，占细菌种类数的 38.9%。β-变形菌类群（*Betaproteobacteria*），包含 7 种细菌。最少的是厚壁菌门（*Firmicutes*）和放线菌门（*Actinobacteria*），都只包含 1 种。

对初始样品进行分析发现与石油烃降解有关的菌群主要有以下几个：Uncultured soil bacterium clone SBANT99（HM596270）在多环芳烃污染土壤中分离出来，可能与蒽的降解有关，Uncultured *Chromatiaceae* bacterium（AM936112）源自脂肪烃污染土壤。*Pedobacter* sp. BZ42（GQ161990）分离自石油污染土壤，属于鞘脂杆菌门（*Sphingobacteria*）。对 70 d 后的土壤样品的克隆文库进行分析，找到了一些功能性微生物，主要有：*Pusillimonas noertemannii* strain T7-7（DQ417606）源自石油烃降解菌群，为β-变形杆菌。*Alcaligenaceae* bacterium BZ45

（GQ246 952.1）最早发现于石油污染土壤。Uncultured *Chromatiaceae* bacterium（AM936112）源自脂肪烃污染土壤，这在初始的土壤样品文库中也有发现，另外还发现了两种对脂肪烃具有降解效果的 Uncultured *Brevundimonas* sp. partial 16S clone AMOD2（AM935180）以及不可培养的黄单胞菌属 Uncultured *Xanthomonas* sp.（AM934771）。Uncultured *Lysobacter* sp.clone T311E2（HM438538）与多环芳烃蒽的降解有关，Uncultured *Lysobacter* sp. cloneT302F04（HM438526）也是一种能够降解蒽的细菌，两者均属于γ-变形菌类群（*Gammaproteobacteria*）。在小麦-固定化外源菌体系中发现的对多环芳烃芘具有降解效果的食烷菌属 *Alcanivorax* sp.（DQ659451）同样也在这一体系中存在，并且 6 个拷贝数。可以看出，经过 70 d 的降解，土壤样品克隆文库具有降解石油烃功能的菌群相比于初始条件下在种类和数量上都有较大的变化，石油烃降解菌占总细菌数的比例由初始的 13.9%增加至 37.5%。在小麦根系土壤中发现的对 Cr 具有一定的耐受性的 *Alcaligenes* sp. a101-86（HM468087）同样在苜蓿根系土壤中有发现。

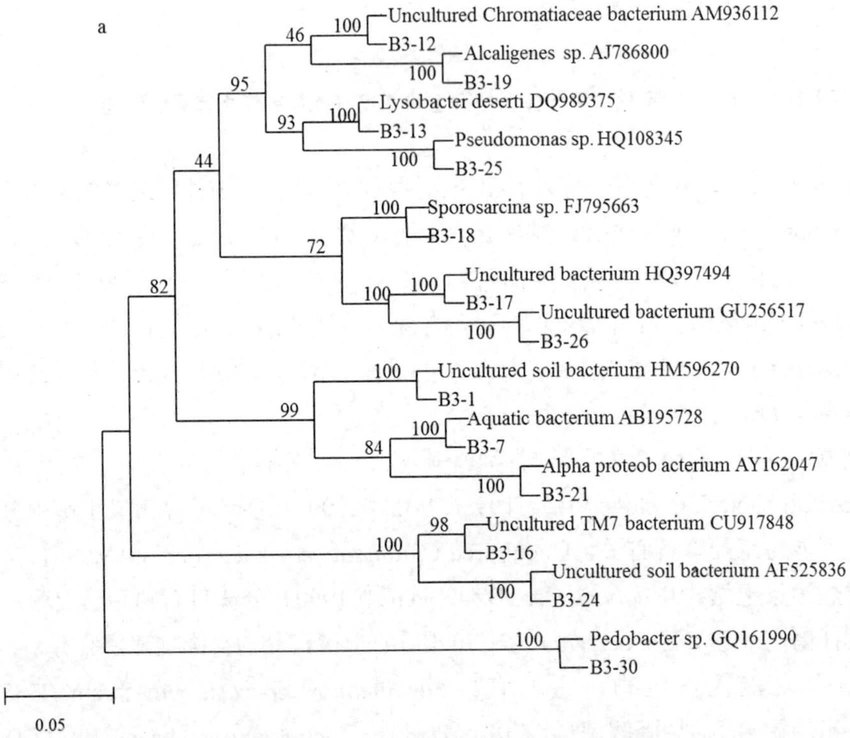

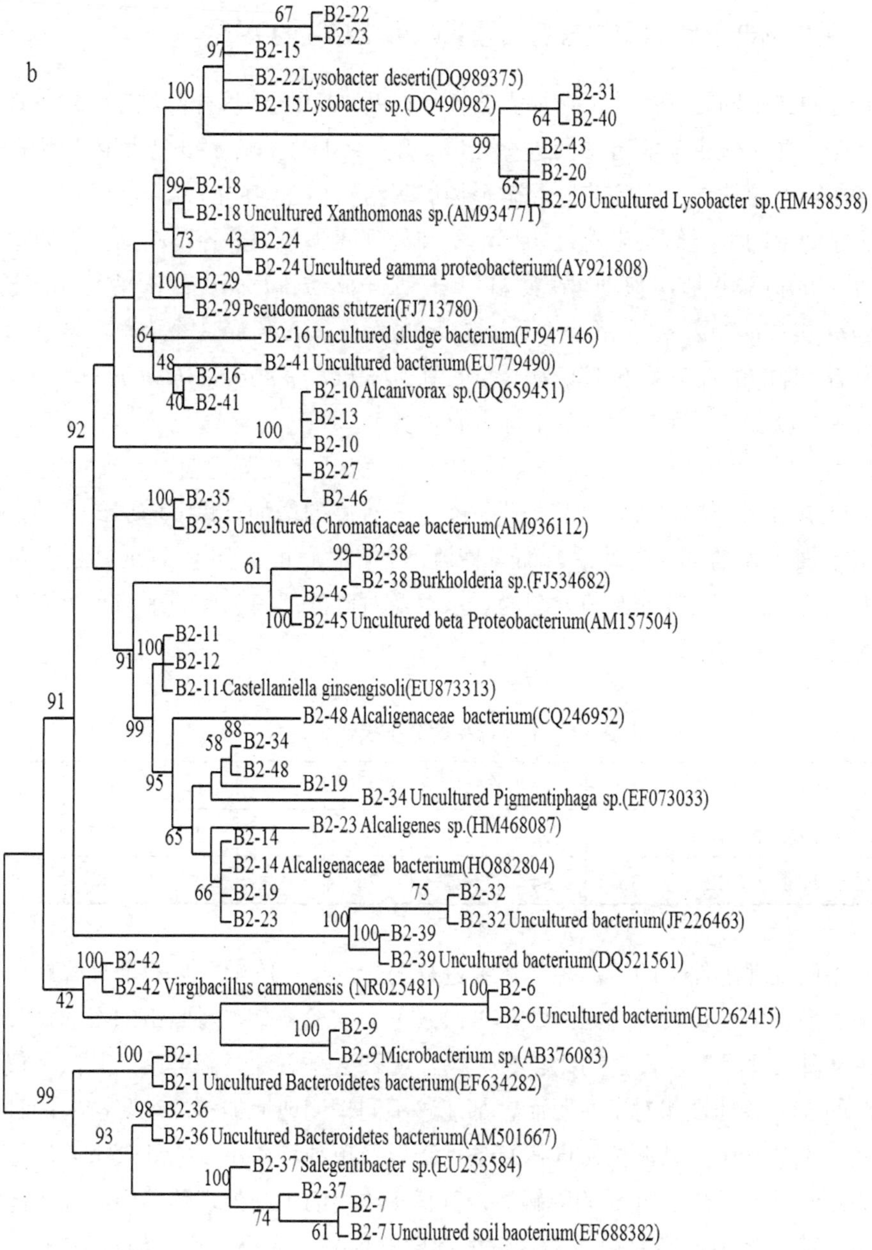

图 9-39　苜蓿-固定化外源菌体系初始土壤（a）和降解 70 d 后的土壤（b）细菌的系统发育树

9.5.5 微生物群落结构变化与石油烃降解可能存在的关系

通过构建不同处理条件下初期土壤样品以及 70 d 的土壤样品细菌 16S rRNA 克隆文库，并对微生物群落结构进行分析发现，不同处理条件下土壤微生物群落结构存在较大的差异，实验前后，微生物群落结构存在定向的调节过程。

从总细菌的种群结构来看，初期，不同处理间优势菌群各不相同，主要集中在变形杆菌门包括α-变形菌类群（*Alphaproteobacteria*）、β-变形菌类群（*Betaproteobacteria*）、γ-变形菌类群（*Gammaproteobacteria*）3 个类群。经过 70 d 的降解后，样品的优势菌群都变为γ-变形菌类群（*Gammaproteobacteria*），其包含的细菌种类以及数量在整个群落中均占有优势。

从不同样品的细菌种类来看（表 9-13），植物-固定化外源菌以及植物-菌悬液处理经过 70 d 的降解过程，细菌种类均有不同程度的增加，其中增加最多的是苜蓿-固定化外源菌协同修复体系。而只种植小麦和苜蓿的条件下，OUT 的数量并没有太大的变化。接种外源菌处理的体系以及对照处理的土壤的细菌种类有不同程度的减少。

表 9-13 不同样品的分类操作单元数

样品类型	A	B	C	D	E	F	G	H	I
初期 OUT 数	16	15	14	14	24	22	22	23	20
70 d 后 OUT 数	22	36	34	27	25	22	22	18	15

对不同处理条件下的石油烃降解菌进行分析发现，降解前后石油烃降解菌的数量和类型发生了较大的变化。如表 9-14 所示，实验初期，对照组的石油烃降解菌无论从种类还是数量而言均比较少，仅发现了 2 种石油烃降解菌，其数量仅占总细菌的 5%。各处理相对于对照而言都能够不同程度地增加石油烃降解菌的种类和数量。其中，小麦-外源菌协同修复条件下以及单独种植小麦的处理下石油烃降解菌的比例最高。经过 70 d 的降解后，苜蓿实验组的不同处理体系中石油烃降解菌占总细菌的比例较实验初期都有较大程度的提高；而小麦实验组，只有小麦-固定化外源菌协同修复体系的石油烃降解菌比例有所提高，小麦-菌悬液体系以及单独种植小麦的条件下，石油烃降解菌比例均有减少。接种固定化外源菌或者菌悬液都能不同程度地提高石油烃降解菌的比例。对照组的石油烃降解菌的数量也

有较大程度的提高，占总细菌数的 44.1%。说明在适应的环境条件下，石油污染土壤中的土著微生物能够很好繁殖。

表 9-14　不同样品石油烃降解菌占总细菌的比例

样品类型	A	B	C	D	E	F	G	H	I
初期石油烃降解菌占总细菌比例/%	25	13.9	47.8	12.8	53.3	29.7	25.6	26.5	5
70 d 后石油烃降解菌占总细菌比例/%	27.3	37.5	26.1	42.6	27.9	42.6	33.3	34.1	44.1

表 9-15 为文库中发现的所有与石油烃降解相关的微生物类型，包括 13 种石油烃降解菌、12 种蒽降解菌、5 种脂肪烃降解菌以及 1 种芘降解菌和 1 种与蒽、菲降解有关的类群，共计 32 种。后期样品中的优势菌群均为多环芳烃降解菌，其中蒽降解菌和芘降解菌在不同样品的克隆文库中均有较高的拷贝数。

表 9-15　文库中发现的石油烃降解菌

分类类群	菌种名称	登录号
α-变形菌类群 Alphaproteobacteria	*Paracoccus* sp.	EU374897
	Rhizobium sp.	HQ588849
	Uncultured *Sphingomonas* sp.	HM438629
	Uncultured *Acetobacteraceae bacterium*	HM438096
	Uncultured *Sphingomonadaceae bacterium*	HM438383
	Uncultured *Caulobacter* sp.	AM936876
	Uncultured *Brevundimonas* sp.	AM935180
	Uncultured *Rhodospirillaceae bacterium*	AM935577
β-变形菌类群 Betaproteobacteria	*Alcaligenes* sp.	AY672760
	Pusillimonas noertemannii	DQ417606
	Alcaligenaceae bacterium	GQ246952
γ-变形菌类群 Gammaproteobacteria	*Pseudomonas putida*	GU339288
	Uncultured *Lysobacter* sp.	HM438500
	Uncultured *Xanthomonadaceae bacterium*	HM438439
	Uncultured *Lysobacter* sp.	HM438526
	Uncultured *Lysobacter* sp.	HM438499
	Uncultured *Lysobacter* sp.	HM438527
	Uncultured *Xanthomonadaceae*	HM438433
	Uncultured *Pseudomonadaceae*	HM438286
	Uncultured *Lysobacter* sp.	HM438538

分类类群	菌种名称	登录号
γ-变形菌类群 Gammaproteobacteria	*Alcanivorax* sp.	DQ659451
	Uncultured *Chromatiaceae bacterium*	AM936112
	Uncultured *Xanthomonas* sp.	AM934771
厚壁菌门 Firmicutes	*Staphylococcus haemolyticus*	HQ699551
放线菌门 Actinobacteria	*Mycobacterium* sp.	AB302334
鞘脂杆菌门 Sphingobacteria	*Pedobacter* sp.	GQ161990
未定义类群 Unclassified	Uncultured *bacterium*	EU368476
	Uncultured *soil bacterium*	EF540383
	Uncultured *soil bacterium*	DQ298014
	Uncultured *soil bacterium*	EF540436
	Uncultured *soil bacterium*	HM596270
	Uncultured *bacterium*	HQ015244

从石油烃降解菌的种群结构来看，对照组从初期的一种石油烃降解菌和一种脂肪烃降解菌转化为 70 d 后的 1 个芘降解类群和 2 个蒽降解类群，初期 2 种石油烃降解菌类群在 70 d 后的克隆文库中消失。蒽是一种含 3 个环的稠环芳烃，多存在于煤焦油中，是菲的同分异构体。芘含有 4 个苯环，主要存在于煤焦油沥青中。蒽、芘均属于高分子量的多环芳香烃（PAHs），很难被生物降解。土壤中存在天然的石油烃降解菌群，石油污染会诱导具有降解酶的微生物成为土壤中的优势菌群。本实验土壤取自华北油田落地油污染土壤，经过长期的适应和选择过程，土壤中存在一定数量的土著菌。在适应的环境条件下，土著菌能够一定程度地利用石油烃作为碳源，实验后期，由于土壤中易被降解的烷烃含量逐渐减少，微生物开始选择性地利用沥青质类、多环芳烃类作为代谢的碳源，因此多环芳烃降解菌出现在了克隆文库中。

相比于对照组而言，接种外源菌能够不同程度地提高石油烃降解菌的种类。研究不同植物对于微生物群落结构的调节同样发现，种植植物条件下无论是小麦还是紫花苜蓿都能够不同程度地提高石油烃降解菌的种类。比较小麦-菌悬液处理与苜蓿-菌悬液处理发现，种植小麦并接种菌悬液条件下，土壤的石油烃降解菌的比例有较大幅度的下降，相反，苜蓿-菌悬液处理条件下石油烃降解菌的比例从 12.8%上升至 42.6%。分析小麦-固定化外源菌协同修复体系与苜蓿-固定化外源菌协同修复体系发现，两个处理条件下石油烃降解菌的比例均有较大程度的增加。

比较各个修复体系可以发现，初期各个样品中发现的各种功能菌主要是脂肪烃类以及石油烃类，部分样品中存在多环芳烃蒽、芘的降解菌，但种类及数量均比较少。后期的样品中，石油烃降解菌的种类有所下降，出现了大量的多环芳烃蒽、芘以及菲的降解菌。其中蒽降解菌有 12 种，在每一个土壤样品中均有出现。由此可见，土壤中微生物群落结构存在定向调节过程，而种植植物、接种外源菌则促进了这一过程的进行。

进一步分析土壤中的石油烃降解情况与微生物群落结构的调节过程，小麦-固定化外源菌协同修复体系与单独种植紫花苜蓿处理以及投加固定化外源缓释菌剂的处理，石油烃的降解效果最佳。这三个处理条件下，土壤微生物的种类（OUT 数）均为 22，大于对照组的 15，石油烃降解菌占总细菌的比例分别为 27.3%、42.6% 和 33.3%，相比于初期均有一定程度的增加。从石油烃降解菌的结构来看，接种固定化外源缓释菌剂处理条件下，土壤石油烃降解菌种类从初期的脂肪烃类 Uncultured *Xanthomonas* sp.（AM934771）为主转变为后期的多环芳烃降解菌为主，其中芘降解菌 Uncultured *Chromatiaceae* bacterium（AM936112）和蒽降解菌 Uncultured *Lysobacter* sp. clone T311E2（HM438538）、Uncultured *Xanthomonadaceae* bacterium clone t313c5（HM438439）分别占总细菌数的 13.3%、8.9%。小麦-固定化外源菌协同修复体系初始的土壤样品中也存在一定比例的石油烃降解菌，经过 70 d 的降解后，土壤中石油烃降解菌减少，同样是多环芳烃芘降解菌与蒽降解菌占据了重要位置，与多环芳烃降解有关的菌群占总细菌数的 27.3%。石油烃降解菌的种类从 2 种变为 3 种。在种植紫花苜蓿的条件下，初始样品中即发现了多环芳烃蒽的降解菌以及石油烃降解菌，70 d 后的样品里，石油烃降解菌以及多环芳烃降解菌同时存在，发现了 5 种多环芳烃降解菌，占总细菌数的 31.9%。石油烃降解菌的种类从 4 种增加到 6 种。

小麦-固定化外源菌协同修复体系与单独种植紫花苜蓿处理以及投加固定化外源缓释菌剂的处理之所以能够有效地降解石油烃，可能是因为它们都能提高石油烃降解菌的比例，其中种植紫花苜蓿处理能够丰富石油烃降解菌的类型而小麦-固定化外源菌协同修复体系则增加了某一类降解菌的数量。由于检测手段的限制，很多微生物尚无法检测出，因此，实际的群落结构可能与实验结果还存在一定的差异。不同植物可能对微生物群落结构的调整产生不同的影响，有研究表明，单子叶植物黑麦草会增加根际石油烃降解菌的数量与活性来抵抗污染胁迫，而双子叶植物紫花苜蓿则会选择性地富集某一类石油烃降解菌而石油烃对其危害作用。在本研究中，小麦-固定化外源菌协同修复体系土壤脱氢酶活性在实验初期有较大幅度的提高，可能与植物增加根际微生物的活性来抵抗污染胁迫的机制有关。小麦属于单子叶植物，可能与黑麦草具有类似的对抗石油污染的调节机制，固定化外源菌的投加减缓了较高浓度的石油污染对小麦根系的胁迫，小麦根系则会提高外源菌的活性。因此，单子叶植物可能更适合于构建植物-外源菌协同修复体系。

9.6 小结

本章研究了土壤石油污染对小麦生长的影响，石油污染土壤冬小麦-低温降解菌的协同修复过程中，土壤中过氧化氢酶活性及石油烃含量随时间的变化规律，探讨了冬小麦-低温降解菌对石油污染土壤的协同修复效果，同时研究了植物根际环境对石油污染土壤修复的影响。以耐低温高效石油烃降解菌为靶细胞，选取小麦、紫花苜蓿作为供试植物，构建植物-外源菌协同修复体系；比较了不同条件下的石油烃降解效果；考察了土壤酶活性的变化；借助分子生物学手段分别从微生物功能多样性和遗传多样性角度分析协同修复体系中微生物群落结构的变化，探寻了植物-外源微生物协同修复过程中微生态系统的动态调节过程；探讨了协同修复效果与微观机制调节的相互关系。主要结论包括：

（1）实验选取的耐低温高效石油烃降解菌 DG17、DG24 均为革兰氏阴性菌，通过 16S rDNA 鉴定表明，DG17 为假单胞菌，DG24 为蜡状芽孢杆菌。比较不同菌种以及温度、投加方式对石油烃降解的影响，发现投加 DG17 菌液、DG17+DG24 混合菌液、DG24 菌液以及固定化的 DG17，均使土壤中的石油烃有一个较好的降解效果。在 25℃条件下经过 120 d 降解后，投加 DG24 土壤中总石油烃降解率为 34.05%，效果最佳；10℃条件下接种固定化的 DG17 达到 34.94%，效果最佳。假单胞菌 DG17 可能会对芽孢杆菌 DG24 产生一定的抑制作用，因而混合菌的降解效果不如单菌，低温条件下，固定化 DG17 具有更大的降解优势，固定化载体的缓释作用以及抗环境冲击能力得到了充分发挥。

（2）实验构建了植物-外源菌协同修复体系，经过 70 d 降解后，在不投加任何表面活性剂以及无其他外界条件扰动下，对照土壤的总石油烃降解率为 12.83%。接种外源菌、种植小麦和紫花苜蓿都能够不同程度地提高石油烃的降解率。其中，小麦-固定化外源菌处理条件下，石油烃含量从最初的 30 520 $mg \cdot kg^{-1}$ 下降为 25 000 $mg \cdot kg^{-1}$，降解率为 18.09%。实验后期石油烃的降解速率上升至 168.6 mgTPH·（kg 土壤·d）$^{-1}$，远远高于其他处理，表现出良好的修复潜力。小麦与固定化外源菌 DG17 具有较好的协同作用。

（3）在土壤的脱氢酶活性变化过程中，外源菌投加的初始阶段会迅速提高脱氢酶活性，然而这种影响随着降解时间而逐渐减弱。当植物和外源菌同时存在条件下，植物对于脱氢酶活性起着主要的作用。FDA 活性同样受到种植植物和投加外源菌的影响。在种植植物条件下，FDA 活性都经历了下降、上升再下降的波动过程。初期脱氢酶活性与总石油烃的降解存在一定的相关性，末期脱氢酶活性与对应阶段的石油烃的降解关系更紧密。脱氢酶活性可以一定程度地表征土壤石油烃的降解情况，而在小麦-固定化外源菌协同修复体系以及种植苜蓿处理条件下，石油烃的降解情况可能与其他因素的关系更密切。

（4）在微生态系统的调节过程中，不同处理体系的微生物功能多样性差异较小，多样性随时间的变化并不显著。初期，土壤的微生物多样性与石油烃的降解具有一定的相关关系；后期，这种相关性减弱。因此代谢多样性的变化不能完全解释石油烃的降解情况。进一步分析微生物碳源利用类型发现，经过 70 d 的降解，小麦-固定化外源菌协同修复体系以及种植紫花苜蓿体系的碳源利用类型发生了较大变化，从试验初期主要以糖、氨基酸、羧酸为主转化为试验后期对所有氨基酸类、聚合物类的碳源都有较高程度的利用。可能由于石油烃的降解促使利用氨基酸类、聚合物类碳源的微生物成为优势类群。

（5）根际微生态调节过程中，微生物遗传多样性发生了较大的变化。协同修复体系中，经过 70 d 的降解后，样品的优势菌群都变为γ-变形菌类群（*Gammaproteobacteria*），其包含的细菌种类以及数量在整个群落中均占有优势。不同体系降解前后石油烃降解菌的数量和类型都发生了较大的变化。实验初期，对照组的石油烃降解菌从种类、数量而言均比较少，接种固定化外源菌或者菌悬液以及种植植物都能提高石油烃降解菌的比例。初期各个样品中发现各种功能菌主要是脂肪烃类以及石油烃类，部分样品中存在多环芳烃蒽、芘的降解菌，但种类及数量均比较少。后期的样品中，石油烃降解菌的种类有所下降，出现了大量的多环芳烃蒽、芘以及菲的降解菌。实验过程中共检测出 13 种石油烃降解菌、12 种蒽降解菌、5 种脂肪烃降解菌以及 1 种芘降解菌和 1 种与蒽、菲降解有关的类群，共计 32 种。小麦-固定化外源菌协同修复体系与单独种植紫花苜蓿处理以及投加固定化外源缓释菌剂的处理均能够有效地降解石油烃，是因为它们都能提高石油烃降解菌的比例，其中种植紫花苜蓿处理能够丰富石油烃降解菌的类型而小麦-固定化外源菌协同修复体系则增加了多环芳烃降解菌的数量和活性。

参考文献

[1] Adam，G.，Gamoh，K.，Morris，D. G.，et al. Effect of alcohol addition on the movement of petroleum hydrocarbon fuels in soil [J]. Science of the Total Environment，2002，286（1）：15-25.

[2] Aislabie，J.，Saul，D. J.，Foght，J. M. Bioremediation of hydrocarbon-contaminated polar soils [J]. Extremophiles，2006，10（3）：171-179.

[3] Al-Tahhan，R. A.，Sandrin，T. R.，Bodour，A. A.，et al. Rhamnolipid-induced removal of lipopolysaccharide from Pseudomonas aeruginosa：effect on cell surface properties and interaction with hydrophobic substrates [J]. Applied and Environmental Microbiology，2000，66（8）：3262-3268.

[4] Alslabie，J. M.，Balks，M. R.，Foght，J. M.，et al. Hydrocarbon Spills on Antarctic Soils：Effects and Management [J]. Environmental Science and Technology，2004，38（5）：1265-1274.

[5] Arica，M. Y.，Kacar，Y.，Genc，O. Entrapment of white-rot fungus Trametes versicolor in Ca-alginate beads：preparation and biosorption kinetic analysis for cadmium removal from an aqueous solution [J]. Bioresource Technology，2001，80（2）：121-129.

[6] Atlas，R. M. Bioremediation of petroleum pollutants [J]. International Biodeterioration & Biodegradation，1995，35（1）：317-327.

[7] Atlas，R. M. Petroleum biodegradation and oil spill bioremediation [J]. Marine Pollution Bulletin，1995，31（4）：178-182.

[8] Ayotamuno，M.，Kogbara，R.，Ogaji，S.，et al. Bioremediation of a crude-oil polluted agricultural-soil at Port Harcourt，Nigeria [J]. Applied Energy，2006，83（11）：1249-1257.

[9] Balba，M.，Al-Awadhi，N.，Al-Daher，R. Bioremediation of oil-contaminated soil：microbiological methods for feasibility assessment and field evaluation [J]. Journal of Microbiological Methods，1998，32（2）：155-164.

[10] Baraniecki，C. A.，Aislabie，J.，Foght，J. M. Characterization of *Sphingomonas* sp. Ant 17，an Aromatic Hydrocarbon-Degrading Bacterium Isolated from Antarctic Soil [J]. Microbial Ecology，2002，43（1）：44-54.

[11] Bell，T.，Newman，J. A.，Silverman，B. W.，et al. The contribution of species richness and composition to bacterial services [J]. Nature，2005，436（7054）：1157-1160.

[12] Berthe-Corti，L.，Fetzner，S. Bacterial Metabolism of n-Alkanes and Ammonia under Oxic，Suboxic and Anoxic Conditions [J]. Acta Biotechnologica，2002，22（3-4）：299-336.

[13] Beveridge，T. J. Structures of gram-negative cell walls and their derived membrane vesicles [J]. Journal of Bacteriology，1999，181（16）：4725-4733.

[14] Binet，P.，Portal，J.，Leyval，C. Dissipation of 3～6-ring polycyclic aromatic hydrocarbons in the rhizosphere of ryegrass [J]. Soil Biology and Biochemistry，2000，32（14）：2011-2017.

[15] Bleckmann，C. A.，Oxley，M. E.，Wilson，E. J.，et al. Land treatment of produced oily sand：Field results [J]. Waste Management & Research，1997，15（3）：223-237.

[16] Bogan，B. W.，Trbovic，V.，Paterek，J. R. Inclusion of vegetable oils in Fenton's chemistry for remediation of PAH-contaminated soils [J]. Chemosphere，2003，50（1）：15-21.

[17] Boopathy，R. Factors limiting bioremediation technologies [J]. Bioresource Technology，2000，74（1）：63-67.

[18] Bouchez，M.，Blanchet，D.，Vandecasteele，J. P. An interfacial uptake mechanism for the degradation of pyrene by a *Rhodococcus* strain [J]. Microbiology，1997，143（4）：1087-1093.

[19] Brakstad，O.，Lodeng，A. Microbial diversity during biodegradation of crude oil in seawater from the North Sea [J]. Microbial Ecology，2005，49（1）：94-103.

[20] Brooks，P. D.，Williams，M. W.，Schmidt，S. K. Inorganic nitrogen and microbial biomass dynamics before and during spring snowmelt [J]. Biogeochemistry，1998，43（1）：1-15.

[21] Carriere，P. P.，Mesania，F. A. Enhanced biodegradation of creosote-contaminated soil [J]. Waste Management，1995，15（8）：579-583.

[22] Cassidy，M.，Leung，K.，Lee，H.，et al. Survival of laclux marked *Pseudomonas aeruginosa* UG2Lr cells encapsulated in k-carrageenan and alginate [J]. Journal of Microbiological Methods，1995，23（3）：281-290.

[23] Chaineau，C.，Morel，J.，Oudot，J. Phytotoxicity and plant uptake of fuel oil hydrocarbons [J]. Journal of Environmental Quality，1997，26（6）：1478-1483.

[24] Clement，B. G，Kehl，L. E.，DeBord，K. L.，et al. Terminal restriction fragment patterns

(TRFPs), a rapid, PCR-based method for the comparison of complex bacterial communities [J]. Journal of Microbiological Methods, 1998, 31 (3): 135-142.

[25] Clerc, A., Manceau, C., Nesme, X. Comparison of randomly amplified polymorphic DNA with amplified fragment length polymorphism to assess genetic diversity and genetic relatedness within genospecies III of *Pseudomonas syringae* [J]. Applied and Environmental Microbiology, 1998, 64 (4): 1180-1187.

[26] Coates, J. D., Woodward, J., Allen, J., et al. Anaerobic degradation of polycyclic aromatic hydrocarbons and alkanes in petroleum-contaminated marine harbor sediments [J]. Applied and Environmental Microbiology, 1997, 63 (9): 3589-3593.

[27] Cookson, J. J. T. Bioremediation engineering: design and application, McGraw-Hill, Inc.1995.

[28] Cooley, A., Billings, G. Integrated Technology for In Situ Groundwater Remediation. Air& Waste Mangement Association.1993.

[29] Corgie, S. C., Beguiristain, T., Leyval, C. Profiling 16S bacterial DNA and RNA: difference between community structure and transcriptional activity in phenanthrene polluted sand in the vicinity of plant roots [J]. Soil Biology and Biochemistry, 2006, 38 (7): 1545-1553.

[30] Coulon, F., Pelletier, E., Gourhant, L., et al. Degradation of petroleum hydrocarbons in two sub - antarctic soils: Influence of an oleophilic fertilizer [J]. Environmental Toxicology and Chemistry, 2004, 23 (8): 1893-1901.

[31] Cubitto, M. A., Moran, A. C., Commendatore, M., et al. Effects of *Bacillus subtilis* O9 biosurfactant on the bioremediation of crude oil-polluted soils [J]. Biodegradation, 2004, 15 (5): 281-287.

[32] Dagley, S. Catabolism of aromatic compounds by microorganisms [J]. Adv. Microb. Physiol, 1971, 6: 1-46.

[33] Dandie, C., Thomas, S., Bentham, R. H., et al. Physiological characterization of *Mycobacterium* sp. strain 1B isolated from a bacterial culture able to degrade high-molecular-weight polycyclic aromatic hydrocarbons [J]. Journal of Applied Microbiology, 2004, 97 (2): 246-255.

[34] de Nardi, I. R., Ribeiro, R., Zaiat, M., et al. Anaerobic packed-bed reactor for bioremediation of gasoline-contaminated aquifers [J]. Process Biochemistry, 2005, 40 (2): 587-592.

[35] Dibble, J., Bartha, R. Effect of environmental parameters on the biodegradation of oil sludge [J]. Applied and Environmental Microbiology, 1979, 37 (4): 729-739.

[36] Dominguez，A.，Couto，S. R.，Sanroman，M. A. Dye decolorization by Trametes hirsuta immobilized into alginate beads [J]. World Journal of Microbiology and Biotechnology，2005，21（4）：405-409.

[37] Doong，R. A.，Lei，W. G. Solubilization and mineralization of polycyclic aromatic hydrocarbons by Pseudomonas putida in the presence of surfactant [J]. Journal of *hazardous materials*，2003，96（1）：15-27.

[38] Dutta，T. K.，Harayama，S. Fate of crude oil by the combination of photooxidation and biodegradation [J]. Environmental Science & Technology，2000，34（8）：1500-1505.

[39] Efroymson，R. A.，Alexander，M. Biodegradation by an Arthrobacter species of hydrocarbons partitioned into an organic solvent [J]. Applied and Environmental Microbiology，1991，57（5）：1441-1447.

[40] Escalante-Espinosa，E.，Gallegos-Martínez，M.，Favela-Torres，E.，et al. Improvement of the hydrocarbon phytoremediation rate by Cyperus laxus Lam. inoculated with a microbial consortium in a model system [J]. Chemosphere，2005，59（3）：405-413.

[41] Fan，C. Y.，Krishnamurthy，S. Enzymes for enhancing bioremediation of petroleum-contaminated soils：A brief review [J]. Journal of the Air & Waste Management Association，1995，45（6）：453-460.

[42] Fetzner，S. Bacterial degradation of pyridine，indole，quinoline，and their derivatives under different redox conditions [J]. Applied Microbiology and Biotechnology，1998，49（3）：237-250.

[43] Field，J. A.，De Jong，E.，Costa，G. F.，et al. Biodegradation of polycyclic aromatic hydrocarbons by new isolates of white rot fungi [J]. Applied and Environmental Microbiology，1992，58（7）：2219-2226.

[44] Foght，J.，Semple，K.，Westlake，D.，et al. Development of a standard bacterial consortium for laboratory efficacy testing of commercial freshwater oil spill bioremediation agents [J]. Journal of Industrial Microbiology and Biotechnology，1998，21（6）：322-330.

[45] Frassinetti，S.，Setti，L.，Corti，A.，et al. Biodegradation of dibenzothiophene by a nodulating isolate of Rhizobium meliloti [J]. Canadian Journal of Microbiology，1998，44（3）：289-297.

[46] Friel，M. T.，McLoughlin，A. J. Immobilisation as a strategy to increase the ecological competence of liquid cultures of Agaricus bisporus in pasteurised compost [J]. FEMS Microbiology Ecology，1999，30（1）：39-46.

[47] Gunther, T., Dornberger, U., Fritsche, W. Effects of ryegrass on biodegradation of hydrocarbons in soil [J]. Chemosphere, 1996, 33 (2): 203-215.

[48] Garland, J. L., Mills, A. L.Heterotrophic microbial communities on the basis of patterns of community level sole carbon source utilization[J]. Applied and Environmental Microbiology, 1991, 57 (8): 2351-2359.

[49] Gong, P., Wilke, B. M., Fleischmann, S. Soil-based phytotoxicity of 2, 4, 6-trinitrotoluene (TNT) to terrestrial higher plants[J]. Archives of Environmental Contamination and Toxicology, 1999, 36 (2): 152-157.

[50] Gou, M., Yang, Y., Zhou, H. Sphingomonas sp.: a novel microbial resource for biodegradation of aromatic compounds [J]. Chinese Journal of Applied and Environmental Biology, 2008, 14 (2): 276-282.

[51] Grathwohl, P., Kleineidam, S. Impact of heterogeneous aquifer materials on sorption capacities and sorption dynamics of organic contaminants [J]. IAHS Publications-Series of Proceedings and Reports-Intern Assoc Hydrological Sciences, 1995, 225: 79-86.

[52] Grathwohl, P., Reinhard, M. Desorption of trichloroethylene in aquifer material: Rate limitation at the grain scale [J]. Environmental Science & Technology, 1993, 27 (12): 2360-2366.

[53] Guerin, T. F. Long-term performance of a land treatment facility for the bioremediation of non-volatile oily wastes [J]. Resources, Conservation and Recycling, 2000, 28 (1): 105-120.

[54] Halda-Alija, L., Hendricks, S., Johnston, T. Spatial and temporal variation of Enterobacter genotypes in sediments and the underlying hyporheic zone of an agricultural stream [J]. Microbial Ecology, 2001, 42 (3): 286-294.

[55] Hamoda, M., Al-Attar, I. Effects of high sodium chloride concentrations on activated sludge treatment [J]. Water Science and Technology, 1995, 31 (9): 61-72.

[56] Harder, P. A., Kunz, D. A. Characterization of the OCT plasmid encoding alkane oxidation and mercury resistance in Pseudomonas putida [J]. Journal of Bacteriology, 1986, 165 (2): 650-653.

[57] Hardison, L. K., Curry, S. S., Ciuffetti, L. M., et al. Metabolism of diethyl ether and cometabolism of methyl tert-butyl ether by a filamentous fungus, a *Graphium* sp. [J]. Applied and Environmental Microbiology, 1997, 63 (8): 3059-3067.

[58] Hwang, S., Cutright, T. J. Preliminary exploration of the relationships between soil

characteristics and PAH desorption and biodegradation [J]. Environment International，2004，29（7）：887-894.

[59] Ilyina，A. C.，Sanchez，M.，Villarreal S. J.，et al. Isolation of soil bacteria for bioremediation of hydrocarbon contamination [J]. Vestnik Moskovskogo Universiteta Seriya，2003，2：88-91.

[60] Jodra，Y.，Mijangos，F. Phenol adsorption in immobilized activated carbon with alginate gels [J]. Separation Science and Technology，2003，38（8）：1851-1867.

[61] Johansen，S. S.，Licht，D.，Arvin，E.，et al. Metabolic pathways of quinoline，indole and their methylated analogs by Desulfobacterium indolicum（DSM 3383） [J]. Applied Microbiology and Biotechnology，1997，47（3）：292-300.

[62] Joner，E.，Corgie，S.，Amellal，N.，et al. Nutritional constraints to degradation of polycyclic aromatic hydrocarbons in a simulated rhizosphere [J]. Soil Biology and Biochemistry，2002，34（6）：859-864.

[63] Juhasz，A. L.，Stanley，G.，Britz，M. Metabolite repression inhibits degradation of benzo [a] pyrene and dibenz [a,h] anthracene by Stenotrophomonas maltophilia VUN 10 003 [J]. Journal of Industrial Microbiology and Biotechnology，2002，28（2）：88-96.

[64] Juhasz，A. L.，Stanley，G. A.，Britz，M. L. Microbial degradation and detoxification of high molecular weight polycyclic aromatic hydrocarbons by Stenotrophomonas maltophilia strain VUN 10，003 [J]. Letters in Applied Microbiology，2000，30（5）：396-401.

[65] Kanaly，R. A.，Harayama，S. Biodegradation of high-molecular-weight polycyclic aromatic hydrocarbons by bacteria [J]. Journal of Bacteriology，2000，182（8）：2059-2067.

[66] Kanga，S. H. Bonner，J. S. Page，C. Autenrieth R L. Solubilization of naphthalene and methyl-substituted naphthalenes from crude oil using biosurfactants[J]. Environmental Science and Technology，1997，31：556-561.

[67] Karel，S. F.，Libicki，S. B.，Robertson，C. R. The immobilization of whole cells：engineering principles [J]. Chemical Engineering Science，1985，40（8）：1321-1354.

[68] Karigar，C.，Mahesh，A.，Nagenahalli，M.，et al. Phenol degradation by immobilized cells of *Arthrobacter citreus* [J]. Biodegradation，2006，17（1）：47-55.

[69] Kazunga，C.，Aitken，M. D. Products from the incomplete metabolism of pyrene by polycyclic aromatic hydrocarbon-degrading bacteria [J]. Applied and Environmental Microbiology，2000，66（5）：1917-1922.

[70] Kirk，J. L.，Klironomos，J. N.，Lee，H.，et al. The effects of perennial ryegrass and alfalfa

on microbial abundance and diversity in petroleum contaminated soil [J]. Environmental Pollution，2005，133（3）：455-465.

[71] Kolwzan，B. Bacterial preparations for degradation of petroleum products in soil [J]. Fresenius Environmental Bulletin，2004，13（3）：216-219.

[72] Kriek，E.，Van Schooten，F.，Hillebrand，M.，et al. DNA adducts as a measure of lung cancer risk in humans exposed to polycyclic aromatic hydrocarbons [J]. Environmental Health Perspectives，1993，99：71-75.

[73] Kuyukina，M. S.，Ivshina，I. B.，Ritchkova，M. I.，et al. Bioremediation of crude oil-contaminated soil using slurry-phase biological treatment and land farming techniques [J]. Soil and Sediment Contamination，2003，12（1）：85-99.

[74] Lafleur，P.，Roulet，N.，Admiral，S. Annual cycle of CO_2 exchange at a bog peatland [J]. Journal of Geophysical Research：Atmospheres（1984-2012），2001，106（D3）：3071-3081.

[75] Larsen，T.，Kjeldsen，P.，Christensen，T. H. Sorption of hydrophobic hydrocarbons on three aquifer materials in a flow through system [J]. Chemosphere，1992，24（4）：439-451.

[76] Laurent Marilley. Baterial diversity in the bulk soil and rhizosphere factions of loliumperenne and trifolium repens as revealed by PCR restriction analysis of 16SrDNA [J].Plant and Soil，1998，198：219-224.

[77] Leys，N. M.，Bastiaens，L.，Verstraete，W.，et al. Influence of the carbon/nitrogen/phosphorus ratio on polycyclic aromatic hydrocarbon degradation by *Mycobacterium* and *Sphingomonas* in soil [J]. Applied Microbiology and Biotechnology，2005，66（6）：726-736.

[78] Leyval，C.，Binet，P. Effect of polyaromatic hydrocarbons in soil on arbuscular mycorrhizal plants [J]. Journal of Environmental Quality，1998，27（2）：402-407.

[79] Li，K.，Annamalai，S.，Hopper，J. Rate controlling model for bioremediation of oil contaminated soil [J]. Environmental Progress，1993，12（4）：257-261.

[80] Lin，Q.，Mendelssohn，I.，Henry，C.，et al. Effects of bioremediation agents on oil degradation in mineral and sandy salt marsh sediments [J]. Environmental Technology，1999，20（8）：825-837.

[81] Liu，W.，Mao，Z.，Yang，Y.，et al. Analysis of soil bacterial diversity by using the 16S rRNA gene library [J]. Acta Microbiologica Sinica，2008，48（10）：1344-1350.

[82] Muller，C.，Martin，M.，Stevens，R.，et al. Processes leading to N_2O emissions in grassland soil during freezing and thawing [J]. Soil Biology and Biochemistry，2002，34（9）：1325-1331.

[83] Madueno，L.，Coppotelli，B.，Morelli，I. Effect of the inoculant strain Sphingomonas paucimobilis 20006FA on the bacterial composition of a phenanthrene-degrading consortium [J]. Revista Argentina de Microbiologia，2008，41（2）：65-72.

[84] Margesin，R.，Labbe，D.，Schinner，F.，et al. Characterization of hydrocarbon-degrading microbial populations in contaminated and pristine alpine soils [J]. Applied and Environmental Microbiology，2003，69（6）：3085-3092.

[85] Margesin，R.，Schinner，F. Efficiency of indigenous and inoculated cold-adapted soil microorganisms for biodegradation of diesel oil in alpine soils [J]. Applied and Environmental Microbiology，1997，63（7）：2660-2664.

[86] Margesin，R.，Schinner，F. Bioremediation（natural attenuation and biostimulation） of diesel-oil-contaminated soil in an alpine glacier skiing area [J]. Applied and Environmental Microbiology，2001，67（7）：3127-3133.

[87] Margesin，R.，Zimmerbauer，A.，Schinner，F. Monitoring of bioremediation by soil biological activities [J]. Chemosphere，2000，40（4）：339-346.

[88] Marin，J. A.，Hernandez，T.，Garcia，C. Bioremediation of oil refinery sludge by landfarming in semiarid conditions：influence on soil microbial activity [J]. Environmental Research，2005，98（2）：185-195.

[89] Marsh，T. L. Terminal restriction fragment length polymorphism（T-RFLP）：an emerging method for characterizing diversity among homologous populations of amplification products [J]. Current Opinion in Microbiology，1999，2（3）：323-327.

[90] May，R.，Schroder，P.，Sandermann，H. Ex-situ process for treating PAH-contaminated soil with Phanerochaete chrysosporium [J]. Environmental Science & Technology，1997，31（9）：2626-2633.

[91] Mccabe，B. K.，Kuek，C.，Gordon，G. L.，et al. Immobilization of monocentric and polycentric types of anaerobic chytrid fungi in Ca-alginate [J]. Enzyme and Microbial Technology，2001，29（2）：144-149.

[92] McLoughlin，A. J. Controlled release of immobilized cells as a strategy to regulate ecological competence of inocula [C]. Biotechnics/Wastewater，1994，Springer：1-45.

[93] Mcmillen，S.，Gray，N. Biotreatment of Exploration and Production Wastes[C]. SPE Health Safety and Environment in Oil and Gas Exploration and Production Conference，Society of Petroleum Engineers，1994.

[94] Mcmurtry，D. C.，Elton，R. O. New approach to in-situ treatment of contaminated groundwaters [J]. Environmental Progress，1985，4（3）：168-170.

[95] Megharaj，M.，Singleton，I.，McClure，N.，et al. Influence of petroleum hydrocarbon contamination on microalgae and microbial activities in a long-term contaminated soil [J]. Archives of environmental Contamination and Toxicology，2000，38（4）：439-445.

[96] Meharg，A. A.，Cairney，J. W. Ectomycorrhizas extending the capabilities of rhizosphere remediation [J]. Soil Biology and Biochemistry，2000，32（11）：1475-1484.

[97] Miya，R. K.，Firestone，M. K. Phenanthrene-degrader community dynamics in rhizosphere soil from a common annual grass [J]. Journal of Environmental Quality，2000，29（2）：584-592.

[98] Mohn，W.，Radziminski，C.，Fortin，M. C.，et al. On site bioremediation of hydrocarbon-contaminated Arctic tundra soils in inoculated biopiles [J]. Applied Microbiology and Biotechnology，2001，57（1-2）：242-247.

[99] Morgan，P.，Watkinson，R. J. Biodegradation of components of petroleum [C]. Biochemistry of microbial degradation，Springer，1994：1-31.

[100] Muratova，A. Y.，Dmitrieva，T.，Panchenko，L.，et al. Phytoremediation of Oil Sludge Contaminated Soil [J]. International Journal of Phytoremediation，2008，10（6）：486-502.

[101] Murygina，V. P.，Markarova，M. Y.，Kalyuzhnyi，S. V. Application of biopreparation Rhoder for remediation of oil polluted polar marshy wetlands in Komi Republic [J]. Environment International，2005，31（2）：163-166.

[102] Muyzer，G. DGGE/TGGE a method for identifying genes from natural ecosystems [J]. Current Opinion in Microbiology，1999，2（3）：317-322.

[103] Muyzer，G.，De Waal，E. C.，Uitterlinden，A. G. Profiling of complex microbial populations by denaturing gradient gel electrophoresis analysis of polymerase chain reaction-amplified genes coding for 16S rRNA [J]. Applied and Environmental Microbiology，1993，59（3）：695-700.

[104] Nichols，T.，Wolf，D.，Rogers，H.，et al. Rhizosphere microbial populations in contaminated soils [J]. Water，Air，and Soil Pollution，1997，95（1-4）：165-178.

[105] Omar，S.，Rehm，H. J. Degradation of n-alkanes by Candida parapsilosis and Penicillium frequentans immobilized on granular clay and aquifer sand [J]. Applied Microbiology and Biotechnology，1988，28（1）：103-108.

[106] Oudot，J.，Ambles，A.，Bourgeois，S.，et al. Hydrocarbon infiltration and biodegradation in

a landfarming experiment [J]. Environmental Pollution，1989，59（1）：17-40.

[107] Pala，D. M.，de Carvalho，D. D.，Pinto，J. C. A suitable model to describe bioremediation of a petroleum-contaminated soil [J]. International Biodeterioration & Biodegradation，2006，58（3）：254-260.

[108] Panikov，N. S.，Dedysh，S. Cold season CH_4 and CO_2 emission from boreal peat bogs（West Siberia）：Winter fluxes and thaw activation dynamics [J]. Global Biogeochemical Cycles，2000，14（4）：1071-1080.

[109] Paul，D.，Pandey，G.，Pandey，J.，et al. Accessing microbial diversity for bioremediation and environmental restoration [J]. Trends in Biotechnology，2005，23（3）：135-142.

[110] Rahman，K. S. M.，Rahman，T. J.，Kourkoutoas，Y.，et al. Enhanced bioremediation of n-alkane in petroleum sludge using bacterial consortium amended with rhamnolipid and micronutrients [J]. Bioresource Technology，2003，90：159-168.

[111] Rafin，C.，Potin，O.，Veignie，E.，et al. Degradation of benzo [a] pyrene as sole carbon source by a non white rot fungus，*Fusarium solani* [J]. Polycyclic Aromatic Compounds，2000，21（1-4）.

[112] Rehm，H.，Reiff，I. Mechanisms and occurrence of microbial oxidation of long-chain alkanes [P]. Springer，1981.

[113] Rhykerd，R.，Crews，B.，McInnes，K.，et al. Impact of bulking agents，forced aeration，and tillage on emediation of oil-contaminated soil [J]. Bioresource Technology，1999，67（3）：279-285.

[114] Ritter，W. F.，Scarborough，R. W. A review of bioremediation of contaminated soils and groundwater [J]. Journal of Environmental Science & Health Part A，1995，30（2）：333-357.

[115] Rittmann，B. E.，Valocchi，A.，Seagren，E.，et al. Critical review of in situ bioremediation [C]. Topical report，January 1990-March，1992.

[116] Ross，D. Effects of freezing and thawing of some grassland topsoils on oxygen uptakes and dehydrogenase activities [J]. Soil Biology and Biochemistry，1972，4（1）：115-117.

[117] Rugh，C. L.，Susilawati，E.，Kravchenko，A. N.，et al. Biodegrader metabolic expansion during polyaromatic hydrocarbons rhizoremediation [J]. Z Naturforsch C，2005，60（3）：331-339.

[118] Salminen，J. M.，Tuomi，P. M.，Suortti，A. M，et al. Potential for aerobic and anaerobic biodegradation of petroleum hydrocarbons in boreal subsurface [J]. Biodegradation，2004，15（1）：29-39.

[119] Sarand, I., Timonen, S., Nurmiaho-Lassila, E. L., et al. Microbial biofilms and catabolic plasmid harbouring degradative fluorescent pseudomonads in Scots pine mycorrhizospheres developed on petroleum contaminated soil [J]. FEMS Microbiology Ecology, 1998, 27 (2): 115-126.

[120] Saul, M. T. Aerobic cometabolism of halogenated aliphatic hydrocarbons: a technology overview [J]. Remediation Journal, 2000, 11 (1): 29-36.

[121] Say, R., Denizli, A., Yakup, A. M. Biosorption of cadmium (II), lead (II) and copper (II) with the filamentous fungus Phanerochaete chrysosporium [J]. Bioresource Technology, 2001, 76 (1): 67-70.

[122] Schaefer, M., Juliane, F. The influence of earthworms and organic additives on the biodegradation of oil contaminated soil [J]. Applied Soil Ecology, 2007, 36 (1): 53-62.

[123] Schnürer, J., Rosswall, T. Fluorescein diacetate hydrolysis as a measure of total microbial activity in soil and litter [J]. Applied and Environmental Microbiology, 1982, 43 (6): 1256-1261.

[124] Shen, X., Liu, Z., Wang, B. Isolation, identification of phenol-degrading *Rhodococcus* sp. strain PNAN5 and characterization of its ring–cleavage dioxygenases [J]. Acta Scientiae Circumstantiae, 2004, 24 (3): 482-486.

[125] Shiaris, M. P. Phenanthrene mineralization along a natural salinity gradient in an urban estuary, Boston Harbor, Massachusetts [J]. Microbial Ecology, 1989, 18 (2): 135-146.

[126] Siciliano, S. D., Fortin, N., Mihoc, A., et al. Selection of specific endophytic bacterial genotypes by plants in response to soil contamination [J]. Applied and Environmental Microbiology, 2001, 67 (6): 2469-2475.

[127] Smith, C. A., Reilly, K. T., Hyman, M. R. Characterization of the initial reactions during the cometabolic oxidation of methyl tertbutyl either by propane-grown *Mycobacterium vaccae* JOB5 [J]. Applied and Environmental Microbiology, 2003, 69 (2): 796-804.

[128] Smith, K. P., Goodman, R. M. Host variation for interactions with beneficial plant-associated microbes [J]. Ann Rev Phytopathol, 1999, 37: 473-491.

[129] Snaidr, J., Amann, R., Huber, I., et al. Phylogenetic analysis and in situ identification of bacteria in activated sludge [J]. Applied and Environmental Microbiology, 1997, 63 (7): 2884-2896.

[130] Song, H. G., Pedersen, T., Bartha, R. Hydrocarbon mineralization in soil: relative bacterial

and fungal contribution [J]. Soil Biology and Biochemistry，1986，18（1）：109-111.

[131] Story，S. P.，Parker，S. H.，Kline，J. D.，et al. Identification of four structural genes and two putative promoters necessary for utilization of phenanthrene naphthalene，fluoranthene，and by *Sphingomonas paucimobilis* var. EPA505 [J]. Gene，2000，260（1）：155-169.

[132] Strong-Gunderson，J.，Guzman，F. Bioremediation in oil-contaminated sites：bacteria and surfactant accelerated remediation [C]. The United State：Proceedings-SPIE The International Society for Optical Engineering，1996.

[133] Su，D.，Li，P. J.，Frank，S.，et al. Biodegradation of benzo [a] pyrene in soil by *Mucor* sp. SF06 and *Bacillus* sp. SB02 co-immobilized on vermiculite [J]. Journal of Environmental Sciences，2006，18（6）：1204-1209.

[134] Sun，W. H.，Lo，J. B.，Robert，F. M.，et al. Phytoremediation of petroleum hydrocarbons in tropical coastal soils I. Selection of promising woody plants [J]. Environmental Science and Pollution Research，2004，11（4）：260-266.

[135] Tahir，A. Resistant fungal biodiversity of electroplating effluent and their metal tolerance index [C]. Environmental Science Department，LCWU Lahore. Pakistan：Electroplating，2012.

[136] Tao，X. Q.，Lu，G.，Dang，Z.，et al. Characterization of Biodegradation of Phenanthrene and Other Aromatic Substrates by *Sphingomonas* sp. GY2B [J]. Journal of Agro-Environment Science，2006，26（2）：548-553.

[137] Tiedje，J. M.，Asuming-Brempong，S.，Nusslein，K.，et al. Opening the black box of soil microbial diversity [J]. Applied Soil Ecology，1999，13（2）：109-122.

[138] Toledo，F.，Calvo，C.，Rodelas，B.，et al. Selection and identification of bacteria isolated from waste crude oil with polycyclic aromatic hydrocarbons removal capacities [J]. Systematic and applied microbiology，2006，29（3）：244-252.

[139] Van Dyke，M. I.，Couture，I. P.，Brauer，M. *Pseudominas aeruginosa* UG2 rhamnolipid biosurfactants，structural characterization and their use in removing hydrophobic compounds from soil[J]. Canidian Journal of Mcrobiology，1993，39：1071-1078.

[140] Van Elsas，J.，Trevors，J.，Jain，D.，et al. Survival of，and root colonization by，alginate-encapsulated Pseudomonas fluorescens cells following introduction into soil [J]. Biology and Fertility of Soils，1992，14（1）：14-22.

[141] van Veen，J. A.，van Overbeek，L. S.，van Elsas，J. D. Fate and activity of microorganisms introduced into soil [J]. Microbiology and Molecular Biology Reviews，1997，61（2）：121-135.

[142] Walter，U.，Beyer，M.，Klein，J.，et al. Degradation of pyrene by *Rhodococcus* sp. UW1 [J]. Applied Microbiology and Biotechnology，1991，34（5）：671-676.

[143] Weber Jr，W. J.，McGinley，P. M.，Katz，L. E. A distributed reactivity model for sorption by soils and sediments. Conceptual basis and equilibrium assessments [J]. Environmental Science & Technology，1992，26（10）：1955-1962.

[144] Weidner，S.，Arnold，W.，Puhler，A. Diversity of uncultured microorganisms associated with the seagrass *Halophila stipulacea* estimated by restriction fragment length polymorphism analysis of PCR-amplified 16S rRNA genes [J]. Applied and Environmental Microbiology，1996，62（3）：766-771.

[145] Whyte，L.，Goalen，B.，Hawari，J.，et al. Bioremediation treatability assessment of hydrocarbon-contaminated soils from Eureka，Nunavut [J]. Cold Regions Science and Technology，2001，32（2）：121-132.

[146] Whyte，L. G.，Bourbonnière，L.，Bellerose，C.，et al. Bioremediation assessment of hydrocarbon-contaminated soils from the high Arctic [J]. Biomeridiation Journal，1999，3（1）：69-80.

[147] Wiesel，I.，Wübker，S.，Rehm，H. Degradation of polycyclic aromatic hydrocarbons by an immobilized mixed bacterial culture [J]. Applied Microbiology and Biotechnology，1993，39（1）：110-116.

[148] Wolfe，D. A. Fate and effects of petroleum hydrocarbons in marine ecosystems and organisms [C]. Pergamon Press New York，1977.

[149] Yaniga，P. M.，Smith，W. Aquifer restoration via accelerated insitu biodegradation of organic contaminants [C]. Proceedings of the 1984 Petroleum Hydrocarbons and Organic Chemicals in Ground Water：Prevention，Detection and Restoration：1984，451-170.

[150] Yoshitomi，K.，Shann，J. Corn（Zea may L.） root exudates and their impact on ^{14}C-pyrene mineralization [J]. Soil Biology and Biochemistry，2001，33（12）：1769-1776.

[151] Zhang，Y.，Miller，R. M. Effect of a Pseudomonas rhamnolipid biosurfactant on cell hydrophobicity and biodegradation of octadecane [J]. Applied and Environmental Microbiology，1994，60（6）：2101-2106.

[152] Zhao，Z.，Wong，J. W. Biosurfactants from *Acinetobacter calcoaceticus* BU03 enhance the solubility and biodegradation of phenanthrene [J]. Environmental Technology，2009，30（3）：291-299.

[153] 艾芳芳. 菲降解菌 *Burkholderia* sp. AFF 的分离鉴定及特性研究[D]. 大连理工大学，2008.

[154] 包木太，巩元娇，李一鸣. 固定化微生物在降解含油污水中的应用[J]. 武汉大学学报：理学版，2010（1）：109-114.

[155] 蔡燕飞，廖宗文. 土壤微生物生态学研究方法进展[J]. 土壤与环境，2002，11（2）：167-171.

[156] 曹均，吴姬，赵小蓉，等. 北京 9 个典型板栗园土壤碳代谢微生物多样性特征[J]. 生态学报，2010（2）：527-532.

[157] 陈敏玲，李伟华，陈章和. 不同层面上微生物多样性研究方法[J]. 生态学报，2008，28（12）：6264-6271.

[158] 陈嫣，李广贺，张旭，等. 石油污染土壤植物根际微生态环境与降解效应[J]. 清华大学学报：自然科学版，2005，45（6）：784-787.

[159] 程国玲，李培军. 石油污染土壤的植物与微生物修复技术[J]. 环境工程学报，2007，1（6）：91-96.

[160] 程国玲. 矿物油污染土壤的菌根生物修复研究[D]. 东北林业大学，2004.

[161] 程云，周启星. 活性 X-3B 红染料对作物生态毒理指标影响的比较研究[J]. 应用生态学报，2002，13（2）：133-136.

[162] 陈延君. 微生物摄取、运输和降解石油污染物的机理研究——以正十六烷为例[D]. 北京师范大学，2007.

[163] 崔志松. 深海 PAHs 降解菌的多样性分析及重要降解菌的分子生物学研究[D]. 厦门大学，2006.

[164] 戴树桂，董亮. 表面活性剂对受污染环境修复作用研究进展[J]. 上海环境科学，1999，18（9）：420-424.

[165] 戴竹青，申开莲. 石油化工厂区土壤中总石油烃分布的研究[J]. 石油化工环境保护，2000，23（4）：40-44.

[166] 丁克强，孙铁珩. 真菌对石油污染土壤的降解研究[J]. 微生物学，1999，19（4）：25-26.

[167] 丁克强，孙铁珩. 通气对石油污染土壤生物修复的影响[J]. 土壤，2001，33（4）：185-188.

[168] 杜宇峰，叶央芳. DGGE/TGGE 方法在土壤微生物群落研究中的应用[J]. 江苏环境科技，2006，18（B12）：128-131.

[169] 冯冲凌，曾光明，黄丹莲，等. 基于 Biolog 解析添加酶液对堆肥化过程中微生物群落代谢的影响[J]. 环境科学，2009，30（10）：3016-3021.

[170] 高吉喜，熊严军. 含油废水对农作物影响研究[J]. 农业环境保护，1994，13（1）：26-29.

[171] 高拯民. 土壤-植物系统污染生态研究[M]. 北京：中国科学技术出版社，1986.

[172] 耿春女，李培军，陈素华，等. 不同 AM 真菌对三叶草耐油性的影响[J]. 应用与环境生物学报，2002，8（6）：648-652.
[173] 顾传辉，陈桂珠. 石油污染土壤生物降解生态条件研究[J]. 生态科学，2000，19（4）：67-72.
[174] 顾传辉，陈桂珠. 石油污染土壤生物修复[J]. 重庆环境科学，2001，23（2）：42-45.
[175] 谷妮娜. 固定化微生物技术处理含油废水的研究[D]. 东北大学，2006.
[176] 贺银凤，午日娜，王建华，等. 乳酸菌的固定化方法及其发酵特性的研究[J]. 食品研究与开发，2006，27（5）：16-18.
[177] 何艳，徐建民，李兆君. 有机污染物根际胁迫及根际修复研究进展[J]. 土壤通报，2004，35（5）：658-662.
[178] 何耀武，区自清，孙铁珩. 多环芳烃类化合物在土壤上的吸附[J]. 应用生态学报，1995，6（4）：423-427.
[179] 何翊，魏薇，吴海. 石油污染土壤菌根修复技术研究[J]. 石油与天然气化工，2004，33（3）：217-218.
[180] 亨特，伯良. 石油地球化学和地质学[M]. 北京：石油工业出版社，1986.
[181] 侯彬，朱琨，卢静，等. 石油污染土壤的生物修复技术研究及其前景[J]. 四川环境，2007，25（6）：96-100.
[182] 黄廷林，宁亚平，柴蓓蓓. 石油高效降解菌的筛选及其降解特性[J]. 西安建筑科技大学学报：自然科学版，2007，38（6）：795-798.
[183] 贾建丽. 石油污染土壤微生物学特性与生物修复效应研究[D]. 清华大学，2005.
[184] 贾鸿宁，戴红. 多环芳烃的致癌性及其机制研究进展[J]. 大连医科大学学报，2009，31（5）：604-607.
[185] 姜昌亮，李培军. 石油污染土壤长料堆式异位生物修复技术研究[J]. 应用生态学报，2001，12（2）：279-282.
[186] 姜世英，张颖，林俊杰，等. 底泥中芘高效降解菌株的富集分离及特性研究[J]. 生物技术通报，2008，S1：441-444.
[187] 降巍，侯峰，陆贻通. 土壤镉胁迫下菲降解菌的筛选及其降解特性研究[J]. 环境污染与防治，2008，30（10）：20-22.
[188] 金文标，宋莉晖. 油污土壤微生物治理的影响因素[J]. 环境保护，1998，10：27-28.
[189] 孔凡美. 丛枝菌根菌与玉米联合修复芘污染土壤的效应及其机理[D]. 山东农业大学，2008.
[190] 雷萍，聂麦茜，温晓玫，等. 优势黄杆菌对蒽，菲，芘混合物的降解特征研究[J]. 西安交

通大学学报，2004，38（6）：657-660.

[191] 李宝明. 石油污染土壤微生物修复的研究[D]. 中国农业科学院，2007.

[192] 李宝珍，仉磊，林壬子，等. 降解石油微生物菌种的筛选及降解特性[J]. 中国环境科学，2003，23（2）：157-161.

[193] 李崇明，赵文谦. 河流泥沙对石油的吸附解吸规律及影响因素的研究[J]. 中国环境科学，1997，17（1）：23-26.

[194] 李春玉. 多环芳烃的土壤降解特性及其影响因子研究[D]. 南京农业大学，2008.

[195] 李方敏，姚金龙，王琼山. 修复石油污染土壤的植物筛选[J]. 中国农学通报，2006，22（9）：429-431.

[196] 李法云，典向荣，吴龙华. 污染土壤生物修复理论基础与技术[M]. 北京：化学工业出版社，2006.

[197] 李丽，钟鸣，周启星，等. 枯草芽孢杆菌对多环芳烃的降解能力研究[J]. 河南农业科学，2007，4：62-64.

[198] 李广贺，张旭，卢晓霞. 土壤残油生物降解性与微生物活性[J]. 中国地质大学学报：地球科学，2002，27（2）：181-185.

[199] 李培军，玉兴. 不同类型原油污染土壤生物修复技术研究[J]. 应用生态学报，2002，13（11）：1455-1458.

[200] 李培军，台培东，郭书海，等. 辽河油田石油污染土壤的 2 阶段生物修复[J]. 环境科学，2003，24（3）：74-78.

[201] 李秋玲，凌婉婷，高彦征，等. 丛枝菌根对土壤中多环芳烃降解的影响[J]. 农业环境科学学报，2008，27（5）：1705-1710.

[202] 李全霞，范丙全，龚明波，等. 降解芘的分枝杆菌 M11 的分离鉴定和降解特性[J]. 环境科学，2008，29（3）：763-768.

[203] 李世朋，蔡祖聪，杨浩. 不同植被下红壤性质对细菌碳源利用的影响[J]. 应用与环境生物学报，2008，14（6）：793-797.

[204] 李玮. 土壤轻质油污染的冲洗及抽气去除实验研究[D]. 北京师范大学，2004.

[205] 李未荣，王灰科，曹圣睛，等. 石油污染物的微生物降解[J]. 地球科学与环境学报，2007，29（2）：214-216.

[206] 李习武，刘志培. 石油烃类的微生物降解[J]. 微生物学报，2002，42（6）：764-767.

[207] 李晔，陈新才，王焰新. 石油污染土壤生物修复的最佳生态条件研究[J]. 环境科学与技术，2004，27（4）：17-19.

[208] 梁涛，黄建国，王永敏，等. 苏丹草对土壤中菲和芘修复作用的研究[J]. 中国农学通报，2010，26（4）：295-299.
[209] 林力，杨惠芳. 石油污染土壤的生物整治研究[J]. 上海环境科学，2000，19（7）：325-329.
[210] 蔺昕，李培军，孙铁珩，等. 石油污染土壤的生物修复与土壤酶活性关系[J]. 生态学杂志，2005，24（10）：1226-1229.
[211] 刘莉，陈玉成，于萍萍. 多环芳烃微生物降解的研究进展[J]. 安徽农业科学，2007，34（23）：6289-6291.
[212] 刘君. 苯并芘污染土壤的微生物效应及其降解菌特性的研究[D]. 内蒙古大学，2008.
[213] 刘鹏，李大平，王晓梅，等. 石油污染土壤的生物修复技术研究[J]. 化工环保，2006，26（2）：91-94.
[214] 刘五星，骆永明，王殿玺. 石油污染场地土壤修复技术及工程化应用[J]. 环境监测管理与技术，2011，23（3）：47-51.
[215] 刘晓艳，毛国成，戴春雷，等. 土壤中石油类有机污染物检测方法研究进展[J]. 中国环境监测，2006，22（2）：75-80.
[216] 卢纹岱. SPSS 统计分析[M]. 北京：电子工业出版社，2010.
[217] 鲁莽，张忠智，孙珊珊，等. 植物根际强化修复石油污染土壤的研究[J]. 环境科学，2009，30（12）：3703-3709.
[218] 陆昕，陈立，李娟，等. 假单胞菌 Nwu1-mu 对陕北石油污染土壤的生物修复作用研究[J]. 农业环境科学学报，2010，29（5）：910-917.
[219] 陆泗进. 土壤柴油污染物微生物降解强化技术研究[D]. 北京师范大学，2007.
[220] 骆苑蓉. 多环芳烃降解菌的降解特性与降解途径研究[D]. 厦门大学，2008.
[221] 罗洪君，王绪远，赵骞，等. 石油污染土壤生物修复技术的研究进展[J]. 四川环境，2007，26（3）：104-109.
[222] 骆永明. 中国土壤环境污染态势及预防、控制和修复策略[J]. 环境污染与防治，2009，31（12）：27-31.
[223] 骆苑蓉，胡忠，郑天凌，等. 红树林沉积物中的微生物对苯并[*a*]芘的降解研究[J]. 厦门大学学报：自然科学版，2005，44：75-79.
[224] 吕志萍，程龙飞. 石油污染土壤中石油含量对玉米的影响[J]. 油气田环境保护，2001，11（1）：36-37.
[225] 马萍，祝力，孙淑英，等. 海藻酸钙凝胶微球的制备和 pH 依赖性溶胀[J]. 中国海洋药物，2003，22（5）：35-37.

[226] 马强，张旭红，林爱军，等. 土壤石油烃污染的植物毒性及植物-微生物联合降解[J]. 环境工程学报，2009，3（3）：544-548.

[227] 毛健，骆永明，滕应，等. 一株高分子量多环芳烃降解菌的筛选，鉴定及降解特性研究[J]. 微生物学通报，2008，35（7）：1011-1015.

[228] 米亮，隋跃宇，张兴义，等. 施肥对模拟侵蚀黑土土壤微生物群落代谢活性的影响[J]. 农业系统科学与综合研究，2010，26（1）：97-101.

[229] 聂明. 芦苇及其根围微生物对石油污染响应的生态系统生态学研究[D]. 复旦大学，2010.

[230] 聂麦茜，张志杰. 环境中多环芳烃污染规律及其生物净化技术[J]. 环境导报，2001，1：18-21.

[231] 彭胜巍. 石油污染土壤的花卉植物修复研究[D]. 南开大学，2009.

[232] 齐永强，王红旗，刘敬奇. 土壤石油微生物降解影响因子的正交实验分析[J]. 地球学报，2003，24（3）：279-284.

[233] 齐永强，王红旗，刘敬奇. 土壤中石油污染物微生物降解及其降解去向[J]. 中国工程科学，2003，5（8）：70-75.

[234] 齐永强，王红旗，刘敬奇，等. 土壤中石油污染物微生物降解过程中各石油烃组分的演变规律[J]. 环境科学学报，2004，23（6）：834-836.

[235] 屈庆秋. 菌根真菌及其促生细菌提高油松降解柴油的作用[D]. 西北农林科技大学，2010.

[236] 周启星，玉芳. 污染土壤修复原理与方法[M]. 北京：科学出版社，2004.

[237] 秦煜民，隋智慧. 应用生物修复技术处理石油污染土壤[J]. 石油与天然气化工，2002，31（6）：333-335.

[238] 任华堂，韩凝，夏建新. 我国东部地区环境中多环芳烃的空间分布及生态风险分析[J]. 应用基础与工程科学学报，2009，17：113-124.

[239] 任磊，黄廷林. 土壤的石油污染[J]. 农业环境保护，2000，19（6）：360-363.

[240] 任芳菲. 石油污染土壤的理化性质和微生物群落功能多样性研究[D]. 东北林业大学，2009.

[241] 阮志勇. 石油降解菌株的筛选，鉴定及其石油降解特性的初步研究[D]. 中国农业科学院，2006.

[242] 邵娟. 固定化微生物降解原油的研究[D]. 暨南大学，2006.

[243] 邵元元，王志英，邹莉，等. 百菌清对落叶松人工防护林土壤微生物群落的影响[J]. 生态学报，2011，31（3）：819-829.

[244] 沈德中. 污染环境的生物修复[M]. 北京：化学工业出版社，2002.

[245] 时鹏，高强，王淑平，等. 玉米连作及其施肥对土壤微生物群落功能多样性的影响[J]. 生态学报，2010，30（22）：6173-6182.

[246] 史德青，赵金生，侯影飞，等. 石油生物催化脱硫菌 *Agrobacterium tumefaciens* UP3 的分离筛选[J]. 微生物学报，2004，44（2）：248-250.

[247] 史继诚，贾凌云. 微生物降解重油的初步研究[J]. 化工环保，2006，25（6）：427-430.

[248] 宋雪英，宋玉芳，孙铁珩，等. 石油污染土壤生物修复中外源微生物的影响[J]. 环境科学学报，2007，27（7）：1168-1173.

[249] 宋玉芳，许华夏，任丽萍，等. 土壤重金属对白菜种子发芽与根伸长抑制的生态毒性效应[J]. 环境科学，2002，23（1）：103-107.

[250] 苏丹，李培军，鞠京丽，等. 非流体介质中多环芳烃污染的微生物固定化修复技术[J]. 应用生态学报，2006，17（8）：1530-1534.

[251] 苏丹，李培军，王鑫，等. 3 株细菌对土壤中芘和苯并芘的降解及其动力学[J]. 环境科学，2007，28（4）：913-917.

[252] 苏荣国，倪方天. 微生物对石油烃的降解机理及影响因素[J]. 化工环保，2001，21（4）：205-208.

[253] 孙红文，李书霞. 多环芳烃的光致毒效应[J]. 环境科学进展，1998，6（6）：1-11.

[254] 孙铁珩，宋玉芳，许华夏，等. 污染土壤中多环芳烃生物降解的调控研究[J]. 应用生态学报，1998，9（6）：640-644.

[255] 孙天然. 植物强化微生物修复多环芳烃污染土壤研究[D]. 山东师范大学，2009.

[256] 谭文捷，李宗良，丁爱中，等. 土壤和地下水中多环芳烃生物降解研究进展[J]. 生态环境，2007，16（4）：1310-1317.

[257] 唐景春，王斐，褚洪蕊，等. 玉米草（Zea Mexicana）与海藻寡糖联合修复石油烃污染土壤的研究[J]. 农业环境科学学报，2010，29（11）：2107-2113.

[258] 唐玉斌，孙常宇，陈芳艳，等. 一株䓛高效降解菌的分离鉴定及其降解特性[J]. 微生物学通报，2009，36（4）：593-597.

[259] 陶雪琴，孙观秋，欧永聪，等. 一株菲高效降解菌的环境适应性研究[J]. 环境科学与管理，2008，33（5）：100-103.

[260] 滕应，骆永明，李振高. 污染土壤的微生物修复原理与技术进展[J]. 土壤，2008，4：497-502.

[261] 田林双. 微牛物降解多环芳烃研究[J]. 畜牧与饲料科学，2009，10：90-92.

[262] 王春明，李大平，刘世贵. 4 株多环芳烃降解菌的分离及鉴定[J]. 应用与环境生物学报，

2007，13（4）：546-550.

[263] 王春艳，陈鸿汉，杨金凤，等. 强化生物通风修复柴油污染土壤影响因素的正交实验[J]. 农业环境科学学报，2009，28（7）：1422-1426.

[264] 王红旗，陈延君，孙宁宁. 土壤石油污染物微生物降解机理与修复技术研究[J]. 地学前缘，2006，13（1）：134-139.

[265] 王红旗，郝旭光，孙寓姣，等. 土壤中耐低温石油降解菌的优选，鉴定及降解性能分析[J]. 北京师范大学学报：自然科学版，2009，5：509-514.

[266] 王洪涛，罗剑，李雨松，等. 石油污染物在土壤中运移的数值模拟初探[J]. 环境科学学报，2000，20（6）：755-760.

[267] 王辉，赵春燕，李宝明，等. 石油污染土壤中细菌的分离筛选[J]. 土壤通报，2005，36（2）：237-239.

[268] 王辉. 凹凸棒石微生物固定化载体的研制[D]. 天津大学，2006.

[269] 王建龙. 生物固定化技术与水污染控制[M]. 北京：科学出版社，2002.

[270] 王靖，张忠智，苏幼明，等. 石油污染土壤植物修复根际效应研究[J]. 石油化工高等学校学报，2008，21（2）：36-40.

[271] 王蕾，聂麦茜，王志盈，等. 一株芽孢杆菌和一株黄杆菌代谢芘的摄取方式解析[J]. 环境科学学报，2009，29（5）：924-929.

[272] 王丽萍，郭光霞，华素兰，等. 丛枝菌根真菌——植物对石油污染土壤修复实验研究[J]. 中国矿业大学学报，2009，38（1）：91-95.

[273] 王连生. 环境化学进展[M]. 北京：化学工业出版社，1995.

[274] 王然，夏星辉，李恭臣，等. 黄河水体多环芳烃降解菌的筛选及其降解性能研究[J]. 北京师范大学学报：自然科学版，2009，3：284-289.

[275] 王新，李培军，巩宗强，等. 多环芳烃高效降解菌的筛选[J]. 农业环境科学学报，2007，26（B03）：92-96.

[276] 王新，李培军，宋守志，等. 固定化微生物对土壤中多环芳烃的降解[J]. 东北大学学报：自然科学版，2006，27（10）：1154-1156.

[277] 王秀国，王一奇，严虎，等. 多菌灵重复施药对其持久性及土壤微生物群落功能多样性的影响[J]. 土壤学报，2010，1：131-137.

[278] 王璇. 土壤中耐低温石油降解菌的固定化技术研究[D]. 北京师范大学，2011.

[279] 武凤霞. 菲降解细菌的分离鉴定及其降解效果研究[D]. 西北大学，2006.

[280] 吴亚嫚，谷峻，谭燕，等. 油井采出液中微生物群落结构的 T-RFLP 分析[J]. 土壤学报，

2009，46（5）：878-885.

[281] 武淑文，黄兵，孙珮石，等. 固定化细胞技术在环境工程中应用[J]. 环境科学动态，2004，4：32-34.

[282] 夏颖. 多环芳烃菲对微生物生态毒理研究——菲降解菌的分离鉴定及降解基因克隆与表达[D]. 浙江大学生命科学学院，2004.

[283] 夏月，贺纪正，朱永官. 限制性片段长度多态性分析（ARDRA）方法对重金属污染土壤中细菌群落多样性的研究[J]. 环境科学，2007，27（6）：953-960.

[284] 夏北成. 环境污染物生物降解[M]. 北京：化学工业出版社，2002.

[285] 肖明，王雨净. 微生物学实验[M]. 北京：科学出版社，2008.

[286] 谢明吉，严重玲，叶菁. 菲对黑麦草根系几种低分子量分泌物的影响[J]. 生态环境，2008，17（2）：576-579.

[287] 谢明杰，李银霞，谢鲲鹏，等. 氯苯高效降解菌固定化小球的制备及其降解条件研究[J]. 辽宁师范大学学报：自然科学版，2009，1：102-105.

[288] 邢维芹，骆永明，李立平. 影响土壤中 PAHs 降解的环境因素及促进降解的措施[J]. 土壤通报，2007，38（1）：173-178.

[289] 熊樱. 植物-外源菌对石油污染土壤的协同修复及根际微生态变化研究[D]. 北京师范大学，2011.

[290] 徐虹，章军，刘陈立，等. PAHs 降解菌的分离，鉴定及降解能力测定[J]. 海洋环境科学，2004，23（3）：61-64.

[291] 徐世平，孙永革. 一种适用于沉积有机质族组分分离的微型柱色谱法[J]. 地球化学，2006，35（6）：681-688.

[292] 许超，夏北成. 运用多隔层根箱研究玉米幼苗根际微域中芘的降解[J]. 土壤，2010，42（4）：554-559.

[293] 许姗姗，刘文新，陶澍. 全国多环芳烃年排放量估算[J]. 农业环境科学学报，2005，24（3）：476-479.

[294] 杨乐. 石油降解菌群的构建及其生物修复研究[D]. 石河子大学，2008.

[295] 杨乐巍，黄国强，李鑫钢. 土壤气相抽提（SVE）技术研究进展[J]. 环境保护科学，2007，32（6）：62-65.

[296] 杨琴，聂麦茜，苏君梅，等. 高羊茅和优良菌群联合作用降解陕北黄绵土中的石油烃[J]. 土壤，2009，3：471-476.

[297] 杨姝倩，李素玉，李法云，等. 沈抚污灌区结冻土壤中微生物群落及石油烃优势降解菌

的筛选[J]. 气象与环境学报，2006，22（3）：54-56.

[298] 杨婷，林先贵，胡君利，等. 丛枝菌根真菌对紫花苜蓿与黑麦草修复多环芳烃污染土壤的影响[J]. 生态与农村环境学报，2009，25（4）：72-76.

[299] 杨文英. 细胞固定化及其在工业中的应用[J]. 云南民族大学学报：自然科学版，2001，10（3）：406-410.

[300] 杨秀虹，汤婉环，李适宇，等. 污染土壤中菲降解菌的分离鉴定及其降解能力[J]. 环境科学研究，2009，6：675-681.

[301] 杨艳，凌婉婷，高彦征，等. 几种多环芳烃的植物吸收作用及其对根系分泌物的影响[J]. 环境科学学报，2010，30（3）：593-599.

[302] 杨建刚，刘翔，余刚，等. 非离子表面活性剂 Tween-20 对菲生物降解的影响[J]. 环境科学，2004，25（1）：52-56

[303] 叶小梅，常志州. 调理剂对污泥中石油降解速率的影响[J]. 环境导报，1999，2：21-22.

[304] 殷波，顾继东. 环境污染物萘、蒽、菲、芘的好氧微生物降解[J]. 热带海洋学报，2005，24（4）：14-21.

[305] 于晓丽，张江. 多环芳烃污染与防治对策[J]. 油气田环境保护，2004，6（4）：53-56.

[306] 于颖，周启星. 污染土壤化学修复技术研究与进展[J]. 环境污染治理技术与设备，2005，6（7）：1-7.

[307] 余素林，吴晓磊，钱易. 环境微生物群落分析的 T-RFLP 技术及其优化措施[J]. 应用与环境生物学报，2006，12（6）：861-868.

[308] 郁红艳，曾光明，习兴梅，等. 蔬菜-秸秆废物堆肥化中细菌群落变化研究[J]. 微生物学报，2007，47（1）：98-102.

[309] 岳敏，谷学新，邹洪，等. 多环芳烃的危害与防治[J]. 首都师范大学学报：自然科学版，2003，24（3）：40-43.

[310] 彭振兴. 萘降解菌 NAP_A 的分离，降解性能和分子系统学研究[J]. 生态环境，2008，17（1）：109-112.

[311] 张从，立江. 污染土壤生物修复技术[M]. 北京：中国环境科学出版社，2000.

[312] 张洪霞，谭周进，张祺玲，等. 土壤微生物多样性研究的 DGGE/TGGE 技术进展[J]. 核农学报，2009，23（4）：721-727.

[313] 张久根，蔡士悦. 土壤矿物油及其污染[J]. 农业环境科学学报，1993，12（4）：166-170.

[314] 张坤. 麦秸强化油-盐污染土壤生物修复过程研究及场地中试[D]. 清华大学，2008.

[315] 张瑞玲，李鑫钢，黄国强. 固体微生物菌剂现场修复油田污染土壤的应用研究初探[J]. 上

海环境科学，2009，28（3）：97-100.
[316] 张彤，方汉平. 微生物分子生态技术——16SrRNA/DNA 方法[J]. 微生物学通报，2003，30（2）：97-101.
[317] 张文标，陈银广. 石油生物脱硫的微生物学研究进展[J]. 化学工程与装备，2008，2：88-90.
[318] 张秀霞，耿春香，房苗苗，等. 固定化微生物应用于生物修复石油污染土壤[J]. 石油学报：石油加工，2008，24（4）：409-414.
[319] 张秀霞，秦丽姣，吴伟林，等. 固定化原油降解菌的制备及其性能研究[J]. 环境工程学报，2010，3：659-664.
[320] 张燕燕，曲来叶，陈利顶. Biolog EcoPlate～（TM） 实验信息提取方法改进[J]. 微生物学通报，2009，7：1083-1091.
[321] 张银萍，王芳，杨兴伦，等. 土壤中高环多环芳烃微生物降解的研究进展[J]. 微生物学通报，2010，37（2）：280-288.
[322] 张宇宁，梁玉婷，李广贺. 油田土壤微生物群落碳代谢与理化因子关系研究[J]. 中国环境科学，2010，（12）：1639-1644.
[323] 赵和平，郜洪文. 两株菲降解细菌的筛选、鉴定及其降解特性的研究[C]. 持久性有机污染物论坛 2006 暨第一届持久性有机污染物全国学术研讨会，2006.
[324] 赵文谦，黄勤生. 泥沙吸附石油的数学模型与试验研究[J]. 水利学报，1997，12：50-57.
[325] 赵章元. 警惕地球上的两颗毒瘤[J]. 科学中国人，2004，11：40-41.
[326] 李振高，骆永明，滕应. 土壤与环境微生物研究法[M]. 北京：科学出版社，2008.
[327] 郑西来，钱会，席临平，等. 地下水系统中石油污染物的吸附转移研究[J]. 勘察科学技术，1998，1：26-29.
[328] 矿远文，温达志，钟传文，等. 根系分泌物及其在植物修复中的作用[J]. 植物生态学报，2003，5：709-717
[329] 钟文辉，蔡祖聪. 土壤微生物多样性研究方法[J]. 应用生态学报，2004，15（5）：899-904.
[330] 钟毅，李广贺，张旭，等. 污染土壤石油生物降解与调控效应研究[J]. 地学前缘，2006，13（1）：128-133.
[331] 周德平，夏颖，韩如旸，等. 三株菲降解细菌的分离，鉴定及降解特性的研究[J]. 环境科学学报，2003，23（1）：124-128.
[332] 周乐. 多环芳烃降解菌的筛选，降解条件及其与玉米联合修复菲，芘污染土壤的研究[D]. 南京农业大学，2006.
[333] 周亮，梅凡民，傅成诚，等. 环境中多环芳烃生物降解与修复研究进展[J]. 煤矿现代化，

2009，2：62-63.

[334] 周启星，程云，张倩茹，等. 复合污染生态毒理效应的定量关系分析[J]. 中国科学：C 辑，2004，33（6）：566-573.

[335] 朱启忠. 生物固定化技术及应用[M]. 北京：化学工业出版社，2009.

[336] 邹德勋，骆永明，滕应，等. 多环芳烃长期污染土壤的微生物强化修复初步研究[J]. 土壤，2006，38（5）：652-656.

附　录

附录 1　实验常用培养基配制方法

实验室常用培养基配制过程中，需要以下药品：牛肉膏，蛋白胨，酵母粉，琼脂粉，琼脂糖，NaCl，K_2HPO_4，$NH_4H_2PO_4$，$(NH_4)_2SO_4$，$MgSO_4·7H_2O$，KNO_3，$Na_2HPO_4·2H_2O$，KH_2PO_4，$MgCl_2$，KCl，NaOH，甘油，乙醇。根据不同实验目的，可配制不同的液体以及固体培养基。

（1）无机盐（10×）液体培养基母液

准确称量 NaCl 50 g，K_2HPO_4 10 g，$NH_4H_2PO_4$ 10 g，$(NH_4)_2SO_4$ 10 g，$MgSO_4·7H_2O$ 2 g，KNO_3 30 g，逐一加入超纯水中溶解，定容至 1 000 mL。

（2）无机盐液体培养基

吸取无机盐（10×）液体培养基母液 100 mL，1 mL 微量元素/L 培养基（每 100 mL 溶液包含 0.5 mg $CuSO_4·5H_2O$，1.0 mg H_3BO_3，1.0 mg $MnSO_4·5H_2O$，7.0 mg $ZnSO_4$），以超纯水定容至 1 000 mL，用 2 $mol·L^{-1}$ HCl 或 NaOH 调节 pH 为 7.0～7.2。

无机盐液体培养基成分：0.4 g Na_2HPO_4，0.15 g KH_2PO_4，0.1 g NH_4Cl，0.05 g $MgSO_4·7H_2O$，0.001 5 g $CaCl_2$，0.1 g $NaNO_3$，0.001 g $FeSO_4·7H_2O$，微量元素 1 mL（100 mL 纯水加入 0.5 mg $CuSO_4·5H_2O$，1.0 mg H_3BO_3，1.0 mg $MnSO_4·5H_2O$，7.0 mg $ZnSO_4$配得），超纯水定容至 1 000 mL，用 2 $mol·L^{-1}$HCl 或 2 $mol·L^{-1}$NaOH 调节无机盐液体培养基的 pH 为 7.0。

（3）无机盐含油废水液体培养基

无机盐（10×）100 mL，以油田废水定容至 1 000 mL，pH=7.0～7.2。

（4）原油无机盐液体培养基

无机盐液体培养基 1 000 mL，定量加入已灭菌原油 10 g，控制原油浓度为

$10\ g\cdot L^{-1}$。

（5）原油无机盐含油废水培养基

无机盐含油废水培养基，$10\ g\cdot L^{-1}$ 原油。

（6）牛肉膏蛋白胨液体培养基

牛肉膏 3 g，蛋白胨 5 g，NaCl 10 g，蒸馏水定容至 1 000 mL，用 $2\ mol\cdot L^{-1}$ HCl 或 NaOH 调节 pH 为 7.0～7.2。

（7）无机盐固体培养基

无机盐液体培养基，加入 2%琼脂。

（8）无机盐含油废水固体培养基

无机盐含油废水培养基加入 1.5%，pH 为 7.0～7.2。

（9）原油无机盐含油废水固体培养基

无机盐含油废水固体培养基表面均匀涂 3 0μL 灭菌原油。

（10）牛肉膏蛋白胨固体培养基

牛肉膏蛋白胨液体培养基，琼脂 1.5%～2.0%，用 $2\ mol\cdot L^{-1}$ HCl 或 NaOH 调节 pH 为 7.0～7.2。

（11）牛肉膏蛋白胨原油培养基

牛肉膏蛋白胨固体培养基，表面均匀涂 30 μL 灭菌原油。

（12）保藏培养基

牛肉膏蛋白胨液体培养基，添加 20%甘油。

（13）葡萄糖液体培养基

0.15% K_2HPO_4，0.02% $MgSO_4\cdot 7H_2O$，0.5%蛋白胨，1%葡萄糖，去离子水定容到 1 000 mL，115℃湿热灭菌 20 min。

（14）正十六烷液体培养基

无机盐液体培养基中加入适量正十六烷。

（15）选择性无机盐培养基

将无机盐培养基置于 121℃下高压灭菌 20 min，无菌条件下，加入一定量的 PAHs 的丙酮溶液，使其达到预定浓度，置于摇床上振荡 30～40 min，待丙酮挥发后使用。

（16）选择性固体培养基

用琼脂作为固体支持物，加入 MSM 培养基，琼脂含量为 1.5%，121℃下高压灭菌 20 min，然后在其表面涂布 PAHs 的丙酮溶液。置于超净台上待丙酮挥发殆尽后使用。

（17）原油储备液

原油储备液（20 000 $mg \cdot L^{-1}$）：在 150 mL 磨口三角瓶中加入 2 g 原油，之后定量加入 100 mL 色谱级二氯甲烷，并用封口膜密封瓶口，缓慢摇匀后置于 4℃冰箱待用。

所有培养基在使用前灭菌处理。

附录 2 石油烃降解及降解产物分析方法

该实验方法适用于第 3 章 3.2.4 节和 3.3 节的研究内容。

附 2.1 实验仪器

实验所用仪器如附表 2-1 所示。

附表 2-1 实验仪器

仪器	生产厂家
Varian3800 气相色谱仪	美国瓦里安技术有限公司
J-25 型高速离心机	美国 BECKMAN 公司
ZHP-280 生化培养箱	江苏太仓实验仪器厂
THZ-C 恒温振荡器	哈尔滨东联公司
JY96-Π 超声波细胞粉碎机	宁波新芝公司
UV-240 紫外分光光度计	上海精密科学有限公司
真空抽滤装置	北京康林科技
电子天平（0.1 mg）	德国赛多利斯
JY92－II 三洋灭菌锅	日本 SANYO 公司
BX41 显微镜	OLYMPUS

附 2.2 酶催化降解十六烷过程中的代谢产物分析方法

挑取降解菌 DQ01 的单菌落，加入到装有正十六烷培养基的试管中，在 30℃下，以 150 $r{\cdot}min^{-1}$ 恒温振荡培养至对数生长期。采用静息细胞技术分步提取降解酶。先取菌液离心分离（6 000 $r{\cdot}min^{-1}$，10 min），取上清液通过 0.45 μm 微孔滤膜，真空抽滤去除溶液中的微生物，然后收集过滤液 S_1 冷冻保存。沉淀（P_1）用冷双蒸水洗涤 2 次，再用 10 mL10 $mmol{\cdot}L^{-1}$ 的 Tris-HCl（pH=8.0）重悬，离心分离（6 000 $r{\cdot}min^{-1}$，10 min），上清液也通过 0.45 μm 微孔滤膜，过滤液 S_2 冷冻保存。沉淀（P_2）以 10 mL 25%蔗糖溶液重悬，于 25℃振荡 10 min，离心分离（10 000 $r{\cdot}min^{-1}$，10 min），上清液通过 0.45 μm 微孔滤膜，过滤液 S_3 冷冻保存。沉淀（P_3）用冷双蒸水洗涤 2 次，加 10 mL 冷双蒸水重悬，在冰水浴中振荡 10 min，离心分离（13 000 $r{\cdot}min^{-1}$，10 min），上清液通过 0.45 μm 微孔滤膜，过滤液 S_4 均匀分装在若干试管中冻存。沉淀（P_4）重悬于 10 mL 10 mmol·L^{-1} 的 Tris-HCl（pH=7.5）中，冰浴超声破壁，每次 3 s 共 60 次，每次间隔 7 s，离心分离（15 000 r·min^{-1}，20 min），上清液通过 0.45 μm 微孔滤膜后，过滤液 S_5 均匀分装冷冻保存，沉淀（P_5）弃去。合并 S_1，S_2 和 S_3 为胞外提取液，S_4 为膜周提取液，S_5 为膜内提取液。

酶降解能力的测定分别取 2 mL 胞外，膜周，膜内提取液与 8 mL 含 10 mg·L^{-1} 正十六烷的 0.05 mol·L^{-1} Tris-HCl（pH=7.2）混合，以不加酶提取液的正十六烷的缓冲液为对照，于 30℃下，以 60 r·min^{-1} 振荡培养，11 h、24 h、48 h、72 h、96 h 分别取样，样品以 4 000 r·min^{-1} 离心 10 min，然后用无机盐培养基清洗 2 次，上清液以正己烷为提取液，采用超声萃取的方法提取培养液中的正十六烷，用无水硫酸钠过滤去除水分后，旋转蒸发以正己烷定容至刻度线，加入内标充分混合后使用气相色谱仪测定正十六烷的含量，分别比较蜡状芽孢杆菌 DQ01 膜周、膜内提取液和芽孢杆菌 DQ02 胞外、膜内提取液的降解能力。

样品的前处理过程如 5.1.2.1 中所述，处理后的样品用 GC-MS（Thermo Quest，San Jose，CA，USA）测定。色谱柱为 DB-5 mS（30 m，0.25 mmid，液膜厚度 0.25 μm），初始柱温 60℃保留 2 min，然后以 10℃/min 升温到 240℃。之后再以 30℃/min 升温到 290℃保留 2 min。分子量范围：40～514 u。酶降解中加入的正十六烷浓度为 100 mg·L^{-1}。

附 2.3 微生物降解前后石油烃组分的演变规律分析

附 2.3.1 实验材料和方法

石油污染土样 16 个取自大庆油田杏二联合处理站附近某采油井井台周围。土样经碎散、除杂、过筛（1 mm）、混匀，密封储存在试料袋内，以备试验使用。实验用油样为杏二联合站经脱水流程处理后的原油。油样经 230℃蒸馏以去除易挥发烃类对实验的影响（Dutta 和 Harayama，2000），置于棕色试剂瓶中备用。

试验分为空白组和实验组，每组 3 个平行样。土样质量为 500 g，每 1 g 土样中含有原油 14 mg，NO_3^- 1.89 mg，PO_4^{2-} 0.02 mg，pH 为 7.2。一次性向土样中投加 10 g 原油，0.5 g 表面活性剂；每 2 d 加入 250 mL 浓度为 3%的 H_2O_2。试验期间（北京，3 月 25 日—4 月 23 日）室温夜间平均 10℃，白天 28℃。各控制因素及初始条件如附表 2-2 所示。

附表 2-2 样本初始条件列表

组别	石油烃/（$mg \cdot g^{-1}$）	NO_3^-和 PO_4^{2-}/（$mg \cdot g^{-1}$）	氧化剂 H_2O_2/（$mg \cdot g^{-1}$）	表面活性剂/（$mg \cdot g^{-1}$）	温度	含水率/%	扰动情况
空白组	14	1.89，0.02	0	0	室温	3	无扰动
实验组	34	1.89，0.02	0.015	1	室温	25	无扰动

附 2.3.2 土壤中石油烃的提取及测定

分别于 0、2 d、6 d、14 d、27 d 取土样 5 g，加入四氯化碳 20 mL，放置 12 h 后振荡 30 min，高速离心提取样品中的石油烃。用色质联用测定提取液中石油烃的浓度，仪器型号：岛津 GC217A，色谱柱型号：HP2SE254（60 m × 320 μm×0125 μm），柱温从 100℃以 4℃$\cdot min^{-1}$ 的速率升到 300℃，采用 Voyage 质谱检测仪。使用重量法测定样品中石油烃总量。

附 2.4 不同环境条件下微生物对原油的降解能力分析

附 2.4.1 培养基

LB 培养基，原油储备液等的配制见附录 1。

附 2.4.2 菌体富集培养方法

从乳化原油液体培养基中吸取 10 mL 下层水相液体（含 *Bacillus* sp. DG24 菌体）接入灭菌的含 250 mL LB 培养基的 500 mL 三角瓶中，于 10℃，在 150 $r \cdot min^{-1}$ 条件下置于摇床中培养 48 h 后，*Bacillus* sp. DG24 的生长进入对数生长期。在无菌操作台中将含有 *Bacillus* sp. DG24 菌体的 LB 培养基转移至灭菌离心管中离心分离收集菌体，用灭菌无机盐培养基清洗菌体 3 遍后，将菌体重悬于灭菌无机盐液体培养基中，菌体密度控制在 A_{600} 为 1.6，置于 4℃冰箱待用。

附 2.4.3 不同盐度条件

NaCl 标准储备液（30% NaCl）：在盛有 100 mL 无菌水的 250 mL 三角瓶中加入 30 g NaCl，用玻璃棒搅拌均匀后待用。

分别在一系列 250 mL 三角瓶中加入 0、2.5 mL、5 mL、12.5 mL、25 mL NaCl 标准储备液，用无机盐液体培养基定容至 150 mL，控制培养基盐度分别为 0、0.5%、1%、1.5%、2%、2.5%、3%、5%。121℃高温灭菌 30 min，冷却后在含有 150 mL 无机盐液体培养基的三角瓶中加入用微孔滤膜过滤的原油标准储备液，初始原油浓度控制在 2 000 $mg \cdot L^{-1}$。待二氯甲烷挥发后，按照 5%（*v*/*v*）的接种量加入前述灭菌无机盐液体培养基重悬的菌体 DG24，初始菌体密度 A_{600} 为 0.13。将培养基于 10℃，在 150 r·min^{-1} 条件下置于摇床中培养 35 d 后，用二氯甲烷：丙酮为 3：1 的有机溶剂萃取原油，并用重量法分析石油烃降解率。

石油烃降解率的测定方法采用重量法，具体而言，石油烃的测量方法为：用二氯甲烷：丙酮为 3：1 的有机溶剂萃取溶液中的石油烃，多次萃取且每次加入 50 mL 萃取剂，萃取液置于已知重量的恒重烧杯，吹干后重量法测定总石油烃（TPH）含量（$G_{总}$），石油烃降解率即（$G_{空白}$−$G_{总}$）/$G_{空}$。

附 2.4.4 不同酸碱度条件

分别在一系列 250 mL 三角瓶中加入 150 mL 无机盐液体培养基，分别用 2 mol·L^{-1}HCl 和 2 mol·L^{-1}NaOH 调节无机盐液体培养基的 pH 分别为 4、5、6、7、8、9、10，并于 121℃高温灭菌 30 min，冷却后在含有 150 mL 无机盐液体培养基的三角瓶中加入用微孔滤膜过滤的原油标准储备液，初始原油浓度控制在 2 000 mg·L^{-1}。待二氯甲烷挥发后，按照 5%（*v*/*v*）的接种量加入前述灭菌无机盐液体培养基重悬的菌体 DG24，初始菌体密度 A_{600} 为 0.15。将培养基于 10℃，在 150 r·min^{-1} 条件下置于摇床中培养 35 d 后，用二氯甲烷：丙酮为 3：1 的有机溶剂萃取原油，并用重量法分析石油烃降解率。

附 2.4.5 不同温度条件

分别在一系列 250 mL 三角瓶中加入 150 mL 无机盐液体培养基，并于 121℃高温灭菌 30 min，冷却后在含有 150 mL 无机盐液体培养基的三角瓶中加入用微孔滤膜过滤的原油标准储备液，初始原油浓度控制在 2 000 mg·L^{-1}。待二氯甲烷挥发后，按照 5%（*v*/*v*）的接种量加入前述灭菌无机盐液体培养基重悬的菌体 DG24，初始菌体密度 A_{600} 为 0.15。分别调节摇床温度为 5℃、10℃、15℃、25℃、30℃、40℃，在 150 r·min^{-1} 条件下培养 35 d 后，用二氯甲烷：丙酮为 3：1 的有机溶剂萃取原油，并用重量法分析石油烃降解率。

附 2.4.6 不同营养元素添加量

实验过程中，由于原油组分复杂，无法精确 C 元素质量，所以以原油质量进行质量比的设计。需在固定无机盐液体培养基中元素 P 质量的情况下，设定不同原油和氮元素质量比 *W*（原油）：*W*（N），以及固定无机盐液体培养基中元素 N 质量的情况下，设定不同原油和磷氮元素质量比 *W*（原油）：*W*（P）。为便于计算和控制不同质量 *W*（原油）：*W*（N）和 *W*（原油）：*W*（P），在配制无机盐液体培养基时，其含磷元素的化合物只选择 K_2HPO_4，含氮元素的化合物只选择

NH_4Cl。

（1）不同原油：N（质量比）下 *Bacillus* sp. DG24 对原油的降解

分别在一系列 250 mL 三角瓶中加入 150 mL 无机盐液体培养基，固定含磷量为 2 mg，分别在培养基中加入 2.97 mg、7.43 mg、14.86 mg、29.72 mg、59.44 mg、118.89 mg NH_4Cl，控制培养基中原油和氮元素质量比 *W*（原油）∶*W*（N）分别为 200∶1、80∶1、40∶1、20∶1、10∶1、5∶1，并于 121℃高温灭菌 30 min，冷却后在含有 150 mL 无机盐液体培养基的三角瓶中加入用微孔滤膜过滤的原油标准储备液，初始原油浓度控制在 2 000 $mg·L^{-1}$。待二氯甲烷挥发后，按照 5%（*v/v*）的接种量加入前述灭菌无机盐液体培养基重悬的菌体 DG24，初始菌体密度 A_{600} 为 0.13。在 10℃、150 $r·min^{-1}$ 条件下摇床培养 35 d 后，用二氯甲烷∶丙酮为 3∶1 的有机溶剂萃取原油，并用重量法分析石油烃降解率。

（2）不同原油：P（质量比）下 *Bacillus* sp. DG24 对原油的降解

分别在一系列 250 mL 三角瓶中加入 150 mL 无机盐液体培养基，固定含氮量为 2 mg，分别在培养基中加入 4.28 mg、5.71 mg、8.56 mg、17.13 mg、34.25 mg、68.5 mg KH_2PO_4，控制培养基中原油和磷元素质量比 *W*（原油）∶*W*（P）分别为 200∶1、150∶1、100∶1、40∶1、20∶1、10∶1，并于 121℃高温灭菌 30 min，冷却后在含有 150 mL 无机盐液体培养基的三角瓶中加入用微孔滤膜过滤的原油标准储备液，初始原油浓度控制在 2 000 $mg·L^{-1}$。待二氯甲烷挥发后，按照 5%（*v/v*）的接种量加入前述灭菌无机盐液体培养基重悬的菌体 DG24，初始菌体密度 A_{600} 为 0.13。在 10℃、150 $r·min^{-1}$ 条件下摇床培养 35 d 后，用二氯甲烷：丙酮为 3∶1 的有机溶剂萃取原油，并用重量法分析石油烃降解率。

附 2.4.7 不同原油浓度

分别在一系列 250 mL 三角瓶中加入 150 mL 无机盐液体培养基，并于 121℃高温灭菌 30 min，冷却后分别在含有 150 mL 无机盐液体培养基的三角瓶中加入用微孔滤膜过滤的原油标准储备液，控制培养基中原油浓度分别为 100 $mg·L^{-1}$、200 $mg·L^{-1}$、500 $mg·L^{-1}$、800 $mg·L^{-1}$、1 000 $mg·L^{-1}$、2 000 $mg·L^{-1}$。待二氯甲烷挥发后，按照 5%（*v/v*）的接种量加入前述灭菌无机盐液体培养基重悬的菌体 DG24，初始菌体密度 A_{600} 为 0.13。在 10℃、150 $r·min^{-1}$ 条件下摇床培养 35 d 后，用二氯甲烷∶丙酮为 3∶1 的有机溶剂萃取原油，并用重量法分析石油烃降解率，最后结果取 3 份平行样平均值。

附录 3 柴油降解菌的筛选和鉴定

附 3.1 降解菌筛选材料

污染土壤样品取至北京市五环外已建站 4 年的北京市某加油站的储油罐附近（2 m 深）以及大庆某油井井台附近。

培养基及试剂配制

（1）C 源培养基

以 NH_4Cl 0.1 g、$MgCl_2·6H_2O$ 0.08 g、K_2HPO_4 0.25 g、$CaCl_2·2H_2O$ 0.1 g 为溶剂分别配制含柴油 500 $mg·L^{-1}$、1 000 $mg·L^{-1}$1、2 000 $mg·L^{-1}$ 的 C 源培养基，pH=7.0，灭菌。

（2）固体培养基

牛肉膏 5.0 g、蛋白胨 10.0 g、氯化钠 5.0 g、琼脂 20.0 g、pH=7.0，高温湿热灭菌，倒平板或制试管斜面。

（3）维生素母液的配制

准确称取 0.5 mg 维生素 B12，200 mg 对甲基苯甲酸，400 mg 盐酸吡哆辛，400 mg 泛酸钙，200 mg 肌醇和 400 mg 尼克酸，于小烧杯中，加少量蒸馏水，60℃水浴中搅拌，待所有的维生素溶解后，于容量瓶中定容至 1 000 mL，放置冰箱中待用。

（4）金属离子溶液的配制

取 120 mmol 盐酸在洁净干燥的烧杯中，加入 0.5 g $FeCl_2·4H_2O$，0.5 g $ZnCl_2$，0.5 g $MnCl_2·4H_2O$，称取 0.1 g 钼酸钠，0.05 g 钨酸钠，0.05 g 氯化铜加到盐酸溶液中，搅拌使其溶解后，加蒸馏水定容至 1 000 mL，待用。

（5）标准曲线的制作

配制 2 000 $mg·L^{-1}$ 的标准油：准确称取 20 g 柴油置于 1 000 mL 容量瓶中，加入重蒸后的石油醚（30～60℃）溶解并稀释到刻度，得到 20 $g·L^{-1}$ 的柴油溶液，再用移液管准确移取 10 mL 此溶液于 100 mL 容量瓶中定容，即可得到 2 000 $mg·L^{-1}$ 的标准油品，然后，依次稀释分别得到 100 $mg·L^{-1}$、500 $mg·L^{-1}$ 和 1 000 $mg·L^{-1}$ 柴油溶液。向 10 个 10 mL 的比色管中分别加入 0、0.4 mL、0.8 mL、1.6 mL、2.0 mL、2.5 mL、3.0 mL、4.0 mL、5.0 mL、6.0 mL 配制的 100 $mg·L^{-1}$

的标准油，用 CS_2 稀释至 10 mL 标线，即得到 0、4 $mg·L^{-1}$、8 $mg·L^{-1}$、16 $mg·L^{-1}$、20 $mg·L^{-1}$、25 $mg·L^{-1}$、30 $mg·L^{-1}$、40 $mg·L^{-1}$、50 $mg·L^{-1}$、60 $mg·L^{-1}$ 的系列标准溶液，在 225 nm 波长处，用 10 mm 石英比色皿，以重蒸后的石油醚为对照测定其吸光度，经空白校正后，以吸光度-浓度做线性回归，得到标准曲线。

附 3.2 实验方法

附 3.2.1 菌株生长曲线

将分离活化后的菌株接种到柴油培养基中（柴油 1 000 $mg·L^{-1}$），在不同的时间（间隔 12 h），分别测定菌株的生长情况，即可得到菌株生长曲线。

附 3.2.2 菌体生长量测定

培养液用石油醚萃取后，其萃余液用 721 分光光度计在 600 nm 下测定其光密度值（OD），来表示菌体量的变化。

附 3.2.3 菌株生长条件

分别控制以下影响因子：底物浓度（0、125 $mg·L^{-1}$、250 $mg·L^{-1}$、500 $mg·L^{-1}$、1 000 $mg·L^{-1}$ 和 2 000 $mg·L^{-1}$）、pH（5.0、6.0、7.0、8.0、9.0 和 10.0）和温度（20℃、25℃、30℃、35℃和 40℃）在不同的水平，考察各因素对微生物生长的影响。实验按 5%的接种量，120 $r·min^{-1}$ 条件下遮光振荡培养 24 h。

培养 24 h 后取 1 mL 溶液，依次稀释成原细菌浓度的 10^{-2} 倍、10^{-3} 倍和 10^{-4} 倍。取稀释度为 10^{-2} 倍、10^{-3} 倍和 10^{-4} 倍的样品 0.1 mL 用涂布法均匀涂布在已经准备好的平板上，培养 24 h 后，直接计数。从而得到每毫升样品中含有的细菌群落总数，记为 $cfu·mL^{-1}$。

附 3.2.4 菌株产生生物表面活性剂的能力测定

先采用血平板法进行菌株表面活性剂定性实验。将 3 种菌接种于新鲜制备的血平板上，2 d 后检查菌落溶血情况，若菌落形成溶血圈说明有表面活性剂产生。微生物产生生物表面活性剂的能力定量测定参照文献进行，采用 JZHY1-180 表面张力仪于 25℃下测定发酵培养 3 d 后发酵液的表面张力。

附 3.2.5 空白实验

考虑到柴油的非生物降解以及具有一定的挥发性，在本实验中均同时设置了空白实验，即除不加菌株外其余条件保持一致。通过测定空白柴油含量的变化得到因非生物降解损失的柴油量，然后在各实验结果中进行相应扣除即可消除柴油非生物降解的影响。

附 3.3 降解菌鉴定材料与方法

附 3.3.1 实验试剂和设备

（1）平板 PY 培养基组成（%）：蛋白胨 0.5 g；酵母膏 1.0 g；盐溶液 4.0 mL（无水 $CaCl_2$ 0.2 g，$MgSO_4·7H_2O$ 0.448 g，K_2HPO_4 1.0 g，KH_2PO_4，$NaHCO_3$ 10.0 g，NaCl 2.0 g）；琼脂 1.8 g。

盐溶液的配制方法：将无水 $CaCl_2$ 和 $MgSO_4·7H_2O$ 混合溶解于 300 mL 蒸馏水中，一边搅拌，一边缓慢加入其他盐类，继续搅拌直至全部溶解，定溶至 500 mL，混匀后 4℃贮备备用。

（2）PYG 培养基：在上述 PY 基础培养基中加入 1.0 g 葡萄糖即成为 PYG 培养基。

（3）甲基红和 V.P 试验培养基组成（%）：蛋白胨 0.5 g；葡萄糖 0.5 g；NaCl 0.5 g；调节 pH 至 7.2。

（4）淀粉水解培养基：在 PY 基础培养基中加入可溶性淀粉 0.5%。

（5）明胶试验培养基组成（%）：蛋白胨 0.5 g；明胶 1.2 g；pH7.2。分装试管，培养基所占高度为 5～6 cm，121℃，20 min 灭菌。

（6）其他试剂：草酸结晶液、Logul 碘液、95%乙醇、0.5%藩红液、NaOH、肌酸、齐氏石碳酸复红、甲基红、0.1%甲基红、香柏油、二甲基、硝酸银染色液和 Leifson 染色液等。

（7）实验仪器

摄影生物显微镜（放大倍数 1 000）（473010-9902 OLYPUS），光学显微镜（OS-11 OLYPUS），721-分光光度计（AS-Ⅱ上海精密科学有限公司），水浴恒温箱（TQ-S 哈尔滨东联），生化培养箱（ZHP-280 江苏太仓实验仪器厂），接目测微器、镜台测微器（0.01 mm），载玻片；接种环；酒精灯；擦镜纸。

附 3.3.2 实验方法

（1）细菌单染色法

由于细菌的细胞小，含水量多，在显微镜下菌体无色透明或半透明，不易看清细菌的个体形态。经过染色处理使菌体细胞着色，菌体与背景形成明显的色差，可以清楚地观察到细菌的形态和结构。

染色方法与步骤：

① 菌体准备：将菌株在 30℃接斜面培养 24 h 备用；

② 涂片：在干净无油污的载玻片中央滴一小滴蒸馏水，无菌操作下，用接种环挑起少许菌体与水充分混匀，并涂成极薄的菌膜；

③ 干燥：让涂片自然干燥；

④ 固定：为了杀死细菌和增加菌体对染料的亲和力，将涂片向上，在酒精灯上快速通过火焰 2～3 次，用手接触玻片反面，以不烫手为宜；

⑤ 染色：将载玻片水平放置，滴加石碳酸复红染色液覆盖整个涂片，染色约 1 min；

⑥ 水洗：染色后，立即倾去染液，用细流蒸馏水冲洗直到流水为无色；

⑦ 干燥：用吸水纸从玻片一端吸去玻片上的水；

⑧ 镜检：先用低倍找到标本后用油镜（1 500 倍）观察菌体的个体形态。

（2）微生物细胞的大小测定

微生物细胞的大小也是菌体个体形态特征之一，采用显微测微器即可测量菌体细胞的大小。

测定方法与步骤：

① 置镜台测微器：将其刻度面朝上放在载物台上，调焦看清测微器上的长度值。

② 放置接目测微器：取出目镜，旋开接目透镜，将接目测微器放置在目镜的光阑上（刻度面朝下放置），再装好接目镜。

③ 校准接目测微镜的长度：在低倍显微镜下，使两者刻度平行，数出两条重合线之间的格数，则可得出每格的相应长度。同样的方法测出高倍镜及油镜的接目测微器每格的相应长度。

④ 计算：目镜测微器的每格长度（μm）＝2 个重合刻度间镜台测微器的格数×10/2 个重合刻度之间目镜测微器的格数。

本实验随机测定了涂片上 20 个菌体细胞的直径，取平均值，计算出菌株的大小直径。

（3）革兰氏染色

① 菌体培养：将菌株在 30℃下斜面培养 16～18 h 备用；

② 初染：制作菌体涂片，将涂片水平放置，滴加草酸结晶紫染液覆盖整个涂片，染色 1 min 后，倾去染液，用清水洗至无色；

③ 媒染：用新配的 Lugol 碘液冲去涂面上的残水，再用碘液覆盖涂面 1 min 左右，水洗；

④ 脱色：滴加95%的乙醇进行脱色20～30 s，到载玻片上流出的酒精刚刚不出现紫色，立即用清水洗去酒精；

⑤ 复染：用藩红染色1～2 min，水洗，干燥；

⑥ 镜检：低倍镜下找到标本后，油镜观察。

（4）荚膜试验

① 在干净的载玻片一端加一滴无菌水，挑取少许培养了约72 h的X菌在水滴中制成悬液，取一滴墨水与菌悬液混匀；

② 然后，另外取一块载玻片作为推片，将推片一端平整的边缘菌液以30°角倾斜接触后，顺势将菌悬液推向另一端，制成均匀的菌膜，风干；

③ 干燥后，用甲醇覆盖1 min，使之固定，倾去甲醇；

④ 滴加数滴番红液于涂片上，冲去残留甲醇，染色约30 s，以清水适当冲洗，吸干后油镜检查；

⑤ 油镜下观察。

（5）鞭毛试验

① 菌种的准备：预先在新鲜的肉汤培养基斜面上连续移种2～3次，以达到活化菌种及增强菌株的运动性，将活化的菌种接种到新制备的琼脂斜面，培养14 h左右，备用；

② 制片：在载玻片一端滴加一滴蒸馏水，用接种环挑取少许备用的菌苔，制成涂片，自然干燥；

③ 染色：涂片干燥后，用Leifeson染液染色12 min，用水洗去染液，用纸吸干或自然干燥；

④ 镜检：镜检观察。

（6）生理生化鉴定实验

① 甲基红（M.R）试验

M.R试验是测定细菌从葡萄糖产酸的能力。将目的菌接种到葡萄糖蛋白胨水培养基中，置于37℃，培养48 h后，在试管内加入甲基红指示剂2滴，观察培养基颜色的变化。实验观察持续7 d，以确定生成的酸是否完全变换了。因为甲基红阴性的细菌接着有可能将产生的酸进一步代谢，而生成中性化合物。所以，观察的时间显得十分重要。

② 甲基乙酰甲醇实验（V.P试验）

接种与培养条件同上，培养48 h后，取培养液2 mL和等量40% NaOH相混合，加入 0.8 mg 肌酸，充分振荡 5 min。培养 144 h 后，取出反应液与 NaOH 混合，观察溶液有无红色出现。

③ 吲哚试验

接种目的菌到葡萄糖蛋白胨水培养基中，置于 37℃恒温培养箱培养 48 h 后，滴加 3～4 滴乙醚，摇动数次，静置 2 min，待乙醚上升后，沿管壁加入 2 滴吲哚试剂。观察溶液有无红色出现。

④ 柠檬酸盐试验

将菌接种到柠檬酸盐斜面培养基中，于 37℃培养 48 h。48 h 后，观察斜面颜色变化。

⑤ 淀粉水解试验

许多细菌产生淀粉酶，能水解培养基中的淀粉为无色生物糊精小分子物质，或进一步水解为麦芽糖或葡萄糖，淀粉水解后，遇碘不再变蓝。将淀粉培养基溶化后，冷却至 45℃左右，以无菌操作划线接种，30℃培养 24 h 后，在平板上滴加 Logul 碘液，轻轻旋转平皿，使碘液均匀铺满整个平板，平板呈蓝黑色。观察菌落的周围颜色变化。

⑥ 明胶试验

明胶是一种动物蛋白，该试验就是证明细菌所产生的蛋白酶的作用。明胶被水解成小分子后，则产生液化现象。在固体试管中央穿刺接种，20℃下培养 72 h，观察结果时经过低温处理，将已接种试管和未接种试管置于冰浴中，待对照试管凝固时，观察接种试管液化情况。

⑦ 糖利用试验

分别是果糖（Fructose）、甘露（Mannose）、蔗糖（Sucrose）、乳糖（Lactose）、鼠李糖（Rhamnose）、山梨糖（Sorbose）和木糖（Xylose）为唯一碳源，配制固体斜面培养基，30℃培养 72 h，观察比较。

⑧ 耐盐力试验

配制蛋白胨培养基，并提高其中 NaCl 的浓度，使其浓度分别为 0.5%、1.0%、1.5%、2.0%、3.0%、4.0%、5.0%，观察菌体在各种不同盐浓度下的生长情况。

（7）土样中残留柴油的检测

向土样中加入蒸馏水 20 mL，重蒸的石油醚 30 mL，在振荡器上充分振荡浸提 1 h，到入布氏漏斗中真空抽虑，再分别用 20 mL、10 mL 石油醚以及 20 mL 蒸馏水洗涤试剂瓶，将洗涤液一并倒入漏斗中抽虑以减少损失。将抽虑后的清液转入 250 mL 分液漏斗中，摇匀后静置分层，收集下层水相于干净烧杯中，将石油醚萃取相过无水硫酸钠填充的过滤层，收集于干净的 100 mL 蒸馏瓶中，然后再将烧杯中的水相倒回分液漏斗，分别用 30 mL、20 mL 石油醚萃取 2 次，合并过滤后的有机相于先前的蒸馏瓶中，用旋转蒸发仪于 40℃水浴中浓缩，然后在 10 mL 比色管中用石油醚定容。使用紫外分光光度计在 225 nm 处测定吸光度，对照标准曲线，确定其浓度。如果样品浓度过高，超出了标准曲线范围，则稀释后再测定。

（8）表面活性剂对菌株生长的影响

试验中使用阴离子表面活性剂十二烷基苯磺酸钠（Sodium dodecylbenzene sulfonate，L.R），纯度＞90%，化学式为 $C_{18}H_{29}SO_3Na$；非离子表面活性剂吐温-80（TW-80），化学式 $C_{18}H_{37}(C_6H_9O_5)_6(OC_2H_4)_{20}OH$；非离子表面活性剂 TX-100，化学式为 $C_8H_{17}C_6H_4O(CH_2CH_2O)_{9.5}H$；生物表面活性剂为鼠李糖脂（Rhamnolipids），购于北京化学试剂公司。

本实验主要是测试 4 种表面活性剂（阴离子表面活性剂十二烷基苯磺酸钠、非离子表面活性剂 Tween-80 和 TX-100 以及生物表面活性剂为鼠李糖脂）对细菌生长的影响。接种 5 mL 菌液于含有不同浓度的表面活性剂（0、50 $mg{\cdot}L^{-1}$、100 $mg{\cdot}L^{-1}$、200 $mg{\cdot}L^{-1}$）矿质培养基中，放置在摇床上培养（30℃，120 $r{\cdot}min^{-1}$），用 Cary50 可见紫外分光光度计在 600 nm 处测量每个处理中溶液的初始吸光度（参比溶液为细菌富集培养基），实验初期，每 2 h 在无菌室内从各处理瓶中取出 3 mL 液体测量溶液的吸光度，当各处理瓶中溶液的吸光度明显升高时，每 1 h 测一次吸光度，直到细菌生长的稳定期出现。

（9）表面活性剂对柴油降解的影响

以 NH_4Cl、$MgCl_2{\cdot}6H_2O$、K_2HPO_4 和 $CaCl_2{\cdot}2H_2O$ 为溶剂分别配制 250 mL 含柴油 20 mg 的无机液体培养液。然后分别加入表面活性剂溶液，同时作不加表面活性剂空白对照实验。30℃恒温摇床（120 $r{\cdot}min^{-1}$）培养。

取定量培养液（不超过 10 mL）于 25 mL 比色管中，加入石油醚充分摇匀后超声萃取，萃取相加石油醚定容至 25 mL，采用紫外分光光度计测定其在 225 nm 波长处吸光值。

（10）柴油在水相中和有 TW-80 存在下的回收率

本节选用 TW-80 系列浓度（0、50 $mg{\cdot}L^{-1}$、200 $mg{\cdot}L^{-1}$、300 $mg{\cdot}L^{-1}$）溶液来测定柴油在其中的萃取率，具体操作如下：

① 分别配制 0、50 $mg{\cdot}L^{-1}$、200 $mg{\cdot}L^{-1}$、300 $mg{\cdot}L^{-1}$ 的 TW-80 溶液 50～

150 mL 锥形瓶中，用 1 mL 移液管加入 0.5 mL 柴油。将瓶口用纱布封住后放入摇床振荡 4～5 h，条件为 30℃、180 $r·min^{-1}$；

② 振荡时间到后取出锥形瓶，每瓶加入 20 mL 石油醚放入超声波清洗器中超声 5 min，然后将锥形瓶中的溶液转移到分液漏斗中静置分层；

③ 上层有机相用石油醚定容至 50 mL，取 0.5 mL 溶液用石油醚稀释至 25 mL，加入少量无水硫酸钠干燥 24 h；

④ 用紫外可见分光光度计测量各溶液的吸光度值，计算萃取率。2%的柴油在无表面活性剂溶液中的萃取率的测定方法同上。

附录 4　石油烃降解菌的鉴定及组成特征分析

附 4.1　实验材料

实验用石油采自天津大港油田；实验用土样采集自天津大港油田油井附近受污染土壤，将采集的土壤样品立即带回实验室，将同一样地的土样混匀，置于 4℃保存，备用。将土样中的土壤颗粒破碎，过筛去除石头树枝等杂质，混合均匀。土壤样品采用 ICP 法测定常量及微量元素，各项指标见附表 4-1。实验所用培养基见附录 1。

附表 4-1　采集土样的理化性质分析　　单位：$\mu g \cdot g^{-1}$

土壤性质	数值
碳	63 000
氮	900
磷	599
Ca	24 482
Cu	39
Fe	34 629
K	23 901
Mg	21 762
Mn	664
Na	16 730
Zn	116

附 4.2　实验材料和仪器

微量进样器（0.5～10 μL）、（20～200 μL）、（100～1 000 μL）配套枪头，三角瓶（250 mL、1 000 mL、500 mL），培养皿，封口膜，广口瓶，漏斗（500 mL），铁架台，试管，烧杯，玻璃棒等。

电热鼓风干燥箱，全温振荡器，紫外分光光度计，电子天平，低温生化培养箱，水浴摇床，恒温培养箱，低温培养箱，高压蒸汽灭菌锅，高速离心机，冰箱，超净操作台，分析天平，微型离心机，可调式封闭电炉。

附 4.3 石油烃降解菌的筛选过程

以原油为唯一碳源，对比“原油无机盐含油废水液体培养基”和“原油无机盐液体培养基”两种液体培养基的驯化强度。分别用生理盐水溶解约 1 g 的石油污染土样，接入装有 100 mL 液体培养基的 250 mL 锥形瓶中，每种液体培养基做两个重复。分别于 10℃和 25℃在 150 $r \cdot min^{-1}$ 条件下置于摇床中培养 10 d（其中，每 5 d 加入 1 mL 灭菌原油）；然后取一定量的上述培养液接入装有 100 mL 相应培养基的 250 mL 三角瓶中，同等温度条件下继续培养 10 d（每隔 5 d 加入 1 mL 灭菌原油）；如此重复。在驯化的过程中，选取一系列不同时间移取培养液底部的菌液，用紫外可见光分光光度计在波长 600 nm 处测定吸光度 *A* 值，以测得的浊度表示菌体的生长量。

采用 CFU（colony forming unit）涂布法，把稀释后的菌液通过涂布的方法，让其内的微生物单细胞一一分散在琼脂平板上，培养一段时间后形成单菌落。

两个温度水平下，分别将驯化后的“原油无机盐含油废水液体培养”菌液进行梯度稀释（10^{-1}～10^{-8}），涂布 50 μL 至相应的固体驯化培养基上，培养 3～5 d。培养后得到数量不同的菌落平板，选取浓度适宜的平板挑取里面的所有菌落保存到相应的斜面上，用接种环蘸取平板上的菌落划线至原油无机盐含油废水固体培养基；经过多次划线纯化后，将纯化菌株于试管斜面（牛肉膏蛋白胨培养基）培养后保存于 4℃冰箱。

附 4.4 实验方法

附 4.4.1 微生物计数方法

将驯化后的土壤溶液稀释至不同浓度梯度，涂布至平板，经培养后形成肉眼可见的菌落，采用稀释平板法计数，每一个菌落称为一个菌落形成单位（CFU：colony-forming units），根据挑选计数的稀释倍数和土壤溶液取样量即可换算出土壤溶液样品中的活菌浓度（CFU/mL 土壤溶液）。

附 4.4.2 纯菌的 16SrDNA 的聚合酶链反应（PCR）扩增方法建立

16S rRNA 为所有细菌共有，是细菌进化过程中最为保守的基因（刘文强，2006；Zhang X L，2005），经过大量的研究证明 16S rDNA 的全长约为 1 540 bp，片段长度适中，信息量较大且易于分析（周德庆，1993），基于 16S rDNA 基因分析的分子技术的发展，为复杂环境中微生物的研究提供了一种新颖、有效的手段

（Barney M，2001；张彤，2003；程海鹰，2008）。因此，本实验拟定通过 PCR（Polymerase chain reaction）反应获得 16S rDNA 特异性片段，在此基础上对微生物组成进行分析。常规 PCR 扩增前需制备、纯化 DNA 模板，有的操作较繁，有的则成本较高（萨姆布鲁克 J，1999）。本实验拟采用纯菌菌落作为模板，通过尝试，得出合适的 PCR 反应条件。

用灭菌枪头从各纯菌菌落中挑取 2～3 μL 至 10 μL 超纯水中，混匀，作为 PCR 的反应模板，实验采用的 PCR 反应引物为 16S rDNA 细菌通用引物（Claudia Moreno1，2002）8F（正向引物）、1492R（反向引物）。

PCR 扩增反应体系为：2×TaqPCR MasterMix 25 μL（0.1U Taq Polymerase/μL；500 $\mu mol \cdot L^{-1}$ dNTP; 20 $mmol \cdot L^{-1}$ Tris-HCl（pH=8.3）；100 $mmol \cdot L^{-1}$ KCl; 3 $mmol \cdot L^{-1}$ $MgCl_2$），引物 8F（5 $\mu mol \cdot L^{-1}$）2 μL，引物 1492R（5 $\mu mol \cdot L^{-1}$）2 μL，模板 2 μL，双蒸水 17 μL，总体积 50 μL。

附表 4-2 引物序列与位置

Primer	position	primer sequences
8F	8-27	5'-AGAGTTTGATCCTGGCTCAG-3'
1492R	1492-1511	5'-CGGTTACCTTGTTACGACTT-3'

随机选取 9 株菌进行试验，确定 PCR 反应条件。Sathe 等（1991）发现经 94℃下变性处理，一部分转化菌细胞破裂并释放出 DNA，选用 94℃预变性。利用梯度 PCR 仪进行多重 PCR 方法最佳退火温度测定；确定最佳退火温度后，以确定的最佳条件进行多重 PCR 方法最佳循环次数的测定。最终确定 PCR 扩增条件：94℃预变性 6 min；94℃变性 30s，52℃复性 40s，72℃延伸 1.5 min，进行 30 个循环；最后 72℃延伸 10 min。5μlPCR 扩增产物用 1.2%琼脂糖凝胶（含溴化乙锭）电泳检测（90V，30～40 min，点样量 3～5 μL）用凝胶成像系统观察结果并拍照。

附 4.4.3 扩增片断的 ARDRA 分析

扩增性 rDNA 限制性酶切片段长度多态性分析方法（amplified ribosomal DNA restriction analysis，ARDRA）是用限制性内切酶消化扩增后的细菌 16S rDNA，通过凝胶电泳分析微生物种群多样性的分子标记技术（夏月，2007）。其中，限制性内切酶是一种能识别 DNA 上特定碱基组成的序列并在这些序列特定位点上切断

DNA 分子的酶（陈晓蕾，1999）。片段的数目和长度反映了 DNA 分子上限制性酶切位点的分布。特定的 DNA-限制性内切酶组合所产生的片段是特异的，它可作为某一 DNA（或含有该 DNA 的生物）的特有“指纹”（Gurtler，V.，1991）。

本实验将已 PCR 扩增的 16S rDNA 片段用限制性内切酶 RsaI 和 MspI 分别进行单酶酶切：取 PCR 扩增产物 5 μL 于 PCR 管中，加入 1 μL 相应的反应缓冲液，0.3 μL 的限制性内切酶，用双蒸水补足到 10 μL，37℃水浴 3 h，60℃停止反应，以 3%琼脂糖凝胶（含溴化乙锭）电泳分析限制性酶切片段，电泳完毕在凝胶成像系统中观察并拍照。

附 4.4.4　16S rDNA 序列分析法鉴定菌种

本实验在使用 ARDRA 方法分析确定需要鉴定的菌株后，将 1.5 kb 的二次 PCR 产物阳性克隆送北京三博远志生物技术有限公司纯化测序。将测序得到的基因序列输入到 NCBI 的 GenBank 数据库中，用 BLAST（basic local alignment search tool）工具进行同源性比较。

附录 5 耐低温石油烃降解菌的降解性能分析

附 5.1 实验材料

器材：离心机、超声波清洗器、称量瓶、微量注射器、移液管、离心管、短径漏斗、层析柱。

试剂：石油醚（重蒸，沸程 30～60℃）、二氯甲烷、甲醇（色谱纯，分析纯）、无水硫酸钠、层析硅胶（60～100 目）、层析氧化铝（100～200 目）。

菌株选用上文筛选并鉴定后的所有菌株。石油和石油污染土壤样品同上文所用石油和土壤样品一致。

附 5.2 实验方法

附 5.2.1 菌种的降解能力对比实验（10℃）

每 50 mL 无机盐液体培养基加入 200 mg 灭菌原油（4 $g \cdot L^{-1}$），pH7.0，配制原油培养基。将上文已鉴定出的纯化菌种分别接入 50 mL 原油液体培养基的 150 mL 三角瓶中，同时将低温条件下的 3 株优势菌进行菌种配伍（D2+D14+D19），与纯化菌进行对比，分别于 10℃在 150 $r \cdot min^{-1}$ 条件下置于摇床中培养 20 d，做空白对照。选取一系列不同时间移取培养液底部的菌液，用紫外可见光分光光度计在波长 600 nm 处测定吸光度 *A* 值，以测得的浊度表示菌体的生长量。用二氯甲烷萃取溶液中的 TPH，采用重量法测定降解后原油的总量，得出降解率。

附 5.2.2 菌种对土壤中原油的降解实验（10℃）

原状石油污染土壤中加入无机盐培养基，土水比为 2∶1。土样冻干取 5～7 g 溶于 20～25 mL 二氯甲烷，超声 10 min，4 000 转离心 10 min，将土壤残渣取出，重复上述操作，合并上清液于已知重量的恒重烧杯，吹干后重量法测定总石油烃（Total Petroleum Hydrocarbons，TPH）含量（$G_{总}$），并计算其在土壤中的质量百分比，$G_{总}/G_{土}$。

目前国内外研究者主要采用仪器法和重量法两大类方法检测土壤中的石油类有机污染物数量（刘晓艳等，2006），本研究结合改进的柱分离法（SY/T 5119—2008）（徐世平和孙永革，2006）和重量法对菌种降解前后 TPH 总量及组分进行分析。

（1）分离沥青质

挥发后的原油样品用 25 mL 石油醚溶解，超声振荡 8 min 离心分离，取出上清液于烧杯中，残渣重复上述操作，合并上清液。上层清液用脱脂棉在漏斗中过滤。沉淀用石油醚洗涤 2 次（每次 1～2 mL）合并滤液过漏斗，吹干，称重，为脱沥青质石油，记为 $G_{脱}$。棉花用 2.0 mL 二氯甲烷及 1.0 mL 无水乙醇洗脱，至脱脂棉无色，洗脱液与离心残渣并入称量瓶，吹干，称重，为沥青质量，记作 $G_{沥}$。

（2）脱沥青质石油的微型柱色谱分离

吸附剂处理：层析硅胶用二氯甲烷抽提 72 h，待溶剂挥发后在 145～150℃下活化 8 h，在干燥器中冷却，装入磨口瓶，置干燥器中备用。使用前在 105～110℃活化 4 h。层析氧化铝经 450℃活化 4 h，稍冷，移入干燥器冷却，装入磨口瓶，置干燥器中备用。脱脂棉用二氯甲烷（重蒸后或更高级别）抽提 72 h，晾干后装入磨口瓶中备用。微型层析柱内径 0.8～1.0 cm，末端较细，垫脱脂棉。

微型柱分离法：根据液一固吸附平衡的原理，被分离的混合组分预先吸附在柱内的固定相（氧化铝或硅胶）上，然后用不同极性的溶剂按被分离组分极性的大小顺序，依次从固定相上洗脱下来，定量收集淋洗液后即可得到不同的馏分。层析柱内依次加入 0.8 g 氧化铝（长度 2 cm）和 0.8 g 硅胶（长度 4 cm）。用 1 mL 石油醚润洗层析柱。脱沥青质样品（30～60 mg）溶于 200 μL 石油醚（称量瓶），用微量注射器转入层析柱，样品瓶用 3×500 μL 石油醚洗涤，溶液转入层析柱，用 4～5 mL 石油醚洗脱饱和烃，洗脱液用 10 mL 称量瓶直接承接。芳烃用 5 mL 2∶1 的二氯甲烷-石油醚混合溶剂洗脱，当加入 1 mL 二氯甲烷-石油醚混合液时更换接收瓶，承接芳烃。非烃用 4 mL 甲醇洗脱，当加入 1 mL 甲醇后更换接收瓶，承接非烃。注意：每次更换接收瓶前均用 0.2 mL 石油醚淋洗柱子出口。分离获得的烷烃和芳烃组分在室温下吹干，称重，非烃在 50℃条件下用 N_2 吹干，称重。记录 $G_{饱}$、$G_{芳}$、$G_{非}$。

（3）GC-MS 条件

采用的气相色谱条件：DB-5 柱型（30 m×0.25 mm，0.25 μm），柱温采用程序升温，初始柱温为 60℃，保持 4 min 后以 5℃·min^{-1} 的速率程序升温到 290℃，停留 5 min。质谱条件：进样口温度 250℃，离子源温度 200℃，传输线温度 250℃，载气流量 1.0 mL·min^{-1}，进样模式为不分流，进样量 1 μL。

附录 6　高效 PAHs 降解菌的筛选所用标准液

附 6.1　PAHs 标准液

实验所用的 5 种 PAHs 苯并[*a*]芘、苯并[*a*]蒽、苯并[*b*]荧蒽、苯并[*b*]荧蒽、茚并[1,2,3-*cd*]芘购自美国 Sigma 公司，均为分析纯。

苯并[*a*]芘母液：用电子天平准确称量 0.100 0 g 苯并[*a*]芘，用丙酮溶液溶解，并定溶于 100 mL 容量瓶中，浓度为 1 000 mg·L^{-1}。

苯并[*a*]蒽母液：用电子天平准确称量 0.250 0 g 苯并[*a*]蒽，用丙酮溶液溶解，并定溶于 250 mL 容量瓶中，浓度为 1 000 mg·L^{-1}。

苯并[*b*]荧蒽母液：用电子天平准确称量 0.025 0 g 苯并[*b*]荧蒽，用丙酮溶液溶解，并定溶于 100 mL 容量瓶中，浓度为 250 mg·L^{-1}。

苯并[*b*]荧蒽母液：用电子天平准确称量 0.025 0 g 苯并[*b*]荧蒽，用丙酮溶液溶解，并定溶于 100 mL 容量瓶中，浓度为 250 mg·L^{-1}。

茚并[1,2,3-*cd*]芘母液：用电子天平准确称量 0.010 0 g 茚并[1,2,3-*cd*]芘，用丙酮溶液溶解，并定溶于 100 mL 容量瓶中，浓度为 100 mg·L^{-1}。

附 6.2　实验方法

附 6.2.1　PAHs 降解菌的驯化过程

分别称取 10 g 新鲜土壤样品，加入装有 100 mL 无机盐液体培养基中，在室温下振荡一周，取 10 mL 土壤溶液转接至新鲜的选择性无机盐培养基中。驯化时采用定时定量转接、间歇式逐步提高 PAHs 浓度的方法（苯并[*a*]芘、苯并[*a*]蒽、苯并[*b*]荧蒽、苯并[*k*]荧蒽、茚并[1,2,3-*cd*]芘的初始浓度均为 1 mg·L^{-1}），室温下 150 r·min^{-1} 培养一周，按 10%的接种量转接到新鲜的选择性无机盐培养基中，每转接一次，各 PAHs 的浓度提高 1 mg·L^{-1}，如此反复 5 次，最后各 PAHs 的浓度提高至 5 mg·L^{-1}。

附 6.2.2　PAHs 降解菌生长曲线的分析

本实验采用浊度法测定降解菌的生长曲线。在驯化过程中，每隔 24 h 取培养液中的混合菌液，以驯化所使用的无机盐培养基为空白对照，用紫外可见光分光光度计在波长 600 nm 处测定吸光度值来表示菌体的生长量。以培养时间为横坐标，以测得的 OD_{600nm} 值为纵坐标，绘制菌体的生长曲线。

附 6.2.3 菌悬液的制备

从平板上挑取各单菌至牛肉膏蛋白胨培养基，摇 48 h，离心后弃去上清液，加入 20 mL 磷酸盐缓冲液洗涤 2 次，再次离心后弃去上清液，收获菌体，用无菌水调整菌悬液 OD_{600} 约为 0.5 后备用。

附 6.2.4 高效液相色谱 HPLC 测定条件

将浓缩过滤后的萃取液进行 HPLC 测定。分析仪器为德国戴安公司 U3000 液相色谱仪（配有自动进样器），采用多环芳烃专用液相色谱分析柱（250 mm×4.6 mm，5 μm），流动相为甲醇/水（90∶10），流速为 1 mL·min^{-1}，检测波长 254 nm，柱温 30℃，进样体积为 20 μL。16 种 PAHs 标准样品的高效液相色谱图（附图 6-1），各色谱峰对称性好，无拖尾现象，便于分辨，适宜进行多环芳烃的常规分析。

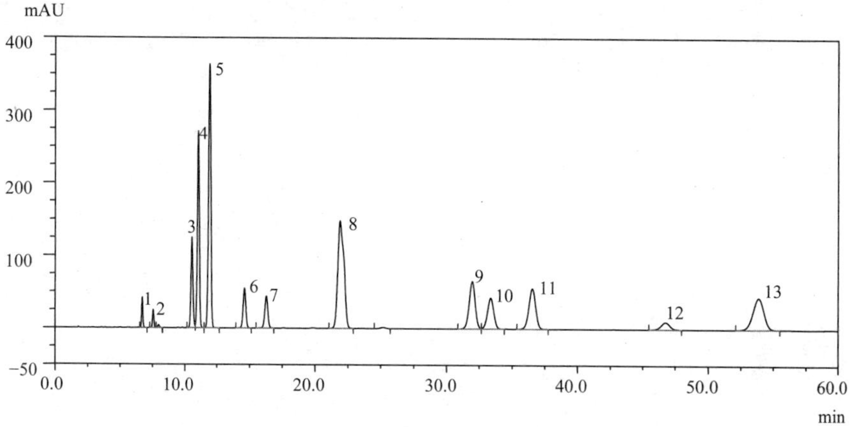

1-萘；2-苊烯；3-菲；4-苊/芴；5-蒽；6-荧蒽；7-芘；8-苯并[*a*]蒽/䓛；9-苯并[*b*]荧蒽；

10-苯并[*k*]荧蒽；11-苯并[*a*]芘；12-二苯并[*a,h*]蒽；13-茚并[1,2,3-*cd*]芘/苯并[*g,h,i*]苝

附图 6-1 16 种 PAHs 混合标样色谱图

附 6.2.5 构建菌群对 PAHs 污染土壤的降解实验

每个样品称取 50 g 污染土壤样品，按照上述实验方案的设计，依次加入各个水平的菌液、营养物、水分、表面活性剂（吐温-80）、玉米油、Fenton 试剂，各实验的营养物质与含水率所需的水分一起加入，并定期补充水分使含水率保持在一定范围内。每个实验设 3 个重复，用封瓶膜封好后放入设定好温度的各个恒温

培养箱中。在第 14 天、第 28 天、第 52 天取样进行 PAHs 降解率的测试，所取土壤样品经冷冻干燥仪冻干后放于冰箱（−20℃）保存。

附 6.2.6　土壤中 PAHs 的提取

准确称量 2.0 g 冷冻干燥后的土壤样品于玻璃离心管中，加入 2.0 g 无水硫酸钠和 20 mL 丙酮与二氯甲烷（体积比为 1∶1），超声萃取 30 min，3 000 $r \cdot min^{-1}$ 离心 10 min，如此反复萃取 3 次，合并萃取液；将萃取液在控制水温为 36℃的旋转蒸发仪中浓缩至干，加入 10 mL 环己烷溶解，过硅胶萃取柱净化后，用 10 mL 正己烷与二氯甲烷（体积比为 1∶1）混合液洗脱，收集洗脱液；用氮吹仪吹干并用色谱级甲醇定容至 2 mL，经 0.45 μm 孔径滤膜过滤后装入进样瓶待测。

附录 7 固定化微生物石油烃基本性能检验实验设计

附 7.1 固定化微生物的石油烃降解能力对比实验

每个样品称取 10 g 人工石油污染土样，按照试验条件设计，加入固定化微生物颗粒、无机盐液体培养基，涡旋仪混合均匀。每个实验设 3 个重复，封瓶膜封好后放入 10℃恒温摇床培养。在 20 d 取样进行石油烃降解率的测试，所取土壤样品经冷冻干燥机冻干后放于冰箱（−20℃）保存。同时，设置相应空白实验，即不添加固定化微生物颗粒或菌液，其他条件相同。

不同底物浓度（高 10 000 $mg·kg^{-1}$、中 6 000 $mg·kg^{-1}$、低 1 000 $mg·kg^{-1}$）下，固定化微生物的石油烃降解条件为：温度 10℃，接种量为 10%，水土比为 2∶1。

不同接种量（2.5%、5%、10%）下，固定化微生物的石油烃降解条件为：温度 10℃，中浓度石油污染土样，水土比为 2∶1。

不同水土比（1∶2、1∶2、1∶3）下，固定化微生物的石油烃降解条件为：温度 10℃，中浓度石油污染土样，接种量为 5%。

附 7.2 人工石油污染土壤中固定化微生物的降解条件设计

此部分实验使用海藻酸钠-凹凸棒土-碳酸钙固定化微生物，降解条件设计完全同附 3.2.4.1。此外，取样时间为 5 d、10 d、15 d、20 d。

附 7.3 原状石油污染土壤中固定化微生物的降解条件设计

每个样品称取 10 g 原状石油污染土样，按照试验条件设计，加入固定化微生物颗粒、无机盐液体培养基，涡旋仪混合均匀。每个实验设 3 个重复，封瓶膜封好后放入 10℃恒温摇床培养。在第 5 天、第 10 天、第 15 天、第 20 天取样进行石油烃降解率的测试，所取土壤样品经冷冻干燥机冻干后放于冰箱（−20℃）保存。同时，设置相应空白实验，即不添加固定化微生物颗粒或菌液，其他条件相同。

附 7.4 固定化微生物对石油烃的降解能力分析方法

固定化微球的应用衡量标准即其对石油烃的降解能力，因此，本发明通过测定石油烃的降解能力来确定其性质。

固定化微球降解土壤中石油烃的试验条件设计如下：制备污染土样即高浓度石油污染土且水土比为 2∶1，接种量 2.5%（v/v），25℃条件，150 $r\cdot min^{-1}$ 摇床培养 15 d，3 次重复试验。测定土壤中总石油烃含量通常采用常规方法，为了保证测试精准度，采用快速溶剂萃取法，参照 APLE2 000 仪器使用标准测试方法，将按上述步骤制备的 10 g 土样与 8 g 硅藻土混合装入萃取池，以正己烷∶丙酮=1∶1 作为萃取剂，收集瓶收集萃取液，氮吹至恒重，重量差值得到 TPH，计算土壤中石油烃的含量$\eta=G_{总}/G_{土}$，进而得到石油烃的降解率即$\eta_{空白}-\eta/\eta_{空白}$。

其中，快速溶剂萃取仪运行程序为：加热温度 170℃，预热 100 s，压力 10 MPa，静态萃取时间 720 s，氮吹 60 s，重复萃取两次。试验中，以等量与固定化微球初始包埋菌量的游离菌作为对照，且降解实验条件与固定化微球的降解实验条件完全相同。石油烃的降解率越高表明固定化微球的降解性能越好，结果见图 2。其中，实施例 4 的固定化微球的降解率最高，为 42.8%，高于游离菌也高于对照组。由此可见，相同条件下，添加凹凸棒土使得固定化微球的石油烃降解率得到显著提高。

附录 8 正十六烷酶促降解性研究方法

附 8.1 pH 和温度对酶促降解性的影响

将提取出的酶液于 pH=6.0、pH=6.5、pH=7.0、pH=7.5、pH=8.0、pH=8.5、pH=9.0 的 0.05 $mol \cdot L^{-1}$ Tris-HCl 缓冲液中测定 72 h 后酶液对正十六烷的降解性。另外测定提取的酶液在 15℃、20℃、25℃、30℃、35℃、40℃时对正十六烷的降解情况。

附 8.2 不同环境因素对产酶的影响

挑取降解菌的单菌落，加入到试管中，取不同浓度的正十六烷为碳源（1 $mg \cdot L^{-1}$、10 $mg \cdot L^{-1}$、100 $mg \cdot L^{-1}$），在 30℃下，以 150 $r \cdot min^{-1}$ 恒温振荡培养至对数生长期，用静息细胞技术提取酶，24 h 后测其对 10 $mg \cdot L^{-1}$ 正十六烷的降解率。

在培养微生物时加入不同浓度的鼠李糖脂（0.1 $mmol \cdot L^{-1}$、0.2 $mmol \cdot L^{-1}$、0.4 $mmol \cdot L^{-1}$、1 $mmol \cdot L^{-1}$、2 $mmol \cdot L^{-1}$、4 $mmol \cdot L^{-1}$、8 $mmol \cdot L^{-1}$、10 $mmol \cdot L^{-1}$），在 30℃下，以 150 $r \cdot min^{-1}$ 恒温振荡培养至对数生长期，用静息细胞技术提取酶，24 h 测其对 10 $mg \cdot L^{-1}$ 正十六烷的降解率。

在培养微生物时加入不同配比的营养元素，C、N、P 的比值取 4 个水平，分别为 C∶N∶P＝360∶6∶1、120∶10∶1、100∶10∶1 和 100∶20∶1，即 C、N 比分别为 60、12、10 和 5，在 30℃下，以 150 $r \cdot min^{-1}$ 恒温振荡培养至对数生长期，用静息细胞技术提取酶，测定不同 C、N、P 比例对蜡状芽孢杆菌 DQ01 和芽孢杆菌 DQ02 产酶情况及降解 10 $mg \cdot L^{-1}$ 正十六烷的影响。

附录 9 土壤相关指标的分析方法

附 9.1 实验仪器

试验所用的主要仪器如附表 9-1 所示，APLE 加速溶剂萃取仪的条件见附表 9-2。

附表 9-1 实验仪器

仪器	生产厂家
ZHP-280 生化培养箱	江苏太仓实验仪器厂
THZ-C 恒温振荡器	哈尔滨东联公司
FD-1A-50 冷冻干燥机	北京博医康
HPG-400HX 人工气候箱	哈尔滨东联公司
Cary50 紫外分光光度计	Varian
电子天平（0.1 mg）	德国赛多利斯
JY92-II 三洋灭菌锅	日本三洋 Sanyo 公司
APLE 加速溶剂萃取仪	北京吉天仪器有限公司
KQ-250DB 数控超声波清洗器	浙江昆山市超声波仪器有限公司
水浴锅	德国 Julabo 公司
G-Box HR 型凝胶成像及分析系统	英国 Syngene 公司
iCycler 型 PCR 仪	美国 Bio-Rad 公司
BCN-1360B 型生物洁净工作台	北京东联哈尔仪器制造有限公司
Biofuge Primo R 台式高速冷冻离心机	德国 Heraeus 公司
BX41 显微镜	OLYMPUS

附表 9-2 APLE 萃取条件

各项参数	条件
溶剂	正己烷/丙酮 =1∶1（v/v）
温度	170℃
萃取压力	10 MPa
加热时间	100 s

各项参数	条件
静态时间	720 s
淋洗体积	60%
吹扫时间	60 s
循环次数	2 次
清洗	On
预热温度	200℃

附 9.2 实验方法

附 9.2.1 土壤中石油烃含量

采用快速溶剂萃取法和重量法检测土壤中的石油烃总量。

总石油烃（TPH）的提取和测定采用快速溶剂萃取+重量法，溶剂选用正己烷：丙酮=1∶1（*v/v*），分别称取 6 g 硅藻土和 10 g 冻干处理的土壤样品，放入干净研钵中充分混合、研磨，然后装入 33 mL 萃取池中进行快速溶剂萃取。采用收集瓶对萃取完成的样品进行收集，放在通风橱中，氮吹扫，用分析天平称取收集瓶前后的质量差异，3 次恒重后计算总石油烃的质量。

附 9.2.2 土壤 pH

称取土壤样品 10 g，以 1∶2 的土水比加入无菌去离子水，振荡半小时，离心后取上清液用 pH 计测定 pH。

附 9.2.3 土壤过氧化氢酶活性

原理：采用微量滴定法：土壤中的过氧化氢酶直接以过氧化氢为底物，将其分解为水和氧气。向含有一定浓度的 H_2O_2 溶液中加入一定量的土壤样品后，部分 H_2O_2 经酶降解，剩余的 H_2O_2 使用高锰酸钾滴定，进而确定土壤样品中过氧化氢酶活性。

土样分析：称取 2 g 风干土过 1 mm 筛于 100 mL 三角瓶中，加入 40 mL 蒸馏水和 5 mL 0.3% H_2O_2 溶液。将三角瓶放在往复式振荡机上，振荡 20 min，然后迅速加入 5 mL 1.5 $mol{\cdot}L^{-1}$ 硫酸以稳定未分解的 H_2O_2，再将瓶中悬液用慢速型滤纸过滤。然后，吸取 25 mL 滤液，用 0.02 $mol{\cdot}L^{-1}$ 高锰酸钾滴定至淡粉红色终点。整个实验需设无土对照。

过氧化氢酶用 20 min 后对照高锰酸钾（0.02 $mol{\cdot}L^{-1}$）消耗量与土样高锰酸钾

消耗量的差值表示，最后换算成 1 g 土壤样品 1 min 消耗 H_2O_2 的毫克数表示，单位：$mg·g^{-1}·min^{-1}$。

$$X = c \times (V_1 - V_2) \times 17 / m \quad \text{（附 9-1）}$$

式中：X—— 过氧化氢酶活性，$mg·g^{-1}·min^{-1}$；

c—— 高锰酸钾溶液当量浓度，N；

V_1—— 无土对照高锰酸钾体积消耗量，mL；

V_2—— 样品高锰酸钾体积消耗量，mL；

m—— 土样质量；

17 —— H_2O_2 的当量摩尔质量。

附 9.2.4　地温

用地温计测量距土壤表面 10 cm 处温度，每天早上 8 点、中午 12 点及晚上 6 点分别测地温，取三者的平均值计为一天的地温。

附 9.2.5　株高

用直尺测量小麦地上部高度。

附 9.2.6　微生物数量

采用稀释平板法计数，称取风干根际土 1 g，放入盛有 100 mL 无菌水并带有玻璃珠的 250 mL 的三角瓶中，28℃摇床振荡 30 min，使土样与无菌水充分混合。采用 CFU 涂布法，把菌液进行梯度稀释，涂布至 LB 固体培养基上，培养 3～5 d。选择合适的浓度进行菌落计数。

附 9.2.7　菌株的富集培养及固定化

将实验室封存的石油烃降解菌 DG17、DG24 活化后，分别按一定比例接入平板培养皿中 30℃避光培养 48 h，然后挑取单菌落接入 100 mLLB 液体培养基的 250 mL 三角瓶中，在恒温振荡器中 150 $r·min^{-1}$，30℃避光进行培养。培养至对数生长期，至于 4℃冰箱保存作为种子液。按 1%的比例将种子液接种至 LB 液体培养基中富集培养至对数生长期，4 000 $r·min^{-1}$ 离心 15 min，除去上清液，收集菌体制备高浓度菌悬液至于 4℃冰箱保存。

根据课题组前期固定化技术研究的成果，选取海藻酸钠和凹凸棒土作为固定化材料，对离心保存的菌悬液进行包埋处理。海藻酸钠和凹凸棒土混合均匀后溶于蒸馏水，120℃高压湿热灭菌 30 min；菌体经离心收集，制备成高浓度的菌悬液；待海藻酸钠-凹土凝胶混合物冷却至 40～50℃，投加分析纯碳酸钙，制备成包埋剂；

按菌液：包埋剂 1：10 体积比混合均匀，用恒流泵将其滴入氯化钙溶液中钙化成球；收集固定化颗粒，盐酸除碳酸钙致孔；包埋颗粒在 4℃条件下固化 24 h 后，弃去氯化钙溶液，转移到增殖培养基中增殖一段时间，无菌水清洗 3 次即得到制备的固定化微生物颗粒。

附 9.2.8 脱氢酶活性分析方法

脱氢酶能从一定的基质中析出氢而进行氧化作用。脱氢酶的种类因电子供给体和接受体的特异性而有所不同。利用 2,3,5-三苯基四氮唑氯化物（TTC）为基质（氢的受体），由于土壤中脱氢酶的作用使之形成红色的三苯基甲臜（TPF），两者在一定范围内呈线性关系，用比色法测定其形成量作为土壤脱氢酶的活性指标（振高等，2008）。

配制 0.5 $mol{\cdot}L^{-1}$ 三（羟甲基）氨基甲烷-盐酸缓冲液，pH=7.6，2 $mol{\cdot}L^{-1}$ 三（羟甲基）氨基甲烷溶液 50 mL 与 1 $mol{\cdot}L^{-1}$ 盐酸溶液 75 mL 混合，加蒸馏水定容到 200 mL；0.5%TTC 溶液：TTC 0.5 g，溶于 0.5 $mol{\cdot}L^{-1}$ 三（羟甲基）氨基甲烷-盐酸缓冲液中，定容到 100 mL。

三苯基甲臜标准溶液：称取三苯基甲臜 30 mg，置于 100 mL 容量瓶中，用甲醇定容到 100 mL，此溶液浓度即为 300 $\mu g{\cdot}mL^{-1}$，再用甲醇稀释该溶液，配制成 75 $ng{\cdot}mL^{-1}$、225 $ng{\cdot}mL^{-1}$、300 $ng{\cdot}mL^{-1}$、900 $ng{\cdot}mL^{-1}$、1 500 $ng{\cdot}mL^{-1}$、3 000 $ng{\cdot}mL^{-1}$、4 500 $ng{\cdot}mL^{-1}$、6 000 $ng{\cdot}mL^{-1}$ 的标准溶液。

操作步骤：称取通过 2 mm 筛的风干土样 5 g 于带塞的试管（0.7 cm×15.0 cm）中，加入 TTC 溶液 5 mL，充分混合。同时设置对照，即在试管内加入三（羟甲基）氨基甲烷-盐酸缓冲液 5 mL 以代替土壤与 TTC。将以上试管置暗处 30℃保温培养 6 h 后，分次少量加入甲醇 100 mL，移入带塞的 150 mL 三角瓶中，用振荡机振荡 1 h 后过滤。取滤液用分光光度计（波长 485nm）测定其光密度。以甲醇作为空白。用上述同样方法测定不同浓度三苯基甲臜标准溶液光密度，绘制标准曲线。根据减去空白的光密度对应标准曲线上的值，即可求出产生的三苯基甲臜的量，该量（$\mu g{\cdot}g^{-1}$ 干土）即表示脱氢酶活性。根据形成 1 mg 三苯基甲臜需要 150.35 μL 氢，土壤脱氢酶活性也可用转移氢的体积表示。即脱氢酶活性亦可按下式计算：

$$X=C\times v/\mathrm{dwt} \quad （附 9-2）$$

$$或\ X = a\times v\times 150.35 \quad （附 9-3）$$

式中：C —— 滤液中 TPF 的量，$\mu g \cdot mL^{-1}$（由标准曲线查知）；

a —— 1 mL 滤液中 TPF 的毫克数（由标准曲线查知）；

150.35 —— 将 TPF 量换算为氢的体积（μL）的系数；

v —— 滤液的体积，mL；

dwt —— 烘干土壤重量，g；

X —— 脱氢酶活性，$\mu gTPF \cdot g^{-1}$ 干土。

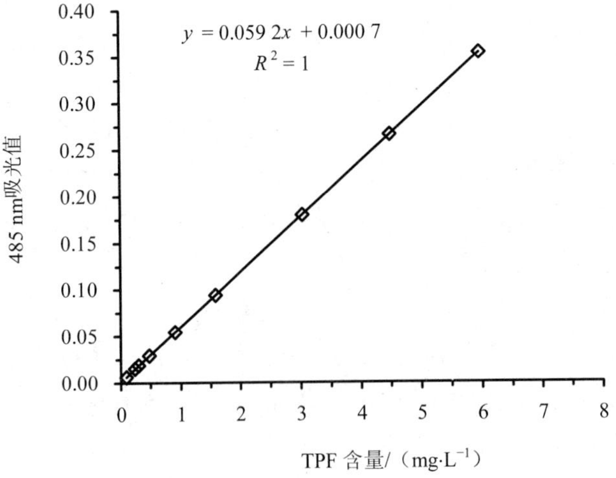

附图 9-1　TPF 含量与吸光度间标准曲线

附 9.2.9　荧光素二乙酸酯酶活性分析方法

（1）基本原理

土壤中广泛存在着荧光素二乙酸（FDA），主要来源于土壤微生物细胞及部分植物残体，它可以被土壤中许多酶，如蛋白酶、脂肪酶及酯酶所水解，发生酶促反应。Rosswall 等（1982）提出应用荧光素二乙酸（FDA）的水解活性，可以评价土壤微生物的总体活性。

此方法基于以无色的荧光素二乙酸为基质，经土壤中荧光素二乙酸酯酶作用下依次发生水解和脱氢反应，最后生成黄色的荧光素，该产物在波长 490 nm 处具有最大吸光值，利用分光光度计采用比色法可以测定荧光素二乙酸酯酶活性大小（振高等，2008）。

（2）实验试剂

60 $mmol \cdot L^{-1}$ 磷酸二氢钾缓冲液（pH=7.6）：称取 0.816 6 g 磷酸二氢钾溶于 1 000 mL 去离子水中，调节 pH=7.6。

氯仿/甲醇混合溶液：吸取 666 mL 氯仿（AR 级）加入到 1 000 mL 的容量瓶中，用甲醇（AR 级）定容至 1 000 mL，充分混匀，备用。

1 000 $\mu g \cdot mL^{-1}$ 荧光素二乙酸（FDA）储备液：称取 0.1 g 荧光素二乙酸，溶解于 80 mL 丙酮（AR 级）中，并用丙酮定量至 100 mL。保存于−20℃冰箱中，备用。

2 000 $\mu g \cdot mL^{-1}$ 荧光素储备液：称取 0.226 5 g 荧光素钠，溶解于 80 mL 60 $mmol \cdot L^{-1}$ 磷酸二氢钾缓冲液（pH=7.6）中，并用该缓冲液定容至 100 mL，备用。

20 $\mu g \cdot mL^{-1}$L 荧光素标准溶液：吸取 1 mL 上述 2 000 $\mu g \cdot mL^{-1}$ 荧光素储备液，加入 100 mL 容量瓶中，并用 60 $mmol \cdot L^{-1}$ 磷酸二氢钾缓冲液（pH=7.6）定容。

（3）分析方法

标准曲线的绘制：分别吸取标准荧光素溶液 0、2.5 mL、5.0 mL、7.5 mL、10.0 mL、12.5 mL 于 50 mL 三角瓶中，用上述 60 $mmol \cdot L^{-1}$ 磷酸二氢钾缓冲液（pH=7.6）定容，得到相应的 0、1.0 $\mu g \cdot mL^{-1}$、2.0 $\mu g \cdot mL^{-1}$、3.0 $\mu g \cdot mL^{-1}$、4.0 $\mu g \cdot mL^{-1}$、5.0 $\mu g \cdot mL^{-1}$ 荧光素标准溶液。充分摇匀，在波长 490 nm 处比色，测定那个溶液的颜色深度，以光密度值为纵坐标，以浓度为横坐标，绘制标准曲线。

土样测定：称取 5 g 过 2 mm 筛的新鲜土壤，置于 50 mL 三角瓶中，加入 15 mL60 $mmol \cdot L^{-1}$ 磷酸二氢钾缓冲液（pH=7.6），加入 0.2 mL 1 000 $\mu g \cdot mL^{-1}$ 荧光素二乙酸（FDA）储备液，盖上瓶塞，置于 30℃恒温振荡培养箱中，200 $r \cdot min^{-1}$ 培养 20 min。培养结束后，立即加入 15 mL 氯仿-甲醇混合溶液终止反应，盖上瓶塞，用手充分振荡。然后转移至 50 mL 离心管中，2 000 $r \cdot min^{-1}$ 离心 3 min。过滤于 50 mL 三角瓶中，吸取 1～10 mL 滤液按标准曲线绘制的操作手续，在 490 nm 处比色。与此同时，用不加土壤的基质和 150℃干热灭菌 1 h 的土壤进行对照试验。

荧光素二乙酸（FDA）酯酶活性的计算式为：

$$\text{土壤荧光素二乙酸酯酶活性} = (C \times V)/\text{dwt} \quad \text{（附 9-4）}$$

式中：C —— 土壤溶液中荧光素，$\mu g \cdot mL^{-1}$；

V —— 土壤溶液体积，mL；

dwt —— 烘干土壤重量，g；

酶活性单位为μg 荧光素·（g 干土·20 min）$^{-1}$。

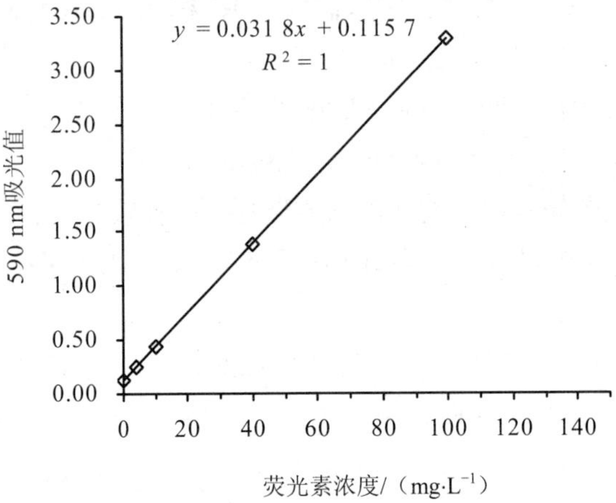

附图 9-2 荧光素含量与吸光度间标准曲线

附 9.2.10 Biolog 分析方法

土壤微生物的代谢类型较多，一般认为土壤微生物功能多样性是定量描述土壤环境微生物群落变化特征的重要指标之一。目前，美国 Biolog 公司开发的以群落水平碳源利用类型为基础的 Biolog 氧化还原技术（Biolog 自动微生物鉴定系统）为研究土壤微生物群落功能多样性提供了一种简单、快捷的方法。

Biolog 微平板主要包括 GN 板（用于革兰氏阴性好氧菌的鉴定），GP 板（用于革兰氏阳性好氧菌的鉴定），ECO 板（用于微生物特性和群落分析研究）等，在微生物生态研究中 ECO 板的应用较为常见。几类平板的研究对象均为可好氧培养且相对生长较快的类群，因此其所反映的也是研究样本内具有上述特征的类群。平板上小孔中分别装有不同碳源和四唑盐染料，微生物在利用碳源的过程中产生自由电子，与染料反应会产生颜色变化，颜色的深浅可以反映微生物对碳源的利用程度。由于不同种类的微生物，或者不同微生物类群利用碳源的能力不同，因此产生的不同碳源利用模式即可表征微生物群落差异（Garland，2003）。

Biolog **系统分析检测方法**

称取相当于 10 g 风干土的新鲜土壤样品，盛于 100 mL 灭菌水的三角瓶中，250 r·min^{-1} 振荡 1 h，静置 15 min，按 10 倍系列梯度稀释制备土壤悬液。如果稀释液颜色较深时，可以将土壤菌悬液 500 g 离心 2 min，去除土壤和根系，上清液移出至一个灭菌的离心管中。将 Biolog 微孔平板从冰箱内取出，25℃条件下预热。用自动多头移液器移取土壤提取液，一般吸取稀释 10^{-3} 之后的样品，接种至微孔平板中。30℃培养，分别在培养后的第 1 天、第 2 天、第 3 天、第 4 天、第 7 天、第 10 天用 Biolog 自动读数装置在 590 nm 分析。

结果计算方法采用 Biolog 微孔平板孔中的吸光度值分别计算平均颜色变化率（AWCD）、土壤微生物群落功能多样性指数，即 Shannon 指数（H），代谢剖面反应孔的数目代表微生物群落的丰富度（S）（AWCD＞0.25，则代表该孔的碳源被利用，该孔即为反应孔）。

$$\text{AWCD}=\sum(C_i-R)/31 \qquad (附 9\text{-}5)$$

式中：C_i —— 各反应孔在 590 nm 下的光密度值；

R —— ECO 板对照孔 A1 的光密度值。

C_i-R 小于零的孔计算中记为零。

$$\text{Shannon 指数 } H=-\sum(P_i\ln P_i) \qquad (附 9\text{-}6)$$

式中：$P_i=(C_i-R)/\sum(C_i-R)$，P_i 为单孔的相对光密度值与整个微平板相对吸光度值总和的比率。

$$\text{均匀度指数 } E=H/\ln S \qquad (附 9\text{-}7)$$

另外，通过主成分分析（principal component analysis，PCA）将不同样品的多元向量变换为互不相关的主成分向量，在空间中用点的位置直观反映微生物群落结构的代谢特征。数据采用 Excel2007 和 SPSS17.0 软件进行统计分析。

附 9.2.11　土壤微生物遗传多样性分析

（1）土壤微生物 DNA 的提取、纯化以及 PCR 扩增

采用土壤 DNA 提取试剂盒提取样本基因组 DNA。以样本 DNA 为模板，采用细菌通用引物 27F 和 1492R 扩增样品 16S rDNA 序列。PCR 扩增体系（50 μL）为：10× PCR buffer 5 μL；dNTP（2.5 $\text{mmol}\cdot\text{L}^{-1}$）3.2 μL；rTaq（5 $\text{U}\cdot\mu\text{L}^{-1}$）0.4 μL；27F（5 $\text{mmol}\cdot\text{L}^{-1}$）2 μL；1492R（5 $\text{mmol}\cdot\text{L}^{-1}$）2 μL；模板 DNA 50 ng；补 ddH_2O 至 50 μL。PCR 扩增程序为：94℃预变性 5 min；94℃变性 30 s，55℃复性 30 s，72℃延伸 45 s，30 个循环；最终 72℃延伸 10 min。取 2 μL PCR 产物于 1%的琼脂糖凝胶上电泳检测。

（2）土壤细菌 16S rRNA 基因克隆文库的构建及阳性克隆的筛选

取 2 μL PCR 产物于 1%的琼脂糖凝胶上电泳检测，PCR 产物采用 Axygen PCR 产物纯化试剂盒进行纯化。纯化后的 PCR 产物连接到 pGEMeasy-T 载体上，并转化至 DH5α大肠杆菌感受态细胞中，构建细菌 16S rDNA 文库。在含有氨苄青霉素的 LB 培养基上 37℃过夜培养。随机选取一定数量的白色克隆子，利用 M13 引物进行菌落 PCR，筛选阳性克隆。PCR 扩增体系（50 μL）为：10× PCR buffer 5 μL；dNTP（2.5 $mmol \cdot L^{-1}$）3.2 μL；rTaq（5 $U \cdot \mu L^{-1}$）0.4 μL；M13F（5 $mmol \cdot L^{-1}$）2 μL；M13R（5 $mmol \cdot L^{-1}$）2 μL；模板 DNA 1 μL；补 ddH_2O 至 50 μL。PCR 扩增程序为：94℃预变性 4 min；94℃变性 30 s，55℃复性 30 s，72℃延伸 1 min，30 个循环；最后，72℃延伸 10 min。取 2 μL PCR 产物于 1%的琼脂糖凝胶上电泳检测。

（3）克隆文库 ARDRA 分型与测序

将鉴定为阳性的 PCR 产物进行扩增性 rDNA 限制性酶切片段分析：ARDRA（Amplified Ribodomal DNA Restriction Analysis），分别用 EcoR Ⅰ和 Hae Ⅲ两种限制性内切酶消化（37℃）。2%琼脂糖凝胶成像鉴别各个阳性克隆的酶切图谱类型，依据酶切产物电泳检测结果的带型，可将每个样品中的阳性克隆分为不同的类型，每个类型为 1 个 OTU。有多少不同的带型代表多少个 OTU。每个 OTU 选择一个阳性克隆进行序列测定（北京基诺莱普生物技术有限公司）。

（4）系统发育树的构建

将每个 OTU 的测序结果递交 NCBI 数据库经 Blast 比对后获得最相似菌株，确定该 OTU 所对应的细菌类型。采用 MEGA 4.1 软件对每个样本中的细菌类型进行系统进化树构建分析。

分别对初始样品和末期样品进行 16S rDNA 文库构建和 ARDRA 分析，比较微生物群落的动态变化。